Oskar Schlömilch

Fünfstellige logarithmische und trigonometrische Tafeln

63., verbesserte Auflage

Springer Fachmedien Wiesbaden GmbH

Zeichenerklärungen

3̲ bedeutet: die Ziffer 3 ist aufgerundet

*030 bedeutet: vor 030 sind die beiden Vorziffern (bzw. ist die eine Vorziffer) der **nächsten** Zeile zu setzen

N. bedeutet Numerus, d. h. die zu logarithmierende Zahl

L. bedeutet Logarithmus

P.P. heißt pars proportionalis, es bedeutet Interpolationstafel

D/1′ heißt Differenz pro Minute

D/1″ heißt Differenz pro Sekunde

ISBN 978-3-528-44874-5   ISBN 978-3-322-83235-1   (eBook)
DOI 10.1007/978-3-322-83235-1

Zehnerlogarithmen der natürlichen Zahlen

von 1 bis 10909

N.	L.		N.	L.		N.	L.		N.	L.	
1	0,00	000	26	1,41	497	51	1,70	757	76	1,88	081
2	0,30	103	27	1,43	136	52	1,71	600	77	1,88	649
3	0,47	712	28	1,44	716	53	1,72	428	78	1,89	209
4	0,60	206	29	1,46	240	54	1,73	239	79	1,89	763
5	0,69	897	30	1,47	712	55	1,74	036	80	1,90	309
6	0,77	815	31	1,49	136	56	1,74	819	81	1,90	849
7	0,84	510	32	1,50	515	57	1,75	587	82	1,91	381
8	0,90	309	33	1,51	851	58	1,76	343	83	1,91	908
9	0,95	424	34	1,53	148	59	1,77	085	84	1,92	428
10	1,00	000	35	1,54	407	60	1,77	815	85	1,92	942
11	1,04	139	36	1,55	630	61	1,78	533	86	1,93	450
12	1,07	918	37	1,56	820	62	1,79	239	87	1,93	952
13	1,11	394	38	1,57	978	63	1,79	934	88	1,94	448
14	1,14	613	39	1,59	106	64	1,80	618	89	1,94	939
15	1,17	609	40	1,60	206	65	1,81	291	90	1,95	424
16	1,20	412	41	1,61	278	66	1,81	954	91	1,95	904
17	1,23	045	42	1,62	325	67	1,82	607	92	1,96	379
18	1,25	527	43	1,63	347	68	1,83	251	93	1,96	848
19	1,27	875	44	1,64	345	69	1,83	885	94	1,97	313
20	1,30	103	45	1,65	321	70	1,84	510	95	1,97	772
21	1,32	222	46	1,66	276	71	1,85	126	96	1,98	227
22	1,34	242	47	1,67	210	72	1,85	733	97	1,98	677
23	1,36	173	48	1.68	124	73	1,86	332	98	1,99	123
24	1,38	021	49	1,69	020	74	1,86	923	99	1,99	564
25	1,39	794	50	1,69	897	75	1.87	506	100	2,00	000

N.	0	1	2	3	4	5	6	7	8	9
100	00 000	043	087	130	173	217	260	303	346	389
101	432	475	518	561	604	647	689	732	775	817
102	860	903	945	988	*030	*072	*115	*157	*199	*242
103	01 284	326	368	410	452	494	536	578	620	662
104	703	745	787	828	870	912	953	995	*036	*078
105	02 119	160	202	243	284	325	366	407	449	490
106	531	572	612	653	694	735	776	816	857	898
107	938	979	*019	*060	*100	*141	*181	*222	*262	*302
108	03 342	383	423	463	503	543	583	623	663	703
109	743	782	822	862	902	941	981	*021	*060	*100
110	04 139	179	218	258	297	336	376	415	454	493
111	532	571	610	650	689	727	766	805	844	883
112	922	961	999	*038	*077	*115	*154	*192	*231	*269
113	05 308	346	385	423	461	500	538	576	614	652
114	690	729	767	805	843	881	918	956	994	*032
115	06 070	108	145	183	221	258	296	333	371	408
116	446	483	521	558	595	633	670	707	744	781
117	819	856	893	930	967	*004	*041	*078	*115	*151
118	07 188	225	262	298	335	372	408	445	482	518
119	555	591	628	664	700	737	773	809	846	882
120	918	954	990	*027	*063	*099	*135	*171	*207	*243
121	08 279	314	350	386	422	458	493	529	565	600
122	636	672	707	743	778	814	849	884	920	955
123	991	*026	*061	*096	*132	*167	*202	*237	*272	*307
124	09 342	377	412	447	482	517	552	587	621	656
125	691	726	760	795	830	864	899	934	968	*003
126	10 037	072	106	140	175	209	243	278	312	346
127	380	415	449	483	517	551	585	619	653	687
128	721	755	789	823	857	890	924	958	992	*025
129	11 059	093	126	160	193	227	261	294	327	361
130	394	428	461	494	528	561	594	628	661	694

N.	0	1	2	3	4	5	6	7	8	9

P. P.

	44	43	42
1	4,4	4,3	4,2
2	8,8	8,6	8,4
3	13,2	12,9	12,6
4	17,6	17,2	16 8
5	22,0	21,5	21,0
6	26,4	25,8	25,2
7	30,8	30,1	29,4
8	35,2	34,4	33,6
9	39,6	38,7	37,8

	41	40	39
1	4,1	4,0	3,9
2	8,2	8,0	7,8
3	12,3	12,0	11,7
4	16,4	16,0	15,6
5	20,5	20,0	19,5
6	24,6	24,0	23,4
7	28,7	28,0	27,3
8	32,8	32,0	31,2
9	36,9	36,0	35,1

	38	37	36
1	3,8	3,7	3,6
2	7,6	7,4	7,2
3	11,4	11,1	10,8
4	15,2	14,8	14,4
5	19,0	18,5	18,0
6	22,8	22,2	21,6
7	26,6	25,9	25,2
8	30,4	29,6	28,8
9	34,2	33,3	32,4

	35	34	33
1	3,5	3,4	3,3
2	7.0	6.8	6,6
3	10,5	10,2	9.9
4	14,0	13,6	13,2
5	17,5	17,0	16,5
6	21,0	20,4	19,8
7	24,5	23,8	23,1
8	28,0	27,2	26,4
9	31,5	30,6	29,7

P. P.

N.	0	1	2	3	4	5	6	7	8	9
130	11 394	428	461	494	528	561	594	628	661	694
131	727	760	793	826	860	893	926	959	992	*024
132	12 057	090	123	156	189	222	254	287	320	352
133	385	418	450	483	516	548	581	613	646	678
134	710	743	775	808	840	872	905	937	969	*001
135	13 033	066	098	130	162	194	226	258	290	322
136	354	386	418	450	481	513	545	577	609	640
137	672	704	735	767	799	830	862	893	925	956
138	988	*019	*051	*082	*114	*145	*176	*208	*239	*270
139	14 301	333	364	395	426	457	489	520	551	582
140	613	644	675	706	737	768	799	829	860	891
141	922	953	983	*014	*045	*076	*106	*137	*168	*198
142	15 229	259	290	320	351	381	412	442	473	503
143	534	564	594	625	655	685	715	746	776	806
144	836	866	897	927	957	987	*017	*047	*077	*107
145	16 137	167	197	227	256	286	316	346	376	406
146	435	465	495	524	554	584	613	643	673	702
147	732	761	791	820	850	879	909	938	967	997
148	17 026	056	085	114	143	173	202	231	260	289
149	319	348	377	406	435	464	493	522	551	580
150	609	638	667	696	725	754	782	811	840	869
151	898	926	955	984	*013	*041	*070	*099	*127	*156
152	18 184	213	241	270	298	327	355	384	412	441
153	469	498	526	554	583	611	639	667	696	724
154	752	780	808	837	865	893	921	949	977	*005
155	19 033	061	089	117	145	173	201	229	257	285
156	312	340	368	396	424	451	479	507	535	562
157	590	618	645	673	700	728	756	783	811	838
158	866	893	921	948	976	*003	*030	*058	*085	*112
159	20 140	167	194	222	249	276	303	330	358	385
160	412	439	466	493	520	548	575	602	629	656

N.	0	1	2	3	4	5	6	7	8	9

P. P.

	34	33
1	3,4	3,3
2	6,8	6,6
3	10,2	9,9
4	13,6	13,2
5	17,0	16,5
6	20,4	19,8
7	23,8	23,1
8	27,2	26,4
9	30,6	29,7

	32	31
1	3,2	3,1
2	6,4	6,2
3	9,6	9,3
4	12,8	12,4
5	16,0	15,5
6	19,2	18,6
7	22,4	21,7
8	25,6	24,8
9	28,8	27,9

	30	29
1	3,0	2,9
2	6,0	5,8
3	9,0	8,7
4	12,0	11,6
5	15,0	14,5
6	18,0	17,4
7	21,0	20,3
8	24,0	23,2
9	27,0	26,1

	28	27
1	2,8	2,7
2	5,6	5,4
3	8,4	8,1
4	11,2	10,8
5	14,0	13,5
6	16,8	16,2
7	19,6	18,9
8	22,4	21,6
9	25,2	24,3

N.	0	1	2	3	4	5	6	7	8	9
160	20 412	439	466	493	520	548	575	602	629	656
161	683	710	737	763	790	817	844	871	898	925
162	952	978	*005	*032	*059	*085	*112	*139	*165	*192
163	21 219	245	272	299	325	352	378	405	431	458
164	484	511	537	564	590	617	643	669	696	722
165	748	775	801	827	854	880	906	932	958	985
166	22 011	037	063	089	115	141	167	194	220	246
167	272	298	324	350	376	401	427	453	479	505
168	531	557	583	608	634	660	686	712	737	763
169	789	814	840	866	891	917	943	968	994	*019
170	23 045	070	096	121	147	172	198	223	249	274
171	300	325	350	376	401	426	452	477	502	528
172	553	578	603	629	654	679	704	729	754	779
173	805	830	855	880	905	930	955	980	*005	*030
174	24 055	080	105	130	155	180	204	229	254	279
175	304	329	353	378	403	428	452	477	502	527
176	551	576	601	625	650	674	699	724	748	773
177	797	822	846	871	895	920	944	969	993	*018
178	25 042	066	091	115	139	164	188	212	237	261
179	285	310	334	358	382	406	431	455	479	503
180	527	551	575	600	624	648	672	696	720	744
181	768	792	816	840	864	888	912	935	959	983
182	26 007	031	055	079	102	126	150	174	198	221
183	245	269	293	316	340	364	387	411	435	458
184	482	505	529	553	576	600	623	647	670	694
185	717	741	764	788	811	834	858	881	905	928
186	951	975	998	*021	*045	*068	*091	*114	*138	*161
187	27 184	207	231	254	277	300	323	346	370	393
188	416	439	462	485	508	531	554	577	600	623
189	646	669	692	715	738	761	784	807	830	852
190	875	898	921	944	967	989	*012	*035	*058	*081
N.	0	1	2	3	4	5	6	7	8	9

P. P.

	28	27
1	2,8	2,7
2	5,6	5,4
3	8,4	8,1
4	11,2	10,8
5	14,0	13,5
6	16,8	16,2
7	19,6	18,9
8	22,4	21,6
9	25,2	24,3

	26	25
1	2,6	2,5
2	5,2	5,0
3	7,8	7,5
4	10,4	10,0
5	13,0	12,5
6	15,6	15,0
7	18,2	17,5
8	20,8	20,0
9	23,4	22,5

	24	23
1	2,4	2,3
2	4,8	4,6
3	7,2	6,9
4	9,6	9,2
5	12,0	11,5
6	14,4	13,8
7	16,8	16,1
8	19,2	18,4
9	21,6	20,7

N.	0	1	2	3	4	5	6	7	8	9
190	27 875	898	921	944	967	989	*012	*035	*058	*081
191	28 103	126	149	171	194	217	240	262	285	307
192	330	353	375	398	421	443	466	488	511	533
193	556	578	601	623	646	668	691	713	735	758
194	780	803	825	847	870	892	914	937	959	981
195	29 003	026	048	070	092	115	137	159	181	203
196	226	248	270	292	314	336	358	380	403	425
197	447	469	491	513	535	557	579	601	623	645
198	667	688	710	732	754	776	798	820	842	863
199	885	907	929	951	973	994	*016	*038	*060	*081
200	30 103	125	146	168	190	211	233	255	276	298
201	320	341	363	384	406	428	449	471	492	514
202	535	557	578	600	621	643	664	685	707	728
203	750	771	792	814	835	856	878	899	920	942
204	963	984	*006	*027	*048	*069	*091	*112	*133	*154
205	31 175	197	218	239	260	281	302	323	345	366
206	387	408	429	450	471	492	513	534	555	576
207	597	618	639	660	681	702	723	744	765	785
208	806	827	848	869	890	911	931	952	973	994
209	32 015	035	056	077	098	118	139	160	181	201
210	222	243	263	284	305	325	346	366	387	408
211	428	449	469	490	510	531	552	572	593	613
212	634	654	675	695	715	736	756	777	797	818
213	838	858	879	899	919	940	960	980	*001	*021
214	33 041	062	082	102	122	143	163	183	203	224
215	244	264	284	304	325	345	365	385	405	425
216	445	465	486	506	526	546	566	586	606	626
217	646	666	686	706	726	746	766	786	806	826
218	846	866	885	905	925	945	965	985	*005	*025
219	34 044	064	084	104	124	143	163	183	203	223
220	242	262	282	301	321	341	361	380	400	420
N.	0	1	2	3	4	5	6	7	8	9

P. P.

23		22		21		20	19
1	2,3	1	2,2	1	2,1	2,0	1,9
2	4,6	2	4,4	2	4,2	4,0	3,8
3	6,9	3	6,6	3	6,3	6,0	5,7
4	9,2	4	8,8	4	8,4	8,0	7,6
5	11,5	5	11,0	5	10,5	10,0	9,5
6	13,8	6	13,2	6	12,6	12,0	11,4
7	16,1	7	15,4	7	14,7	14,0	13,3
8	18,4	8	17,6	8	16,8	16,0	15,2
9	20,7	9	19,8	9	18,9	18,0	17,1

N.	0	1	2	3	4	5	6	7	8	9
220	34 242	262	282	301	321	341	361	380	400	420
221	439	459	479	498	518	537	557	577	596	616
222	635	655	674	694	713	733	753	772	792	811
223	830	850	869	889	908	928	947	967	986	*005
224	35 025	044	064	083	102	122	141	160	180	199
225	218	238	257	276	295	315	334	353	372	392
226	411	430	449	468	488	507	526	545	564	583
227	603	622	641	660	679	698	717	736	755	774
228	793	813	832	851	870	889	908	927	946	965
229	984	*003	*021	*040	*059	*078	*097	*116	*135	*154
230	36 173	192	211	229	248	267	286	305	324	342
231	361	380	399	418	436	455	474	493	511	530
232	549	568	586	605	624	642	661	680	698	717
233	736	754	773	791	810	829	847	866	884	903
234	922	940	959	977	996	*014	*033	*051	*070	*088
235	37 107	125	144	162	181	199	218	236	254	273
236	291	310	328	346	365	383	401	420	438	457
237	475	493	511	530	548	566	585	603	621	639
238	658	676	694	712	731	749	767	785	803	822
239	840	858	876	894	912	931	949	967	985	*003
240	38 021	039	057	075	093	112	130	148	166	184
241	202	220	238	256	274	292	310	328	346	364
242	382	399	417	435	453	471	489	507	525	543
243	561	578	536	614	632	650	668	686	703	721
244	739	757	775	792	810	828	845	863	881	899
245	917	934	952	970	987	*005	*023	*041	*058	*076
246	39 094	111	129	146	164	182	199	217	235	252
247	270	287	305	322	340	358	375	393	410	428
248	445	463	480	498	515	533	550	568	585	602
249	620	637	655	672	690	707	724	742	759	777
250	794	811	829	846	863	881	898	915	933	950

N.	0	1	2	3	4	5	6	7	8	9

P. P.

20		19		18		17	
1	2,0	1	1,9	1	1,8	1	1,7
2	4,0	2	3,8	2	3,6	2	3,4
3	6,0	3	5,7	3	5,4	3	5,1
4	8,0	4	7,6	4	7,2	4	6,8
5	10,0	5	9,5	5	9,0	5	8,5
6	12,0	6	11,4	6	10,8	6	10.2
7	14.0	7	13,3	7	12,6	7	11,9
8	16,0	8	15,2	8	14,4	8	13,6
9	16,0	9	17,1	9	16,2	9	15,3

N.	0	1	2	3	4	5	6	7	8	9	P. P.
250	39 794	811	829	846	863	881	898	915	933	950	
251	967	985	*002	*019	*037	*054	*071	*088	*106	*123	18
252	40 140	157	175	192	209	226	243	261	278	295	1|1,8
253	312	329	346	364	381	398	415	432	449	466	2|3,6
254	483	500	518	535	552	569	586	603	620	637	3|5,4 4|7,2
255	654	671	688	705	722	739	756	773	790	807	5|9,0 6|10,8
256	824	841	858	875	892	909	926	943	960	976	7|12,6
257	993	*010	*027	*044	*061	*078	*095	*111	*128	*145	8|14,4
258	41 162	179	196	212	229	246	263	280	296	313	9|16,2
259	330	347	363	380	397	414	430	447	464	481	17
260	497	514	531	547	564	581	597	614	631	´647	1|1,7
261	664	681	697	714	731	747	764	780	797	814	2|3,4
262	830	847	863	880	896	913	929	946	963	979	3|5,1 4|6.8
263	996	*012	*029	*045	*062	*078	*095	*111	*127	*144	5|8,5 6|10,2
264	42 160	177	193	210	226	243	259	275	292	308	7|11,9 8|13,6
265	325	341	357	374	390	406	423	439	455	472	9|15,3
266	488	504	521	537	553	570	586	602	619	635	
267	651	667	684	700	716	732	749	765	781	797	16
268	813	830	846	862	878	894	911	927	943	959	1|1,6
269	975	991	*008	*024	*040	*056	*072	*088	*104	*120	2|3,2 3|4,8
270	43 136	152	169	185	201	217	233	249	265	281	4|6,4 5|8,0
271	297	313	329	345	361	377	393	409	425	441	6|9,6
272	457	473	489	505	521	537	553	569	584	600	7|11,2 8|12,8
273	616	632	648	664	680	696	712	727.	743	759	9|14,4
274	775	791	807	823	838	854	870	886	902	917	
275	933	949	965	981	996	*012	*028	*044	*059	*075	15
276	44 091	107	122	138	154	170	185	201	217	232	1|1,5
277	248	264	279	295	311	326	342	358	373	389	2|3,0 3|4,5
278	404	420	436	451	467	483	498	514	529	545	4|6,0 5|7,5
279	560	576	592	607	623	638	654	669	685	700	6|9,0 7|10,5
280	716	731	747	762	778	793	809	824	840	855	8|12,0 9|13,5

N.	0	1	2	3	4	5	6	7	8	9	P. P.

N.	0	1	2	3	4	5	6	7	8	9	P. P.
280	44 716	731	747	762	778	793	809	824	840	855	
281	871	886	902	917	932	948	963	979	994	*010	
282	45 025	040	056	071	086	102	117	133	148	163	
283	179	194	209	225	240	255	271	286	301	317	
284	332	347	362	378	393	408	423	439	454	469	
285	484	500	515	530	545	561	576	591	606	621	
286	637	652	667	682	697	712	728	743	758	773	
287	788	803	818	834	849	864	879	894	909	924	
288	939	954	969	984	*000	*015	*030	*045	*060	*075	
289	46 090	105	120	135	150	165	180	195	210	225	
290	240	255	270	285	300	315	330	345	359	374	
291	389	404	419	434	449	464	479	494	509	523	
292	538	553	568	583	598	613	627	642	657	672	
293	687	702	716	731	746	761	776	790	805	820	
294	835	850	864	879	894	909	923	938	953	967	
295	982	997	*012	*026	*041	*056	*070	*085	*100	*114	
296	47 129	144	159	173	188	202	217	232	246	261	
297	276	290	305	319	334	349	363	378	392	407	
298	422	436	451	465	480	494	509	524	538	553	
299	567	582	596	611	625	640	654	669	683	698	
300	712	727	741	756	770	784	799	813	828	842	
301	857	871	885	900	914	929	943	958	972	986	
302	48 001	015	029	044	058	073	087	101	116	130	
303	144	159	173	187	202	216	230	244	259	273	
304	287	302	316	330	344	359	373	387	401	416	
305	430	444	458	473	487	501	515	530	544	558	
306	572	586	601	615	629	643	657	671	686	700	
307	714	728	742	756	770	785	799	813	827	841	
308	855	869	883	897	911	926	940	954	968	982	
309	996	*010	*024	*038	*052	*066	*080	*094	*108	*122	
310	49 136	150	164	178	192	206	220	234	248	262	
N.	0	1	2	3	4	5	6	7	8	9	P. P.

P. P.

16

1	1,6
2	3,2
3	4,8
4	6,4
5	8,0
6	9,6
7	11,2
8	12,8
9	14,4

15

1	1,5
2	3,0
3	4,5
4	6,0
5	7,5
6	9,0
7	10,5
8	12,0
9	13,5

14

1	1,4
2	2,8
3	4,2
4	5,6
5	7,0
6	8,4
7	9,8
8	11,2
9	12,6

N.	0	1	2	3	4	5	6	7	8	9
310	49 136	150	164	178	192	206	220	234	248	262
311	276	290	304	318	332	346	360	374	388	402
312	415	429	443	457	471	485	499	513	527	541
313	554	568	582	596	610	624	638	651	665	679
314	693	707	721	734	748	762	776	790	803	817
315	831	845	859	872	886	900	914	927	941	955
316	969	982	*996	*010	*024	*037	*051	*065	*079	*092
317	50 106	120	133	147	161	174	188	202	215	229
318	243	256	270	284	297	311	325	338	352	365
319	379	393	406	420	433	447	461	474	488	501
320	515	529	542	556	569	583	596	610	623	637
321	651	664	678	691	705	718	732	745	759	772
322	786	799	813	826	840	853	866	880	893	907
323	920	934	947	961	974	987	*001	*014	*028	*041
324	51 055	068	081	095	108	121	135	148	162	175
325	188	202	215	228	242	255	268	282	295	308
326	322	335	348	362	375	388	402	415	428	441
327	455	468	481	495	508	521	534	548	561	574
328	587	601	614	627	640	654	667	680	693	706
329	720	733	746	759	772	786	799	812	825	838
330	851	865	878	891	904	917	930	943	957	970
331	983	996	*009	*022	*035	*048	*061	*075	*088	*101
332	52 114	127	140	153	166	179	192	205	218	231
333	244	257	270	284	297	310	323	336	349	362
334	375	388	401	414	427	440	453	466	479	492
335	504	517	530	543	556	569	582	595	608	621
336	634	647	660	673	686	699	711	724	737	750
337	763	776	789	802	815	827	840	853	866	879
338	892	905	917	930	943	956	969	982	994	*007
339	53 020	033	046	058	071	084	097	110	122	135
340	148	161	173	186	199	212	224	237	250	263

N.	0	1	2	3	4	5	6	7	8	9

P. P.

14		13		12	
1	1,4	1	1,3	1	1,2
2	2,8	2	2,6	2	2,4
3	4,2	3	3,9	3	3,6
4	5,6	4	5,2	4	4,8
5	7,0	5	6,5	5	6,0
6	8,4	6	7,8	6	7,2
7	9,8	7	9,1	7	8,4
8	11,2	8	10,4	8	9,6
9	12,6	9	11,7	9	10,8

N.	0	1	2	3	4	5	6	7	8	9	P. P.
340	53 148	161	173	186	199	212	224	237	250	263	
341	275	288	301	314	326	339	352	364	377	390	
342	403	415	428	441	453	466	479	491	504	517	
343	529	542	555	567	580	593	605	618	631	643	
344	656	668	681	694	706	719	732	744	757	769	
345	782	794	807	820	832	845	857	870	882	895	
346	908	920	933	945	958	970	983	995	*008	*020	
347	54 033	045	058	070	083	095	108	120	133	145	
348	158	170	183	195	208	220	233	245	258	270	
349	283	295	307	320	332	345	357	370	382	394	
350	407	419	432	444	456	469	481	494	506	518	
351	531	543	555	568	580	593	605	617	630	642	
352	654	667	679	691	704	716	728	741	753	765	
353	777	790	802	814	827	839	851	864	876	888	
354	900	913	925	937	949	962	974	986	998	*011	
355	55 023	035	047	060	072	084	096	108	121	133	
356	145	157	169	182	194	206	218	230	242	255	
357	267	279	291	303	315	328	340	352	364	376	
358	388	400	413	425	437	449	461	473	485	497	
359	509	522	534	546	558	570	582	594	606	618	
360	630	642	654	666	678	691	703	715	727	739	
361	751	763	775	787	799	811	823	835	847	859	
362	871	883	895	907	919	931	943	955	967	979	
363	991	*003	*015	*027	*038	*050	*062	*074	*086	*098	
364	56 110	122	134	146	158	170	182	194	205	217	
365	229	241	253	265	277	289	301	312	324	336	
366	348	360	372	384	396	407	419	431	443	455	
367	467	478	490	502	514	526	538	549	561	573	
368	585	597	608	620	632	644	656	667	679	691	
369	703	714	726	738	750	761	773	785	797	808	
370	820	832	844	855	867	879	891	902	914	926	
N.	0	1	2	3	4	5	6	7	8	9	P. P.

P. P.

13

1	1,3
2	2,6
3	3,9
4	5,2
5	6,5
6	7,8
7	9,1
8	10,4
9	11,7

12

1	1,2
2	2,4
3	3,6
4	4,8
5	6,0
6	7,2
7	8,4
8	9,6
9	10,8

11

1	1,1
2	2,2
3	3,3
4	4,4
5	5,5
6	6,6
7	7,7
8	8,8
9	9,9

N.	0	1	2	3	4	5	6	7	8	9	P. P.
370	56 820	832	844	855	867	879	891	902	914	926	
371	937	949	961	972	984	996	*008	*019	*031	*043	
372	57 054	066	078	089	101	113	124	136	148	159	
373	171	183	194	206	217	229	241	252	264	276	
374	287	299	310	322	334	345	357	368	380	392	
375	403	415	426	438	449	461	473	484	496	507	
376	519	530	542	553	565	576	588	600	611	623	
377	634	646	657	669	680	692	703	715	726	738	
378	749	761	772	784	795	807	818	830	841	852	
379	864	875	887	898	910	921	933	944	955	967	
380	978	990	*001	*013	*024	*035	*047	*058	*070	*081	
381	58 092	104	115	127	138	149	161	172	184	195	
382	206	218	229	240	252	263	274	286	297	309	
383	320	331	343	354	365	377	388	399	410	422	
384	433	444	456	467	478	490	501	512	524	535	
385	546	557	569	580	591	602	614	625	636	647	
386	659	670	681	692	704	715	726	737	749	760	
387	771	782	794	805	816	827	838	850	861	872	
388	883	894	906	917	928	939	950	961	973	984	
389	995	*006	*017	*028	*040	*051	*062	*073	*084	*095	
390	59 106	118	129	140	151	162	173	184	195	207	
391	218	229	240	251	262	273	284	295	306	318	
392	329	340	351	362	373	384	395	406	417	428	
393	439	450	461	472	483	494	506	517	528	539	
394	550	561	572	583	594	605	616	627	638	649	
395	660	671	682	693	704	715	726	737	748	759	
396	770	780	791	802	813	824	835	846	857	868	
397	879	890	901	912	923	934	945	956	966	977	
398	988	999	*010	*021	*032	*043	*054	*065	*076	*086	
399	60 097	108	119	130	141	152	163	173	184	195	
400	206	217	228	239	249	260	271	282	293	304	
N.	0	1	2	3	4	5	6	7	8	9	P. P.

P. P.

12

1	1,2
2	2,4
3	3,6
4	4,8
5	6,0
6	7,2
7	8,4
8	9,6
9	10,8

11

1	1,1
2	2,2
3	3,3
4	4,4
5	5,5
6	6,6
7	7,7
8	8,8
9	9,9

10

1	1,0
2	2,0
3	3,0
4	4,0
5	5,0
6	6,0
7	7,0
8	8,0
9	9,0

N.	0	1	2	3	4	5	6	7	8	9
400	60 206	217	228	239	249	260	271	282	293	304
401	314	325	336	347	358	369	379	390	401	412
402	423	433	444	455	466	477	487	498	509	520
403	531	541	552	563	574	584	595	606	617	627
404	638	649	660	670	681	692	703	713	724	735
405	746	756	767	778	788	799	810	821	831	842
406	853	863	874	885	895	906	917	927	938	949
407	959	970	981	991	*002	*013	*023	*034	*045	*055
408	61 066	077	087	098	109	119	130	140	151	162
409	172	183	194	204	215	225	236	247	257	268
410	278	289	300	310	321	331	342	352	363	374
411	384	395	405	416	426	437	448	458	469	479
412	490	500	511	521	532	542	553	563	574	584
413	595	606	616	627	637	648	658	669	679	690
414	700	711	721	731	742	752	763	773	784	794
415	805	815	826	836	847	857	868	878	888	899
416	909	920	930	941	951	962	972	982	993	*003
417	62 014	024	034	045	055	066	076	086	097	107
418	118	128	138	149	159	170	180	190	201	211
419	221	232	242	252	263	273	284	294	304	315
420	325	335	346	356	366	377	387	397	408	418
421	428	439	449	459	469	480	490	500	511	521
422	531	542	552	562	572	583	593	603	613	624
423	634	644	655	665	675	685	696	706	716	726
424	737	747	757	767	778	788	798	808	818	829
425	839	849	859	870	880	890	900	910	921	931
426	941	951	961	972	982	992	*002	*012	*022	*033
427	63 043	053	063	073	083	094	104	114	124	134
428	144	155	165	175	185	195	205	215	225	236
429	246	256	266	276	286	296	306	317	327	337
430	347	357	367	377	387	397	407	417	428	438
N.	0	1	2	3	4	5	6	7	8	9

P. P.

11		10		9	
1	1,1	1	1,0	1	0,9
2	2,2	2	2,0	2	1,8
3	3,3	3	3,0	3	2,7
4	4,4	4	4,0	4	3,6
5	5,5	5	5,0	5	4,5
6	6,6	6	6,0	6	5,4
7	7,7	7	7,0	7	6,3
8	8,8	8	8,0	8	7,2
9	9,9	9	9,0	9	8,1

N.	0	1	2	3	4	5	6	7	8	9	P. P.
430	63 347	357	367	377	387	397	407	417	428	438	
431	448	458	468	478	488	498	508	518	528	538	
432	548	558	568	579	589	599	609	619	629	639	
433	649	659	669	679	689	699	709	719	729	739	
434	749	759	769	779	789	799	809	819	829	839	
435	849	859	869	879	889	899	909	919	929	939	
436	949	959	969	979	988	998	*008	*018	*028	*038	10
437	64 048	058	068	078	088	098	108	118	128	137	1 | 1,0
438	147	157	167	177	187	197	207	217	227	237	2 | 2,0 3 | 3,0
439	246	256	266	276	286	296	306	316	326	335	4 | 4,0 5 | 5,0 6 | 6,0
440	345	355	365	375	385	395	404	414	424	434	7 | 7,0
441	444	454	464	473	483	493	503	513	523	532	8 | 8,0 9 | 9,0
442	542	552	562	572	582	591	601	611	621	631	
443	640	650	660	670	680	689	699	709	719	729	
444	738	748	758	768	777	787	797	807	816	826	
445	836	846	856	865	875	885	895	904	914	924	
446	933	943	953	963	972	982	992	*002	*011	*021	
447	65 031	040	050	060	070	079	089	099	108	118	
448	128	137	147	157	167	176	186	196	205	215	
449	225	234	244	254	263	273	283	292	302	312	9
450	321	331	341	350	360	369	379	389	398	408	1 | 0,9
451	418	427	437	447	456	466	475	485	495	504	2 | 1,8 3 | 2,7
452	514	523	533	543	552	562	571	581	591	600	4 | 3,6 5 | 4,5
453	610	619	629	639	648	658	667	677	686	696	6 | 5,4 7 | 6,3
454	706	715	725	734	744	753	763	772	782	792	8 | 7,2 9 | 8,1
455	801	811	820	830	839	849	858	868	877	887	
456	896	906	916	925	935	944	954	963	973	982	
457	992	*001	*011	*020	*030	*039	*049	*058	*068	*077	
458	66 087	096	106	115	124	134	143	153	162	172	
459	181	191	200	210	219	229	238	247	257	266	
460	276	285	295	304	314	323	332	342	351	361	
N.	0	1	2	3	4	5	6	7	8	9	P. P.

N.	0	1	2	3	4	5	6	7	8	9	P. P.
460	66 276	285	295	304	314	323	332	342	351	361	
461	370	380	389	398	408	417	427	436	445	455	
462	464	474	483	492	502	511	521	530	539	549	
463	558	567	577	586	596	605	614	624	633	642	
464	652	661	671	680	689	699	708	717	727	736	
465	745	755	764	773	783	792	801	811	820	829	
466	839	848	857	867	876	885	894	904	913	922	
467	932	941	950	960	969	978	987	997	*006	*015	
468	67 025	034	043	052	062	071	080	089	099	108	
469	117	127	136	145	154	164	173	182	191	201	
470	210	219	228	237	247	256	265	274	284	293	
471	302	311	321	330	339	348	357	367	376	385	
472	394	403	413	422	431	440	449	459	468	477	
473	486	495	504	514	523	532	541	550	560	569	
474	578	587	596	605	614	624	633	642	651	660	
475	669	679	688	697	706	715	724	733	742	752	
476	761	770	779	788	797	806	815	825	834	843	
477	852	861	870	879	888	897	906	916	925	934	
478	943	952	961	970	979	988	997	*006	*015	*024	
479	68 034	043	052	061	070	079	088	097	106	115	
480	124	133	142	151	160	169	178	187	196	205	
481	215	224	233	242	251	260	269	278	287	296	
482	305	314	323	332	341	350	359	368	377	386	
483	395	404	413	422	431	440	449	458	467	476	
484	485	494	502	511	520	529	538	547	556	565	
485	574	583	592	601	610	619	628	637	646	655	
486	664	673	681	690	699	708	717	726	735	744	
487	753	762	771	780	789	797	806	815	824	833	
488	842	851	860	869	878	886	895	904	913	922	
489	931	940	949	958	966	975	984	993	*002	*011	
490	69 020	028	037	046	055	064	073	082	090	099	
N.	0	1	2	3	4	5	6	7	8	9	P. P.

P. P.

10		9	
1	1,0	1	0,9
2	2,0	2	1,8
3	3,0	3	2,7
4	4,0	4	3,6
5	5,0	5	4,5
6	6,0	6	5,4
7	7,0	7	6,3
8	8,0	8	7,2
9	9,0	9	8,1

N.	0	1	2	3	4	5	6	7	8	9	P. P.
490	69 020	028	037	046	055	064	073	082	090	099	
491	108	117	126	135	144	152	161	170	179	188	
492	197	205	214	223	232	241	249	258	267	276	
493	285	294	302	311	320	329	338	346	355	364	
494	373	381	390	399	408	417	425	434	443	452	
495	461	469	478	487	496	504	513	522	531	539	
496	548	557	566	574	583	592	601	609	618	627	**9**
497	636	644	653	662	671	679	688	697	705	714	1 | 0,9
498	723	732	740	749	758	767	775	784	793	801	2 | 1,8 3 | 2,7
499	810	819	827	836	845	854	862	871	880	888	4 | 3,6 5 | 4,5
500	897	906	914	923	932	940	949	958	966	975	6 | 5,4 7 | 6,3
501	984	992	*001	*010	*018	*027	*036	*044	*053	*062	8 | 7,2 9 | 8,1
502	70 070	079	088	096	105	114	122	131	140	148	
503	157	165	174	183	191	200	209	217	226	234	
504	243	252	260	269	278	286	295	303	312	321	
505	329	338	346	355	364	372	381	389	398	406	
506	415	424	432	441	449	458	467	475	484	492	
507	501	509	518	526	535	544	552	561	569	578	
508	586	595	603	612	621	629	638	646	655	663	
509	672	680	689	697	706	714	723	731	740	749	**8**
510	757	766	774	783	791	800	808	817	825	834	1 | 0,8 2 | 1,6
511	842	851	859	868	876	885	893	902	910	919	3 | 2,4 4 | 3,2
512	927	935	944	952	961	969	978	986	995	*003	5 | 4,0 6 | 4,8
513	71 012	020	029	037	046	054	063	071	079	088	7 | 5,6 8 | 6,4
514	096	105	113	122	130	139	147	155	164	172	9 | 7,2
515	181	189	198	206	214	223	231	240	248	257	
516	265	273	282	290	299	307	315	324	332	341	
517	349	357	366	374	383	391	399	408	416	425	
518	433	441	450	458	466	475	483	492	500	508	
519	517	525	533	542	550	559	567	575	584	592	
520	600	609	617	625	634	642	650	659	667	675	
N.	0	1	2	3	4	5	6	7	8	9	P. P.

N.	0	1	2	3	4	5	6	7	8	9	P. P.
520	71 600	609	617	625	634	642	650	659	667	675	
521	684	692	700	709	717	725	734	742	750	759	
522	767	775	784	792	800	809	817	825	834	842	
523	850	858	867	875	883	892	900	908	917	925	
524	933	941	950	958	966	975	983	991	999	*008	
525	72 016	024	032	041	049	057	066	074	082	090	
526	099	107	115	123	132	140	148	156	165	173	**9**
527	181	189	198	206	214	222	230	239	247	255	1 | 0,9
528	263	272	280	288	296	304	313	321	329	337	2 | 1,8
529	346	354	362	370	378	387	395	403	411	419	3 | 2,7 4 | 3,6 5 | 4,5
530	428	436	444	452	460	469	477	485	493	501	6 | 5,4 7 | 6,3
531	509	518	526	534	542	550	558	567	575	583	8 | 7,2
532	591	599	607	616	624	632	640	648	656	665	9 | 8,1
533	673	681	689	697	705	713	722	730	738	746	
534	754	762	770	779	787	795	803	811	819	827	
535	835	843	852	860	868	876	884	892	900	908	
536	916	925	933	941	949	957	965	973	981	989	
537	997	*006	*014	*022	*030	*038	*046	*054	*062	*070	
538	73 078	086	094	102	111	119	127	135	143	151	
539	159	167	175	183	191	199	207	215	223	231	**8**
540	239	247	255	263	272	280	288	296	304	312	1 | 0,8 2 | 1,6
541	320	328	336	344	352	360	368	376	384	392	3 | 2,4 4 | 3,2
542	400	408	416	424	432	440	448	456	464	472	5 | 4,0 6 | 4,8
543	480	488	496	504	512	520	528	536	544	552	7 | 5,6 8 | 6,4
544	560	568	576	584	592	600	608	616	624	632	9 | 7,2
545	640	648	656	664	672	679	687	695	703	711	
546	719	727	735	743	751	759	767	775	783	791	
547	799	807	815	823	830	838	846	854	862	870	
548	878	886	894	902	910	918	926	933	941	949	
549	957	965	973	981	989	997	*005	*013	*020	*028	
550	74 036	044	052	060	068	076	084	092	099	107	
N.	0	1	2	3	4	5	6	7	8	9	P. P.

N.	0	1	2	3	4	5	6	7	8	9	P. P.
550	74 036	044	052	060	068	076	084	092	099	107	
551	115	123	131	139	147	155	162	170	178	186	
552	194	202	210	218	225	233	241	249	257	265	
553	273	280	288	296	304	312	320	327	335	343	
554	351	359	367	374	382	390	398	406	414	421	
555	429	437	445	453	461	468	476	484	492	500	
556	507	515	523	531	539	547	554	562	570	578	
557	586	593	601	609	617	624	632	640	648	656	
558	663	671	679	687	695	702	710	718	726	733	
559	741	749	757	764	772	780	788	796	803	811	
560	819	827	834	842	850	858	865	873	881	889	
561	896	904	912	920	927	935	943	950	958	966	
562	974	981	989	997	*005	*012	*020	*028	*035	*043	
563	75 051	059	066	074	082	089	097	105	113	120	
564	128	136	143	151	159	166	174	182	189	197	
565	205	213	220	228	236	243	251	259	266	274	
566	282	289	297	305	312	320	328	335	343	351	
567	358	366	374	381	389	397	404	412	420	427	
568	435	442	450	458	465	473	481	488	496	504	
569	511	519	526	534	542	549	557	565	572	580	
570	587	595	603	610	618	626	633	641	648	656	
571	664	671	679	686	694	702	709	717	724	732	
572	740	747	755	762	770	778	785	793	800	808	
573	815	823	831	838	846	853	861	868	876	884	
574	891	899	906	914	921	929	937	944	952	959	
575	967	974	982	989	997	*005	*012	*020	*027	*035	
576	76 042	050	057	065	072	080	087	095	103	110	
577	118	125	133	140	148	155	163	170	178	185	
578	193	200	208	215	223	230	238	245	253	260	
579	268	275	283	290	298	305	313	320	328	335	
580	343	350	358	365	373	380	388	395	403	410	
N.	0	1	2	3	4	5	6	7	8	9	P. P.

P. P.

8
1	0,8
2	1,6
3	2,4
4	3,2
5	4,0
6	4,8
7	5,6
8	6,4
9	7,2

7
1	0,7
2	1,4
3	2,1
4	2,8
5	3,5
6	4,2
7	4,9
8	5,6
9	6,3

N.	0	1	2	3	4	5	6	7	8	9	P. P.
580	76 343	350	358	365	373	380	388	395	403	410	
581	418	425	433	440	448	455	462	470	477	485	
582	492	500	507	515	522	530	537	545	552	559	
583	567	574	582	589	597	604	612	619	626	634	
584	641	649	656	664	671	678	686	693	701	708	
585	716	723	730	738	745	753	760	768	775	782	
586	790	797	805	812	819	827	834	842	849	856	
587	864	871	879	886	893	901	908	916	923	930	
588	938	945	953	960	967	975	982	989	997	*004	
589	77 012	019	026	034	041	048	056	063	070	078	
590	085	093	100	107	115	122	129	137	144	151	
591	159	166	173	181	188	195	203	210	217	225	
592	232	240	247	254	262	269	276	283	291	298	
593	305	313	320	327	335	342	349	357	364	371	
594	379	386	393	401	408	415	422	430	437	444	
595	452	459	466	474	481	488	495	503	510	517	
596	525	532	539	546	554	561	568	576	583	590	
597	597	605	612	619	627	634	641	648	656	663	
598	670	677	685	692	699	706	714	721	728	735	
599	743	750	757	764	772	779	786	793	801	808	
600	815	822	830	837	844	851	859	866	873	880	
601	887	895	902	909	916	924	931	938	945	952	
602	960	967	974	981	988	996	*003	*010	*017	*025	
603	78 032	039	046	053	061	068	075	082	089	097	
604	104	111	118	125	132	140	147	154	161	168	
605	176	183	190	197	204	211	219	226	233	240	
606	247	254	262	269	276	283	290	297	305	312	
607	319	326	333	340	347	355	362	369	376	383	
608	390	398	405	412	419	426	433	440	447	455	
609	462	469	476	483	490	497	504	512	519	526	
610	533	540	547	554	561	569	576	583	590	597	
N.	0	1	2	3	4	5	6	7	8	9	P. P.

P. P.

6

1	0,6
2	1,2
3	1,8
4	2,4
5	3,0
6	3,6
7	4,2
8	4,8
9	5,4

7

1	0,7
2	1,4
3	2,1
4	2,8
5	3,5
6	4,2
7	4,9
8	5,6
9	6,3

8

1	0,8
2	1,6
3	2,4
4	3,2
5	4,0
6	4,8
7	5,6
8	6,4
9	7,2

N.	0	1	2	3	4	5	6	7	8	9	P. P.
610	78 533	540	547	554	561	569	576	583	590	597	
611	604	611	618	625	633	640	647	654	661	668	
612	675	682	689	696	704	711	718	725	732	739	
613	746	753	760	767	774	781	789	796	803	810	**6**
614	817	824	831	838	845	852	859	866	873	880	1 0.6
											2 1.2
615	888	895	902	909	916	923	930	937	944	951	3 1.8
616	958	965	972	979	986	993	*000	*007	*014	*021	4 2.4
617	79 029	036	043	050	057	064	071	078	085	092	5 3.0
618	099	106	113	120	127	134	141	148	155	162	6 3.6
619	169	176	183	190	197	204	211	218	225	232	7 4.2
											8 4.8
											9 5.4
620	239	246	253	260	267	274	281	288	295	302	
621	309	316	323	330	337	344	351	358	365	372	
622	379	386	393	400	407	414	421	428	435	442	
623	449	456	463	470	477	484	491	498	505	511	**7**
624	518	525	532	539	546	553	560	567	574	581	1 0.7
											2 1.4
625	588	595	602	609	616	623	630	637	644	650	3 2.1
626	657	664	671	678	685	692	699	706	713	720	4 2.8
627	727	734	741	748	754	761	768	775	782	789	5 3.5
628	796	803	810	817	824	831	837	844	851	858	6 4.2
629	865	872	879	886	893	900	906	913	920	927	7 4.9
											8 5.6
											9 6.3
630	934	941	948	955	962	969	975	982	989	996	
631	80 003	010	017	024	030	037	044	051	058	065	
632	072	079	085	092	099	106	113	120	127	134	**8**
633	140	147	154	161	168	175	182	188	195	202	1 0.8
634	209	216	223	229	236	243	250	257	264	271	2 1.6
											3 2.4
635	277	284	291	298	305	312	318	325	332	339	4 3.2
636	346	353	359	366	373	380	387	393	400	407	5 4.0
637	414	421	428	434	441	448	455	462	468	475	6 4.8
638	482	489	496	502	509	516	523	530	536	543	7 5.6
639	550	557	564	570	577	584	591	598	604	611	8 6.4
											9 7.2
640	618	625	632	638	645	652	659	665	672	679	
N.	0	1	2	3	4	5	6	7	8	9	P. P.

N.	0	1	2	3	4	5	6	7	8	9	P. P.
640	80 618	625	632	638	645	652	659	665	672	679	
641	686	693	699	706	713	720	726	733	740	747	
642	754	760	767	774	781	787	794	801	808	814	
643	821	828	835	841	848	855	862	868	875	882	
644	889	895	902	909	916	922	929	936	943	949	
645	956	963	969	976	983	990	996	*003	*010	*017	
646	81 023	030	037	043	050	057	064	070	077	084	**7**
647	090	097	104	111	117	124	131	137	144	151	1 0,7
648	158	164	171	178	184	191	198	204	211	218	2 1,4 3 2,1
649	224	231	238	245	251	258	265	271	278	285	4 2,8 5 3,5
650	291	298	305	311	318	325	331	338	345	351	6 4,2 7 4,9
651	358	365	371	378	385	391	398	405	411	418	8 5,6 9 6,3
652	425	431	438	445	451	458	465	471	478	485	
653	491	498	505	511	518	525	531	538	544	551	
654	558	564	571	578	584	591	598	604	611	617	
655	624	631	637	644	651	657	664	671	677	684	
656	690	697	704	710	717	723	730	737	743	750	
657	757	763	770	776	783	790	796	803	809	816	
658	823	829	836	842	849	856	862	869	875	882	
659	889	895	902	908	915	921	928	935	941	948	**6**
660	954	961	968	974	981	987	994	*000	*007	*014	1 0,6
661	82 020	027	033	040	046	053	060	066	073	079	2 1,2 3 1,8
662	086	092	099	105	112	119	125	132	138	145	4 2,4 5 3,0
663	151	158	164	171	178	184	191	197	204	210	6 3,6 7 4,2
664	217	223	230	236	243	249	256	263	269	276	8 4,8 9 5,4
665	282	289	295	302	308	315	321	328	334	341	
666	347	354	360	367	373	380	387	393	400	406	
667	413	419	426	432	439	445	452	458	465	471	
668	478	484	491	497	504	510	517	523	530	536	
669	543	549	556	562	569	575	582	588	595	601	
670	607	614	620	627	633	640	646	653	659	666	
N.	0	1	2	3	4	5	6	7	8	9	P. P.

N.	0	1	2	3	4	5	6	7	8	9	P. P.
670	82 607	614	620	627	633	640	646	653	659	666	
671	672	679	685	692	698	705	711	718	724	730	
672	737	743	750	756	763	769	776	782	789	795	
673	802	808	814	821	827	834	840	847	853	860	
674	866	872	879	885	892	898	905	911	918	924	
675	930	937	943	950	956	963	969	975	982	988	
676	995	*001	*008	*014	*020	*027	*033	*040	*046	*052	
677	83 059	065	072	078	085	091	097	104	110	117	
678	123	129	136	142	149	155	161	168	174	181	
679	187	193	200	206	213	219	225	232	238	245	
680	251	257	264	270	276	283	289	296	302	308	
681	315	321	327	334	340	347	353	359	366	372	
682	378	385	391	398	404	410	417	423	429	436	
683	442	448	455	461	467	474	480	487	493	499	
684	506	512	518	525	531	537	544	550	556	563	6
685	569	575	582	588	594	601	607	613	620	626	1 | 0,6
686	632	639	645	651	658	664	670	677	683	689	2 | 1,2
687	696	702	708	715	721	727	734	740	746	753	3 | 1,8
688	759	765	771	778	784	790	797	803	809	816	4 | 2,4
689	822	828	835	841	847	853	860	866	872	879	5 | 3,0
690	885	891	897	904	910	916	923	929	935	942	6 | 3,6
691	948	954	960	967	973	979	985	992	998	*004	7 | 4,2
692	84 011	017	023	029	036	042	048	055	061	067	8 | 4,8
693	073	080	086	092	098	105	111	117	123	130	9 | 5,4
694	136	142	148	155	161	167	173	180	186	192	
695	198	205	211	217	223	230	236	242	248	255	
696	261	267	273	280	286	292	298	305	311	317	
697	323	330	336	342	348	354	361	367	373	379	
698	386	392	398	404	410	417	423	429	435	442	
699	448	454	460	466	473	479	485	491	497	504	
700	510	516	522	528	535	541	547	553	559	566	
N.	0	1	2	3	4	5	6	7	8	9	P. P.

N.	0	1	2	3	4	5	6	7	8	9	P. P.
700	84 510	516	522	528	535	541	547	553	559	566	
701	572	578	584	590	597	603	609	615	621	628	
702	634	640	646	652	658	665	671	677	683	689	
703	696	702	708	714	720	726	733	739	745	751	
704	757	763	770	776	782	788	794	800	807	813	
705	819	825	831	837	844	850	856	862	868	874	
706	880	887	893	899	905	911	917	924	930	936	
707	942	948	954	960	967	973	979	985	991	997	
708	85 003	009	016	022	028	034	040	046	052	058	
709	065	071	077	083	089	095	101	107	114	120	
710	126	132	138	144	150	156	163	169	175	181	
711	187	193	199	205	211	217	224	230	236	242	
712	248	254	260	266	272	278	285	291	297	303	
713	309	315	321	327	333	339	345	352	358	364	
714	370	376	382	388	394	400	406	412	418	425	
715	431	437	443	449	455	461	467	473	479	485	
716	491	497	503	509	516	522	528	534	540	546	
717	552	558	564	570	576	582	588	594	600	606	
718	612	618	625	631	637	643	649	655	661	667	
719	673	679	685	691	697	703	709	715	721	727	
720	733	739	745	751	757	763	769	775	781	788	
721	794	800	806	812	818	824	830	836	842	848	
722	854	860	866	872	878	884	890	896	902	908	
723	914	920	926	932	938	944	950	956	962	968	
724	974	980	986	992	998	•004	•010	•016	•022	•028	
725	86 034	040	046	052	058	064	070	076	082	088	
726	094	100	106	112	118	124	130	136	141	147	
727	153	159	165	171	177	183	189	195	201	207	
728	213	219	225	231	237	243	249	255	261	267	
729	273	279	285	291	297	303	308	314	320	326	
730	332	338	344	350	356	362	368	374	380	386	
N.	0	1	2	3	4	5	6	7	8	9	P. P.

P. P.

5

1	0,5
2	1,0
3	1,5
4	2,0
5	2,5
6	3,0
7	3,5
8	4,0
9	4,5

6

1	0,6
2	1,2
3	1,8
4	2,4
5	3,0
6	3,6
7	4,2
8	4,8
9	5,4

7

1	0,7
2	1,4
3	2,1
4	2,8
5	3,5
6	4,2
7	4,9
8	5,6
9	6,3

N.	0	1	2	3	4	5	6	7	8	9	P. P.
730	86 332	338	344	350	356	362	368	374	380	386	
731	392	398	404	410	415	421	427	433	439	445	
732	451	457	463	469	475	481	487	493	499	504	
733	510	516	522	528	534	540	546	552	558	564	
734	570	576	581	587	593	599	605	611	617	623	
735	629	635	641	646	652	658	664	670	676	682	
736	688	694	700	705	711	717	723	729	735	741	
737	747	753	759	764	770	776	782	788	794	800	
738	806	812	817	823	829	835	841	847	853	859	
739	864	870	876	882	888	894	900	906	911	917	
740	923	929	935	941	947	953	958	964	970	976	
741	982	988	994	999	*005	*011	*017	*023	*029	*035	
742	87 040	046	052	058	064	070	075	081	087	093	
743	099	105	111	116	122	128	134	140	146	151	
744	157	163	169	175	181	186	192	198	204	210	
745	216	221	227	233	239	245	251	256	262	268	
746	274	280	286	291	297	303	309	315	320	326	
747	332	338	344	349	355	361	367	373	379	384	
748	390	396	402	408	413	419	425	431	437	442	
749	448	454	460	466	471	477	483	489	495	500	
750	506	512	518	523	529	535	541	547	552	558	
751	564	570	576	581	587	593	599	604	610	616	
752	622	628	633	639	645	651	656	662	668	674	
753	679	685	691	697	703	708	714	720	726	731	
754	737	743	749	754	760	766	772	777	783	789	
755	795	800	806	812	818	823	829	835	841	846	
756	852	858	864	869	875	881	887	892	898	904	
757	910	915	921	927	933	938	944	950	955	961	
758	967	973	978	984	990	996	*001	*007	*013	*018	
759	88 024	030	036	041	047	053	058	064	070	076	
760	081	087	093	098	104	110	116	121	127	133	
N.	0	1	2	3	4	5	6	7	8	9	P. P.

5

1	0,5
2	1,0
3	1,5
4	2,0
5	2,5
6	3,0
7	3,5
8	4,0
9	4,5

6

1	0,6
2	1,2
3	1,8
4	2,4
5	3,0
6	3,6
7	4,2
8	4,8
9	5,4

7

1	0,7
2	1,4
3	2,1
4	2,8
5	3,5
6	4,2
7	4,9
8	5,6
9	6,3

N.	0	1	2	3	4	5	6	7	8	9	P. P.
760	88 081	087	093	098	104	110	116	121	127	133	
761	138	144	150	156	161	167	173	178	184	190	
762	195	201	207	213	218	224	230	235	241	247	
763	252	258	264	270	275	281	287	292	298	304	
764	309	315	321	326	332	338	343	349	355	360	
765	366	372	377	383	389	395	400	406	412	417	
766	423	429	434	440	446	451	457	463	468	474	
767	480	485	491	497	502	508	513	519	525	530	**6**
768	536	542	547	553	559	564	570	576	581	587	1 0,6
769	593	598	604	610	615	621	627	632	638	643	2 1,2
770	649	655	660	666	672	677	683	689	694	700	3 1,8 4 2,4 5 3,0 6 3,6
771	705	711	717	722	728	734	739	745	750	756	7 4,2
772	762	767	773	779	784	790	795	801	807	812	8 4,8
773	818	824	829	835	840	846	852	857	863	868	9 5,4
774	874	880	885	891	897	902	908	913	919	925	
775	930	936	941	947	953	958	964	969	975	981	
776	986	992	997	*003	*009	*014	*020	*025	*031	*037	
777	89 042	048	053	059	064	070	076	081	087	092	
778	098	104	109	115	120	126	131	137	143	148	
779	154	159	165	170	176	182	187	193	198	204	**5**
780	209	215	221	226	232	237	243	248	254	260	1 0,5
781	265	271	276	282	287	293	298	304	310	315	2 1,0 3 1,5
782	321	326	332	337	343	348	354	360	365	371	4 2,0
783	376	382	387	393	398	404	409	415	421	426	5 2,5 6 3,0
784	432	437	443	448	454	459	465	470	476	481	7 3,5 8 4,0 9 4,5
785	487	492	498	504	509	515	520	526	531	537	
786	542	548	553	559	564	570	575	581	586	592	
787	597	603	609	614	620	625	631	636	642	647	
788	653	658	664	669	675	680	686	691	697	702	
789	708	713	719	724	730	735	741	746	752	757	
790	763	768	774	779	785	790	796	801	807	812	
N.	0	1	2	3	4	5	6	7	8	9	P. P.

N.	0	1	2	3	4	5	6	7	8	9	P. P.
790	89 763	768	774	779	785	790	796	801	807	812	
791	818	823	829	834	840	845	851	856	862	867	
792	873	878	883	889	894	900	905	911	916	922	
793	927	933	938	944	949	955	960	966	971	977	
794	982	988	993	998	*004	*009	*015	*020	*026	*031	
795	90 037	042	048	053	059	064	069	075	080	086	
796	091	097	102	108	113	119	124	129	135	140	
797	146	151	157	162	168	173	179	184	189	195	
798	200	206	211	217	222	227	233	238	244	249	
799	255	260	266	271	276	282	287	293	298	304	
800	309	314	320	325	331	336	342	347	352	358	
801	363	369	374	380	385	390	396	401	407	412	
802	417	423	428	434	439	445	450	455	461	466	
803	472	477	482	488	493	499	504	509	515	520	
804	526	531	536	542	547	553	558	563	569	574	
805	580	585	590	596	601	607	612	617	623	628	
806	634	639	644	650	655	660	666	671	677	682	
807	687	693	698	703	709	714	720	725	730	736	
808	741	747	752	757	763	768	773	779	784	789	
809	795	800	806	811	816	822	827	832	838	843	
810	849	854	859	865	870	875	881	886	891	897	
811	902	907	913	918	924	929	934	940	945	950	
812	956	961	966	972	977	982	988	993	998	*004	
813	91 009	014	020	025	030	036	041	046	052	057	
814	062	068	073	078	084	089	094	100	105	110	
815	116	121	126	132	137	142	148	153	158	164	
816	169	174	180	185	190	196	201	206	212	217	
817	222	228	233	238	243	249	254	259	265	270	
818	275	281	286	291	297	302	307	312	318	323	
819	328	334	339	344	350	355	360	365	371	376	
820	381	387	392	397	403	408	413	418	424	429	
N.	0	1	2	3	4	5	6	7	8	9	P. P.

P. P.

5

1	0,5
2	1,0
3	1,5
4	2,0
5	2,5
6	3,0
7	3,5
8	4,0
9	4,5

N.	0	1	2	3	4	5	6	7	8	9	P. P.
820	91 381	387	392	397	403	408	413	418	424	429	
821	434	440	445	450	455	461	466	471	477	482	
822	487	492	498	503	508	514	519	524	529	535	
823	540	545	551	556	561	566	572	577	582	587	
824	593	598	603	609	614	619	624	630	635	640	
825	645	651	656	661	666	672	677	682	687	693	
826	698	703	709	714	719	724	730	735	740	745	**5**
827	751	756	761	766	772	777	782	787	793	798	1	0,5
828	803	808	814	819	824	829	834	840	845	850	2	1,0
829	855	861	866	871	876	882	887	892	897	903	3	1,5
830	908	913	918	924	929	934	939	944	950	955	4	2,0 5	2,5
831	960	965	971	976	981	986	991	997	*002	*007	6	3,0 7	3,5
832	92 012	018	023	028	033	038	044	049	054	059	8	4,0
833	065	070	075	080	085	091	096	101	106	111	9	4,5
834	117	122	127	132	137	143	148	153	158	163	
835	169	174	179	184	189	195	200	205	210	215	
836	221	226	231	236	241	247	252	257	262	267	
837	273	278	283	288	293	298	304	309	314	319	
838	324	330	335	340	345	350	355	361	366	371	
839	376	381	387	392	397	402	407	412	418	423	**6**
840	428	433	438	443	449	454	459	464	469	474	1	0,6 2	1,2
841	480	485	490	495	500	505	511	516	521	526	3	1,8 4	2,4
842	531	536	542	547	552	557	562	567	572	578	5	3,0 6	3,6
843	583	588	593	598	603	609	614	619	624	629	7	4,2
844	634	639	645	650	655	660	665	670	675	681	8	4,8 9	5,4
845	686	691	696	701	706	711	716	722	727	732	
846	737	742	747	752	758	763	768	773	778	783	
847	788	793	799	804	809	814	819	824	829	834	
848	840	845	850	855	860	865	870	875	881	886	
849	891	896	901	906	911	916	921	927	932	937	
850	942	947	952	957	962	967	973	978	983	988	
N.	0	1	2	3	4	5	6	7	8	9	P. P.

N.	0	1	2	3	4	5	6	7	8	9	P. P.
850	92 942	947	952	957	962	967	973	978	983	988	
851	993	998	*003	*008	*013	*018	*024	*029	*034	*039	
852	93 044	049	054	059	064	069	075	080	085	090	
853	095	100	105	110	115	120	125	131	136	141	
854	146	151	156	161	166	171	176	181	186	192	
855	197	202	207	212	217	222	227	232	237	242	
856	247	252	258	263	268	273	278	283	288	293	
857	298	303	308	313	318	323	328	334	339	344	
858	349	354	359	364	369	374	379	384	389	394	
859	399	404	409	414	420	425	430	435	440	445	
860	450	455	460	465	470	475	480	485	490	495	
861	500	505	510	515	520	526	531	536	541	546	
862	551	556	561	566	571	576	581	586	591	596	
863	601	606	611	616	621	626	631	636	641	646	
864	651	656	661	666	671	676	682	687	692	697	
865	702	707	712	717	722	727	732	737	742	747	
866	752	757	762	767	772	777	782	787	792	797	
867	802	807	812	817	822	827	832	837	842	847	
868	852	857	862	867	872	877	882	887	892	897	
869	902	907	912	917	922	927	932	937	942	947	
870	952	957	962	967	972	977	982	987	992	997	
871	94 002	007	012	017	022	027	032	037	042	047	
872	052	057	062	067	072	077	082	086	091	096	
873	101	106	111	116	121	126	131	136	141	146	
874	151	156	161	166	171	176	181	186	191	196	
875	201	206	211	216	221	226	231	236	240	245	
876	250	255	260	265	270	275	280	285	290	295	
877	300	305	310	315	320	325	330	335	340	345	
878	349	354	359	364	369	374	379	384	389	394	
879	399	404	409	414	419	424	429	433	438	443	
880	448	453	458	463	468	473	478	483	488	493	
N.	0	1	2	3	4	5	6	7	8	9	P. P.

P. P.

5

1	0,5
2	1,0
3	1,5
4	2,0
5	2,5
6	3,0
7	3,5
8	4,0
9	4,5

6

1	0,6
2	1,2
3	1,8
4	2,4
5	3,0
6	3,6
7	4,2
8	4,8
9	5,4

N.	0	1	2	3	4	5	6	7	8	9	P. P.
880	94 448	453	458	463	468	473	478	483	488	493	
881	498	503	507	512	517	522	527	532	537	542	
882	547	552	557	562	567	571	576	581	586	591	
883	596	601	606	611	616	621	626	630	635	640	
884	645	650	655	660	665	670	675	680	685	689	
885	694	699	704	709	714	719	724	729	734	738	
886	743	748	753	758	763	768	773	778	783	787	**4**
887	792	797	802	807	812	817	822	827	832	836	1 0,4
888	841	846	851	856	861	866	871	876	880	885	2 0,8
889	890	895	900	905	910	915	919	924	929	934	3 1,2
890	939	944	949	954	959	963	968	973	978	983	4 1,6 5 2,0 6 2,4
891	988	993	998	*002	*007	*012	*017	*022	*027	*032	7 2,8
892	95 036	041	046	051	056	061	066	071	075	080	8 3,2
893	085	090	095	100	105	109	114	119	124	129	9 3,6
894	134	139	143	148	153	158	163	168	173	177	
895	182	187	192	197	202	207	211	216	221	226	
896	231	236	240	245	250	255	260	265	270	274	
897	279	284	289	294	299	303	308	313	318	323	
898	328	332	337	342	347	352	357	361	366	371	
899	376	381	386	390	395	400	405	410	415	419	**5**
900	424	429	434	439	444	448	453	458	463	468	1 0,5
901	472	477	482	487	492	497	501	506	511	516	2 1,0
902	521	525	530	535	540	545	550	554	559	564	3 1,5 4 2,0
903	569	574	578	583	588	593	598	602	607	612	5 2,5 6 3,0
904	617	622	626	631	636	641	646	650	655	660	7 3,5 8 4,0
905	665	670	674	679	684	689	694	698	703	708	9 4,5
906	713	718	722	727	732	737	742	746	751	756	
907	761	766	770	775	780	785	789	794	799	804	
908	809	813	818	823	828	832	837	842	847	852	
909	856	861	866	871	875	880	885	890	895	899	
910	904	909	914	918	923	928	933	938	942	947	
N.	0	1	2	3	4	5	6	7	8	9	P. P.

N.	0	1	2	3	4	5	6	7	8	9	P. P.
910	95 904	909	914	918	923	928	933	938	942	947	
911	952	957	961	966	971	976	980	985	990	995	
912	999	*004	*009	*014	*019	*023	*028	*033	*038	*042	
913	96 047	052	057	061	066	071	076	080	085	090	
914	095	099	104	109	114	118	123	128	133	137	
915	142	147	152	156	161	166	171	175	180	185	
916	190	194	199	204	209	213	218	223	227	232	**4**
917	237	242	246	251	256	261	265	270	275	280	1 | 0,4
918	284	289	294	298	303	308	313	317	322	327	2 | 0,8
919	332	336	341	346	350	355	360	365	369	374	3 | 1,2
920	379	384	388	393	398	402	407	412	417	421	4 | 1,6
921	426	431	435	440	445	450	454	459	464	468	5 | 2,0
922	473	478	483	487	492	497	501	506	511	515	6 | 2,4
923	520	525	530	534	539	544	548	553	558	562	7 | 2,8
924	567	572	577	581	586	591	595	600	605	609	8 | 3,2
925	614	619	624	628	633	638	642	647	652	656	9 | 3,6
926	661	666	670	675	680	685	689	694	699	703	
927	708	713	717	722	727	731	736	741	745	750	
928	755	759	764	769	774	778	783	788	792	797	
929	802	806	811	816	820	825	830	834	839	844	**5**
930	848	853	858	862	867	872	876	881	886	890	1 | 0,5
931	895	900	904	909	914	918	923	928	932	937	2 | 1,0
932	942	946	951	956	960	965	970	974	979	984	3 | 1,5
933	988	993	997	*002	*007	*011	*016	*021	*025	*030	4 | 2,0
934	97 035	039	044	049	053	058	063	067	072	077	5 | 2,5
935	081	086	090	095	100	104	109	114	118	123	6 | 3,0
936	128	132	137	142	146	151	155	160	165	169	7 | 3,5
937	174	179	183	188	192	197	202	206	211	216	8 | 4,0
938	220	225	230	234	239	243	248	253	257	262	9 | 4,5
939	267	271	276	280	285	290	294	299	304	308	
940	313	317	322	327	331	336	340	345	350	354	
N.	0	1	2	3	4	5	6	7	8	9	P. P.

N.	0	1	2	3	4	5	6	7	8	9	P. P.
940	97 313	317	322	327	331	336	340	345	350	354	
941	359	364	368	373	377	382	387	391	396	400	
942	405	410	414	419	424	428	433	437	442	447	
943	451	456	460	465	470	474	479	483	488	493	
944	497	502	506	511	516	520	525	529	534	539	
945	543	548	552	557	562	566	571	575	580	585	
946	589	594	598	603	607	612	617	621	626	630	
947	635	640	644	649	653	658	663	667	672	676	
948	681	685	690	695	699	704	708	713	717	722	
949	727	731	736	740	745	749	754	759	763	768	
950	772	777	782	786	791	795	800	804	809	813	
951	818	823	827	832	836	841	845	850	855	859	
952	864	868	873	877	882	886	891	896	900	905	
953	909	914	918	923	928	932	937	941	946	950	
954	955	959	964	968	973	978	982	987	991	996	
955	98 000	005	009	014	019	023	028	032	037	041	
956	046	050	055	059	064	068	073	078	082	087	
957	091	096	100	105	109	114	118	123	127	132	
958	137	141	146	150	155	159	164	168	173	177	
959	182	186	191	195	200	204	209	214	218	223	
960	227	232	236	241	245	250	254	259	263	268	
961	272	277	281	286	290	295	299	304	308	313	
962	318	322	327	331	336	340	345	349	354	358	
963	363	367	372	376	381	385	390	394	399	403	
964	408	412	417	421	426	430	435	439	444	448	
965	453	457	462	466	471	475	480	484	489	493	
966	498	502	507	511	516	520	525	529	534	538	
967	543	547	552	556	561	565	570	574	579	583	
968	588	592	597	601	605	610	614	619	623	628	
969	632	637	641	646	650	655	659	664	668	673	
970	677	682	686	691	695	700	704	709	713	717	
N.	0	1	2	3	4	5	6	7	8	9	P. P.

P. P.

```
        5
  1   0,5
  2   1,0
  3   1,5
  4   2,0
  5   2,5
  6   3,0
  7   3,5
  8   4,0
  9   4,5

        4
  1   0,4
  2   0,8
  3   1,2
  4   1,6
  5   2,0
  6   2,4
  7   2,8
  8   3,2
  9   3,6
```

N.	0	1	2	3	4	5	6	7	8	9	P. P.
970	98 677	682	686	691	695	700	704	709	713	717	
971	722	726	731	735	740	744	749	753	758	762	
972	767	771	776	780	784	789	793	798	802	807	
973	811	816	820	825	829	834	838	843	847	851	
974	856	860	865	869	874	878	883	887	892	896	
975	900	905	909	914	918	923	927	932	936	941	
976	945	949	954	958	963	967	972	976	981	985	
977	989	994	998	*003	*007	*012	*016	*021	*025	*029	
978	99 034	038	043	047	052	056	061	065	069	074	
979	078	083	087	092	096	100	105	109	114	118	
980	123	127	131	136	140	145	149	154	158	162	
981	167	171	176	180	185	189	193	198	202	207	
982	211	216	220	224	229	233	238	242	247	251	
983	255	260	264	269	273	277	282	286	291	295	
984	300	304	308	313	317	322	326	330	335	339	
985	344	348	352	357	361	366	370	374	379	383	
986	388	392	396	401	405	410	414	419	423	427	
987	432	436	441	445	449	454	458	463	467	471	
988	476	480	484	489	493	498	502	506	511	515	
989	520	524	528	533	537	542	546	550	555	559	
990	564	568	572	577	581	585	590	594	599	603	
991	607	612	616	621	625	629	634	638	642	647	
992	651	656	660	664	669	673	677	682	686	691	
993	695	699	704	708	712	717	721	726	730	734	
994	739	743	747	752	756	760	765	769	774	778	
995	782	787	791	795	800	804	808	813	817	822	
996	826	830	835	839	843	848	852	856	861	865	
997	870	874	878	883	887	891	896	900	904	909	
998	913	917	922	926	930	935	939	944	948	952	
999	957	961	965	970	974	978	983	987	991	996	
1000	00 000	004	009	013	017	022	026	030	035	039	
N.	0	1	2	3	4	5	6	7	8	9	P. P.

P. P.

4

1	0,4
2	0,8
3	1,2
4	1,6
5	2,0
6	2,4
7	2,8
8	3,2
9	3,6

N.	0	1	2	3	4	5	6	7	8	9	P. P.
1000	000 000	043	087	130	174	217	260	304	347	391	
1001	434	477	521	564	608	651	694	738	781	824	
1002	868	911	954	998	*041	*084	*128	*171	*214	*258	
1003	001 301	344	388	431	474	517	561	604	647	690	44
1004	734	777	820	863	907	950	993	*036	*080	*123	1| 4,4
											2| 8,8
1005	002 166	209	252	296	339	382	425	468	512	555	3|13,2
1006	598	641	684	727	771	814	857	900	943	986	4|17,6 5|22,0
1007	003 029	073	116	159	202	245	288	331	374	417	6|26,4 7|30,8
1008	461	504	547	590	633	676	719	762	805	848	8|35,2
1009	891	934	977	*020	*063	*106	*149	*192	*235	*278	9|39,6
1010	004 321	364	407	450	493	536	579	622	665	708	
1011	751	794	837	880	923	966	*009	*052	*095	*138	
1012	005 181	223	266	309	352	395	438	481	524	567	43
1013	609	652	695	738	781	824	867	909	952	995	1| 4,3
1014	006 038	081	124	166	209	252	295	338	380	423	2| 8,6 3|12,9
1015	466	509	552	594	637	680	723	765	808	851	4|17,2 5|21,5
1016	894	936	979	*022	*065	*107	*150	*193	*236	*278	6|25,8
1017	007 321	364	406	449	492	534	577	620	662	705	7|30,1 8|34,4
1018	748	790	833	876	918	961	*004	*046	*089	*132	9|38,7
1019	008 174	217	259	302	345	387	430	472	515	558	
1020	600	643	685	728	770	813	856	898	941	983	
1021	009 026	068	111	153	196	238	281	323	366	408	
1022	451	493	536	578	621	663	706	748	791	833	42
1023	876	918	961	*003	*045	*088	*130	*173	*215	*258	1| 4,2
1024	010 300	342	385	427	470	512	554	597	639	681	2| 8,4 3|12,6 4|16,8
1025	724	766	809	851	893	936	978	*020	*063	*105	5|21,0 6|25,2
1026	011 147	190	232	274	317	359	401	444	486	528	7|29,4
1027	570	613	655	697	740	782	824	866	909	951	8|33,6 9|37,8
1028	993	*035	*078	*120	*162	*204	*247	*289	*331	*373	
1029	012 415	458	500	542	584	626	669	711	753	795	
1030	837	879	922	964	*006	*048	*090	*132	*174	*217	
N.	0	1	2	3	4	5	6	7	8	9	P. P.

N.	0	1	2	3	4	5	6	7	8	9	P. P.
1030	012 837	879	922	964	*006	*048	*090	*132	*174	*217	
1031	013 259	301	343	385	427	469	511	553	596	638	
1032	680	722	764	806	848	890	932	974	*016	*058	
1033	014 100	142	184	226	268	310	353	395	437	479	
1034	521	563	605	647	689	730	772	814	856	898	**42**
1035	940	982	*024	*066	*108	*150	*192	*234	*276	*318	1 4,2
1036	015 360	402	444	485	527	569	611	653	695	737	2 8,4
1037	779	821	863	904	946	988	*030	*072	*114	*156	3 12,6
1038	016 197	239	281	323	365	407	448	490	532	574	4 16,8 5 21,0
1039	616	657	699	741	783	824	866	908	950	992	6 25,2 7 29,4 8 33,6 9 37,8
1040	017 033	075	117	159	200	242	284	326	367	409	
1041	451	492	534	576	618	659	701	743	784	826	
1042	868	909	951	993	*034	*076	*118	*159	*201	*243	
1043	018 284	326	368	409	451	492	534	576	617	659	**41**
1044	700	742	784	825	867	908	950	992	*033	*075	1 4,1
1045	019 116	158	199	241	282	324	366	407	449	490	2 8,2 3 12,3
1046	532	573	615	656	698	739	781	822	864	905	4 16,4 5 20,5
1047	947	988	*030	*071	*113	*154	*195	*237	*278	*320	6 24,6
1048	020 361	403	444	486	527	568	610	651	693	734	7 28,7 8 32,8
1049	775	817	858	900	941	982	*024	*065	*107	*148	9 36,9
1050	021 189	231	272	313	355	396	437	479	520	561	
1051	603	644	685	727	768	809	851	892	933	974	
1052	022 016	057	098	140	181	222	263	305	346	387	**40**
1053	428	470	511	552	593	635	676	717	758	799	1 4,0
1054	841	882	923	964	*005	*047	*088	*129	*170	*211	2 8,0 3 12,0
1055	023 252	294	335	376	417	458	499	541	582	623	4 16,0 5 20,0
1056	664	705	746	787	828	870	911	952	993	*034	6 24,0
1057	024 075	116	157	198	239	280	321	363	404	445	7 28,0 8 32,0
1058	486	527	568	609	650	691	732	773	814	855	9 36,0
1059	896	937	978	*019	*060	*101	*142	*183	*224	*265	
1060	025 306	347	388	429	470	511	552	593	634	674	
N.	0	1	2	3	4	5	6	7	8	9	P. P.

N.	0	1	2	3	4	5	6	7	8	9	P. P.
1060	025 306	347	388	429	470	511	552	593	634	674	
1061	715	756	797	838	879	920	961	*002	*043	*084	
1062	026 125	165	206	247	288	329	370	411	452	492	
1063	533	574	615	656	697	737	778	819	860	901	
1064	942	982	*023	*064	*105	*146	*186	*227	*268	*309	**41**
1065	027 350	390	431	472	513	553	594	635	676	716	1	4,1
1066	757	798	839	879	920	961	*002	*042	*083	*124	2	8,2
1067	028 164	205	246	287	327	368	409	449	490	531	3	12,3
1068	571	612	653	693	734	775	815	856	896	937	4	16,4 5	20,5 6	24,6
1069	978	*018	*059	*100	*140	*181	*221	*262	*303	*343	7	28,7 8	32,8 9	36,9
1070	029 384	424	465	506	546	587	627	668	708	749	
1071	789	830	871	911	952	992	*033	*073	*114	*154	
1072	030 195	235	276	316	357	397	438	478	519	559	
1073	600	640	681	721	762	802	843	883	923	964	**40**
1074	031 004	045	085	126	166	206	247	287	328	368	1	4,0 2	8,0 3	12,0
1075	408	449	489	530	570	610	651	691	732	772	4	16,0
1076	812	853	893	933	974	*014	*054	*095	*135	*175	5	20,0 6	24,0
1077	032 216	256	296	337	377	417	458	498	538	578	7	28,0
1078	619	659	699	740	780	820	860	901	941	981	8	32,0
1079	033 021	062	102	142	182	223	263	303	343	384	9	36,0
1080	424	464	504	544	585	625	665	705	745	786	
1081	826	866	906	946	986	*027	*067	*107	*147	*187	
1082	034 227	267	308	348	388	428	468	508	548	588	**39**
1083	628	669	709	749	789	829	869	909	949	989	1	3,9 2	7,8
1084	035 029	069	109	149	190	230	270	310	350	390	3	11,7 4	15,6
1085	430	470	510	550	590	630	670	710	750	790	5	19,5
1086	830	870	910	950	990	*030	*070	*110	*150	*190	6	23,4 7	27,3
1087	036 230	269	309	349	389	429	469	509	549	589	8	31,2
1088	629	669	709	749	789	828	868	908	948	988	9	35,1
1089	037 028	068	108	148	187	227	267	307	347	387	
1090	426	466	506	546	586	626	665	705	745	785	
N.	0	1	2	3	4	5	6	7	8	9	P. P.

Zehnerlogarithmen und natürliche Logarithmen oft vorkommender Zahlen							
z	z	lg z	ln z	z	z	lg z	ln z
e	2,718 28	0,434 29	1	$\dfrac{1}{e}$	0,367 88	0,565 71–1	0,000 00–1
π	3,141 59	0,497 15	1,144 73	$\dfrac{1}{\pi}$	0,318 31	0,502 85–1	0.855 27–2
2π	6,283 19	0,798 18	1,837 88	$\dfrac{1}{2\pi}$	0,159 15	0,201 82–1	0,162 12–2
$\dfrac{4}{3}\pi$	4,188 79	0,622 09	1,432 41	$\dfrac{3}{4\pi}$	0,238 73	0,377 91–1	0,567 59–2
$\dfrac{\pi}{2}$	1,570 80	0,196 12	0,451 58	$\dfrac{2}{\pi}$	0,636 62	0,803 88–1	0,548 42–1
$\dfrac{\pi}{3}$	1,047 20	0,020 03	0,046 12	$\dfrac{3}{\pi}$	0,954 93	0,979 97–1	0,953 88–1
$\dfrac{6}{\pi}$	1,909 86	0,281 00	0,647 03	$\dfrac{\pi}{6}$	0,523 60	0,719 00–1	0,352 97–1
π^2	9,869 60	0,994 30	2,289 46	$\dfrac{1}{\pi^2}$	0,101 32	0,005 70–1	0,710 54–3
$\sqrt{\pi}$	1,772 45	0,248 57	0,572 36	$\dfrac{1}{\sqrt{\pi}}$	0,564 19	0,751 43–1	0,427 64–1
$\sqrt[3]{\pi}$	1,464 59	0,165 72	0,381 58	$\dfrac{1}{\sqrt[3]{\pi}}$	0,682 78	0.834 28–1	0,618 42–1

Der dem Halbmesser gleiche Bogen :

57° 17′ 44,8″ = 57,29578°	1,758 12	4,048 23
in Minuten = 3437,747′	3,536 27	8,142 57
in Sekunden = 206 264,8″	5,314 43	12,236 92

Siebenstellige Logarithmen einiger Zinsfaktoren						
$q = 1 + \dfrac{p}{100}$	00	25	33 . . .	50	66 . . .	75
1,00	000 0000	001 0844	001 4452	002 1661	002 8857	003 2451
1,01	004 3214	005 3950	005 7523	006 4660	007 1786	007 5344
1,02	008 6002	009 6633	010 0171	010 7239	011 4295	011 7818
1,03	012 8372	013 8901	014 2404	014 9403	015 6391	015 9881
1,04	017 0333	018 0761	018 4231	019 1163	019 8084	020 1540
1,05	021 1893	022 2221	022 5658	023 2525	023 9380	024 2804
1,06	025 3059	026 3289	026 6694	027 3496	028 0287	028 3679
1,07	029 3838	030 3973	030 7346	031 4085	032 0813	032 4173
1,08	033 4238	034 4279	034 7621	035 4297	036 0963	036 4293
1,09	037 4265	038 4214	038 7526	039 4141	040 0746	040 4045
1,10	041 3927	042 3786	042 7067	043 3623	044 0168	044 3437

Grade		Grade		Minuten		Sekunden	
0	0,00 000	30	0,52 360	0	0,00 000	0	0,00 000
1	0,01 745	31	0,54 105	1	0,00 029	1	0,00 000
2	0,03 491	32	0,55 851	2	0,00 058	2	0,00 001
3	0,05 236	33	0,57 596	3	0,00 087	3	0,00 001
4	0.06 981	34	0,59 341	4	0,00 116	4	0,00 002
5	0,08 727	35	0,61 087	5	0,00 145	5	0,00 002
6	0.10 472	36	0,62 832	6	0,00 175	6	0,00 003
7	0.12 217	37	0,64 577	7	0,00 204	7	0,00 003
8	0.13 963	38	0,66 323	8	0,00 233	8	0,00 004
9	0,15 708	39	0,68 068	9	0,00 262	9	0,00 004
10	0,17 453	40	0,69 813	10	0,00 291	10	0,00 005
11	0.19 199	41	0.71 558	11	0,00 320	11	0,00 005
12	0.2C 944	42	0,73 304	12	0,00 349	12	0,00 006
13	0,22 689	43	0.75 049	13	0,00 378	13	0,00 006
14	0,24 435	44	0,76 794	14	0,00 407	14	0,00 007
15	0,26 180	45	0,78 540	15	0,00 436	15	0,00 007
16	0.27 925	46	0,80 285	16	0,00 465	16	0,00 008
17	0,29 671	47	0,82 030	17	0,00 495	17	0,00 008
18	0.31 416	48	0,83 776	18	0,00 524	18	0,00 009
19	0,33 161	49	0,85 521	19	0,00 553	19	0,00 009
20	0,34 907	50	0,87 266	20	0,00 582	20	0,00 010
21	0,36 652	51	0,89 012	21	0,00 611	21	0,00 010
22	0,38 307	52	0,90 757	22	0,00 640	22	0,00 011
23	0.40 143	53	0,92 502	23	0,00 669	23	0,00 011
24	0.41 888	54	0,94 248	24	0,00 698	24	0,00 012
25	0.43 633	55	0,95 993	25	0.00 727	25	0,00 012
26	0,45 379	56	0,97 738	26	0,00 756	26	0,00 013
27	0,47 124	57	0.99 484	27	0.00 785	27	0,00 013
28	0.48 869	58	1,01 229	28	0,00 814	28	0,00 014
29	0,50 615	59	1,02 974	29	0,00 844	29	0,00 014
30	0,52 360	60	1,04 720	30	0,00 873	30	0,00 015

Grade	Minuten	Sekunden

Grade				Minuten		Sekunden	
60	1,04 720	**90**	1,57 080	**30**	0,00 873	**30**	0,00 015
61	1,06 465	91	1,58 825	31	0,00 902	31	0,00 015
62	1,08 210	92	1,60 570	32	0,00 931	32	0,00 016
63	1,09 956	93	1,62 316	33	0,00 960	33	0,00 016
64	1,11 701	94	1,64 061	34	0,00 989	34	0,00 016
65	1,13 446	95	1,65 806	35	0,01 018	35	0,00 017
66	1,15 192	96	1,67 552	36	0,01 047	36	0,00 017
67	1,16 937	97	1,69 297	37	0,01 076	37	0,00 018
68	1,18 682	98	1,71 042	38	0,01 105	38	0,00 018
69	1,20 428	99	1,72 788	39	0,01 134	39	0,00 019
70	1,22 173	**100**	1,74 533	**40**	0,01 164	**40**	0,00 019
71	1,23 918	110	1,91 986	41	0,01 193	41	0,00 020
72	1,25 664	120	2,09 440	42	0,01 222	42	0,00 020
73	1,27 409	130	2,26 893	43	0,01 251	43	0,00 021
74	1,29 154	140	2,44 346	44	0,01 280	44	0,00 021
75	1,30 900	150	2,61 799	45	0,01 309	45	0,00 022
76	1,32 645	160	2,79 253	46	0,01 338	46	0,00 022
77	1,34 390	170	2,96 706	47	0,01 367	47	0,00 023
78	1,36 136	180	3,14 159	48	0,01 396	48	0,00 023
79	1,37 881	190	3,31 613	49	0,01 425	49	0,00 024
80	1,39 626	**200**	3,49 066	**50**	0,01 454	**50**	0,00 024
81	1,41 372	210	3,66 519	51	0,01 484	51	0,00 025
82	1,43 117	220	3,83 972	52	0,01 513	52	0,00 025
83	1,44 862	230	4,01 426	53	0,01 542	53	0,00 026
84	1,46 608	240	4,18 879	54	0,01 571	54	0,00 026
85	1,48 353	250	4,36 332	55	0,01 600	55	0,00 027
86	1,50 098	260	4,53 786	56	0,01 629	56	0,00 027
87	1,51 844	270	4,71 239	57	0,01 658	57	0,00 028
88	1,53 589	300	5,23 599	58	0,01 687	58	0,00 028
89	1,55 334	330	5,75 959	59	0,01 716	59	0,00 029
90	1,57 080	**360**	6,28 319	**60**	0,01 745	**60**	0,00 029
Grade				Minuten		Sekunden	

Gr.	M.	sin	D/1′	tan .	D/1′	cot	cos	D/1′	′	o
0	0	0,000 0000		0,000 0000		+ ∞	1,00 000		0	90
			2908,9		2908,9			0,0		
	10	0,002 9089		0,002 9089		343,7737	1,00 000		50	
			2908,9		2908,9			0,1		
	20	0,005 8177		0,005 8178		171,8854	0,99 998		40	
			2908,8		2909,0			0,2		
	30	0,008 7265		0,008 7269		114,5887	0,99 996		30	
			2908,7		2909,2			0,3		
	40	0,011 6353		0,011 6361		85,9398	0,99 993		20	
			2908,6		2909,4			0,4		
	50	0,014 5439		0,014 5454		68,7501	0,99 989		10	
			2908,5		2909,6			0,5		
1	0	0,01 7452		0,01 7455		57,290	0,99 985		0	89
			290,8		291,0			0,5		
	10	0,02 0361		0,02 0365		49,104	0,99 979		50	
			290,8		291,0			0,6		
	20	0,02 3269		0,02 3275		42,964	0,99 973		40	
			290,8		291,1			0,7		
	30	0,02 6177		0,02 6186		38,188	0,99 966		30	
			290,8		291,1			0,8		
	40	0,02 9085		0,02 9097		34,368	0,99 958		20	
			290,8		291,2			0,9		
	50	0,03 1992		0,03 2009		31,242	0,99 949		10	
			290,7		291,2			1,0		
2	0	0,03 4900		0,03 4921		28,636	0,99 939		0	88
			290,7		291,3			1,1		
	10	0,03 7806		0,03 7834		26,432	0,99 929		50	
			290,7		291,3			1,1		
	20	0,04 0713		0,04 0747		24,542	0,99 917		40	
			290,6		291,4			1,2		
	30	0,04 3619		0,04 3661		22,904	0,99 905		30	
			290,6		291,5			1,3		
	40	0,04 6525		0,04 6576		21,470	0,99 892		20	
			290,6		291,6			1,4		
	50	0,04 9431		0,04 9491		20,206	0,99 878		10	
			290,5		291,6			1,5		
3	0	0,05 2336		0,05 2408		19,081	0,99 863		0	87
			290,5		291,7			1.6		
	10	0,05 5241		0,05 5325		18,075	0,99 847		50	
			290,4		291,8			1,6		
	20	0,05 8145		0,05 8243		17,169	0,99 831		40	
			290,4		291,9			1,7		
	30	0,06 1049		0,06 1163		16,350	0,99 813		30	
			290,3		292,0			1,8		
	40	0,06 3952		0,06 4083		15,605	0,99 795		20	
			290,3		292,1			1,9		
	50	0,06 6854		0,06 7004		14,924	0,99 776		10	
			290,2		292,3			2,0		
4	0	0,06 9756		0,06 9927		14,301	0,99 756		0	86
			290,1		292,4			2,1		
	10	0,07 2658		0,07 2851		13,727	0,99 736		50	
			290,1		292,5			2,2		
	20	0,07 5559		0,07 5775		13,197	0,99 714		40	
			290,0		292,6			2,2		
	30	0,07 8459		0,07 8702		12,706	0,99 692		30	
			290,0		292,8			2,3		
	40	0,08 1359		0,08 1629		12,251	0,99 668		20	
			289,9		292,9			2,4		
	50	0,08 4258		0,08 4558		11,826	0,99 644		10	
			289,8		293,0			2,5		
0	′	cos	D/1′	cot	D/1′	tan	sin	D/1′	M.	Gr

Gr.	M.	sin	D/1'	tan	D/1'	cot	D/1'	cos	D/1'	'	°
5	0	0,08 716		0,08 749		11,430		0,99 619		0	85
			29,0		29,3		37,1		2,6		
	10	0,09 005		0,09 042		11,059		0,99 594		50	
			29,0		29,3		34,8		2,7		
	20	0,09 295		0,09 335		10,712		0,99 567		40	
			29,0		29,4		32,7		2,7		
	30	0,09 585		0,09 629		10,385		0,99 540		30	
			29,0		29,4		30,7		2,8		
	40	0,09 874		0,09 923		10,078		0,99 511		20	
			28,9		29,4		29,0		2,9		
	50	0,10 164		0,10 216		9,7882		0,99 482		10	
			28,9		29,4		273,8		3,0		
6	0	0,10 453		0,10 510		9,5144		0,99 452		0	84
			28,9		29,4		259,1		3,1		
	10	0,10 742		0,10 805		9,2553		0,99 421		50	
			28,9		29,4		245,5		3,2		
	20	0,11 031		0,11 099		9.0098		0,99 390		40	
			28,9		29,5		232,9		3,3		
	30	0,11 320		0,11 394		8.7769		0,99 357		30	
			28,9		29,5		221,3		3,3		
	40	0,11 609		0,11 688		8,5555		0,99 324		20	
			28,9		29,5		210,6		3,4		
	50	0,11 898		0,11 983		8,3450		0,99 290		10	
			28,9		29,5		200,6		3,5		
7	0	0,12 187		0,12 278		8.1443		0,99 255		0	83
			28,9		29,5		191.3		3,6		
	10	0,12 476		0,12 574		7,9530		0,99 219		50	
			28,9		29,6		182,7		3,7		
	20	0,12 764		0,12 869		7,7704		0,99 182		40	
			28,8		29,6		174,6		3,8		
	30	0,13 053		0,13 165		7,5958		0,99 144		30	
			28,8		29,6		167,0		3,8		
	40	0,13 341		0,13 461		7,4287		0,99 106		20	
			28,8		29,6		160,0		3,9		
	50	0,13 629		0,13 758		7,2687		0,99 067		10	
			28,8		29,7		153,4		4,0		
8	0	0,13 917		0,14 054		7,1154		0,99 027		0	82
			28,8		29,7		147,1		4,1		
	10	0,14 205		0,14 351		6,9682		0,98 986		50	
			28,8		29,7		141.3		4,2		
	20	0.14 493		0,14 648		6,8269		0,98 944		40	
			28,8		29,7		135,8		4,3		
	30	0,14 781		0.14 945		6,6912		0,98 902		30	
			28,8		29,8		130,6		4,3		
	40	0,15 069		0,15 243		6,5606		0,98 858		20	
			28,8		29,8		125,7		4,4		
	50	0,15 356		0,15 540		6,4348		0,98 814		10	
			28,7		29,8		121,1		4,5		
9	0	0,15 643		0,15 838		6,3138		0,98 769		0	81
			28,7		29,8		116,7		4,6		
	10	0,15 931		0,16 137		6,1970		0,98 723		50	
			28,7		29,9		112.6		4,7		
	20	0,16 218		0,16 435		6,0844		0,98 676		40	
			28,7		29,9		108,7		4,8		
	30	0,16 505		0,16 734		5,9758		0,98 629		30	
			28,7		29,9		105,0		4,8		
	40	0,16 792		0,17 033		5,8708		0,98 580		20	
			28,7		29,9		101,4		4,9		
	50	0,17 078		0,17 333		5,7694		0,98 531		10	
			28,7		30,0		98,1		5,0		
°	'	cos	D/1'	cot	D/1'	tan	D/1'	sin	D/1'	M.	Gr.

Gr.	M.	sin	D/1'	tan	D/1'	cot	D/1'	cos	D/1'	'	o
10	0	0.17 365		0,17 633		5,6713		0,98 481		0	80
			28,6		30,0		94,9		5,1		
	10	0,17 651		0,17 933		5,5764		0,98 430		50	
			28,6		30,0		91,9		5,2		
	20	0,17 937		0,18 233		5,4845		0,98 378		40	
			28,6		30,1		89,0		5,3		
	30	0,18 224		0,18 534		5.3955		0,98 325		30	
			28,6		30,1		86,2		5,3		
	40	0,18 509		0,18 835		5.3093		0,98 272		20	
			28,6		30,1		83,6		5,4		
	50	0,18 795		0,19 136		5,2257		0,98 218		10	
			28,6		30,2		81,1		5,5		
11	0	0,19 081		0,19 438		5,1446		0,98 163		0	79
			28,5		30,2		78,7		5,6		
	10	0,19 366		0,19 740		5,0658		0,98 107		50	
			28,5		30,2		76,4		5,7		
	20	0,19 652		0,20 042		4,9894		0,98 050		40	
			28,5		30,3		74,2		5,8		
	30	0,19 937		0,20 345		4,9152		0,97 992		30	
			28,5		30,3		72,2		5,8		
	40	0,20 222		0,20 648		4,8430		0,97 934		20	
			28,5		30,3		70,1		5,9		
	50	0,20 507		0,20 952		4,7729		0,97 875		10	
			28,5		30,4		68,2		6,0		
12	0	0,20 791		0,21 256		4,7046		0,97 815		0	78
			28,4		30,4		66,4		6,1		
	10	0,21 076		0,21 560		4,6382		0,97 754		50	
			28,4		30.5		64,6		6,2		
	20	0,21 360		0,21 864		4,5736		0,97 692		40	
			28,4		30,5		62,9		6,3		
	30	0,21 644		0,22 169		4,5107		0,97 630		30	
			28,4		30,5		61,3		6,3		
	40	0,21 928		0,22 475		4,4494		0,97 566		20	
			28,4		30,6		59,7		6,4		
	50	0,22 212		0,22 781		4,3897		0,97 502		10	
			28,4		30,6		58,2		6,5		
13	0	0,22 495		0,23 087		4,3315		0,97 437		0	77
			28,3		30,7		56,8		6,6		
	10	0,22 778		0,23 393		4,2747		0,97 371		50	
			28,3		30,7		55,4		6,7		
	20	0,23 062		0,23 700		4,2193		0,97 304		40	
			28,3		30,7		54,0		6,7		
	30	0,23 345		0,24 008		4,1653		0,97 237		30	
			28,3		30,8		52,7		6,8		
	40	0,23 627		0,24 316		4,1126		0,97 169		20	
			28,3		30,8		51,5		6,9		
	50	0,23 910		0,24 624		4,0611		0,97 100		10	
			28,2		30,9		50,3		7,0		
14	0	0,24 192		0,24 933		4,0108		0,97 030		0	76
			28,2		30,9		49,1		7,1		
	10	0,24 474		0,25 242		3,9617		0,96 959		50	
			28,2		31,0		48,0		7,2		
	20	0,24 756		0,25 552		3,9136		0,96 887		40	
			28,2		31,0		46,9		7,2		
	30	0,25 038		0,25 862		3,8667		0,96 815		30	
			28,2		31,1		45,9		7,3		
	40	0,25 320		0,26 172		3,8208		0,96 742		20	
			28,1		31,1		44,9		7,4		
	50	0,25 601		0,26 483		3,7760		0,96 667		10	
			28,1		31,2		43,9		7,5		
0	'	cos	D/1'	cot	D/1'	tan	D/1'	sin	D/1'	M.	Gr

Gr.	M.	sin	D/1′	tan	D/1′	cot	D/1′	cos	D/1′	′	°
15	0	0,25 882	28,1	0,26 795	31,2	3,7321	43,0	0,96 593	7,6	0	75
	10	0,26 163	28,1	0,27 107	31,3	3,6891	42,0	0,96 517	7,7	50	
	20	0,26 443	28,0	0,27 419	31,3	3,6470	41,2	0,96 440	7,7	40	
	30	0,26 724	28,0	0,27 732	31,4	3,6059	40,3	0,96 363	7,8	30	
	40	0,27 004	28,0	0,28 046	31,4	3,5656	39,5	0,96 285	7,9	20	
	50	0,27 284	28,0	0,28 360	31,5	3,5261	38,7	0,96 206	8,0	10	
16	0	0,27 564	28,0	0,28 675	31,5	3,4874	37,9	0,96 126	8,1	0	74
	10	0,27 843	27,9	0,28 990	31,6	3,4495	37,1	0,96 046	8,1	50	
	20	0,28 123	27,9	0,29 305	31,6	3,4124	36,4	0,95 964	8,2	40	
	30	0,28 402	27,9	0,29 621	31,7	3,3759	35,7	0,95 882	8,3	30	
	40	0,28 680	27,9	0,29 938	31,7	3,3402	35,0	0,95 799	8,4	20	
	50	0,28 959	27,8	0,30 255	31,8	3,3052	34,4	0,95 715	8,5	10	
17	0	0,29 237	27,8	0,30 573	31,8	3,2709	33,7	0,95 630	8,5	0	73
	10	0,29 515	27,8	0,30 891	31,9	3,2371	33,1	0,95 545	8,6	50	
	20	0,29 793	27,8	0,31 210	32,0	3,2041	32,5	0,95 459	8,7	40	
	30	0,30 071	27,7	0,31 530	32,0	3,1716	31,9	0,95 372	8,8	30	
	40	0,30 348	27,7	0,31 850	32,1	3,1397	31,3	0,95 284	8,9	20	
	50	0,30 625	27,7	0,32 171	32,1	3,1084	30,7	0,95 195	8,9	10	
18	0	0,30 902	27,7	0,32 492	32,2	3,0777	30,2	0,95 106	9,0	0	72
	10	0,31 178	27,6	0,32 814	32,3	3,0475	29,7	0,95 015	9,1	50	
	20	0,31 454	27,6	0,33 136	32,3	3,0178	29,1	0,94 924	9,2	40	
	30	0,31 730	27,6	0,33 460	32,4	2,9887	28,6	0,94 832	9,3	30	
	40	0,32 006	27,5	0,33 783	32,4	2,9600	28,2	0,94 740	9,4	20	
	50	0,32 282	27,5	0,34 108	32,5	2,9319	27,7	0,94 646	9,4	10	
19	0	0,32 557	27,5	0,34 433	32,6	2,9042	27,2	0,94 552	9,5	0	71
	10	0,32 832	27,5	0,34 758	32,6	2,8770	26,8	0,94 457	9,6	50	
	20	0,33 106	27,4	0,35 085	32,7	2,8502	26,3	0,94 361	9,7	40	
	30	0,33 381	27,4	0,35 412	32,8	2,8239	25,9	0,94 264	9,7	30	
	40	0,33 655	27,4	0,35 740	32,8	2,7980	25,5	0,94 167	9,8	20	
	50	0,33 929	27,3	0,36 068	32,9	2,7725	25,1	0,94 068	9,9	10	
°	′	cos	D/1′	cot	D/1′	tan	D/1′	sin	D/1′	M.	Gr.

Gr.	M.	sin	D/1′	tan	D/1′	cot	D/1′	cos	D/1′	′	°
20	0	0,34 202		0,36 397		2,7475		0,93 969		0	70
			27,3		33,0		24,7		10,0		
	10	0,34 475		0,36 727		2,7228		0,93 869		50	
			27,3		33,0		24,3		10,1		
	20	0,34 748		0,37 057		2,6985		0,93 769		40	
			27,3		33,1		23,9		10,1		
	30	0,35 021		0,37 388		2,6746		0,93 667		30	
			27,2		33,2		23,5		10,2		
	40	0,35 293		0,37 720		2,6511		0,93 565		20	
			27,2		33,3		23,2		10,3		
	50	0,35 565		0,38 053		2,6279		0,93 462		10	
			27,2		33,3		22,8		10,4		
21	0	0,35 837		0,38 386		2,6051		0,93 358		0	69
			27,1		33,4		22,5		10,5		
	10	0,36 108		0,38 721		2,5826		0,93 253		50	
			27,1		33,5		22,1		10,5		
	20	0,36 379		0,39 055		2,5605		0,93 148		40	
			27,1		33,6		21,8		10,6		
	30	0,36 650		0,39 391		2,5386		0,93 042		30	
			27,0		33,6		21,5		10,7		
	40	0,36 921		0,39 727		2,5172		0,92 935		20	
			27,0		33,7		21,2		10,8		
	50	0,37 191		0,40 065		2,4960		0,92 827		10	
			27,0		33,8		20,9		10,9		
22	0	0,37 461		0,40 403		2,4751		0,92 718		0	68
			27,0		33,9		20,6		10,9		
	10	0,37 730		0,40 741		2,4545		0,92 609		50	
			26,9		34,0		20,3		11,0		
	20	0,37 999		0,41 081		2,4342		0,92 499		40	
			26,9		34,0		20,0		11,1		
	30	0,38 268		0,41 421		2,4142		0,92 388		30	
			26,9		34,1		19,7		11,2		
	40	0,38 537		0,41 763		2,3945		0,92 276		20	
			26,8		34,2		19,5		11,2		
	50	0,38 805		0,42 105		2,3750		0,92 164		10	
			26,8		34,3		19,2		11,3		
23	0	0,39 073		0,42 447		2,3559		0,92 050		0	67
			26,8		34,4		18,9		11,4		
	10	0,39 341		0,42 791		2,3369		0,91 936		50	
			26,7		34,5		18,7		11,5		
	20	0,39 608		0,43 136		2,3183		0,91 822		40	
			26,7		34,5		18,4		11,6		
	30	0,39 875		0,43 481		2,2998		0,91 706		30	
			26,7		34,6		18,2		11,6		
	40	0,40 142		0,43 828		2,2817		0,91 590		20	
			26,6		34,7		17,9		11,7		
	50	0,40 408		0,44 175		2,2637		0,91 472		10	
			26,6		34,8		17,7		11,8		
24	0	0,40 674		0,44 523		2,2460		0,91 355		0	66
			26,6		34,9		17,4		11,9		
	10	0,40 939		0,44 872		2,2286		0,91 236		50	
			26,5		35,0		17,2		11,9		
	20	0,41 204		0,45 222		2,2113		0,91 116		40	
			26,5		35,1		17,0		12,0		
	30	0,41 469		0,45 573		2,1943		0,90 996		30	
			26,5		35,2		16,8		12,1		
	40	0,41 734		0,45 924		2,1775		0,90 875		20	
			26,4		35,3		16,6		12,2		
	50	0,41 998		0,46 277		2,1609		0,90 753		10	
			26,4		35,4		16,4		12,3		
°	′	cos	D/1′	cot	D/1′	tan	D/1′	sin	D/1′	M.	Gr.

Gr.	M.	sin	D/1′	tan	D/1′	cot	D/1′	cos	D/1′	′	o
25	0	0,42 262		0,46 631		2,1445		0,90 631		0	**65**
			26,3		35,5		16,2		12,3		
	10	0,42 525		0,46 985		2,1283		0,90 507		50	
			26,3		35,6		16,0		12,4		
	20	0,42 788		0,47 341		2,1123		0,90 383		40	
			26,3		35,7		15,8		12,5		
	30	0,43 051		0,47 698		2,0965		0,90 259		30	
			26,2		35,8		15,6		12,6		
	40	0,43 313		0,48 055		2,0809		0,90 133		20	
			26,2		35,9		15,4		12,6		
	50	0,43 575		0,48 414		2,0655		0,90 007		10	
			26,2		36,0		15,2		12,7		
26	0	0,43 837		0,48 773		2,0503		0,89 879		0	**64**
			26,1		36,1		15,0		12,8		
	10	0,44 098		0,49 134		2,0353		0,89 752		50	
			26,1		36,2		14,9		12,9		
	20	0,44 359		0,49 495		2,0204		0,89 623		40	
			26,1		36,3		14,7		12,9		
	30	0,44 620		0,49 858		2,0057		0,89 493		30	
			26,0		36,4		14,5		13,0		
	40	0,44 880		0,50 222		1,9912		0,89 363		20	
			26,0		36,5		14,4		13,1		
	50	0,45 140		0,50 587		1,9768		0,89 232		10	
			25,9		36,6		14,2		13,2		
27	0	0,45 399		0,50 953		1,9626		0,89 101		0	**63**
			25,9		36,7		14,0		13,2		
	10	0,45 658		0,51 319		1,9486		0,88 968		50	
			25,9		36,8		13,9		13,3		
	20	0,45 917		0,51 688		1,9347		0,88 835		40	
			25,8		36,9		13,7		13,4		
	30	0,46 175		0,52 057		1,9210		0,88 701		30	
			25,8		37,0		13,6		13,5		
	40	0,46 433		0,52 427		1,9074		0,88 566		20	
			25,7		37,1		13,4		13,5		
	50	0,46 690		0,52 798		1,8940		0,88 431		10	
			25,7		37,3		13,3		13,6		
28	0	0,46 947		0,53 171		1,8807		0,88 295		0	**62**
			25,7		37,4		13,1		13,7		
	10	0,47 204		0,53 545		1,8676		0,88 158		50	
			25,6		37,5		13,0		13,8		
	20	0,47 460		0,53 920		1,8546		0,88 020		40	
			25,6		37,6		12,8		13,8		
	30	0,47 716		0,54 296		1,8418		0,87 882		30	
			25,5		37,7		12,7		13,9		
	40	0,47 971		0,54 673		1,8291		0,87 743		20	
			25,5		37,8		12,6		14,0		
	50	0,48 226		0,55 051		1,8165		0,87 603		10	
			25,5		38,0		12,4		14,1		
29	0	0,48 481		0,55 431		1,8040		0,87 462		0	**61**
			25,4		38,1		12,3		14,1		
	10	0,48 735		0,55 812		1,7917		0,87 321		50	
			25,4		38,2		12,2		14,2		
	20	0,48 989		0,56 194		1,7796		0,87 178		40	
			25,3		38,3		12,1		14,3		
	30	0,49 242		0,56 577		1,7675		0,87 036		30	
			25,3		38,5		11,9		14,4		
	40	0,49 495		0,56 962		1,7556		0,86 892		20	
			25,3		38,6		11,8		14,4		
	50	0,49 748		0,57 348		1,7437		0,86 748		10	
			25,2		38,7		11,7		14,5		
o	′	cos	D/1′	cot	D/1′	tan	D/1′	sin	D/1′	M.	Gr.

Gr.	M.	sin	D/1′	tan	D/1′	cot	D/1′	cos	D/1′	′	°
30	0	0,50 000		0,57 735		1,7321		0,86 603		0	**60**
			25,2		38,9		11,6		14,6		
	10	0,50 252		0,58 124		1,7205		0,86 457		50	
			25,1		39,0		11,5		14,7		
	20	0,50 503		0,58 513		1,7090		0,86 310		40	
			25,1		39,1		11,3		14,7		
	30	0,50 754		0,58 905		1,6977		0,86 163		30	
			25,0		39,2		11,2		14,8		
	40	0,51 004		0,59 297		1,6864		0,86 015		20	
			25,0		39,4		11,1		14,9		
	50	0,51 254		0,59 691		1,6753		0,85 866		10	
			25,0		39,5		11,0		14,9		
31	0	0,51 504		0,60 086		1,6643		0,85 717		0	**59**
			24,9		39,7		10,9		15,0		
	10	0,51 753		0,60 483		1,6534		0,85 567		50	
			24,9		39,8		10,8		15,1		
	20	0,52 002		0,60 881		1,6426		0,85 416		40	
			24,8		39,9		10,7		15,2		
	30	0,52 250		0,61 280		1,6319		0,85 264		30	
			24,8		40,1		10,6		15,2		
	40	0,52 498		0,61 681		1,6212		0,85 112		20	
			24,7		40,2		10,5		15,3		
	50	0,52 745		0,62 083		1,6107		0,84 959		10	
			24,7		40,4		10,4		15,4		
32	0	0,52 992		0,62 487		1,6003		0,84 805		0	**58**
			24,6		40,5		10,3		15,5		
	10	0,53 238		0,62 892		1,5900		0,84 650		50	
			24,6		40,7		10,2		15,5		
	20	0,53 484		0,63 299		1,5798		0,84 495		40	
			24,6		40,8		10,1		15,6		
	30	0,53 730		0,63 707		1,5697		0,84 339		30	
			24,5		41,0		10,0		15,7		
	40	0,53 975		0,64 117		1,5597		0,84 182		20	
			24,5		41,1		9,9		15,7		
	50	0,54 220		0,64 528		1,5497		0,84 025		10	
			24,4		41,3		9,9		15,8		
33	0	0,54 464		0,64 941		1,5399		0,83 867		0	**57**
			24,4		41,4		9,8		15,9		
	10	0,54 708		0,65 355		1,5301		0,83 708		50	
			24,3		41,6		9,7		15,9		
	20	0,54 951		0,65 771		1,5204		0,83 549		40	
			24,3		41,8		9,6		16,0		
	30	0,55 194		0,66 189		1,5108		0,83 389		30	
			24,2		41,9		9,5		16,1		
	40	0,55 436		0,66 608		1,5013		0,83 228		20	
			24,2		42,1		9,4		16,2		
	50	0,55 678		0,67 028		1,4919		0,83 066		10	
			24,1		42,2		9,3		16,2		
34	0	0,55 919		0,67 451		1,4826		0,82 904		0	**56**
			24,1		42,4		9,3		16,3		
	10	0,56 160		0,67 875		1,4733		0,82 741		50	
			24,0		42,6		9,2		16,4		
	20	0,56 401		0,68 301		1,4641		0,82 577		40	
			24,0		42,7		9,1		16,4		
	30	0,56 641		0,68 728		1,4550		0,82 413		30	
			23,9		42,9		9,0		16,5		
	40	0,56 880		0,69 157		1,4460		0,82 248		20	
			23,9		43,1		9,0		16,6		
	50	0,57 119		0,69 588		1,4370		0,82 082		10	
			23,9		43,3		8,9		16,6		
°	′	cos	D/1′	cot	D/1′	tan	D/1′	sin	D/1′	M.	Gr.

Gr.	M.	sin	D/1′	tan	D/1′	cot	D/1′	cos	D/1′	′	0
35	0	0,57 358		0,70 021		1,4281		0,81 915		0	**55**
			23,8		43,4		8,8		16,7		
	10	0,57 596		0,70 455		1,4193		0,81 748		50	
			23,8		43,6		8,7		16,8		
	20	0,57 833		0,70 891		1,4106		0,81 580		40	
			23,7		43,8		8,7		16,9		
	30	0,58 070		0,71 329		1,4019		0,81 412		30	
			23,7		44,0		8,6		16,9		
	40	0,58 307		0,71 769		1,3934		0,81 242		20	
			23,6		44,2		8,5		17,0		
	50	0,58 543		0,72 211		1,3848		0,81 072		10	
			23,6		44,4		8,5		17,1		
36	0	0,58 779		0,72 654		1,3764		0,80 902		0	**54**
			23,5		44,5		8,4		17,1		
	10	0,59 014		0,73 100		1,3680		0,80 730		50	
			23,5		44,7		8,3		17,2		
	20	0,59 248		0,73 547		1,3597		0,80 558		40	
			23,4		44,9		8,3		17,3		
	30	0,59 482		0,73 996		1,3514		0,80 386		30	
			23,4		45,1		8,2		17,3		
	40	0,59 716		0,74 447		1,3432		0,80 212		20	
			23,3		45,3		8,1		17,4		
	50	0,59 949		0,74 900		1,3351		0,80 038		10	
			23,3		45,5		8,1		17,5		
37	0	0,60 182		0,75 355		1,3270		0,79 864		0	**53**
			23,2		45,7		8,0		17,5		
	10	0,60 414		0,75 812		1,3190		0,79 688		50	
			23,2		45,9		7,9		17,6		
	20	0,60 645		0,76 272		1,3111		0,79 512		40	
			23,1		46,1		7,9		17,7		
	30	0,60 876		0,76 733		1,3032		0,79 335		30	
			23,1		46,3		7,8		17,7		
	40	0,61 107		0,77 196		1,2954		0,79 158		20	
			23,0		46,5		7,8		17,8		
	50	0,61 337		0,77 661		1,2876		0,78 980		10	
			22,9		46,7		7,7		17,9		
38	0	0,61 566		0,78 129		1,2799		0,78 801		0	**52**
			22,9		47,0		7,6		17,9		
	10	0,61 795		0,78 598		1,2723		0,78 622		50	
			22,8		47,2		7,6		18,0		
	20	0,62 024		0,79 070		1,2647		0,78 442		40	
			22,8		47,4		7,5		18,1		
	30	0,62 251		0,79 541		1,2572		0,78 261		30	
			22,7		47,6		7,5		18,1		
	40	0,62 479		0,80 020		1,2497		0,78 079		20	
			22,7		47,8		7,4		18,2		
	50	0,62 706		0,80 498		1,2423		0,77 897		10	
			22,6		48,1		7,4		18,3		
39	0	0,62 932		0,80 978		1,2349		0,77 715		0	**51**
			22,6		48,3		7,3		18,3		
	10	0,63 158		0,81 461		1,2276		0,77 531		50	
			22,5		48,5		7,3		18,4		
	20	0,63 383		0,81 946		1,2203		0,77 347		40	
			22,5		48,7		7,2		18,5		
	30	0,63 608		0,82 434		1,2131		0,77 162		30	
			22,4		49,0		7,2		18,5		
	40	0,63 832		0,82 923		1,2059		0,76 977		20	
			22,4		49,2		7,1		18,6		
	50	0,64 056		0,83 415		1,1988		0,76 791		10	
			22,3		49,4		7,1		18,7		
0	′	cos	D/1′	cot	D/1′	tan	D/1′	sin	D/1′	M.	Gr.

Gr.	M.	sin	D/1'	tan	D/1'	cot	D/1'	cos	D/1'	'	o
40	**0**	0,64 279	22,3	0,83 910	49,7	1.1918	7,0	0.76 604	18,7	**0**	**50**
	10	0,64 501	22,2	0,84 407	49,9	1.1847	7,0	0.76 417	18,8	50	
	20	0.64 723	22,1	0.84 906	50,2	1.1778	6,9	0.76 229	18,8	40	
	30	0,64 945	22,1	0.85 408	50,4	1.1708	6,9	0.76 041	18,9	30	
	40	0.65 166	22,0	0,85 912	50,7	1.1640	6,8	0.75 851	18,9	20	
	50	0,65 386	22,0	0.86 419	50,9	1.1571	6,8	0.75 661	19,0	10	
41	**0**	0,65 606	21,9	0,86 929	51,2	1,1504	6,7	0.75 471	19,1	**0**	**49**
	10	0,65 825	21,9	0,87 441	51,5	1.1436	6,7	0,75 280	19,1	50	
	20	0,66 044	21,8	0,87 955	51,7	1,1369	6,6	0,75 088	19,2	40	
	30	0,66 262	21,8	0,88 473	52,0	1,1303	6,6	0,74 896	19,2	30	
	40	0,66 480	21,7	0,88 992	52,3	1,1237	6,6	0,74 703	19,3	20	
	50	0,66 697	21,6	0.89 515	52,5	1.1171	6,5	0,74 509	19,4	10	
42	**0**	0,66 913	21,6	0,90 040	52,8	1.1106	6,5	0.74 314	19,4	**0**	**48**
	10	0,67 129	21,5	0,90 569	53,1	1.1041	6,4	0.74 120	19,5	50	
	20	0,67 344	21,5	0,91 099	53,4	1,0977	6,4	0,73 924	19,6	40	
	30	0,67 559	21,4	0,91 633	53,7	1,0913	6,4	0,73 728	19,6	30	
	40	0.67 773	21,4	0.92 170	53,9	1.0850	6,3	0,73 531	19,7	20	
	50	0,67 987	21,3	0,92 709	54,2	1,0786	6,3	0,73 333	19,7	10	
43	**0**	0,68 200	21,2	0,93 252	54,5	1.0724	6,2	0.73 135	19,8	**0**	**47**
	10	0,68 412	21,2	0,93 797	54,8	1.0661	6,2	0,72 937	19,9	50	
	20	0,68 624	21,1	0,94 345	55,1	1,0599	6,2	0,72 737	19,9	40	
	30	0,68 835	21,1	0,94 896	55,4	1,0538	6,1	0,72 537	20,0	30	
	40	0,69 046	21,0	0,95 451	55,7	1,0477	6,1	0,72 337	20,1	20	
	50	0,69 256	21,0	0,96 008	56,1	1,0416	6,0	0,72 136	20,1	10	
44	**0**	0.69 466	20,9	0,96 569	56,4	1,0355	6,0	0,71 934	20,2	**0**	**46**
	10	0,69 675	20,8	0,97 133	56,7	1,0295	6,0	0,71 732	20,2	50	
	20	0,69 883	20,8	0,97 700	57,0	1,0235	5,9	0,71 529	20,3	40	
	30	0,70 091	20,7	0,98 270	57,3	1,0176	5,9	0,71 325	20,4	30	
	40	0,70 298	20,7	0,98 843	57,7	1,0117	5,9	0,71 121	20,4	20	
	50	0,70 505	20,6	0,99 420	58,0	1,0058	5,8	0,70 916	20,5	10	
45	**0**	0,70 711		1,00 000		1,0000		0,70 711	20,5	**0**	**45**
o	'	cos	D/1'	cot	D/1'	tan	D/1'	sin	D/1'	M.	Gr.

Verwandlung der Minuten in Dezimalteile eines Grades

min	0	1	2	3	4	5	6	7	8	9
0	0,0000	0167	0333	0500	0667	0833	1000	1167	1333	1500
1	1667	1833	2000	2167	2333	2500	2667	2833	3000	3167
2	3333	3500	3667	3833	4000	4167	4333	4500	4667	4833
3	5000	5167	5333	5500	5667	5833	6000	6167	6333	6500
4	6667	6833	7000	7167	7333	7500	7667	7833	8000	8167
5	8333	8500	8667	8833	9000	9167	9333	9500	9667	9833

Verwandlung der Sekunden in Dezimalteile eines Grades

s	0	1	2	3	4	5	6	7	8	9
0	0,0000	0003	0006	0008	0011	0014	0017	0019	0022	0025
1	0028	0031	0033	0036	0039	0042	0044	0047	0050	0053
2	0056	0058	0061	0064	0067	0069	0072	0075	0078	0081
3	0083	0086	0089	0092	0094	0097	0100	0103	0106	0108
4	0111	0114	0117	0119	0122	0125	0128	0131	0133	0136
5	0139	0142	0144	0147	0150	0153	0156	0158	0161	0164

Verwandlung der Dezimalteile eines Grades in Minuten und Sekunden

Grad	1	2	3	4	5	6	7	8	9
0	6'	12'	18'	24'	30'	36'	42'	48'	54'
0,0	36''	1'12''	1'48''	2'24''	3'	3'36''	4'12''	4'48''	5'24''
0,00	3,6''	7,2''	10,8''	14,4''	18''	21,6''	25,2''	28,8''	32,4''
0,000	0,4''	0,7''	1,1''	1,4''	1,8''	2,2''	2,5''	2,9''	3,2''

Sinus- und Tangenslogarithmen für die ersten 60 Sekunden

s	0	1	2	3	4	5	6	7	8	9
0	$-\infty$	4,68557	4,98660	5,16270	5,28763	5,38454	5,46373	5,53067	5,58866	5,63982
1	5,68557	5,72697	5,76476	5,79952	5,83170	5,86167	5,88969	5,91602	5,94085	5,96433
2	5,98660	6,00779	6,02800	6,04730	6,06579	6,08351	6,10055	6,11694	6,13273	6,14797
3	6,16270	6,17694	6,19072	6,20409	6,21705	6,22964	6,24188	6,25378	6,26536	6,27664
4	6,28763	6,29836	6,30882	6,31904	6,32903	6,33879	6,34833	6,35767	6,36682	6,37577
5	6,38454	6,39315	6,40158	6,40985	6,41797	6,42594	6,43376	6,44145	6,44900	6,45643

Gr.	M.	lg sin	D/1″	lg tan	D/1″	lg cot	lg cos	′	0
0	0	− ∞		− ∞		+ ∞	10	0	90
	1	6,46 373	501,72	6,46 373	501,72	13,53 627	10,00 000	59	
	2	6,76 476	293,48	6,76 476	293,48	13,23 524	10,00 000	58	
	3	6,94 085	208,23	6,94 085	208,23	13,05 915	10,00 000	57	
	4	7,06 579	161,52	7,06 579	161,52	12,93 421	10,00 000	56	
	5	7,16 270	131,97	7,16 270	131,97	12,83 730	10,00 000	55	
	6	7,24 188	111,57	7,24 188	111,57	12,75 812	10,00 000	54	
	7	7,30 882	96,67	7,30 882	96,67	12,69 118	10,00 000	53	
	8	7,36 682	85,25	7,36 682	85,25	12,63 318	10,00 000	52	
	9	7,41 797	76,27	7,41 797	76,27	12,58 203	10,00 000	51	
0	10	7,46 373	68,98	7,46 373	68,98	12,53 627	10,00 000	50	89
	11	7,50 512	62,98	7,50 512	62,98	12,49 488	10,00 000	49	
	12	7,54 291	57,93	7,54 291	57,93	12,45 709	10,00 000	48	
	13	7,57 767	53,63	7,57 767	53,65	12,42 233	10,00 000	47	
	14	7,60 985	49,95	7,60 986	49,93	12,39 014	10.00 000	46	
	15	7,63 982	46,70	7,63 982	46,72	12,36 018	10,00 000	45	
	16	7,66 784	43,88	7,66 785	43,88	12,33 215	10,00 000	44	
	17	7,69 417	41,38	7,69 418	41,37	12,30 582	9.99 999	43	
	18	7,71 900	39,13	7,71 900	39,13	12,28 100	9.99 999	42	
	19	7,74 248	37,12	7,74 248	37,13	12,25 752	9,99 999	41	
0	20	7,76 475	35,32	7,76 476	35,32	12,23 524	9,99 999	40	89
	21	7,78 594	33,68	7,78 595	33,67	12,21 405	9,99 999	39	
	22	7,80 615	32,17	7,80 615	32,18	12,19 385	9,99 999	38	
	23	7,82 545	30,80	7,82 546	30,80	12,17 454	9,99 999	37	
	24	7,84 393	29,55	7,84 394	29,55	12,15 606	9,99 999	36	
	25	7,86 166	28,40	7,86 167	28,40	12,13 833	9,99 999	35	
	26	7,87 870	27,32	7,87 871	27,32	12,12 129	9,99 999	34	
	27	7,89 509	26,32	7,89 510	26,32	12,10 490	9,99 999	33	
	28	7,91 088	25,40	7,91 089	25,40	12,08 911	9,99 999	32	
	29	7,92 612	24,53	7,92 613	24,55	12,07 387	9,99 998	31	
0	30	7,94 084		7.94 086		12,05 914	9.99 998	30	89
0	′	lg cos	D/1″	lg cot	D/1″	lg tan	lg sin	M.	Gr.

Gr.	M.	lg sin	D/1"	lg tan	D/1"	lg cot	lg cos	'	o
0	30	7,94 084		7,94 086		12,05 914	9,99 998	30	89
	31	7,95 508	23,73	7,95 510	23,73	12,04 490	9,99 998	29	
	32	7,96 887	22,98	7,96 889	22,98	12,03 111	9,99 998	28	
	33	7,98 223	22,27	7,98 225	22.27	12,01 775	9,99 998	27	
	34	7,99 520	21,62	7,99 522	21,62	12,00 478	9,99 998	26	
	35	8,00 779	20,98	8.00 781	20.98	11,99 219	9,99 998	25	
	36	8,02 002	20,38	8,02 004	20,38	11,97 996	9,99 998	24	
	37	8,03 192	19,83	8,03 194	19,83	11,96 806	9,99 997	23	
	38	8,04 350	19,30	8,04 353	19,32	11,95 647	9,99 997	22	
	39	8,05 478	18,80	8,05 481	18,80	11,94 519	9,99 997	21	
0	40	8,06 578	18,33	8,06 581	18,33	11,93 419	9,99 997	20	89
	41	8,07 650	17,87	8,07 653	17,87	11,92 347	9,99 997	19	
	42	8,08 696	17,43	8,08 700	17.45	11,91 300	9,99 997	18	
	43	3,09 718	17,03	8.09 722	17,03	11,90 278	9.99 997	17	
	44	8,10 717	16,65	8,10 720	16,63	11,89 280	9,99 996	16	
	45	8,11 693	16,27	8,11 696	16,27	11,88 304	9,99 996	15	
	46	8,12 647	15,90	8,12 651	15,92	11,87 349	9,99 996	14	
	47	8,13 581	15,57	8,13 585	15,57	11,86 415	9,99 996	13	
	48	8,14 495	15,23	8,14 500	15,25	11,85 500	9,99 996	12	
	49	8,15 391	14,93	8,15 395	14,92	11,84 605	9,99 996	11	
0	50	8.16 268	14,62	8,16 273	14,63	11,83 727	9,99 995	10	89
	51	8,17 128	14,33	8,17 133	14,33	11,82 867	9,99 995	9	
	52	8,17 971	14,05	8,17 976	14,05	11,82 024	9,99 995	8	
	53	8,18 798	13,78	8,18 804	13,80	11,81 196	9,99 995	7	
	54	8,19 610	13,53	8,19 616	13,53	11,80 384	9,99 995	6	
	55	8,20 407	13,28	8,20 413	13,28	11,79 587	9,99 994	5	
	56	8,21 189	13,03	8,21 195	13,03	11,78 805	9,99 994	4	
	57	8,21 958	12,82	8,21 964	12,82	11,78 036	9,99 994	3	
	58	8,22 713	12,58	8,22 720	12,60	11,77 280	9,99 994	2	
	59	8,23 456	12,38	8,23 462	12,37	11,76 538	9,99 994	1	
1	0	8,24 186	12,17	8,24 192	12,17	11,75 808	9,99 993	0	89
o	'	lg cos	D/1"	lg cot	D/1"	lg tan	lg sin	M.	Gr.

Gr.	M.	lg sin	D/1″	lg tan	D/1″	lg cot	lg cos	′	o
1	0	8,24 186		8.24 192		11,75 808	9,99 993	0	89
			11,95		11,97				
	1	8,24 903		8,24 910		11,75 090	9,99 993	59	
			11,77		11,77				
	2	8,25 609		8,25 616		11,74 384	9,99 993	58	
			11,58		11,60				
	3	8,26 304		8,26 312		11,73 688	9,99 993	57	
			11,40		11,40				
	4	8,26 988		8,26 996		11,73 004	9,99 992	56	
			11,22		11,22				
	5	8,27 661		8.27 669		11,72 331	9,99 992	55	
			11,05		11,05				
	6	8,28 324		8,28 332		11,71 668	9,99 992	54	
			10.88		10,90				
	7	8,28 977		8.28 986		11,71 014	9,99 992	53	
			10.73		10,72				
	8	8,29 621		8,29 629		11,70 371	9,99 992	52	
			10,57		10,57				
	9	8,30 255		8,30 263		11,69 737	9,99 991	51	
			10,40		10,42				
1	10	8,30 879		8.30 888		11,69 112	9,99 991	50	88
			10,27		10,28				
	11	8,31 495		8,31 505		11.68 495	9,99 991	49	
			10,13		10,12				
	12	8,32 103		8,32 112		11,67 888	9,99 990	48	
			9,98		9,98				
	13	8,32 702		8,32 711		11,67 289	9,99 990	47	
			9,83		9,85				
	14	8,33 292		8,33 302		11 66 698	9,99 990	46	
			9.72		9,73				
	15	8,33 875		8,33 886		11,66 114	9,99 990	45	
			9,58		9,58				
	16	8,34 450		8,34 461		11.65 539	9,99 989	44	
			9,47		9,47				
	17	8.35 018		8.35 029		11,64 971	9,99 989	43	
			9,33		9,35				
	18	8,35 578		8,35 590		11,64 410	9,99 989	42	
			9,22		9,22				
	19	8,36 131		8,36 143		11,63 857	9,99 989	41	
			9,12		9,10				
1	20	8.36 678		8,36 689		11,63 311	9,99 988	40	88
			8,98		9,00				
	21	8,37 217		8,37 229		11.62 771	9,99 988	39	
			8,88		8,88				
	22	8,37 750		8,37 762		11,62 238	9,99 988	38	
			8,77		8,78				
	23	8,38 276		8,38 289		11.61 711	9,99 987	37	
			8,67		8.67				
	24	8,38 796		8,38 809		11,61 191	9,99 987	36	
			8,57		8,57				
	25	8,39 310		8,39 323		11,60 677	9,99 987	35	
			8,47		8,48				
	26	8,39 818		8,39 832		11,60 168	9,99 986	34	
			8,37		8,37				
	27	8,40 320		8.40 334		11.59 666	9,99 986	33	
			8,27		8,27				
	28	8,40 816		8.40 830		11.59 170	9,99 986	32	
			8,18		8.18				
	29	8,41 307		8,41 321		11,58 679	9,99 985	31	
			8,08		8,10				
1	30	8,41 792		8,41 807		11,58 193	9,99 985	30	88
0	′	lg cos	D/1″	lg cot	D/1″	lg tan	lg sin	M.	Gr.

Gr.	M.	lg sin	D/1″	lg tan	D/1″	lg cot	lg cos	′	o
1	30	8,41 792		8,41 807		11.58 193	9,99 985	30	88
			8,00		8.00				
	31	8,42 272		8,42 287		11.57 713	9,99 985	29	
			7,91		7,92				
	32	8,42 746		8,42 762		11.57 238	9.99 984	28	
			7,83		7,83				
	33	8,43 216		8,43 232		11,56 768	9.99 984	27	
			7,73		7,74				
	34	8,43 680		8,43 696		11,56 304	9.99 984	26	
			7,66		7,67				
	35	8,44 139		8,44 156		11,55 844	9,99 983	25	
			7,58		7.58				
	36	8,44 594		8,44 611		11,55 389	9,99 983	24	
			7,50		7,50				
	37	8.45 044		8,45 061		11,54 939	9,99 983	23	
			7,42		7,42				
	38	8,45 489		8,45 507		11,54 493	9,99 982	22	
			7,35		7,36				
	39	8,45 930		8,45 948		11,54 052	9,99 982	21	
			7,27		7.27				
1	40	8,46 366		8,46 385		11,53 615	9,99 982	20	88
			7,21		7,21				
	41	8,46 799		8,46 817		11,53 183	9,99 981	19	
			7,13		7.13				
	42	8.47 226		8,47 245		11,52 755	9,99 981	18	
			7,07		7.07				
	43	8.47 650		8,47 669		11,52 331	9,99 981	17	
			6,99		7,00				
	44	8,48 069		8,48 089		11.51 911	9.99 980	16	
			6,92		6.93				
	45	8.48 485		8,48 505		11.51 495	9,99 980	15	
			6,86		6.86				
	46	8,48 896		8,48 917		11.51 083	9,99 979	14	
			6,79		6,81				
	47	8,49 304		8,49 325		11,50 675	9,99 979	13	
			6,73		6,73				
	48	8,49 708		8,49 729		11,50 271	9,99 979	12	
			6,67		6,67				
	49	8,50 108		8,50 130		11,49 870	9,99 978	11	
			6,61		6.62				
1	50	8.50 504		8,50 527		11,49 473	9,99 978	10	88
			6,55		6,56				
	51	8,50 897		8,50 920		11,49 080	9.99 977	9	
			6.49		6,49				
	52	8.51 287		8,51 310		11.48 690	9.99 977	8	
			6.43		6,44				
	53	8.51 673		8,51 696		11.48 304	9.99 977	7	
			6,38		6.38				
	54	8,52 055		8,52 079		11,47 921	9.99 976	6	
			6,32		6.32				
	55	8,52 434		8.52 459		11,47 541	9,99 976	5	
			6,27		6,27				
	56	8,52 810		8.52 835		11,47 165	9,99 975	4	
			6,21		6,22				
	57	8,53 183		8,53 208		11,46 792	9,99 975	3	
			6,16		6,17				
	58	8.53 552		8,53 578		11,46 422	9,99 974	2	
			6,11		6,12				
	59	8.53 919		8,53 945		11,46 055	9,99 974	1	
			6,05		6,06				
2	0	8,54 282		8.54 308		11,45 692	9 99 974	0	88
0	′	lg cos	D/1″	lg cot	D/1″	lg tan	lg sin	M.	Gr.

Gr.	M.	lg sin	D/1″	lg tan	D/1″	lg cot	lg cos	′	o
2	0	8.54 282		8,54 308		11,45 692	9,99 974	0	88
			6,00		6,02				
	1	8,54 642		8,54 669		11,45 331	9,99 973	59	
			5,95		5,96				
	2	8,54 999		8,55 027		11,44 973	9,99 973	58	
			5,91		5,92				
	3	8,55 354		8,55 382		11,44 618	9,99 972	57	
			5,86		5,87				
	4	8,55 705		8,55 734		11,44 266	9,99 972	56	
			5,82		5,82				
	5	8,56 054		8,56 083		11,43 917	9,99 971	55	
			5,77		5,78				
	6	8,56 400		8,56 429		11,43 571	9,99 971	54	
			5,73		5,72				
	7	8,56 743		8,56 773		11,43 227	9,99 970	53	
			5,67		5,68				
	8	8,57 084		8,57 114		11,42 886	9,99 970	52	
			5,63		5,63				
	9	8,57 421		8,57 452		11,42 548	9,99 969	51	
			5,59		5,60				
2	10	8,57 757		8,57 788		11,42 212	9,99 969	50	87
			5,54		5,55				
	11	8,58 089		8.58 121		11,41 879	9,99 968	49	
			5,50		5,51				
	12	8,58 419		8,58 451		11,41 549	9,99 968	48	
			5,46		5,47				
	13	8,58 747		8,58 779		11,41 221	9,99 967	47	
			5,41		5,43				
	14	8,59 072		8,59 105		11,40 895	9,99 967	46	
			5,37		5,39				
	15	8,59 395		8.59 428		11,40 572	9,99 967	45	
			5.32		5,35				
	16	8,59 715		8,59 749		11,40 251	9,99 966	44	
			5,30		5,31				
	17	8,60 033		8,60 068		11,39 932	9,99 966	43	
			5,26		5,27				
	18	8,60 349		8.60 384		11,39 616	9,99 965	42	
			5,21		5,23				
	19	8,60 662		8,60 698		11,39 302	9,99 964	41	
			5,18		5,19				
2	20	8,60 973		8,61 009		11,38 991	9,99 964	40	87
			5,15		5,16				
	21	8,61 282		8,61 319		11,38 681	9,99 963	39	
			5,12		5,13				
	22	8,61 589		8,61 626		11,38 374	9,99 963	38	
			5,07		5,08				
	23	8,61 894		8,61 931		11,38 069	9,99 962	37	
			5,02		5,05				
	24	8,62 196		8,62 234		11,37 766	9,99 962	36	
			5,01		5,02				
	25	8,62 497		8,62 535		11,37 465	9,99 961	35	
			4,97		4,98				
	26	8,62 795		8,62 834		11,37 166	9,99 961	34	
			4,94		4,95				
	27	8,63 091		8,63 131		11,36 869	9,99 960	33	
			4,90		4,92				
	28	8,63 385		8,63 426		11,36 574	9,99 960	32	
			4,87		4,88				
	29	8,63 678		8,63 718		11,36 282	9,99 959	31	
			4,83		4,85				
2	30	8,63 968		8,64 009		11,35 991	9,99 959	30	87
o	′	lg cos	D/1″	lg cot	D/1″	lg tan	lg sin	M.	Gr.

Gr.	M.	lg sin	D/1″	lg tan	D/1″	lg cot	lg cos	′	0
2	30	8,63 968		8,64 009		11,35 991	9,99 959	30	87
			4,81		4,82				
	31	8,64 256		8,64 298		11,35 702	9,99 958	29	
			4,77		4,78				
	32	8,64 543		8,64 585		11,35 415	9,99 958	28	
			4,74		4,75				
	33	8,64 827		8,64 870		11,35 130	9,99 957	27	
			4,72		4,72				
	34	8,65 110		8,65 154		11,34 846	9,99 956	26	
			4,68		4,69				
	35	8,65 391		8,65 435		11,34 565	9,99 956	25	
			4,65		4,66				
	36	8,65 670		8,65 715		11,34 285	9,99 955	24	
			4,62		4,63				
	37	8,65 947		8,65 993		11,34 007	9,99 955	23	
			4,60		4,60				
	38	8,66 223		8,66 269		11,33 731	9,99 954	22	
			4,56		4,57				
	39	8,66 497		8,66 543		11,33 457	9,99 954	21	
			4,53		4,54				
2	40	8,66 769		8,66 816		11,33 184	9,99 953	20	87
			4,51		4,52				
	41	8,67 039		8,67 087		11,32 913	9,99 952	19	
			4,48		4,49				
	42	8,67 308		8,67 356		11,32 644	9,99 952	18	
			4,45		4,46				
	43	8,67 575		8,67 624		11,32 376	9,99 951	17	
			4,42		4,43				
	44	8,67 841		8,67 890		11,32 110	9,99 951	16	
			4,39		4,41				
	45	8,68 104		8,68 154		11,31 846	9,99 950	15	
			4,37		4,38				
	46	8,68 367		8,68 417		11,31 583	9,99 949	14	
			4,32		4,35				
	47	8,68 627		8,68 678		11,31 322	9,99 949	13	
			4,32		4,33				
	48	8,68 886		8,68 938		11,31 062	9,99 948	12	
			4,29		4,30				
	49	8,69 144		8,69 196		11,30 804	9,99 948	11	
			4,27		4,27				
2	50	8,69 400		8,69 453		11,30 547	9,99 947	10	87
			4,24		4,24				
	51	8,69 654		8,69 708		11,30 292	9,99 946	9	
			4,22		4,22				
	52	8,69 907		8,69 962		11,30 038	9,99 946	8	
			4,19		4,20				
	53	8,70 159		8,70 214		11,29 786	9,99 945	7	
			4,17		4,18				
	54	8,70 409		8,70 465		11,29 535	9,99 944	6	
			4,15		4,15				
	55	8,70 658		8,70 714		11,29 286	9,99 944	5	
			4,12		4,13				
	56	8,70 905		8,70 962		11,29 038	9,99 943	4	
			4,10		4,11				
	57	8,71 151		8,71 208		11,28 792	9,99 942	3	
			4,08		4,08				
	58	8,71 395		8,71 453		11,28 547	9,99 942	2	
			4,05		4,07				
	59	8,71 638		8,71 697		11,28 303	9,99 941	1	
			4,03		4,04				
3	0	8,71 880		8,71 940		11,28 060	9,99 940	0	87

0	′	lg cos	D/1″	lg cot	D/1″	lg tan	lg sin	M.	Gr.

Gr.	M.	lg sin	D/1″	lg tan	D/1″	lg cot	lg cos	′	0
3	0	8,71 880		8.71 940		11,28 060	9,99 940	0	87
			4,00		4,02				
	1	8,72 120		8.72 181		11,27 819	9,99 940	59	
			3,98		3,99				
	2	8,72 359		8,72 420		11,27 580	9,99 939	58	
			3,97		3,97				
	3	8,72 597		8,72 659		11,27 341	9,99 938	57	
			3,94		3,95				
	4	8,72 834		8,72 896		11,27 104	9,99 938	56	
			3,92		3,93				
	5	8,73 069		8,73 132		11,26 868	9,99 937	55	
			3,90		3,91				
	6	8,73 303		8.73 366		11,26 634	9,99 936	54	
			3,88		3,89				
	7	8,73 535		8,73 600		11,26 400	9,99 936	53	
			3,86		3,87				
	8	8,73 767		8,73 832		11.26 168	9,99 935	52	
			3,83		3,85				
	9	8,73 997		8,74 063		11,25 937	9,99 934	51	
			3,82		3,83				
3	10	8,74 226		8,74 292		11,25 708	9,99 934	50	86
			3,80		3,81				
	11	8,74 454		8,74 521		11,25 479	9,99 933	49	
			3,78		3,78				
	12	8,74 680		8,74 748		11,25 252	9,99 932	48	
			3,76		3,76				
	13	8,74 906		8,74 974		11,25 026	9,99 932	47	
			3,73		3,74				
	14	8,75 130		8,75 199		11,24 801	9,99 931	46	
			3,72		3.73				
	15	8,75 353		8,75 423		11,24 577	9,99 930	45	
			3,70		3,71				
	16	8,75 575		8,75 645		11,24 355	9,99 929	44	
			3,68		3,69				
	17	8,75 795		8,75 867		11,24 133	9,99 929	43	
			3,67		3,67				
	18	8,76 015		8,76 087		11,23 913	9,99 928	42	
			3,64		3,65				
	19	8,76 234		8,76 306		11,23 694	9,99 927	41	
			3,62		3,64				
3	20	8,76 451		8,76 525		11,23 475	9,99 926	40	86
			3,60		3,62				
	21	8,76 667		8,76 742		11,23 258	9,99 926	39	
			3,59		3,60				
	22	8,76 883		8,76 958		11,23 042	9,99 925	38	
			3,57		3,58				
	23	8,77 097		8,77 173		11,22 827	9,99 924	37	
			3,56		3,57				
	24	8,77 310		8,77 387		11,22 613	9,99 923	36	
			3,54		3,55				
	25	8,77 522		8,77 600		11,22 400	9,99 923	35	
			3,52		3,53				
	26	8,77 733		8,77 811		11,22 189	9,99 922	34	
			3,50		3,52				
	27	8,77 943		8,78 022		11,21 978	9,99 921	33	
			3,48		3,50				
	28	8.78 152		8,76 232		11,21 768	9,99 920	32	
			3,47		3,48				
	29	8.78 360		8,78 441		11,21 559	9,99 920	31	
			3,46		3,46				
3	30	8.78 568		8.78 649		11.21 351	9.99 919	30	86
0	′	lg cos	D/1″	lg cot	D/1″	lg tan	lg sin	M.	Gr.

Gr.	M.	lg sin	D/1″	lg tan	D/1″	lg cot	lg cos	′	°
3	30	8,78 568	3,43	8,78 649	3,44	11.21 351	9.99 919	30	86
	31	8.78 774	3,42	8,78 855	3,43	11,21 145	9,99 918	29	
	32	8,78 979	3,40	8.79 061	3,42	11,20 939	9.99 917	28	
	33	8.79 183	3,38	8,79 266	3,40	11,20 734	9.99 917	27	
	34	8.79 386	3,37	8.79 470	3,38	11,20 530	9,99 916	26	
	35	8,79 588	3,35	8.79 673	3,37	11,20 327	9,99 915	25	
	36	8.79 789	3,34	8,79 875	3,35	11,20 125	9.99 914	24	
	37	8,79 990	3,33	8.80 076	3,34	11.19 924	9.99 913	23	
	38	8,80 189	3,31	8,80 277	3,32	11,19 723	9,99 913	22	
	39	8,80 388	3,29	8,80 476	3,31	11.19 524	9.99 912	21	
3	40	8.80 585	3,27	8,80 674	3,29	11,19 326	9.99 911	20	86
	41	8,80 782	3,26	8,80 872	3,28	11.19 128	9,99 910	19	
	42	8,80 978	3,25	8,81 068	3,27	11,18 932	9.99 909	18	
	43	8.81 173	3,23	8.81 264	3,24	11,18 736	9,99 909	17	
	44	8.81 367	3,22	8,81 459	3,23	11,18 541	9.99 908	16	
	45	8.81 560	3,21	8,81 653	3,23	11,18 347	9.99 907	15	
	46	8.81 752	3,19	8,81 846	3,20	11,18 154	9,99 906	14	
	47	8.81 944	3,18	8,82 038	3,19	11,17 962	9,99 905	13	
	48	8,82 134	3,17	8,82 230	3,18	11,17 770	9,99 904	12	
	49	8,82 324	3,15	8,82 420	3,17	11,17 580	9,99 904	11	
3	50	8,82 513	3,14	8,82 610	3,15	11,17 390	9,99 903	10	86
	51	8,82 701	3,12	8,82 799	3,13	11.17 201	9,99 902	9	
	52	8,82 888	3,11	8,82 987	3,12	11,17 013	9.99 901	8	
	53	8,83 075	3,10	8.83 175	3,11	11,16 825	9,99 900	7	
	54	8,83 261	3,08	8,83 361	3,10	11.16 639	9,99 899	6	
	55	8,83 446	3,07	8,83 547	3,08	11,16 453	9,99 898	5	
	56	8,83 630	3,06	8,83 732	3,07	11,16 268	9,99 898	4	
	57	8,83 813	3,04	8,83 916	3,06	11,16 084	9,99 897	3	
	58	8,83 996	3,03	8,84 100	3,04	11,15 900	9.99 896	2	
	59	8,84 177	3,02	8,84 282	3,03	11.15 718	9,99 895	1	
4	0	8,84 358		8,84 464		11,15 536	9.99 894	0	86
°	′	lg cos	D/1″	lg cot	D/1″	lg tan	lg sin	M.	Gr.

Gr.	M.	lg sin	D/1″	lg tan	D/1″	lg cot	lg cos	′	0
4	**0**	8,84 358		8,84 464		11,15 53<u>6</u>	9,99 894	**0**	**86**
	1	8,84 53<u>9</u>	3,01	8,84 64<u>6</u>	3,02	11,15 354	9,99 893	59	
	2	8,84 718	2,99	8,84 82<u>6</u>	3,01	11,15 174	9,99 892	58	
	3	8,84 897	2,98	8,85 00<u>6</u>	3,00	11,14 994	9,99 891	57	
	4	8,85 075	2,97	8,85 18<u>5</u>	2,98	11,14 815	9,99 89<u>1</u>	56	
	5	8,85 252	2,96	8,85 363	2,97	11,14 637	9,99 89<u>0</u>	55	
	6	8,85 429	2,95	8,85 540	2,96	11,14 46<u>0</u>	9,99 88<u>9</u>	54	
	7	8,85 60<u>5</u>	2,93	8,85 717	2,95	11,14 283	9,99 88<u>8</u>	53	
	8	8,85 780	2,93	8,85 893	2,93	11,14 107	9,99 88<u>7</u>	52	
	9	8,85 95<u>5</u>	2,91	8,86 06<u>9</u>	2,92	11,13 931	9,99 88<u>6</u>	51	
4	**10**	8,86 128	2,90	8,86 243	2,91	11,13 75<u>7</u>	9,99 885	**50**	**85**
	11	8,86 301	2,89	8,86 417	2,90	11,13 58<u>3</u>	9,99 884	49	
	12	8,86 47<u>4</u>	2,88	8,86 59<u>1</u>	2,89	11,13 409	9,99 883	48	
	13	8,86 645	2,86	8,86 763	2,87	11,13 237	9,99 882	47	
	14	8,86 816	2,85	8,86 935	2,87	11,13 06<u>5</u>	9,99 881	46	
	15	8,86 98<u>7</u>	2,84	8,87 106	2,86	11,12 89<u>4</u>	9,99 880	45	
	16	8,87 156	2,83	8,87 27<u>7</u>	2,84	11,12 723	9,99 879	44	
	17	8,87 325	2,82	8,87 44<u>7</u>	2,83	11,12 553	9,99 87<u>9</u>	43	
	18	8,87 49<u>4</u>	2,81	8,87 616	2,82	11,12 38<u>4</u>	9,99 87<u>8</u>	42	
	19	8,87 661	2,80	8,87 78<u>5</u>	2,81	11,12 215	9,99 87<u>7</u>	41	
4	**20**	8,87 82<u>9</u>	2,79	8,87 95<u>3</u>	2,80	11,12 047	9,99 87<u>6</u>	**40**	**85**
	21	8,87 99<u>5</u>	2,78	8,88 120	2,79	11,11 88<u>0</u>	9,99 87<u>5</u>	39	
	22	8,88 16<u>1</u>	2,77	8,88 28<u>7</u>	2,78	11,11 713	9,99 87<u>4</u>	38	
	23	8,88 32<u>6</u>	2,75	8,88 453	2,77	11,11 54<u>7</u>	9,99 873	37	
	24	8,88 490	2,74	8,88 618	2,76	11,11 38<u>2</u>	9,99 872	36	
	25	8,88 654	2,73	8,88 783	2,75	11,11 21<u>7</u>	9,99 87<u>1</u>	35	
	26	8,88 817	2,72	8,88 94<u>8</u>	2,74	11,11 052	9,99 87<u>0</u>	34	
	27	8,88 980	2,71	8,89 111	2,73	11,10 88<u>9</u>	9,99 869	33	
	28	8,89 142	2,70	8,89 274	2,72	11,10 72<u>6</u>	9,99 868	32	
	29	8,89 30<u>4</u>	2,69	8,89 43<u>7</u>	2,71	11,10 563	9,99 86<u>7</u>	31	
4	**30**	8,89 464	2,68	8,89 598	2,70	11,10 40<u>2</u>	9,99 86<u>6</u>	**30**	**85**

0	′	lg cos	D/1″	lg cot	D/1″	lg tan	lg sin	M.	Gr.

Gr.	M.	lg sin	D/1″	lg tan	D/1″	lg cot	lg cos	′	o
4	30	8,89 464	2,67	8,89 598	2,69	11,10 402	9,99 866	30	85
	31	8,89 625	2,66	8,89 760	2,68	11,10 240	9,99 865	29	
	32	8,89 784	2,65	8,89 920	2,67	11,10 080	9,99 864	28	
	33	8,89 943	2,64	8,90 080	2,66	11,09 920	9,99 863	27	
	34	8,90 102	2,63	8,90 240	2,65	11,09 760	9,99 862	26	
	35	8,90 260	2,62	8,90 399	2,64	11,09 601	9,99 861	25	
	36	8,90 417	2,61	8,90 557	2,63	11.09 443	9,99 860	24	
	37	8,90 574	2,60	8,90 715	2,62	11,09 285	9,99 859	23	
	38	8,90 730	2,59	8,90 872	2,61	11,09 128	9,99 858	22	
	39	8,90 885	2,58	8,91 029	2,60	11,08 971	9,99 857	21	
4	40	8,91 040	2,57	8,91 185	2,59	11,08 815	9,99 856	20	85
	41	8,91 195	2,57	8,91 340	2,58	11,08 660	9,99 855	19	
	42	8.91 349	2,56	8,91 495	2,57	11,08 505	9,99 854	18	
	43	8,91 502	2,55	8,91 650	2,57	11,08 350	9,99 853	17	
	44	8,91 655	2,54	8,91 803	2,56	11,08 197	9,99 852	16	
	45	8,91 807	2,53	8,91 957	2,55	11,08 043	9,99 851	15	
	46	8,91 959	2,52	8,92 110	2,53	11,07 890	9,99 850	14	
	47	8,92 110	2,51	8.92 262	2,53	11,07 738	9,99 848	13	
	48	8,92 261	2,50	8,92 414	2,52	11,07 586	9,99 847	12	
	49	8,92 411	2,49	8,92 565	2,51	11,07 435	9,99 846	11	
4	50	8,92 561	2,49	8,92 716	2,50	11,07 284	9,99 845	10	85
	51	8,92 710	2,48	8,92 866	2,50	11,07 134	9,99 844	9	
	52	8,92 859	2,47	8,93 016	2,49	11,06 984	9,99 843	8	
	53	8,93 007	2,46	8,93 165	2,48	11,06 835	9,99 842	7	
	54	8,93 154	2,45	8,93 313	2,47	11,06 687	9,99 841	6	
	55	8,93 301	2,45	8,93 462	2,46	11,06 538	9.99 840	5	
	56	8,93 448	2,44	8,93 609	2,45	11,06 391	9,99 839	4	
	57	8.93 594	2,43	8.93 756	2,45	11,06 244	9,99 838	3	
	58	8,93 740	2,42	8.93 903	2,44	11,06 097	9,99 837	2	
	59	8,93 885	2,41	8,94 049	2,43	11,05 951	9,99 836	1	
5	0	8,94 030		8,94 195		11,05 805	9,99 834	0	85
o	′	lg cos	D/1″	lg cot	D/1″	lg tan	lg sin	M.	Gr.

Gr.	M.	lg sin	D/1''	lg tan	D/1''	lg cot	lg cos	'	o
5	0	8,94 030		8,94 195		11,05 805	9,99 834	0	85
			2,40		2,42				
	1	8,94 174		8,94 340		11,05 660	9,99 833	59	
			2,40		2,42				
	2	8,94 317		8,94 485		11,05 515	9,99 832	58	
			2,39		2,41				
	3	8,94 461		8,94 630		11,05 370	9,99 831	57	
			2,37		2,39				
	4	8,94 603		8,94 773		11,05 227	9,99 830	56	
			2,36		2,39				
	5	8,94 746		8,94 917		11,05 083	9,99 829	55	
			2,36		2,38				
	6	8,94 887		8,95 060		11,04 940	9,99 828	54	
			2,35		2,38				
	7	8,95 029		8,95 202		11,04 798	9,99 827	53	
			2,35		2,37				
	8	8,95 170		8,95 344		11,04 656	9,99 825	52	
			2,34		2,36				
	9	8,95 310		8,95 486		11,04 514	9,99 824	51	
			2,33		2,35				
5	10	8,95 450		8,95 627		11,04 373	9,99 823	50	84
			2,33		2,35				
	11	8,95 589		8,95 767		11,04 233	9,99 822	49	
			2,32		2,34				
	12	8,95 728		8,95 908		11,04 092	9,99 821	48	
			2,32		2,33				
	13	8,95 867		8,96 047		11,03 953	9,99 820	47	
			2,30		2,32				
	14	8,96 005		8,96 187		11,03 813	9,99 819	46	
			2,29		2,31				
	15	8,96 143		8,96 325		11,03 675	9,99 817	45	
			2,29		2,31				
	16	8,96 280		8,96 464		11,03 536	9,99 816	44	
			2,28		2,30				
	17	8,96 417		8,96 602		11,03 398	9,99 815	43	
			2,28		2,29				
	18	8,96 553		8,96 739		11,03 261	9,99 814	42	
			2,27		2,29				
	19	8,96 689		8,96 877		11,03 123	9,99 813	41	
			2,26		2,27				
5	20	8,96 825		8,97 013		11,02 987	9,99 812	40	84
			2,25		2,27				
	21	8,96 960		8,97 150		11,02 850	9,99 810	39	
			2,25		2,26				
	22	8,97 095		8,97 285		11,02 715	9,99 809	38	
			2,23		2,26				
	23	8,97 229		8,97 421		11,02 579	9,99 808	37	
			2,23		2,25				
	24	8,97 363		8,97 556		11,02 444	9,99 807	36	
			2,23		2,25				
	25	8,97 496		8,97 691		11,02 309	9,99 806	35	
			2,22		2,24				
	26	8,97 629		8,97 825		11,02 175	9,99 804	34	
			2,21		2,23				
	27	8,97 762		8,97 959		11,02 041	9,99 803	33	
			2,20		2,23				
	28	8,97 894		8,98 092		11,01 908	9,99 802	32	
			2,20		2,22				
	29	8,98 026		8,98 225		11,01 775	9,99 801	31	
			2,20		2,21				
5	30	8,98 157		8,98 358		11,01 642	9,99 800	30	84
0	'	lg cos	D/1''	lg cot	D/1''	lg tan	lg sin	M.	Gr.

Gr.	M.	lg sin	D/1″	lg tan	D/1″	lg cot	lg cos	′	o
5	30	8.98 157		8,98 358		11,01 642	9,99 800	30	84
			2,18		2,20				
	31	8,98 288		8,98 490		11,01 510	9,99 798	29	
			2,17		2,20				
	32	8,98 419		8,98 622		11,01 378	9,99 797	28	
			2,17		2,19				
	33	8,98 549		8,98 753		11,01 247	9,99 796	27	
			2,16		2,18				
	34	8,98 679		8,98 884		11.01 116	9,99 795	26	
			2,16		2,18				
	35	8,98 808		8,99 015		11,00 985	9,99 793	25	
			2,15		2,17				
	36	8,98 937		8,99 145		11,00 855	9,99 792	24	
			2,15		2,17				
	37	8,99 066		8,99 275		11,00 725	9,99 791	23	
			2,14		2,16				
	38	8,99 194		8,99 405		11,00 595	9,99 790	22	
			2,13		2,15				
	39	8,99 322		8,99 534		11,00 466	9,99 788	21	
			2,13		2,14				
5	40	8,99 450		8,99 662		11,00 338	9,99 787	20	84
			2,13		2,14				
	41	8,99 577		8,99 791		11,00 209	9,99 786	19	
			2,12		2,13				
	42	8.99 704		8,39 919		11.00 081	9,99 785	18	
			2,11		2,13				
	43	8,99 830		9,00 046		10.99 954	9,99 783	17	
			2,10		2,12				
	44	8,99 956		9,00 174		10,99 826	9,99 782	16	
			2,10		2,12				
	45	9,00 082		9,00 301		10,99 699	9,99 781	15	
			2,09		2,11				
	46	9,00 207		9.00 427		10,99 573	9,99 780	14	
			2,08		2,10				
	47	9,00 332		9.00 553		10,99 447	9,99 778	13	
			2,08		2,10				
	48	9,00 456		9,00 679		10,99 321	9.99 777	12	
			2,07		2,09				
	49	9,00 581		9,00 805		10.99 195	9,99 776	11	
			2,06		2,08				
5	50	9,00 704		9,00 930		10,99 070	9,99 775	10	84
			2,06		2,08				
	51	9,00 828		9,01 055		10,98 945	9,99 773	9	
			2,05		2,08				
	52	9.00 951		9,01 179		10,98 821	9,99 772	8	
			2,05		2,07				
	53	9.01 074		9,01 303		10.98 697	9,99 771	7	
			2,04		2,06				
	54	9,01 196		9,01 427		10.98 573	9,99 769	6	
			2,03		2,06				
	55	9,01 318		9,01 550		10,98 450	9,99 768	5	
			2,03		2,05				
	56	9,01 440		9,01 673		10,98 327	9,99 767	4	
			2,02		2,04				
	57	9,01 561		9.01 796		10.98 204	9,99 765	3	
			2,02		2,04				
	58	9,01 682		9,01 918		10.98 082	9,99 764	2	
			2,02		2,03				
	59	9,01 803		9,02 040		10,97 960	9,99 763	1	
			2,01		2,03				
6	0	9.01 923		9,02 162		10,97 838	9,99 761	0	84
o	′	lg cos	D/1″	lg cot	D/1″	lg tan	lg sin	M.	Gr.

Gr.	M.	lg sin	D/1″	lg tan	D/1″	lg cot	lg cos	′	0
6	**0**	9,01 923		9,02 162		10,97 838	9,99 761	**0**	**84**
	1	9,02 043	2,00	9,02 283	2,02	10,97 717	9,99 760	59	
	2	9,02 163	2,00	9,02 404	2,02	10,97 596	9,99 759	58	
	3	9,02 283	1,99	9,02 525	2,02	10,97 475	9,99 757	57	
	4	9,02 402	1,98	9,02 645	2,00	10,97 355	9,99 756	56	
			1,98		2,01				
	5	9,02 520	1,97	9,02 766	1,99	10,97 234	9,99 755	55	
	6	9,02 639	1,97	9,02 885	1,99	10,97 115	9,99 753	54	
	7	9,02 757	1,96	9,03 005	1,98	10,96 995	9,99 752	53	
	8	9,02 874	1,96	9,03 124	1,98	10,96 876	9,99 751	52	
	9	9,02 992	1,95	9,03 242	1,97	10,96 758	9,99 749	51	
6	**10**	9,03 109	1,95	9,03 361	1,97	10,96 639	9,99 748	**50**	**83**
	11	9,03 226	1,94	9,03 479	1,96	10,96 521	9,99 747	49	
	12	9,03 342	1,93	9,03 597	1,96	10,96 403	9,99 745	48	
	13	9,03 458	1,93	9,03 714	1,96	10,96 286	9,99 744	47	
	14	9,03 574	1,93	9,03 832	1,96	10,96 168	9,99 742	46	
	15	9,03 690	1,93	9,03 948	1,95	10,96 052	9,99 741	45	
	16	9,03 805	1,92	9,04 065	1,95	10,95 935	9,99 740	44	
	17	9,03 920	1,92	9,04 181	1,94	10,95 819	9,99 738	43	
	18	9,04 034	1,91	9,04 297	1,93	10,95 703	9,99 737	42	
	19	9,04 149	1,91	9,04 413	1,92	10,95 587	9,99 736	41	
6	**20**	9,04 262	1,90	9,04 528	1,92	10,95 472	9,99 734	**40**	**83**
	21	9,04 376	1,90	9,04 643	1,92	10,95 357	9,99 733	39	
	22	9,04 490	1,89	9,04 758	1,92	10,95 242	9,99 731	38	
	23	9,04 603	1,88	9,04 873	1,91	10,95 127	9,99 730	37	
	24	9,04 715	1,88	9,04 987	1,90	10,95 013	9,99 728	36	
			1,87		1,90				
	25	9,04 828	1,87	9,05 101	1,89	10,94 899	9,99 727	35	
	26	9,04 940	1,86	9,05 214	1,89	10,94 786	9,99 726	34	
	27	9,05 052	1,86	9,05 328	1,88	10,94 672	9,99 724	33	
	28	9,05 164	1,85	9,05 441	1,88	10.94 559	9,99 723	32	
	29	9,05 275	1,85	9,05 553	1,87	10.94 447	9,99 721	31	
6	**30**	9,05 386		9,05 666		10,94 334	9,99 720	**30**	**83**
0	′	lg cos	D/1″	lg cot	D/1″	lg tan	lg sin	M.	Gr.

Gr.	M.	lg sin	D/1''	lg tan	D/1''	lg cot	lg cos	'	o
6	**30**	9,05 386		9,05 666		10,94 334	9,99 720	30	83
			1,85		1,87				
	31	9,05 497		9,05 778		10,94 222	9,99 718	29	
			1,84		1,87				
	32	9,05 607		9,05 890		10,94 110	9,99 717	28	
			1,83		1,86				
	33	9,05 717		9,06 002		10,93 998	9,99 716	27	
			1,83		1,85				
	34	9,05 827		9,06 113		10,93 887	9,99 714	26	
			1,82		1,85				
	35	9,05 937		9,06 224		10,93 776	9,99 713	25	
			1,82		1,84				
	36	9,06 046		9,06 335		10,93 665	9,99 711	24	
			1,82		1,84				
	37	9,06 155		9,06 445		10,93 555	9,99 710	23	
			1,81		1,84				
	38	9,06 264		9,06 556		10,93 444	9,99 708	22	
			1,81		1,83				
	39	9,06 372		9,06 666		10,93 334	9,99 707	21	
			1,81		1,83				
6	**40**	9,06 481		9,06 775		10,93 225	9,99 705	20	83
			1,80		1,82				
	41	9,06 589		9,06 885		10,93 115	9,99 704	19	
			1,79		1,82				
	42	9,06 696		9,06 994		10,93 006	9,99 702	18	
			1,79		1,82				
	43	9,06 804		9,07 103		10,92 897	9,99 701	17	
			1,78		1,81				
	44	9,06 911		9,07 211		10,92 789	9,99 699	16	
			1,78		1,81				
	45	9,07 018		9,07 320		10,92 680	9,99 698	15	
			1,78		1,80				
	46	9,07 124		9,07 428		10,92 572	9,99 696	14	
			1,77		1,80				
	47	9,07 231		9,07 536		10,92 464	9,99 695	13	
			1,77		1,79				
	48	9,07 337		9,07 643		10,92 357	9,99 693	12	
			1,76		1,79				
	49	9,07 442		9,07 751		10,92 249	9,99 692	11	
			1,76		1,78				
6	**50**	9,07 548		9,07 858		10,92 142	9,99 690	10	83
			1,76		1,78				
	51	9,07 653		9,07 964		10,92 036	9,99 689	9	
			1,75		1,77				
	52	9,07 758		9,08 071		10,91 929	9,99 687	8	
			1,75		1,77				
	53	9,07 863		9,08 177		10,91 823	9,99 686	7	
			1,74		1,77				
	54	9,07 968		9,08 283		10,91 717	9,99 684	6	
			1,73		1,77				
	55	9,08 072		9,08 389		10,91 611	9,99 683	5	
			1,73		1,76				
	56	9,08 176		9,08 495		10,91 505	9,99 681	4	
			1,73		1,75				
	57	9,08 280		9,08 600		10,91 400	9,99 680	3	
			1,73		1,75				
	58	9,08 383		9,08 705		10,91 295	9,99 678	2	
			1,72		1,74				
	59	9,08 486		9,08 810		10,91 190	9,99 677	1	
			1,72		1,73				
7	**0**	9,08 589		9,08 914		10,91 086	9,99 675	0	83
o	'	lg cos	D/1''	lg cot	D/1''	lg tan	lg sin	M.	Gr.

Gr.	M.	lg sin	D/1″	lg tan	D/1″	lg cot	lg cos	′	°
7	0	9,08 589	1,72	9,08 914	1,74	10,91 086	9,99 675	0	83
	1	9,08 692	1,71	9,09 019	1,73	10,90 981	9,99 674	59	
	2	9,08 795	1,71	9,09 123	1,73	10,90 877	9,99 672	58	
	3	9.08 897	1,70	9,09 227	1,73	10,90 773	9,99 670	57	
	4	9,08 999	1,69	9,09 330	1,72	10,90 670	9,99 669	56	
	5	9,09 101	1,69	9,09 434	1,72	10,90 566	9,99 667	55	
	6	9,09 202	1,69	9,09 537	1,72	10,90 463	9,99 666	54	
	7	9,09 304	1,68	9,09 640	1,71	10,90 360	9,99 664	53	
	8	9,09 405	1,68	9,09 742	1,71	10,90 258	9,99 663	52	
	9	9,09 506	1,68	9,09 845	1,70	10,90 155	9,99 661	51	
7	10	9,09 606	1,67	9,09 947	1,70	10,90 053	9,99 659	50	82
	11	9,09 707	1,67	9,10 049	1,69	10,89 951	9,99 658	49	
	12	9,09 807	1,67	9,10 150	1,69	10,89 850	9,99 656	48	
	13	9,09 907	1,66	9,10 252	1,69	10,89 748	9,99 655	47	
	14	9,10 006	1,66	9,10 353	1,68	10,99 647	9,99 653	46	
	15	9,10 106	1,65	9,10 454	1,68	10,89 546	9,99 651	45	
	16	9,10 205	1,65	9,10 555	1,68	10,89 445	9,99 650	44	
	17	9,10 304	1,64	9,10 656	1,67	10,89 344	9,99 648	43	
	18	9,10 402	1,64	9,10 756	1,67	10,89 244	9,99 647	42	
	19	9,10 501	1,64	9,10 856	1,67	10,89 144	9,99 645	41	
7	20	9,10 599	1,63	9,10 956	1,67	10,89 044	9,99 643	40	82
	21	9,10 697	1,63	9,11 056	1,66	10,88 944	9.99 642	39	
	22	9,10 795	1,63	9,11 155	1,65	10,88 845	9,99 640	38	
	23	9,10 893	1,63	9,11 254	1,65	10,88 746	9,99 638	37	
	24	9,10 990	1,62	9,11 353	1,65	10,88 647	9,99 637	36	
	25	9,11 087	1,62	9,11 452	1,64	10,88 548	9,99 635	35	
	26	9,11 184	1,61	9,11 551	1,64	10,88 449	9,99 633	34	
	27	9,11 281	1,61	9,11 649	1,63	10,88 351	9.99 632	33	
	28	9,11 377	1,61	9,11 747	1,63	10,88 253	9,99 630	32	
	29	9,11 474	1,60	9,11 845	1,62	10,88 155	9,99 629	31	
7	30	9,11 570		9,11 943		10,88 057	9,99 627	30	82
°	′	lg cos	D/1″	lg cot	D/1″	lg tan	lg sin	M.	Gr.

Gr.	M.	lg sin	D/1″	lg tan	D/1″	lg cot	lg cos	′	°
7	30	9,11 570		9.11 943		10,88 057	9,99 627	30	82
	31	9.11 666	1,60	9.12 040	1,63	10,87 960	9,99 625	29	
	32	9.11 761	1,59	9.12 138	1,63	10,87 862	9,99 624	28	
	33	9,11 857	1,59	9.12 235	1,62	10.87 765	9,99 622	27	
	34	9,11 952	1,58	9,12 332	1,62	10,87 668	9,99 620	26	
	35	9,12 047	1,58	9.12 428	1,61	10,87 572	9,99 618	25	
	36	9,12 142	1,58	9,12 525	1,61	10.87 475	9,99 617	24	
	37	9,12 236	1,58	9,12 621	1,61	10.87 379	9,99 615	23	
	38	9.12 331	1,57	9,12 717	1,60	10,87 283	9,99 613	22	
	39	9,12 425	1,57	9,12 813	1,60	10,87 187	9,99 612	21	
7	40	9.12 519	1,57	9.12 909	1,60	10,87 091	9,99 610	20	82
	41	9,12 612	1.56	9,13 004	1,59	10,86 996	9,99 608	19	
	42	9,12 706	1,56	9.13 099	1,58	10,86 901	9,99 607	18	
	43	9,12 799	1,55	9,13 194	1,58	10,86 806	9,99 605	17	
	44	9,12 892	1,55	9,13 289	1,58	10,86 711	9,99 603	16	
	45	9,12 985	1,55	9,13 384	1,58	10,86 616	9.99 601	15	
	46	9,13 078	1,55	9,13 478	1,57	10,86 522	9,99 600	14	
	47	9,13 171	1,54	9,13 573	1,57	10,86 427	9,99 598	13	
	48	9.13 263	1,54	9,13 667	1,57	10,86 333	9,99 596	12	
	49	9,13 355	1,54	9,13 761	1,57	10,86 239	9,99 595	11	
7	50	9,13 447	1,53	9,13 854	1,56	10.86 146	9,99 593	10	82
	51	9,13 539	1,53	9.13 948	1,56	10,86 052	9,99 591	9	
	52	9,13 630	1,53	9,14 041	1,55	10.85 959	9.99 589	8	
	53	9,13 722	1,52	9,14 134	1,55	10.85 866	9,99 588	7	
	54	9.13 813	1,52	9,14 227	1,55	10,85 773	9,99 586	6	
	55	9,13 904	1,52	9,14 320	1,55	10.85 680	9,99 584	5	
	56	9,13 994	1,51	9.14 412	1,54	10.85 588	9,99 582	4	
	57	9,14 085	1,51	9,14 504	1,54	10.85 496	9.99 581	3	
	58	9.14 175	1,51	9,14 597	1,54	10.85 403	9,99 579	2	
	59	9.14 266	1,51	9,14 688	1,53	10.85 312	9,99 577	1	
8	0	9,14 356	1,50	9.14 780	1,53	10.85 220	9.99 575	0	82
°	′	lg cos	D/1″	lg cot	D/1″	lg tan	lg sin	M.	Gr.

Gr.	M.	lg sin	D/1″	lg tan	D/1″	lg cot	lg cos	′	0
8	0	9,14 356		9,14 780		10,85 220	9,99 575	0	82
	1	9,14 445	1,49	9,14 872	1,52	10,85 128	9,99 574	59	
	2	9,14 535	1,49	9,14 963	1,52	10,85 037	9,99 572	58	
	3	9,14 624	1,49	9,15 054	1,52	10,84 946	9,99 570	57	
	4	9,14 714	1,49	9,15 145	1,52	10,84 855	9,99 568	56	
	5	9,14 803	1,48	9,15 236	1,52	10,84 764	9,99 566	55	
	6	9,14 891	1,48	9,15 327	1,51	10,84 673	9,99 565	54	
	7	9,14 980	1,48	9,15 417	1,51	10,84 583	9,99 563	53	
	8	9,15 069	1,47	9,15 508	1,51	10,84 492	9,99 561	52	
	9	9,15 157	1,47	9,15 598	1,50	10,84 402	9,99 559	51	
8	10	9,15 245	1,47	9,15 688	1,50	10,84 312	9,99 557	50	81
	11	9,15 333	1,47	9,15 777	1,49	10,84 223	9,99 556	49	
	12	9,15 421	1,46	9,15 867	1,49	10,84 133	9,99 554	48	
	13	9,15 508	1,46	9,15 956	1,48	10,84 044	9,99 552	47	
	14	9,15 596	1,46	9,16 046	1,49	10,83 954	9,99 550	46	
	15	9,15 683	1,45	9,16 135	1,48	10,83 865	9,99 548	45	
	16	9,15 770	1,45	9,16 224	1,48	10,83 776	9,99 546	44	
	17	9,15 857	1,45	9,16 312	1,48	10,83 688	9,99 545	43	
	18	9,15 944	1,45	9,16 401	1,47	10,83 599	9,99 543	42	
	19	9,16 030	1,44	9,16 489	1,47	10,83 511	9,99 541	41	
8	20	9,16 116	1,44	9,16 577	1,47	10,83 423	9,99 539	40	81
	21	9,16 203	1,44	9,16 665	1,47	10,83 335	9,99 537	39	
	22	9,16 289	1,43	9,16 753	1,47	10,83 247	9,99 535	38	
	23	9,16 374	1,43	9,16 841	1,47	10,83 159	9,99 533	37	
	24	9,16 460	1,43	9,16 928	1,46	10,83 072	9,99 532	36	
	25	9,16 545	1,43	9,17 016	1,46	10,82 934	9,99 530	35	
	26	9,16 631	1,42	9,17 103	1,45	10,82 897	9,99 528	34	
	27	9,16 716	1,42	9,17 190	1,45	10,82 810	9,99 526	33	
	28	9,16 801	1,42	9,17 277	1,45	10,82 723	9,99 524	32	
	29	9,16 886	1,42	9,17 363	1,44	10,82 637	9,99 522	31	
8	30	9,16 970	1,41	9,17 450	1,44	10,82 550	9,99 520	30	81
0	′	lg cos	D/1″	lg cot	D/1″	lg tan	lg sin	M.	Gr.

Gr.	M.	lg sin	D/1″	lg tan	D/1″	lg cot	lg cos	′	0
8	30	9,16 970	1,41	9,17 450	1,44	10,82 550	9,99 520	30	81
	31	9,17 055	1,40	9,17 536	1,43	10,82 464	9,99 518	29	
	32	9,17 139	1,40	9,17 622	1,43	10,82 378	9,99 517	28	
	33	9,17 223	1,40	9,17 708	1,43	10,82 292	9,99 515	27	
	34	9,17 307	1,40	9,17 794	1,43	10,82 206	9,99 513	26	
	35	9,17 391	1,39	9,17 880	1,43	10,82 120	9,99 511	25	
	36	9,17 474	1,39	9,17 965	1,42	10,82 035	9,99 509	24	
	37	9,17 558	1,39	9,18 051	1,42	10,81 949	9,99 507	23	
	38	9,17 641	1,38	9,18 136	1,42	10,81 864	9,99 505	22	
	39	9,17 724	1,38	9,18 221	1,41	10,81 779	9,99 503	21	
8	40	9,17 807	1,38	9,18 306	1,41	10,81 694	9,99 501	20	81
	41	9,17 890	1,38	9,18 391	1,41	10,81 609	9,99 499	19	
	42	9,17 973	1,38	9,18 475	1,41	10,81 525	9,99 497	18	
	43	9,18 055	1,37	9,18 560	1,40	10,81 440	9,99 495	17	
	44	9,18 137	1,37	9,18 644	1,40	10,81 356	9,99 494	16	
	45	9,18 220	1,37	9,18 728	1,40	10,81 272	9,99 492	15	
	46	9,18 302	1,36	9,18 812	1,40	10,81 188	9,99 490	14	
	47	9,18 383	1,36	9,18 896	1,39	10,81 104	9,99 488	13	
	48	9,18 465	1,36	9,18 979	1,39	10,81 021	9,99 486	12	
	49	9,18 547	1,36	9,19 063	1,39	10,80 937	9,99 484	11	
8	50	9,18 628	1,35	9,19 146	1,38	10,80 854	9,99 482	10	81
	51	9,18 709	1,35	9,19 229	1,38	10,80 771	9,99 480	9	
	52	9,18 790	1,35	9,19 312	1,38	10,80 688	9,99 478	8	
	53	9,18 871	1,35	9,19 395	1,38	10,80 605	9,99 476	7	
	54	9,18 952	1,35	9,19 478	1,37	10,80 522	9,99 474	6	
	55	9,19 033	1,33	9,19 561	1,37	10,80 439	9,99 472	5	
	56	9,19 113	1,33	9,19 643	1,37	10,80 357	9,99 470	4	
	57	9,19 193	1,33	9,19 725	1,37	10,80 275	9,99 468	3	
	58	9,19 273	1,33	9,19 807	1,37	10,80 193	9,99 466	2	
	59	9,19 353	1,33	9,19 889	1,37	10,80 111	9,99 464	1	
9	0	9,19 433		9,19 971		10,80 029	9,99 462	0	81
0	′	lg cos	D/1″	lg cot	D/1″	lg tan	lg sin	M.	Gr.

Gr.	M.	lg sin	D/1″	lg tan	D/1″	lg cot	lg cos	D/1″	′	°
9	0	9,19 43̲3̲	1,32	9,19 971	1,36	10,80 02̲9̲	9,99 46̲2̲	0,03	0	81
	1	9,19 51̲3̲	1,32	9,20 05̲3̲	1,36	10,79 947	9,99 46̲0̲	0,03	59	
	2	9,19 592	1,32	9,20 134	1,36	10,79 86̲6̲	9,99 45̲8̲	0,03	58	
	3	9,19 67̲2̲	1,32	9,20 21̲6̲	1,35	10,79 784	9,99 45̲6̲	0,03	57	
	4	9,19 751	1,32	9,20 297	1,35	10,79 70̲3̲	9,99 45̲4̲	0,03	56	
	5	9,19 830	1,32	9,20 378	1,35	10,79 62̲2̲	9,99 45̲2̲	0,03	55	
	6	9,19 909	1,31	9,20 459	1,35	10,79 54̲1̲	9,99 45̲0̲	0,03	54	
	7	9,19 98̲8̲	1,31	9,20 540	1,34	10,79 46̲0̲	9,99 44̲8̲	0,03	53	
	8	9,20 06̲7̲	1,31	9,20 62̲1̲	1,34	10,79 379	9,99 44̲6̲	0,03	52	
	9	9,20 145	1,31	9,20 701	1,34	10,79 299	9,99 44̲4̲	0,03	51	
9	10	9,20 223	1,31	9,20 78̲2̲	1,34	10,79 218	9,99 442	0,03	50	80
	11	9,20 30̲2̲	1,30	9,20 86̲2̲	1,34	10,79 138	9,99 44̲0̲	0,03	49	
	12	9,20 38̲0̲	1,30	9,20 942	1,33	10,79 05̲8̲	9,99 43̲8̲	0,03	48	
	13	9,20 45̲8̲	1,29	9,21 022	1,33	10,78 97̲8̲	9,99 43̲6̲	0,03	47	
	14	9,20 535	1,29	9,21 10̲2̲	1,33	10,78 898	9,99 43̲4̲	0,03	46	
	15	9,20 613	1,29	9,21 18̲2̲	1,33	10,78 818	9,99 43̲2̲	0,03	45	
	16	9,20 69̲1̲	1,29	9,21 261	1,32	10,78 73̲9̲	9,99 429	0,03	44	
	17	9,20 76̲8̲	1,28	9,21 34̲1̲	1,32	10,78 659	9,99 427	0,03	43	
	18	9,20 845	1,28	9,21 42̲0̲	1,32	10,78 580	9,99 425	0,03	42	
	19	9,20 922	1,28	9,21 49̲9̲	1,32	10,78 501	9,99 42̲3̲	0,03	41	
9	20	9,20 999	1,28	9,21 57̲8̲	1,32	10,78 422	9,99 421	0,03	40	80
	21	9,21 07̲6̲	1,28	9,21 65̲7̲	1,31	10,78 343	9,99 419	0,03	39	
	22	9,21 15̲3̲	1,27	9,21 73̲6̲	1,31	10,78 264	9,99 417	0,03	38	
	23	9,21 229	1,27	9,21 814	1,31	10,78 18̲6̲	9,99 415̲	0,03	37	
	24	9,21 30̲6̲	1,27	9,21 89̲3̲	1,31	10,78 107	9,99 41̲3̲	0,03	36	
	25	9,21 38̲2̲	1,27	9,21 97̲1̲	1,30	10,78 029	9,99 411	0,03	35	
	26	9,21 45̲8̲	1,27	9,22 049	1,30	10,77 95̲1̲	9,99 40̲9̲	0,03	34	
	27	9,21 53̲4̲	1,27	9,22 127	1,30	10,77 87̲3̲	9,99 407	0,03	33	
	28	9,21 61̲0̲	1,26	9,22 205	1,30	10,77 79̲5̲	9,99 404	0,03	32	
	29	9,21 685	1,26	9,22 28̲3̲	1,30	10,77 717	9,99 402	0,04	31	
9	30	9,21 76̲1̲		9,22 36̲1̲	1,30	10,77 639	9,99 400	0,04	30	80
°	′	lg cos	D/1″	lg cot	D/1″	lg tan	lg sin	D/1″	M.	Gr.

Gr.	M.	lg sin	D/1″	lg tan	D/1″	lg cot	lg cos	D/1″	′	°
9	30	9,21 761		9,22 361		10,77 639	9,99 400		30	80
			1,26		1,29			0,04		
	31	9,21 836		9,22 438		10,77 562	9,99 398		29	
			1,26		1,29			0,04		
	32	9,21 912		9,22 516		10,77 484	9,99 396		28	
			1,25		1,29			0,04		
	33	9,21 987		9,22 593		10,77 407	9,99 394		27	
			1,25		1,29			0,04		
	34	9,22 062		9,22 670		10,77 330	9,99 392		26	
			1,25		1,28			0,04		
	35	9,22 137		9,22 747		10,77 253	9,99 390		25	
			1,25		1,28			0,04		
	36	9,22 211		9,22 824		10,77 176	9,99 388		24	
			1,25		1,28			0,04		
	37	9,22 286		9,22 901		10,77 099	9,99 385		23	
			1,24		1,28			0,04		
	38	9,22 361		9,22 977		10,77 023	9,99 383		22	
			1,24		1,28			0,04		
	39	9,22 435		9,23 054		10,76 946	9,99 381		21	
			1,24		1,27			0,04		
9	40	9,22 509		9,23 130		10,76 870	9,99 379		20	80
			1,23		1,27			0,04		
	41	9,22 583		9,23 206		10,76 794	9,99 377		19	
			1,23		1,27			0,04		
	42	9,22 657		9,23 283		10,76 717	9,99 375		18	
			1,23		1,27			0,04		
	43	9,22 731		9,23 359		10,76 641	9,99 372		17	
			1,22		1,27			0,04		
	44	9,22 805		9,23 435		10,76 565	9,99 370		16	
			1,22		1,26			0,04		
	45	9,22 878		9,23 510		10,76 490	9,99 368		15	
			1,22		1,26			0,04		
	46	9,22 952		9,23 586		10,76 414	9,99 366		14	
			1,22		1,26			0,04		
	47	9,23 025		9,23 661		10,76 339	9,99 364		13	
			1,22		1,26			0,04		
	48	9,23 098		9,23 737		10,76 263	9,99 362		12	
			1,22		1,25			0,04		
	49	9,23 171		9,23 812		10,76 188	9,99 359		11	
			1,22		1,25			0,04		
9	50	9,23 244		9,23 887		10,76 113	9,99 357		10	80
			1,22		1,25			0,04		
	51	9,23 317		9,23 962		10,76 038	9,99 355		9	
			1,22		1,25			0,04		
	52	9,23 390		9,24 037		10,75 963	9,99 353		8	
			1,21		1,24			0,04		
	53	9,23 462		9,24 112		10,75 888	9,99 351		7	
			1,21		1,24			0,04		
	54	9,23 535		9,24 186		10,75 814	9,99 348		6	
			1,21		1,24			0,04		
	55	9,23 607		9,24 261		10,75 739	9,99 346		5	
			1,20		1,24			0,04		
	56	9,23 679		9,24 335		10,75 665	9,99 344		4	
			1,20		1,24			0,04		
	57	9,23 752		9,24 410		10,75 590	9,99 342		3	
			1,20		1,24			0,04		
	58	9,23 823		9,24 484		10,75 516	9,99 340		2	
			1,20		1,23			0,04		
	59	9,23 895		9,24 558		10,75 442	9,99 337		1	
			1,20		1,23			0,04		
10	0	9,23 967		9,24 632		10,75 368	9,99 335		0	80
°	′	lg cos	D/1″	lg cot	D/1″	lg tan	lg sin	D/1″	M.	Gr.

Gr.	M.	lg sin	D/1″	lg tan	D/1″	lg cot	lg cos	D/1″	′	0
10	**0**	9,23 967		9,24 632		10,75 368	9,99 335		**0**	**80**
	1	9,24 039	1,19	9,24 706	1,23	10,75 294	9,99 333	0,04	59	
	2	9,24 110	1,19	9,24 779	1,23	10,75 221	9,99 331	0,04	58	
	3	9,24 181	1,19	9,24 853	1,23	10,75 147	9,99 328	0,04	57	
	4	9,24 253	1,19	9,24 926	1,22	10,75 074	9,99 326	0,04	56	
			1,18		1,22			0,04		
	5	9,24 324	1,18	9,25 000	1,22	10,75 000	9,99 324	0,04	55	
	6	9,24 395	1,18	9,25 073	1,22	10,74 927	9,99 322	0,04	54	
	7	9,24 466	1,18	9,25 146	1,22	10,74 854	9,99 319	0,04	53	
	8	9,24 536	1,18	9,25 219	1,22	10,74 781	9,99 317	0,04	52	
	9	9,24 607	1,18	9,25 292	1,22	10,74 708	9,99 315	0,04	51	
			1,18		1,21			0,04		
10	**10**	9,24 677	1,17	9,25 365	1,21	10,74 635	9,99 313	0,04	**50**	**79**
	11	9,24 748	1,17	9,25 437	1,21	10,74 563	9,99 310	0,04	49	
	12	9,24 818	1,17	9,25 510	1,21	10,74 490	9,99 308	0,04	48	
	13	9,24 888	1,17	9,25 582	1,21	10,74 418	9,99 306	0,04	47	
	14	9,24 958	1,17	9,25 655	1,21	10,74 345	9,99 304	0,04	46	
			1,17		1,20			0,04		
	15	9,25 028	1,17	9,25 727	1,20	10,74 273	9,99 301	0,04	45	
	16	9,25 098	1,16	9,25 799	1,20	10,74 201	9,99 299	0,04	44	
	17	9,25 168	1,16	9,25 871	1,20	10,74 129	9,99 297	0,04	43	
	18	9,25 237	1,16	9,25 943	1,20	10,74 057	9,99 294	0,04	42	
	19	9,25 307	1,16	9,26 015	1,20	10,73 985	9,99 292	0,04	41	
			1,16		1,19			0,04		
10	**20**	9,25 376	1,15	9,26 086	1,19	10,73 914	9,99 290	0,04	**40**	**79**
	21	9,25 445	1,15	9,26 158	1,19	10,73 842	9,99 288	0,04	39	
	22	9,25 514	1,15	9,26 229	1,19	10,73 771	9,99 285	0,04	38	
	23	9,25 583	1,15	9,26 301	1,19	10,73 699	9,99 283	0,04	37	
	24	9,25 652	1,15	9,26 372	1,19	10,73 628	9,99 281	0,04	36	
			1,15		1,19			0,04		
	25	9,25 721	1,14	9,26 443	1,18	10,73 557	9,99 278	0,04	35	
	26	9,25 790	1,14	9,26 514	1,18	10,73 486	9,99 276	0,04	34	
	27	9,25 858	1,14	9,26 585	1,18	10,73 415	9,99 274	0,04	33	
	28	9,25 927	1,14	9,26 655	1,18	10,73 345	9,99 271	0,04	32	
	29	9,25 995	**1,14**	9,26 726	**1,18**	10,73 274	9,99 269	0,04	31	
			1,13		1,18			**0,04**		
10	**30**	9,26 063		9,26 797		10,73 203	9,99 267		**30**	**79**
0	′	lg cos	D/1″	lg cot	D/1″	lg tan	lg sin	D/1″	M.	Gr.

Gr.	M.	lg sin	D/1″	lg tan	D/1″	lg cot	lg cos	D/1″	′	o
10	**30**	9,26 063	1,13	9,26 797	1,18	10,73 203	9,99 267	0,04	**30**	**79**
	31	9,26 131	1,13	9,26 867	1,17	10,73 133	9,99 264	0,04	29	
	32	9,26 199	1,13	9,26 937	1,17	10,73 063	9,99 262	0,04	28	
	33	9,26 267	1,13	9,27 008	1,17	10,72 992	9,99 260	0,04	27	
	34	9,26 335	1,13	9,27 078	1,17	10,72 922	9,99 257	0,04	26	
	35	9,26 403	1,13	9,27 148	1,17	10,72 852	9,99 255	0,04	25	
	36	9,26 470	1,13	9,27 218	1,17	10,72 782	9,99 252	0,04	24	
	37	9,26 538	1,12	9,27 288	1,16	10,72 712	9,99 250	0,04	23	
	38	9,26 605	1,12	9,27 357	1,16	10,72 643	9,99 248	0,04	22	
	39	9,26 672	1,12	9,27 427	1,16	10,72 573	9,99 245	0,04	21	
10	**40**	9,26 739	1,12	9,27 496	1,16	10,72 504	9,99 243	0,04	**20**	**79**
	41	9,26 806	1,12	9,27 566	1,16	10,72 434	9,99 241	0,04	19	
	42	9,26 873	1,12	9,27 635	1,15	10,72 365	9,99 238	0,04	18	
	43	9,26 940	1,11	9,27 704	1,15	10,72 296	9,99 236	0,04	17	
	44	9,27 007	1,11	9,27 773	1,15	10,72 227	9,99 233	0,04	16	
	45	9,27 073	1,11	9,27 842	1,15	10,72 158	9,99 231	0,04	15	
	46	9,27 140	1,11	9,27 911	1,15	10,72 089	9,99 229	0,04	14	
	47	9,27 206	1,11	9,27 980	1,15	10,72 020	9,99 226	0,04	13	
	48	9,27 273	1,10	9,28 049	1,15	10,71 951	9,99 224	0,04	12	
	49	9,27 339	1,10	9,28 117	1,14	10,71 883	9,99 221	0,04	11	
10	**50**	9,27 405	1,10	9,28 186	1,14	10,71 814	9,99 219	0,04	**10**	**79**
	51	9,27 471	1,10	9,28 254	1,14	10,71 746	9,99 217	0,04	9	
	52	9,27 537	1,10	9,28 323	1,14	10,71 677	9,99 214	0,04	8	
	53	9,27 602	1,10	9,28 391	1,14	10,71 609	9,99 212	0,04	7	
	54	9,27 668	1,09	9,28 459	1,13	10,71 541	9,99 209	0,04	6	
	55	9,27 734	1,09	9,28 527	1,13	10,71 473	9,99 207	0,04	5	
	56	9,27 799	1,09	9,28 595	1,13	10,71 405	9,99 204	0,04	4	
	57	9,27 864	1,09	9,28 662	1,13	10,71 338	9,99 202	0,04	3	
	58	9,27 930	1,08	9,28 730	1,13	10,71 270	9,99 200	0,04	2	
	59	9,27 995	1,08	9,28 798	1,13	10,71 202	9,99 197	0,04	1	
11	**0**	9,28 060		9,28 865		10,71 135	9,99 195		**0**	**79**
o	′	lg cos	D/1″	lg cot	D/1″	lg tan	lg sin	D/1″	M.	Gr.

Gr.	M.	lg sin	D/1''	lg tan	D/1''	lg cot	lg cos	D/1''	'	0
11	0	9,28 060	1,08	9,28 865	1,12	10,71 135	9,99 195	0,04	0	79
	1	9,28 125	1,08	9.28 933	1,12	10,71 067	9,99 192	0,04	59	
	2	9.28 190	1,08	9,29 000	1,12	10,71 000	9,99 190	0,04	58	
	3	9.28 254	1,08	9,29 067	1,12	10,70 933	9,99 187	0,04	57	
	4	9,28 319	1,08	9,29 134	1,12	10,70 866	9,99 185	0,04	56	
	5	9,28 384	1,07	9,29 201	1,12	10,70 799	9,99 182	0,04	55	
	6	9,28 448	1,07	9,29 268	1,11	10,70 732	9,99 180	0,04	54	
	7	9,28 512	1,07	9,29 335	1,11	10,70 665	9,99 177	0,04	53	
	8	9,28 577	1,07	9,29 402	1,11	10,70 598	9,99 175	0,04	52	
	9	9,28 641	1,07	9,29 468	1,11	10,70 532	9,99 172	0,04	51	
11	10	9,28 705	1,07	9,29 535	1,11	10,70 465	9,99 170	0,04	50	78
	11	9,28 769	1,07	9,29 601	1,11	10,70 399	9,99 167	0,04	49	
	12	9,28 833	1,06	9,29 668	1,10	10,70 332	9,99 165	0,04	48	
	13	9,28 896	1,06	9,29 734	1,10	10,70 266	9,99 162	0,04	47	
	14	9,28 960	1,06	9,29 800	1,10	10,70 200	9,99 160	0,04	46	
	15	9,29 024	1,06	9,29 866	1,10	10,70 134	9,99 157	0,04	45	
	16	9,29 087	1,06	9,29 932	1,10	10,70 068	9,99 155	0,04	44	
	17	9,29 150	1,06	9,29 998	1,10	10,70 002	9,99 152	0,04	43	
	18	9,29 214	1,05	9,30 064	1,10	10,69 936	9,99 150	0,04	42	
	19	9,29 277	1,05	9,30 130	1,09	10,69 870	9,99 147	0,04	41	
11	20	9,29 340	1,05	9,30 195	1,09	10,69 805	9,99 145	0,04	40	78
	21	9,29 403	1,05	9,30 261	1,09	10,69 739	9,99 142	0,04	39	
	22	9,29 466	1,05	9,30 326	1,09	10,69 674	9,99 140	0,04	38	
	23	9,29 529	1,05	9,30 391	1,09	10,69 609	9,99 137	0,04	37	
	24	9,29 591	1,04	9,30 457	1,09	10,69 543	9,99 135	0,04	36	
	25	9,29 654	1,04	9,30 522	1,09	10,69 478	9,99 132	0,04	35	
	26	9,29 716	1,04	9,30 587	1,08	10,69 413	9,99 130	0,04	34	
	27	9,29 779	1,04	9,30 652	1,08	10,69 348	9,99 127	0,04	33	
	28	9,29 841	1,04	9,30 717	1,08	10,69 283	9,99 124	0,04	32	
	29	9,29 903	1,04	9,30 782	1,08	10,69 218	9,99 122	0,04	31	
11	30	9,29 966	1,04	9,30 846	1,08	10,69 154	9,99 119	0,04	30	78
0	'	lg cos	D/1''	lg cot	D/1''	lg tan	lg sin	D/1''	M.	Gr.

Gr.	M.	lg sin	D/1''	lg tan	D/1''	lg cot	lg cos	D/1''	'	°
11	30	9,29 966	1,03	9,30 846	1,08	10,69 154	9,99 119	0,04	30	78
	31	9,30 028	1,03	9,30 911	1,08	10,69 089	9,99 117	0,04	29	
	32	9,30 090	1,03	9,30 975	1,07	10,69 025	9,99 114	0,04	28	
	33	9,30 151	1,03	9,31 040	1,07	10,68 960	9,99 112	0,04	27	
	34	9,30 213	1,03	9,31 104	1,07	10,68 896	9,99 109	0,04	26	
	35	9,30 275	1,03	9,31 168	1,07	10,68 832	9,99 106	0,04	25	
	36	9,30 336	1,03	9,31 233	1,07	10,68 767	9,99 104	0,04	24	
	37	9,30 398	1,03	9,31 297	1,07	10,68 703	9,99 101	0,04	23	
	38	9,30 459	1,03	9,31 361	1,07	10,68 639	9,99 099	0,04	22	
	39	9,30 521	1,02	9,31 425	1,07	10,68 575	9,99 096	0,04	21	
11	40	9,30 582	1,02	9,31 489	1,06	10,68 511	9,99 093	0,04	20	78
	41	9,30 643	1,02	9,31 552	1,06	10,68 448	9,99 091	0,04	19	
	42	9,30 704	1,02	9,31 616	1,06	10,68 384	9,99 088	0,04	18	
	43	9,30 765	1,02	9,31 679	1,06	10,68 321	9,99 086	0,04	17	
	44	9,30 826	1,01	9,31 743	1,06	10,68 257	9,99 083	0,04	16	
	45	9,30 887	1,01	9,31 806	1,06	10,68 194	9,99 080	0,04	15	
	46	9,30 947	1,01	9,31 870	1,05	10,68 130	9,99 078	0,04	14	
	47	9,31 008	1,01	9,31 933	1,05	10,68 067	9,99 075	0,04	13	
	48	9,31 068	1,01	9,31 996	1,05	10,68 004	9,99 072	0,04	12	
	49	9,31 129	1,01	9,32 059	1,05	10,67 941	9,99 070	0,04	11	
11	50	9,31 189	1,01	9,32 122	1,05	10,67 878	9,99 067	0,04	10	78
	51	9,31 250	1,00	9,32 185	1,05	10,67 815	9,99 064	0,04	9	
	52	9,31 310	1,00	9,32 248	1,05	10,67 752	9,99 062	0,04	8	
	53	9,31 370	1,00	9,32 311	1,04	10,67 689	9,99 059	0,04	7	
	54	9,31 430	1,00	9,32 373	1,04	10,67 627	9,99 056	0,04	6	
	55	9,31 490	1,00	9,32 436	1,04	10,67 564	9,99 054	0,04	5	
	56	9,31 549	1,00	9,32 498	1,04	10,67 502	9,99 051	0,04	4	
	57	9,31 609	0,99	9,32 561	1,04	10,67 439	9,99 048	0,04	3	
	58	9,31 669	0,99	9,32 623	1,04	10,67 377	9,99 046	0,04	2	
	59	9,31 728	0,99	9,32 685	1,04	10,67 315	9,99 043	0,04	1	
12	0	9,31 788		9,32 747		10,67 253	9.99 040		0	78
°	'	lg cos	D/1''	lg cot	D/1''	lg tan	lg sin	D/1''	M.	Gr.

Gr.	M.	lg sin	D/1″	lg tan	D/1″	lg cot	lg cos	D/1″	′	°
12	0	9,31 788	0,99	9,32 747	1,04	10.67 253	9,99 040	0,04	0	78
	1	9,31 847	0,99	9,32 810	1,03	10,67 190	9,99 038	0,04	59	
	2	9,31 907	0,99	9,32 872	1,03	10,67 128	9,99 035	0,04	58	
	3	9,31 966	0,99	9,32 933	1,03	10,67 067	9,99 032	0,05	57	
	4	9,32 025	0,98	9,32 995	1,03	10,67 005	9,99 030	0,05	56	
	5	9,32 084	0,98	9,33 057	1,03	10,66 943	9,99 027	0,05	55	
	6	9,32 143	0,98	9.33 119	1,03	10,66 881	9,99 024	0,05	54	
	7	9,32 202	0,98	9,33 180	1,03	10,66 820	9,99 022	0,05	53	
	8	9,32 261	0,98	9,33 242	1,02	10,66 758	9,99 019	0,05	52	
	9	9,32 319	0,98	9,33 303	1,02	10,66 697	9,99 016	0,05	51	
12	10	9,32 378	0,98	9,33 365	1,02	10,66 635	9,99 013	0,05	50	77
	11	9,32 437	0,98	9,33 426	1,02	10,66 574	9.99 011	0,05	49	
	12	9,32 495	0,97	9.33 487	1,02	10,66 513	9.99 008	0,05	48	
	13	9.32 553	0,97	9,33 548	1,02	10,66 452	9,99 005	0,05	47	
	14	9,32 612	0,97	9,33 609	1,02	10,66 391	9,99 002	0,05	46	
	15	9,32 670	0,97	9,33 670	1,02	10,66 330	9,99 000	0,05	45	
	16	9.32 728	0,97	9.33 731	1,01	10.65 269	9.98 997	0,05	44	
	17	9.32 786	0,97	9,33 792	1,01	10,66 208	9,98 994	0,05	43	
	18	9,32 844	0,97	9,33 853	1,01	10.66 147	9.98 991	0,05	42	
	19	9,32 902	0,96	9,33 913	1,01	10,66 087	9,98 989	0,05	41	
12	20	9.32 960	0,96	9,33 974	1,01	10.66 026	9,98 986	0,05	40	77
	21	9,33 018	0,96	9,34 034	1,01	10,65 966	9.98 983	0,05	39	
	22	9,33 075	0,96	9.34 095	1,01	10,65 905	9.98 980	0,05	38	
	23	9,33 133	0,96	9,34 155	1,01	10,65 845	9,98 978	0,05	37	
	24	9,33 190	0,96	9,34 215	1,00	10,65 785	9,98 975	0,05	36	
	25	9.33 248	0,96	9.34 276	1.00	10.65 724	9.98 972	0,05	35	
	26	9,33 305	0,95	9.34 336	1.00	10.65 664	9,98 969	0,05	34	
	27	9.33 362	0,95	9.34 396	1.00	10.65 604	9,98 967	0,05	33	
	28	9,33 420	0,95	9,34 456	1,00	10.65 544	9 98 964	0,05	32	
	29	9,33 477	0,95	9.34 516	1,00	10,65 484	9.98 961	0,05	31	
12	30	9,33 534		9.34 576		10.65 424	9.98 958		30	77
°	′	lg cos	D/1″	lg cot	D/1″	lg tan	lg sin	D/1″	M.	Gr.

Gr.	M.	lg sin	D/1″	lg tan	D/1″	lg cot	lg cos	D/1″	′	○
12	30	9,33 53̲4̲		9,34 57̲6̲		10,65 424	9,98 958		30	77
			0,95		1,00			0,05		
	31	9,33 59̲1̲		9,34 635		10,65 36̲5̲	9,98 955		29	
			0,95		1,00			0,05		
	32	9,33 647		9,34 69̲5̲		10,65 305	9,98 95̲3̲		28	
			0,95		0,99			0,05		
	33	9,33 704		9,34 75̲5̲		10,65 245	9,98 95̲0̲		27	
			0,95		0,99			0,05		
	34	9,33 76̲1̲		9,34 814		10,65 186	9,98 94̲7̲		26	
			0,95		0,99			0,05		
	35	9,33 81̲8̲		9,34 87̲4̲		10,65 126	9,98 944		25	
			0,94		0,98			0,05		
	36	9,33 874		9.34 93̲3̲		10,65 067	9,98 941		24	
			0,94		0,98			0,05		
	37	9,33 93̲1̲		9,34 992		10,65 00̲8̲	9,98 938		23	
			0,94		0,98			0,05		
	38	9,33 987		9,35 051		10,64 94̲9̲	9,98 93̲6̲		22	
			0,94		0,99			0,05		
	39	9,34 043		9,35 11̲1̲		10,64 889	9,98 93̲3̲		21	
			0,94		0,99			0,05		
12	40	9,34 10̲0̲		9,35 17̲0̲		10,64 830	9,98 93̲0̲		20	77
			0,94		0,98			0,05		
	41	9,34 15̲6̲		9,35 22̲9̲		10,64 771	9,98 927		19	
			0,94		0,98			0,05		
	42	9,34 21̲2̲		9,35 28̲8̲		10,64 712	9,98 924		18	
			0,93		0,98			0,05		
	43	9.34 26̲8̲		9,35 34̲7̲		10.64 653	9,98 921		17	
			0,93		0,98			0,05		
	44	9,34 32̲4̲		9,35 405		10,64 59̲5̲	9,98 91̲9̲		16	
			0,93		0,98			0,05		
	45	9,34 38̲0̲		9,35 464		10,64 53̲6̲	9,98 91̲6̲		15	
			0,93		0,98			0,05		
	46	9,34 436		9,35 52̲3̲		10,64 477	9,98 91̲3̲		14	
			0,93		0,98			0,05		
	47	9,34 491		9,35 581		10,64 419	9,98 91̲0̲		13	
			0,93		0,98			0,05		
	48	9,34 54̲7̲		9,35 64̲0̲		10,64 360	9,98 907		12	
			0,93		0,97			0,05		
	49	9,34 602		9,35 698		10,64 30̲2̲	9.98 904		11	
			0,93		0,97			0,05		
12	50	9,34 65̲8̲		9,35 757		10.64 243	9,98 901		10	77
			0,92		0,97			0,05		
	51	9,34 713		9,35 81̲5̲		10,64 185	9,98 898		9	
			0,92		0,97			0,05		
	52	9,34 76̲9̲		9,35 873		10,64 12̲7̲	9,98 89̲6̲		8	
			0,92		0,97			0,05		
	53	9,34 82̲4̲		9,35 931		10.64 06̲9̲	9,98 89̲3̲		7	
			0,92		0,97			0,05		
	54	9,34 879		9,35 989		10,64 01̲1̲	9,98 89̲0̲		6	
			0,92		0,97			0,05		
	55	9,34 934		9,36 047		10.63 95̲3̲	9,98 88̲7̲		5	
			0,92		0,97			0,05		
	56	9,34 989		9,36 105		10,63 895	9.98 884		4	
			0,92		0,97			0,05		
	57	9,35 044		9,36 163		10,63 83̲7̲	9,98 881		3	
			0,92		0,96			0,05		
	58	9.35 099		9.36 22̲1̲		10,63 779	9,98 878		2	
			0,91		0,96			0,05		
	59	9,35 154		9,36 27̲9̲		10,63 721	9,98 8̲7̲5		1	
			0,91		0,96			0,05		
13	0	9,35 20̲9̲		9,36 336		10,63 66̲4̲	9,98 872		0	77

○	′	lg cos	D/1″	lg cot	D/1″	lg tan	lg sin	D/1″	M.	Gr.

Gr.	M.	lg sin	D/1″	lg tan	D/1″	lg cot	lg cos	D/1″	′	o
13	0	9,35 209		9,36 336		10,63 664	9,98 872		0	77
			0,91		0,96			0,05		
	1	9,35 263		9,36 394		10,63 606	9,98 869		59	
			0,91		0,96			0,05		
	2	9,35 318		9,36 452		10,63 548	9,98 867		58	
			0,91		0,95			0,05		
	3	9,35 373		9,36 509		10,63 491	9,98 864		57	
			0,91		0,95			0,05		
	4	9,35 427		9,36 566		10,63 434	9,98 861		56	
			0,91		0,96			0,05		
	5	9,35 481		9,36 624		10,63 376	9,98 858		55	
			0,91		0,96			0,05		
	6	9,35 536		9,36 681		10,63 319	9,98 855		54	
			0,90		0,95			0,05		
	7	9,35 590		9,36 738		10,63 262	9,98 852		53	
			0,90		0,95			0,05		
	8	9,35 644		9,36 795		10,63 205	9,98 849		52	
			0,90		0,95			0,05		
	9	9,35 698		9,36 852		10,63 148	9,98 846		51	
			0,90		0,95			0,05		
13	10	9,35 752		9,36 909		10,63 091	9,98 843		50	76
			0,90		0,95			0,05		
	11	9,35 806		9,36 966		10,63 034	9,98 840		49	
			0,90		0,95			0,05		
	12	9,35 860		9,37 023		10,62 977	9,98 837		48	
			0,90		0,95			0,05		
	13	9,35 914		9,37 080		10,62 920	9,98 834		47	
			0,90		0,95			0,05		
	14	9,35 968		9,37 137		10,62 863	9,98 831		46	
			0,90		0,94			0,05		
	15	9,36 022		9,37 193		10,62 807	9,98 828		45	
			0,89		0,94			0,05		
	16	9,36 075		9,37 250		10,62 750	9,98 825		44	
			0,89		0,94			0,05		
	17	9,36 129		9,37 306		10,62 694	9,98 822		43	
			0,89		0,94			0,05		
	18	9,36 182		9,37 363		10,62 637	9,98 819		42	
			0,89		0,94			0,05		
	19	9,36 236		9,37 419		10,62 581	9,98 816		41	
			0,89		0,94			0,05		
13	20	9,36 289		9,37 476		10,62 524	9,98 813		40	76
			0,89		0,94			0,05		
	21	9,36 342		9,37 532		10,62 468	9,98 810		39	
			0,89		0,94			0,05		
	22	9,36 395		9,37 588		10,62 412	9,98 807		38	
			0,89		0,94			0,05		
	23	9,36 449		9,37 644		10,62 356	9,98 804		37	
			0,89		0,94			0,05		
	24	9,36 502		9,37 700		10,62 300	9,98 801		36	
			0,88		0,93			0,05		
	25	9,36 555		9,37 756		10,62 244	9,98 798		35	
			0,88		0,93			0,05		
	26	9,36 608		9,37 812		10,62 188	9,98 795		34	
			0,88		0,93			0,05		
	27	9,36 660		9,37 868		10,62 132	9,98 792		33	
			0,88		0,93			0,05		
	28	9,36 713		9,37 924		10,62 076	9,98 789		32	
			0,88		0,93			0,05		
	29	9,36 766		9,37 980		10,62 020	9,98 786		31	
			0,88		0,93			0,05		
13	30	9,36 819		9,38 035		10,61 965	9,98 783		30	76
0	′	lg cos	D/1″	lg cot	D/1″	lg tan	lg sin	D/1″	M.	Gr.

Gr.	M.	lg sin	D/1″	lg tan	D/1″	lg cot	lg cos	D/1″	′	o
13	30	9,36 819		9,38 035		10,61 965	9,98 783		30	76
			0,88		0,93			0,05		
	31	9,36 871		9,38 091		10,61 909	9,98 780		29	
			0,88		0,93			0,05		
	32	9,36 924		9,38 147		10,61 853	9,98 777		28	
			0,87		0,93			0,05		
	33	9,36 976		9,38 202		10,61 798	9,98 774		27	
			0,87		0,92			0,05		
	34	9,37 028		9,38 257		10,61 743	9,98 771		26	
			0,87		0,92			0,05		
	35	9,37 081		9,38 313		10,61 687	9,98 768		25	
			0,87		0,92			0,05		
	36	9,37 133		9,38 368		10,61 632	9,98 765		24	
			0,87		0,92			0,05		
	37	9,37 185		9,38 423		10,61 577	9,98 762		23	
			0,87		0,92			0,05		
	38	9,37 237		9,38 479		10,61 521	9,98 759		22	
			0,87		0,92			0,05		
	39	9,37 289		9,38 534		10,61 466	9,98 756		21	
			0,87		0,92			0,05		
13	40	9,37 341		9,38 589		10,61 411	9,98 753		20	76
			0,87		0,92			0,05		
	41	9,37 393		9,38 644		10,61 356	9,98 750		19	
			0,87		0,92			0,05		
	42	9,37 445		9,38 699		10,61 301	9,98 746		18	
			0,86		0,92			0,05		
	43	9,37 497		9,38 754		10,61 246	9,98 743		17	
			0,86		0,91			0,05		
	44	9,37 549		9,38 808		10,61 192	9,98 740		16	
			0,86		0,91			0,05		
	45	9,37 600		9,38 863		10,61 137	9,98 737		15	
			0,86		0,91			0,05		
	46	9,37 652		9,38 918		10,61 082	9,98 734		14	
			0,86		0,91			0,05		
	47	9,37 703		9,38 972		10,61 028	9,98 731		13	
			0,86		0,91			0,05		
	48	9,37 755		9,39 027		10,60 973	9,98 728		12	
			0,86		0,91			0,05		
	49	9,37 806		9,39 082		10,60 918	9,98 725		11	
			0,86		0,91			0,05		
13	50	9,37 858		9,39 136		10,60 864	9,98 722		10	76
			0,86		0,91			0,05		
	51	9,37 909		9,39 190		10,60 810	9,98 719		9	
			0,85		0,91			0,05		
	52	9,37 960		9,39 245		10,60 755	9,98 715		8	
			0,85		0,91			0,05		
	53	9,38 011		9,39 299		10,60 701	9,98 712		7	
			0,85		0,90			0,05		
	54	9,38 062		9,39 353		10,60 647	9,98 709		6	
			0,85		0,90			0,05		
	55	9,38 113		9,39 407		10,60 593	9,98 706		5	
			0,85		0,90			0,05		
	56	9,38 164		9,39 461		10,60 539	9,98 703		4	
			0,85		0,90			0,05		
	57	9,38 215		9,39 515		10,60 485	9,98 700		3	
			0,85		0,90			0,05		
	58	9,38 266		9,39 569		10,60 431	9,98 697		2	
			0,85		0,90			0,05		
	59	9,38 317		9,39 623		10,60 377	9,98 694		1	
			0,85		0,90			0,05		
14	0	9,38 368		9,39 677		10,60 323	9,98 690		0	76
o	′	lg cos	D/1″	lg cot	D/1″	lg tan	lg sin	D/1″	M.	Gr.

Gr.	M.	lg sin	D/1″	lg tan	D/1″	lg cot	lg cos	D/1″	′	°
14	0	9,38 368	0,84	9,39 677	0,90	10,60 323	9,98 690	0,05	0	76
	1	9,38 418	0,84	9,39 731	0,90	10,60 269	9,98 687	0,05	59	
	2	9,38 469	0,84	9,39 785	0,90	10,60 215	9,98 684	0,05	58	
	3	9,38 519	0,84	9,39 838	0,89	10,60 162	9,98 681	0,05	57	
	4	9,38 570	0,84	9,39 892	0,89	10,60 108	9,98 678	0,05	56	
	5	9,38 620	0,84	9,39 945	0,89	10,60 055	9,98 675	0,05	55	
	6	9,38 670	0,84	9,39 999	0,89	10,60 001	9,98 671	0,05	54	
	7	9,38 721	0,84	9,40 052	0,89	10,59 948	9,98 668	0,05	53	
	8	9,38 771	0,84	9,40 106	0,89	10,59 894	9,98 665	0,05	52	
	9	9,38 821	0,84	9,40 159	0,89	10,59 841	9,98 662	0,05	51	
14	10	9,38 871	0,83	9,40 212	0,89	10,59 788	9,98 659	0,05	50	75
	11	9,38 921	0,83	9,40 266	0,89	10,59 734	9,98 656	0,05	49	
	12	9,38 971	0,83	9,40 319	0,89	10,59 681	9,98 652	0,05	48	
	13	9,39 021	0,83	9,40 372	0,88	10,59 628	9,98 649	0,05	47	
	14	9,39 071	0,83	9,40 425	0,88	10,59 575	9,98 646	0,05	46	
	15	9,39 121	0,83	9,40 478	0,88	10,59 522	9,98 643	0,05	45	
	16	9,39 170	0,83	9,40 531	0,88	10,59 469	9,98 640	0,05	44	
	17	9,39 220	0,83	9,40 584	0,88	10,59 416	9,98 636	0,05	43	
	18	9,39 270	0,83	9,40 636	0,88	10,59 364	9,98 633	0,05	42	
	19	9,39 319	0,83	9,40 689	0,88	10,59 311	9,98 630	0,05	41	
14	20	9,39 369	0,82	9,40 742	0,88	10,59 258	9,98 627	0,05	40	75
	21	9,39 418	0,82	9,40 795	0,88	10,59 205	9,98 623	0,05	39	
	22	9,39 467	0,82	9,40 847	0,88	10,59 153	9,98 620	0,05	38	
	23	9,39 517	0,82	9,40 900	0,88	10,59 100	9,98 617	0,05	37	
	24	9,39 566	0,82	9,40 952	0,87	10,59 048	9,98 614	0,05	36	
	25	9,39 615	0,82	9,41 005	0,87	10,58 995	9,98 610	0,05	35	
	26	9,39 664	0,82	9,41 057	0,87	10,58 943	9,98 607	0,05	34	
	27	9,39 713	0,82	9,41 109	0,87	10,58 891	9,98 604	0,05	33	
	28	9,39 762	0,82	9,41 161	0,87	10,58 839	9,98 601	0,05	32	
	29	9,39 811	0,82	9,41 214	0,87	10,58 786	9,98 597	0,05	31	
14	30	9,39 860		9,41 266		10,58 734	9,98 594		30	75
°	′	lg cos	D/1″	lg cot	D/1″	lg tan	lg sin	D/1″	M.	Gr.

Gr.	M.	lg sin	D/1″	lg tan	D/1″	lg cot	lg cos	D/1″	′	o
14	**30**	9,39 860		9,41 266		10,58 734	9,98 594		30	**75**
			0,81		0,87			0,05		
	31	9,39 909		9,41 318		10,58 682	9,98 591		29	
			0,81		0,87			0,05		
	32	9,39 958		9,41 370		10,58 630	9,98 588		28	
			0,81		0,87			0,06		
	33	9,40 006		9,41 422		10,58 578	9,98 584		27	
			0,81		0,87			0,06		
	34	9,40 055		9,41 474		10,58 526	9,98 581		26	
			0,81		0,87			0,06		
	35	9,40 103		9,41 526		10,58 474	9,98 578		25	
			0,81		0,86			0,06		
	36	9,40 152		9,41 578		10,58 422	9,98 574		24	
			0,81		0,86			0,06		
	37	9,40 200		9,41 629		10,58 371	9,98 571		23	
			0,81		0,86			0,06		
	38	9,40 249		9,41 681		10,58 319	9,98 568		22	
			0,81		0,86			0,06		
	39	9,40 297		9,41 733		10,58 267	9,98 565		21	
			0,81		0,86			0,06		
14	**40**	9,40 346		9,41 784		10,58 216	9,98 561		20	**75**
			0,80		0,86			0,06		
	41	9,40 394		9,41 836		10,58 164	9,98 558		19	
			0,80		0,86			0,06		
	42	9,40 442		9,41 887		10,58 113	9,98 555		18	
			0,80		0,86			0,06		
	43	9,40 490		9,41 939		10,58 061	9,98 551		17	
			0,80		0,86			0,06		
	44	9,40 538		9,41 990		10,58 010	9,98 548		16	
			0,80		0,86			0,06		
	45	9,40 586		9,42 041		10,57 959	9,98 545		15	
			0,80		0,86			0,06		
	46	9,40 634		9,42 093		10,57 907	9,98 541		14	
			0,80		0,85			0,06		
	47	9,40 682		9,42 144		10,57 856	9,98 538		13	
			0,80		0,85			0,06		
	48	9,40 730		9,42 195		10,57 805	9,98 535		12	
			0,80		0,85			0,06		
	49	9,40 778		9,42 246		10,57 754	9,98 531		11	
			0,80		0,85			0,06		
14	**50**	9,40 825		9,42 297		10,57 703	9,98 528		10	**75**
			0,80		0,85			0,06		
	51	9,40 873		9,42 348		10,57 652	9,98 525		9	
			0,80		0,85			0,06		
	52	9,40 921		9,42 399		10,57 601	9,98 521		8	
			0,79		0,85			0,06		
	53	9,40 968		9,42 450		10,57 550	9,98 518		7	
			0,79		0,85			0,06		
	54	9,41 016		9,42 501		10,57 499	9,98 515		6	
			0,79		0,85			0,06		
	55	9,41 063		9,42 552		10,57 448	9,98 511		5	
			0,79		0,85			0,06		
	56	9,41 111		9,42 603		10,57 397	9,98 508		4	
			0,79		0,85			0,06		
	57	9,41 158		9,42 653		10,57 347	9,98 505		3	
			0,79		0,84			0,06		
	58	9,41 205		9,42 704		10,57 296	9,98 501		2	
			0,79		0,84			0,06		
	59	9,41 252		9,42 755		10,57 245	9,98 498		1	
			0,79		0,84			0,06		
15	**0**	9,41 300		9,42 805		10,57 195	9,98 494		0	**75**
o	′	lg cos	D/1″	lg cot	D/1″	lg tan	lg sin	D/1″	M.	Gr.

Gr.	M.	lg sin	D/1″	lg tan	D/1″	lg cot	lg cos	D/1″	′	°
15	0	9,41 300	0,79	9,42 805	0,84	10,57 195	9,98 494	0,06	0	75
	1	9,41 347	0,79	9,42 856	0,84	10,57 144	9,98 491	0,06	59	
	2	9,41 394	0,78	9,42 906	0,84	10,57 094	9,98 488	0,06	58	
	3	9,41 441	0,78	9,42 957	0,84	10,57 043	9,98 484	0,06	57	
	4	9,41 488	0,78	9,43 007	0,84	10,56 993	9,98 481	0,06	56	
	5	9,41 535	0,78	9,43 057	0,84	10,56 943	9,98 477	0,06	55	
	6	9,41 582	0,78	9,43 108	0,84	10,56 892	9,98 474	0,06	54	
	7	9,41 628	0,78	9,43 158	0,84	10,56 842	9,98 471	0,06	53	
	8	9,41 675	0,78	9,43 208	0,84	10,56 792	9,98 467	0,06	52	
	9	9,41 722	0,78	9,43 258	0,83	10,56 742	9,98 464	0,06	51	
15	10	9,41 768	0,78	9,43 308	0,83	10,56 692	9,98 460	0,06	50	74
	11	9,41 815	0,78	9,43 358	0,83	10,56 642	9,98 457	0,06	49	
	12	9,41 861	0,77	9,43 408	0,83	10,56 592	9,98 453	0,06	48	
	13	9,41 908	0,77	9,43 458	0,83	10,56 542	9,98 450	0,06	47	
	14	9,41 954	0,77	9,43 508	0,83	10,56 492	9,98 447	0,06	46	
	15	9,42 001	0,77	9,43 558	0,83	10,56 442	9,98 443	0,06	45	
	16	9,42 047	0,77	9,43 607	0,83	10,56 393	9,98 440	0,06	44	
	17	9,42 093	0,77	9,43 657	0,83	10,56 343	9,98 436	0,06	43	
	18	9,42 140	0,77	9,43 707	0,83	10,56 293	9,98 433	0,06	42	
	19	9,42 186	0,77	9,43 756	0,83	10,56 244	9,98 429	0,06	41	
15	20	9,42 232	0,77	9,43 806	0,83	10,56 194	9,98 426	0,06	40	74
	21	9,42 278	0,77	9,43 855	0,83	10,56 145	9,98 422	0,06	39	
	22	9,42 324	0,77	9,43 905	0,82	10,56 095	9,98 419	0,06	38	
	23	9,42 370	0,77	9,43 954	0,82	10,56 046	9,98 415	0,06	37	
	24	9,42 416	0,76	9,44 004	0,82	10,55 996	9,98 412	0,06	36	
	25	9,42 461	0,76	9,44 053	0,82	10,55 947	9,98 409	0,06	35	
	26	9,42 507	0,76	9,44 102	0,82	10,55 898	9,98 405	0,06	34	
	27	9,42 553	0,76	9,44 151	0,82	10,55 849	9,98 402	0,06	33	
	28	9,42 599	0,76	9,44 201	0,82	10,55 799	9,98 398	0,06	32	
	29	9,42 644	0,76	9,44 250	0,82	10,55 750	9,98 395	0,06	31	
15	30	9,42 690		9,44 299		10,55 701	9,98 391		30	74
°	′	lg cos	D/1″	lg cot	D/1″	lg tan	lg sin	D/1″	M.	Gr.

Gr.	M.	lg sin	D/1″	lg tan	D/1″	lg cot	lg cos	D/1″	′	°
15	30	9,42 690		9,44 299		10,55 701	9,98 391		30	74
			0,76		0,82			0,06		
	31	9,42 735		9,44 348		10,55 652	9,98 388		29	
			0,76		0,82			0,06		
	32	9,42 781		9,44 397		10.55 603	9,98 384		28	
			0,76		0,82			0,06		
	33	9,42 826		9,44 446		10,55 554	9,98 381		27	
			0,76		0,82			0,06		
	34	9,42 872		9,44 495		10,55 505	9,98 877		26	
			0,76		0,81			0,06		
	35	9,42 917		9,44 544		10,55 456	9,98 373		25	
			0,76		0,81			0,06		
	36	9,42 962		9,44 592		10,55 408	9,98 370		24	
			0,75		0,81			0,06		
	37	9,43 008		9,44 641		10,55 359	9,98 366		23	
			0,75		0,81			0,06		
	38	9,43 053		9,44 690		10,55 310	9,98 363		22	
			0,75		0,81			0,06		
	39	9,43 098		9,44 738		10,55 262	9,98 359		21	
			0,75		0,81			0,06		
15	40	9,43 143		9,44 787		10,55 213	9,98 356		20	74
			0,75		0,81			0,06		
	41	9,43 188		9,44 836		10,55 164	9,98 352		19	
			0,75		0,81			0,06		
	42	9,43 233		9,44 884		10,55 116	9,98 349		18	
			0,75		0,81			0,06		
	43	9,43 278		9,44 933		10,55 067	9,98 345		17	
			0,75		0,81			0,06		
	44	9,43 323		9,44 981		10,55 019	9,98 342		16	
			0,75		0,81			0,06		
	45	9,43 367		9,45 029		10,54 971	9,98 338		15	
			0,75		0,81			0,06		
	46	9,43 412		9,45 078		10,54 922	9,98 334		14	
			0,75		0,80			0,06		
	47	9,43 457		9,45 126		10,54 874	9,98 331		13	
			0,75		0,80			0,06		
	48	9,43 502		9,45 174		10,54 826	9,98 327		12	
			0,74		0,80			0,06		
	49	9,43 546		9,45 222		10,54 778	9,98 324		11	
			0,74		0,80			0,06		
15	50	9,43 591		9,45 271		10,54 729	9,98 320		10	74
			0,74		0,80			0,06		
	51	9,43 635		9,45 319		10,54 681	9,98 317		9	
			0,74		0,80			0,06		
	52	9,43 680		9,45 367		10,54 633	9,98 313		8	
			0,74		0,80			0,06		
	53	9,43 724		9,45 415		10,54 585	9,98 309		7	
			0,74		0,80			0,06		
	54	9,43 769		9,45 463		10,54 537	9,98 306		6	
			0,74		0,80			0,06		
	55	9,43 813		9,45 511		10,54 489	9,98 302		5	
			0,74		0,80			0,06		
	56	9,43 857		9,45 559		10,54 441	9,98 299		4	
			0,74		0,80			0,06		
	57	9,43 901		9,45 606		10,54 394	9,98 295		3	
			0,74		0,80			0,06		
	58	9,43 946		9,45 654		10,54 346	9,98 291		2	
			0,74		0,80			0,06		
	59	9,43 990		9,45 702		10,54 298	9,98 288		1	
			0,74		0,80			0,06		
16	0	9,44 034		9,45 750		10,54 250	9,98 284		0	74
°	′	lg cos	D/1″	lg cot	D/1″	lg tan	lg sin	D/1″	M.	Gr.

Gr.	M.	lg sin	D/1''	lg tan	D/1''	lg cot	lg cos	D/1''	'	o
16	**0**	9,44 034	0,73	9,45 750	0,79	10,54 250	9.98 284	0,06	**0**	**74**
	1	9,44 078	0,73	9,45 797	0,79	10,54 203	9,98 281	0,06	59	
	2	9,44 122	0,73	9,45 845	0,79	10,54 155	9,98 277	0,06	58	
	3	9,44 166	0,73	9,45 892	0,79	10,54 108	9,98 273	0,06	57	
	4	9,44 210	0,73	9,45 940	0,79	10,54 060	9,98 270	0,06	56	
	5	9,44 253	0,73	9,45 987	0,79	10.54 013	9,98 266	0,06	55	
	6	9,44 297	0,73	9,46 035	0,79	10,53 965	9,98 262	0,06	54	
	7	9,44 341	0,73	9,46 082	0,79	10,53 918	9,98 259	0,06	53	
	8	9,44 385	0,73	9,46 130	0,79	10,53 870	9,98 255	0,06	52	
	9	9,44 428	0,73	9,46 177	0,79	10,53 823	9,98 251	0,06	51	
16	**10**	9,44 472	0,73	9,46 224	0,79	10,53 776	9,98 248	0,06	**50**	**73**
	11	9,44 516	0,73	9,46 271	0,79	10,53 729	9,98 244	0,06	49	
	12	9,44 559	0,72	9,46 319	0,79	10,53 681	9,98 240	0,06	48	
	13	9,44 602	0,72	9,46 366	0,79	10,53 634	9,98 237	0,06	47	
	14	9,44 646	0,72	9,46 413	0,78	10,53 587	9,98 233	0,06	46	
	15	9,44 689	0,72	9,46 460	0,78	10,53 540	9,98 229	0,06	45	
	16	9,44 733	0,72	9,46 507	0,78	10,53 493	9,98 226	0,06	44	
	17	9,44 776	0,72	9,46 554	0,78	10,53 446	9,98 222	0,06	43	
	18	9,44 819	0,72	9,46 601	0,78	10,53 399	9,98 218	0,06	42	
	19	9,44 862	0,72	9,46 648	0,78	10,53 352	9,98 215	0,06	41	
16	**20**	9,44 905	0,72	9,46 694	0,78	10,53 306	9,98 211	0,06	**40**	**73**
	21	9,44 948	0,72	9,46 741	0,78	10,53 259	9,98 207	0,06	39	
	22	9,44 992	0,72	9,46 788	0,78	10,53 212	9,93 204	0,06	38	
	23	9,45 035	0,72	9,46 835	0,78	10,53 165	9,98 200	0,06	37	
	24	9,45 077	0,72	9,46 881	0,78	10,53 119	9,98 196	0,06	36	
	25	9,45 120	0,71	9,46 928	0,78	10,53 072	9,98 192	0,06	35	
	26	9,45 163	0,71	9,46 975	0,78	10,53 025	9,98 189	0,06	34	
	27	9,45 206	0,71	9,47 021	0,78	10,52 979	9,98 185	0,06	33	
	28	9,45 249	0,71	9,47 068	0,77	10,52 932	9,98 181	0,06	32	
	29	9,45 292	0,71	9,47 114	0,77	10,52 886	9,98 177	0,06	31	
16	**30**	9,45 334	0,71	9,47 160	0,77	10,52 840	9,98 174	0,06	**30**	**73**
o	'	lg cos	D/1''	lg cot	D/1''	lg tan	lg sin	D/1''	M.	Gr.

Gr.	M.	lg sin	D/1″	lg tan	D/1″	lg cot	lg cos	D/1″	′	°
16	30	9,45 334		9,47 160		10,52 840	9,98 174		30	73
			0,71		0,77			0,06		
	31	9,45 377		9,47 207		10,52 793	9,98 170		29	
			0,71		0,77			0,06		
	32	9,45 419		9,47 253		10,52 747	9,98 166		28	
			0,71		0,77			0,06		
	33	9,45 462		9,47 299		10,52 701	9,98 162		27	
			0,71		0,77			0,06		
	34	9,45 504		9,47 346		10,52 654	9,98 159		26	
			0,71		0,77			0,06		
	35	9,45 547		9,47 392		10,52 608	9,98 155		25	
			0,71		0,77			0,06		
	36	9,45 589		9,47 438		10,52 562	9,98 151		24	
			0,71		0,77			0,06		
	37	9,45 632		9,47 484		10,52 516	9,98 147		23	
			0,71		0,77			0,06		
	38	9,45 674		9,47 530		10,52 470	9,98 144		22	
			0,70		0,77			0,06		
	39	9,45 716		9,47 576		10,52 424	9,98 140		21	
			0,70		0,77			0,06		
16	40	9,45 758		9,47 622		10,52 378	9,98 136		20	73
			0,70		0,77			0,06		
	41	9,45 801		9,47 668		10,52 332	9,98 132		19	
			0,70		0,77			0,06		
	42	9,45 843		9,47 714		10,52 286	9,98 129		18	
			0,70		0,77			0,06		
	43	9,45 885		9,47 760		10,52 240	9,98 125		17	
			0,70		0,76			0,06		
	44	9,45 927		9,47 806		10,52 194	9,98 121		16	
			0,70		0,76			0,06		
	45	9,45 969		9,47 852		10,52 148	9,98 117		15	
			0,70		0,76			0,06		
	46	9,46 011		9,47 897		10,52 103	9,98 113		14	
			0,70		0,76			0,06		
	47	9,46 053		9,47 943		10,52 057	9,98 110		13	
			0,70		0,76			0,06		
	48	9,46 095		9,47 989		10,52 011	9,98 106		12	
			0,70		0,76			0,06		
	49	9,46 136		9,48 035		10,51 965	9,98 102		11	
			0,70		0,76			0,06		
16	50	9,46 178		9,48 080		10,51 920	9,98 098		10	73
			0,70		0,76			0,06		
	51	9,46 220		9,48 126		10,51 874	9,98 094		9	
			0,70		0,76			0,06		
	52	9,46 262		9,48 171		10,51 829	9,98 090		8	
			0,69		0,76			0,06		
	53	9,46 303		9,48 217		10,51 783	9,98 087		7	
			0,69		0,76			0,06		
	54	9,46 345		9,48 262		10,51 738	9,98 083		6	
			0,69		0,76			0,06		
	55	9,46 386		9,48 307		10,51 693	9,98 079		5	
			0,69		0,76			0,06		
	56	9,46 428		9,48 353		10,51 647	9,98 075		4	
			0,69		0,76			0,06		
	57	9,46 469		9,48 398		10,51 602	9,98 071		3	
			0,69		0,76			0,06		
	58	9,46 511		9,48 443		10,51 557	9,98 067		2	
			0,69		0,75			0,06		
	59	9,46 552		9,48 489		10,51 511	9,98 063		1	
			0,69		0,75			0,06		
17	0	9,46 594		9,48 534		10,51 466	9,98 060		0	73
°	′	lg cos	D/1″	lg cot	D/1″	lg tan	lg sin	D/1″	M.	Gr.

Gr.	M.	lg sin	D/1″	lg tan	D/1″	lg cot	lg cos	D/1″	′	0
17	0	9,46 59<u>4</u>	0,69	9,48 53<u>4</u>	0,75	10,51 466	9,98 06<u>0</u>	0,06	0	73
	1	9,46 63<u>5</u>	0,69	9,48 579	0,75	10,51 42<u>1</u>	9,98 05<u>6</u>	0,06	59	
	2	9,46 676	0,69	9,48 624	0,75	10,51 37<u>6</u>	9,98 05<u>2</u>	0,06	58	
	3	9,46 717	0,69	9,48 669	0,75	10,51 33<u>1</u>	9,98 048	0,06	57	
	4	9,46 758	0,69	9,48 714	0,75	10,51 28<u>6</u>	9,98 044	0,07	56	
	5	9,46 80<u>0</u>	0,69	9,48 759	0,75	10,51 24<u>1</u>	9,98 040	0,07	55	
	6	9,46 84<u>1</u>	0,69	9,48 804	0,75	10,51 19<u>6</u>	9,98 036	0,07	54	
	7	9,46 88<u>2</u>	0,68	9,48 849	0,75	10,51 15<u>1</u>	9,98 032	0,07	53	
	8	9,46 92<u>3</u>	0,68	9,48 894	0,75	10,51 10<u>6</u>	9,98 02<u>9</u>	0,07	52	
	9	9,46 96<u>4</u>	0,68	9.48 93<u>9</u>	0,75	10,51 061	9,98 02<u>5</u>	0,07	51	
17	10	9,47 00<u>5</u>	0,68	9,48 98<u>4</u>	0,75	10,51 016	9,98 02<u>1</u>	0,07	50	72
	11	9,47 045	0,68	9,49 02<u>9</u>	0,75	10,50 971	9,98 01<u>7</u>	0,07	49	
	12	9,47 086	0,68	9,49 073	0,75	10,50 92<u>7</u>	9,98 01<u>3</u>	0,07	48	
	13	9,47 127	0,68	9,49 118	0,74	10,50 88<u>2</u>	9,98 009	0,07	47	
	14	9,47 16<u>8</u>	0,68	9,49 16<u>3</u>	0,74	10,50 837	9,98 005	0,07	46	
	15	9,47 20<u>9</u>	0,68	9,49 207	0,74	10,50 79<u>3</u>	9,98 001	0,07	45	
	16	9,47 249	0,68	9,49 25<u>2</u>	0,74	10,50 748	9,97 997	0,07	44	
	17	9,47 29<u>0</u>	0,68	9,49 296	0,74	10,50 70<u>4</u>	9,97 993	0,07	43	
	18	9,47 330	0,68	9,49 34<u>1</u>	0,74	10,50 659	9,97 989	0,07	42	
	19	9,47 37<u>1</u>	0,68	9,49 385	0,74	10,50 61<u>5</u>	9,97 98<u>6</u>	0,07	41	
17	20	9,47 411	0,67	9,49 43<u>0</u>	0,74	10,50 570	9,97 98<u>2</u>	0,07	40	72
	21	9,47 45<u>2</u>	0,67	9,49 474	0,74	10,50 52<u>6</u>	9,97 97<u>8</u>	0,07	39	
	22	9,47 492	0,67	9,49 51<u>9</u>	0,74	10,50 481	9,97 97<u>4</u>	0,07	38	
	23	9,47 53<u>3</u>	0,67	9,49 56<u>3</u>	0,74	10,50 437	9,97 97<u>0</u>	0,07	37	
	24	9,47 573	0,67	9,49 607	0,74	10,50 39<u>3</u>	9,97 96<u>6</u>	0,07	36	
	25	9,47 613	0,67	9,49 65<u>2</u>	0,74	10,50 348	9,97 96<u>2</u>	0,07	35	
	26	9,47 65<u>4</u>	0,67	9,49 696	0,74	10,50 304	9,97 95<u>8</u>	0,07	34	
	27	9,47 69<u>4</u>	0,67	9,49 74<u>0</u>	0,74	10,50 260	9,97 954	0,07	33	
	28	9,47 73<u>4</u>	0,67	9,49 784	0,74	10,50 216	9,97 95<u>0</u>	0,07	32	
	29	9,47 774	0,67	9,49 828	0,74	10,50 172	9,97 94<u>6</u>	0,07	31	
17	30	9,47 814		9,49 872		10,50 128	9.97 94<u>2</u>		30	72
0	′	lg cos	D/1″	lg cot	D/1″	lg tan	lg sin	D/1″	M.	Gr.

Gr.	M.	lg sin	D/1″	lg tan	D/1″	lg cot	lg cos	D/1″	′	°
17	30	9,47 814		9,49 872		10,50 128	9,97 942		30	72
			0,67		0,73			0,07		
	31	9,47 854		9,49 916		10,50 084	9,97 938		29	
			0,67		0,73			0,07		
	32	9,47 894		9,49 960		10,50 040	9,97 934		28	
			0,67		0,73			0,07		
	33	9,47 934		9,50 004		10,49 996	9.97 930		27	
			0,67		0,73			0,07		
	34	9,47 974		9,50 048		10,49 952	9,97 926		26	
			0,67		0,73			0,07		
	35	9,48 014		9,50 092		10,49 908	9,97 922		25	
			0,66		0,73			0,07		
	36	9,48 054		9,50 136		10,49 864	9,97 918		24	
			0,66		0,73			0,07		
	37	9,48 094		9,50 180		10,49 820	9,97 914		23	
			0,66		0,73			0,07		
	38	9,48 133		9,50 223		10,49 777	9.97 910		22	
			0,66		0,73			0,07		
	39	9,48 173		9,50 267		10,49 733	9,97 906		21	
			0,66		0,73			0,07		
17	40	9,48 213		9,50 311		10,49 689	9.97 902		20	72
			0,66		0,73			0,07		
	41	9,48 252		9.50 355		10,49 645	9,97 898		19	
			0,66		0,73			0,07		
	42	9,48 292		9,50 398		10,49 602	9,97 894		18	
			0,66		0,73			0,07		
	43	9,48 332		9.50 442		10,49 558	9.97 890		17	
			0,66		0,73			0,07		
	44	9,48 371		9,50 485		10,49 515	9,97 886		16	
			0,66		0,73			0,07		
	45	9,48 411		9,50 529		10,49 471	9,97 882		15	
			0,66		0,73			0,07		
	46	9,48 450		9,50 572		10,49 428	9,97 878		14	
			0,66		0,72			0,07		
	47	9,48 490		9,50 616		10,49 384	9,97 874		13	
			0,66		0,72			0,07		
	48	9,48 529		9,50 659		10,49 341	9,97 870		12	
			0,66		0,72			0,07		
	49	9,48 568		9,50 703		10,49 297	9,97 866		11	
			0,66		0,72			0,07		
17	50	9,48 607		9,50 746		10,49 254	9,97 861		10	72
			0,65		0,72			0,07		
	51	9,48 647		9,50 789		10,49 211	9,97 857		9	
			0,65		0,72			0,07		
	52	9,48 686		9,50 833		10,49 167	9,97 853		8	
			0,65		0,72			0,07		
	53	9,48 725		9,50 876		10,49 124	9,97 849		7	
			0,65		0,72			0,07		
	54	9,48 764		9,50 919		10 49 081	9,97 845		6	
			0,65		0,72			0,07		
	55	9,48 803		9,50 962		10,49 038	9,97 841		5	
			0,65		0,72			0,07		
	56	9,48 842		9.51 005		10,48 995	9,97 837		4	
			0.65		0,72			0,07		
	57	9,48 881		9.51 048		10,48 952	9,97 833		3	
			0,65		0,72			0,07		
	58	9,48 920		9,51 092		10,48 908	9,97 829		2	
			0,65		0,72			0,07		
	59	9,48 959		9,51 135		10,48 865	9,97 825		1	
			0,65		0,72			0,07		
18	0	9,48 998		9,51 178		10,48 822	9,97 821		0	72
°	′	lg cos	D/1″	lg cot	D/1″	lg tan	lg sin	D/1″	M.	Gr.

Gr.	M.	lg sin	D/1''	lg tan	D/1''	lg cot	lg cos	D/1''	'	°
18	0	9,48 998		9,51 178		10,48 822	9,97 821		0	72
			0,65		0,72			0,07		
	1	9.49 037		9,51 221		10,48 779	9,97 817		59	
			0,65		0,72			0,07		
	2	9,49 076		9,51 264		10,48 736	9.97 812		58	
			0,65		0,71			0,07		
	3	9,49 115		9,51 306		10,48 694	9,97 808		57	
			0,65		0,71			0,07		
	4	9,49 153		9,51 349		10,48 651	9,97 804		56	
			0,65		0,71			0,07		
	5	9,49 192		9,51 392		10.48 608	9.97 800		55	
			0,65		0,71			0,07		
	6	9,49 231		9,51 435		10,48 565	9.97 796		54	
			0,64		0,71			0,07		
	7	9,49 269		9,51 478		10,48 522	9.97 792		53	
			0,64		0,71			0,07		
	8	9,49 308		9,51 520		10,48 480	9.97 788		52	
			0,64		0,71			0,07		
	9	9,49 347		9,51 563		10,48 437	9.97 784		51	
			0,64		0,71			0,07		
18	10	9,49 385		9,51 606		10,48 394	9.97 779		50	71
			0,64		0,71			0,07		
	11	9,49 424		9,51 648		10.48 352	9.97 775		49	
			0,64		0,71			0,07		
	12	9,49 462		9,51 691		10,48 309	9,97 771		48	
			0,64		0,71			0,07		
	13	9,49 500		9,51 734		10,48 266	9,97 767		47	
			0,64		0,71			0,07		
	14	9,49 539		9,51 776		10,48 224	9,97 763		46	
			0,64		0,71			0,07		
	15	9,49 577		9,51 819		10,48 181	9,97 759		45	
			0,64		0,71			0,07		
	16	9,49 615		9,51 861		10,48 139	9.97 754		44	
			0,64		0,71			0,07		
	17	9,49 654		9,51 903		10,48 097	9.97 750		43	
			0,64		0,71			0,07		
	18	9.49 692		9,51 946		10,48 054	9,97 746		42	
			0,64		0,71			0,07		
	19	9,49 730		9,51 988		10,48 012	9.97 742		41	
			0,64		0,71			0,07		
18	20	9,49 768		9,52 031		10,47 969	9,97 738		40	71
			0,64		0,70			0,07		
	21	9,49 806		9,52 073		10,47 927	9,97 734		39	
			0,63		0,70			0,07		
	22	9,49 844		9,52 115		10,47 885	9,97 729		38	
			0,63		0,70			0,07		
	23	9,49 882		9,52 157		10,47 843	9,97 725		37	
			0,63		0,70			0,07		
	24	9,49 920		9,52 200		10,47 800	9,97 721		36	
			0,63		0,70			0,07		
	25	9,49 958		9,52 242		10,47 758	9,97 717		35	
			0,63		0,70			0,07		
	26	9,49 996		9,52 284		10,47 716	9.97 713		34	
			0,63		0,70			0,07		
	27	9,50 034		9,52 326		10,47 674	9.97 708		33	
			0,63		0,70			0,07		
	28	9,50 072		9,52 368		10,47 632	9,97 704		32	
			0,63		0,70			0,07		
	29	9,50 110		9,52 410		10,47 590	9,97 700		31	
			0,63		0,70			0,07		
18	30	9,50 148		9,52 452		10,47 548	9,97 696		30	71
°	'	lg cos	D/1''	lg cot	D/1''	lg tan	lg sin	D/1''	M.	Gr.

Gr.	M.	lg sin	D/1''	lg tan	D/1''	lg cot	lg cos	D/1''	'	o
18	30	9,50 148	0,63	9,52 452	0,70	10,47 548	9,97 696	0,07	30	71
	31	9,50 185	0,63	9,52 494	0,70	10,47 506	9,97 691	0,07	29	
	32	9,50 223	0,63	9,52 536	0,70	10,47 464	9,97 687	0,07	28	
	33	9,50 261	0,63	9,52 578	0,70	10,47 422	9,97 683	0,07	27	
	34	9,50 298	0,63	9,52 620	0,70	10,47 380	9,97 679	0,07	26	
	35	9,50 336	0,63	9,52 661	0,70	10,47 339	9,97 674	0,07	25	
	36	9,50 374	0,63	9,52 703	0,70	10.47 297	9,97 670	0,07	24	
	37	9,50 411	0,63	9,52 745	0,70	10,47 255	9,97 666	0,07	23	
	38	9,50 449	0,63	9,52 787	0,70	10,47 213	9,97 662	0,07	22	
	39	9,50 486	0,62	9,52 829	0,70	10,47 171	9,97 657	0,07	21	
18	40	9,50 523	0,62	9,52 870	0,70	10,47 130	9,97 653	0,07	20	71
	41	9,50 561	0,62	9,52 912	0,69	10,47 088	9,97 649	0,07	19	
	42	9,50 598	0,62	9,52 953	0,69	10,47 047	9,97 645	0,07	18	
	43	9,50 635	0,62	9,52 995	0,69	10,47 005	9.97 640	0,07	17	
	44	9,50 673	0,62	9,53 037	0,69	10.46 963	9,97 636	0,07	16	
	45	9,50 710	0,62	9,53 078	0,69	10,46 922	9,97 632	0,07	15	
	46	9,50 747	0,62	9,53 120	0,69	10,46 880	9,97 628	0,07	14	
	47	9,50 784	0,62	9,53 161	0,69	10,46 839	9,97 623	0,07	13	
	48	9,50 821	0,62	9,53 202	0,69	10,46 798	9,97 619	0,07	12	
	49	9,50 858	0,62	9,53 244	0,69	10,46 756	9,97 615	0,07	11	
18	50	9,50 896	0,62	9,53 285	0,69	10,46 715	9.97 610	0,07	10	71
	51	9,50 933	0,62	9,53 327	0,69	10,46 673	9,97 606	0,07	9	
	52	9,50 970	0,62	9,53 368	0,69	10,46 632	9,97 602	0,07	8	
	53	9,51 007	0,62	9,53 409	0,69	10.46 591	9,97 597	0,07	7	
	54	9,51 043	0,62	9,53 450	0,69	10,46 550	9,97 593	0,07	6	
	55	9,51 080	0,62	9,53 492	0,69	10,46 508	9,97 589	0,07	5	
	56	9,51 117	0,61	9,53 533	0,69	10.46 467	9,97 584	0,07	4	
	57	9,51 154	0,61	9,53 574	0,69	10,46 426	9,97 580	0,07	3	
	58	9,51 191	0,61	9.53 615	0,69	10,46 385	9.97 576	0,07	2	
	59	9,51 227	0,61	9,53 656	0,68	10.46 344	9,97 571	0,07	1	
19	0	9,51 264	0,61	9,53 697	0,68	10.46 303	9.97 567		0	71
o	'	lg cos	D/1''	lg cot	D/1''	lg tan	lg sin	D/1''	M.	Gr.

Gr.	M.	lg sin	D/1″	lg tan	D/1″	lg cot	lg cos	D/1″	′	o
19	0	9,51 264	0,61	9,53 697	0,68	10.46 303	9,97 567	0,07	0	71
	1	9,51 301	0,61	9,53 738	0,68	10,46 262	9,97 563	0,07	59	
	2	9,51 338	0,61	9,53 779	0,68	10.46 221	9,97 558	0,07	58	
	3	9,51 374	0,61	9,53 820	0,68	10.46 180	9,97 554	0,07	57	
	4	9,51 411	0,61	9,53 861	0,68	10,46 139	9,97 550	0,07	56	
	5	9,51 447	0,61	9,53 902	0,68	10.46 098	9,97 545	0,07	55	
	6	9,51 484	0,61	9,53 943	0,68	10.46 057	9,97 541	0,07	54	
	7	9,51 520	0,61	9,53 984	0,68	10.46 016	9,97 536	0,07	53	
	8	9,51 557	0,61	9.54 025	0,68	10,45 975	9,97 532	0,07	52	
	9	9,51 593	0,61	9,54 065	0,68	10,45 935	9.97 528	0,07	51	
19	10	9.51 629	0,61	9.54 106	0,68	10.45 894	9.97 523	0,07	50	70
	11	9,51 666	0,61	9,54 147	0,68	10,45 853	9.97 519	0,07	49	
	12	9,51 702	0,60	9,54 187	0,68	10.45 813	9,97 515	0,07	48	
	13	9,51 738	0,60	9,54 228	0,68	10,45 772	9,97 510	0,07	47	
	14	9,51 774	0,60	9,54 269	0,68	10,45 731	9,97 506	0,07	46	
	15	9,51 811	0,60	9,54 309	0,68	10,45 691	9.97 501	0,07	45	
	16	9,51 847	0,60	9,54 350	0,68	10,45 650	9,97 497	0,07	44	
	17	9,51 883	0,60	9,54 390	0,68	10,45 610	9,97 492	0,07	43	
	18	9,51 919	0,60	9.54 431	0,67	10,45 569	9,97 488	0,07	42	
	19	9,51 955	0,60	9,54 471	0,67	10,45 529	9,97 484	0,07	41	
19	20	9,51 991	0,60	9,54 512	0,67	10,45 488	9,97 479	0,07	40	70
	21	9,52 027	0,60	9,54 552	0,67	10,45 448	9,97 475	0,07	39	
	22	9,52 063	0,60	9,54 593	0,67	10,45 407	9,97 470	0,07	38	
	23	9,52 099	0,60	9,54 633	0,67	10,45 367	9,97 466	0,07	37	
	24	9,52 135	0,60	9.54 673	0,67	10,45 327	9,97 461	0,07	36	
	25	9,52 171	0,60	9.54 714	0,67	10,45 286	9,97 457	0,07	35	
	26	9,52 207	0,60	9,54 754	0,67	10,45 246	9,97 453	0,07	34	
	27	9,52 242	0,60	9,54 794	0,67	10,45 206	9,97 448	0,07	33	
	28	9,52 278	0,60	9,54 835	0,67	10,45 165	9,97 444	0,07	32	
	29	9,52 314	0,60	9,54 875	0,67	10,45 125	9,97 439	0,07	31	
19	30	9.52 350	0,60	9.54 915	0,67	10.45 085	9,97 435	0,07	30	70
o	′	lg cos	D/1″	lg cot	D/1″	lg tan	lg sin	D/1″	M.	Gr.

Gr.	M.	lg sin	D/1″	lg tan	D/1″	lg cot	lg cos	D/1″	′	o
19	**30**	9,52 350	0,59	9,54 915	0,67	10,45 085	9,97 435	0,07	**30**	**70**
	31	9,52 385	0,59	9,54 955	0,67	10,45 045	9,97 430	0,08	29	
	32	9,52 421	0,59	9,54 995	0,67	10,45 005	9,97 426	0,08	28	
	33	9,52 456	0,59	9,55 035	0,67	10,44 965	9,97 421	0,08	27	
	34	9,52 492	0,59	9,55 075	0,67	10,44 925	9,97 417	0,08	26	
	35	9,52 527	0,59	9,55 115	0,67	10,44 885	9,97 412	0,08	25	
	36	9,52 563	0,59	9,55 155	0,67	10,44 845	9,97 408	0,08	24	
	37	9,52 598	0,59	9,55 195	0,67	10,44 805	9,97 403	0,08	23	
	38	9,52 634	0,59	9,55 235	0,67	10,44 765	9,97 399	0,08	22	
	39	9,52 669	0,59	9,55 275	0,67	10,44 725	9,97 394	0,08	21	
19	**40**	9,52 705	0,59	9,55 315	0,66	10,44 685	9,97 390	0,08	**20**	**70**
	41	9,52 740	0,59	9,55 355	0,66	10,44 645	9,97 385	0,08	19	
	42	9,52 775	0,59	9,55 395	0,66	10,44 605	9,97 381	0,08	18	
	43	9,52 811	0,59	9,55 434	0,66	10,44 566	9,97 376	0,08	17	
	44	9,52 846	0,59	9,55 474	0,66	10,44 526	9,97 372	0,08	16	
	45	9,52 881	0,59	9,55 514	0,66	10,44 486	9,97 367	0,08	15	
	46	9,52 916	0,59	9,55 554	0,66	10,44 446	9,97 363	0,08	14	
	47	9,52 951	0,59	9,55 593	0,66	10,44 407	9,97 358	0,08	13	
	48	9,52 986	0,59	9,55 633	0,66	10,44 367	9,97 353	0,08	12	
	49	9,53 021	0,58	9,55 673	0,66	10,44 327	9,97 349	0,08	11	
19	**50**	9,53 056	0,58	9,55 712	0,66	10,44 288	9,97 344	0,08	**10**	**70**
	51	9,53 092	0,58	9,55 752	0,66	10,44 248	9,97 340	0,08	9	
	52	9,53 126	0,58	9,55 791	0,66	10,44 209	9,97 335	0,08	8	
	53	9,53 161	0,58	9,55 831	0,66	10,44 169	9,97 331	0,08	7	
	54	9,53 196	0,58	9,55 870	0,66	10,44 130	9,97 326	0,08	6	
	55	9,53 231	0,58	9,55 910	0,66	10,44 090	9,97 322	0,08	5	
	56	9,53 266	0,58	9,55 949	0,66	10,44 051	9,97 317	0,08	4	
	57	9,53 301	0,58	9,55 989	0,66	10,44 011	9,97 312	0,08	3	
	58	9,53 336	0,58	9,56 028	0,66	10,43 972	9,97 308	0,08	2	
	59	9,53 370	0,58	9,56 067	0,66	10,43 933	9,97 303	0,08	1	
20	**0**	9,53 405		9,56 107		10,43 893	9,97 299		**0**	**70**
o	′	lg cos	D/1″	lg cot	D/1″	lg tan	lg sin	D/1″	M.	Gr.

Gr.	M.	lg sin	D/1''	lg tan	D/1''	lg cot	lg cos	D/1''	'	o
20	0	9,53 405	0,58	9,56 107	0,65	10,43 893	9,97 299	0,08	0	70
	1	9,53 440	0,58	9,56 146	0,65	10,43 854	9,97 294	0,08	59	
	2	9,53 475	0,58	9,56 185	0,65	10,43 815	9,97 289	0,08	58	
	3	9,53 509	0,58	9,56 224	0,65	10,43 776	9,97 285	0,08	57	
	4	9,53 544	0,58	9,56 264	0,65	10,43 736	9,97 280	0,08	56	
	5	9,53 578	0,58	9,56 303	0,65	10,43 697	9,97 276	0,08	55	
	6	9,53 613	0,58	9,56 342	0,65	10,43 658	9,97 271	0,08	54	
	7	9,53 647	0,57	9,56 381	0,65	10,43 619	9,97 266	0,08	53	
	8	9,53 682	0,57	9,56 420	0,65	10,43 580	9,97 262	0,08	52	
	9	9,53 716	0,57	9,56 459	0,65	10,43 541	9,97 257	0,08	51	
20	10	9,53 751	0,57	9,56 498	0,65	10,43 502	9,97 252	0,08	50	69
	11	9,53 735	0,57	9,56 537	0,65	10,43 463	9,97 248	0,08	49	
	12	9,53 819	0,57	9,56 576	0,65	10,43 424	9,97 243	0,08	48	
	13	9,53 854	0,57	9,56 615	0.65	10,43 385	9,97 238	0,08	47	
	14	9,53 888	0,57	9,56 654	0,65	10,43 346	9,97 234	0,08	46	
	15	9,53 922	0,57	9,56 693	0.65	10,43 307	9,97 229	0,08	45	
	16	9,53 957	0,57	9,56 732	0,65	10,43 268	9,97 224	0,08	44	
	17	9,53 991	0,57	9,56 771	0,65	10,43 229	9,97 220	0,08	43	
	18	9,54 025	0,57	9,56 810	0,65	10,43 190	9,97 215	0,08	42	
	19	9,54 059	0,57	9,56 849	0,65	10,43 151	9,97 210	0,08	41	
20	20	9,54 093	0,57	9,56 887	0,65	10,43 113	9,97 206	0,08	40	69
	21	9,54 127	0,57	9,56 926	0,65	10,43 074	9,97 201	0,08	39	
	22	9,54 161	0,57	9,56 965	0,65	10,43 035	9,97 196	0,08	38	
	23	9,54 195	0,57	9,57 004	0,65	10,42 996	9,97 192	0,08	37	
	24	9,54 229	0,57	9,57 042	0,64	10,42 958	9,97 187	0,08	36	
	25	9,54 263	0,57	9,57 081	0,64	10,42 919	9,97 182	0,08	35	
	26	9,54 297	0,57	9,57 120	0,64	10,42 880	9,97 178	0,08	34	
	27	9,54 331	0,57	9,57 158	0,64	10,42 842	9,97 173	0,08	33	
	28	9,54 365	0,56	9,57 197	0,64	10,42 803	9,97 168	0,08	32	
	29	9,54 399	0,56	9,57 235	0,64	10,42 765	9,97 163	0,08	31	
20	30	9,54 433		9,57 274		10,42 726	9,97 159		30	69
o	'	lg cos	D/1''	lg cot	D/1''	lg tan	lg sin	D/1''	M.	Gr.

Gr.	M.	lg sin	D/1″	lg tan	D/1″	lg cot	lg cos	D/1″	′	o
20	30	9,54 433	0,56	9,57 274	0,64	10,42 726	9,97 159	0,08	30	69
	31	9,54 466	0,56	9,57 312	0,64	10,42 688	9,97 154	0,08	29	
	32	9,54 500	0,56	9,57 351	0,64	10,42 649	9,97 149	0,08	28	
	33	9,54 534	0,56	9,57 389	0,64	10,42 611	9,97 145	0,08	27	
	34	9,54 567	0,56	9,57 428	0,64	10,42 572	9,97 140	0,08	26	
	35	9,54 601	0,56	9,57 466	0,64	10,42 534	9,97 135	0,08	25	
	36	9,54 635	0,56	9,57 504	0,64	10,42 496	9,97 130	0,08	24	
	37	9,54 668	0,56	9,57 543	0,64	10,42 457	9,97 126	0,08	23	
	38	9,54 702	0,56	9,57 581	0,64	10,42 419	9,97 121	0,08	22	
	39	9,54 735	0,56	9,57 619	0,64	10,42 381	9,97 116	0,08	21	
20	40	9,54 769	0,56	9,57 658	0,64	10,42 342	9,97 111	0,08	20	69
	41	9,54 802	0,56	9,57 696	0,64	10,42 304	9,97 107	0,08	19	
	42	9,54 836	0,56	9,57 734	0,64	10,42 266	9,97 102	0,08	18	
	43	9,54 869	0,56	9,57 772	0,64	10,42 228	9,97 097	0,08	17	
	44	9,54 903	0,56	9,57 310	0,64	10,42 190	9,97 092	0,08	16	
	45	9,54 936	0,56	9,57 849	0,64	10,42 151	9,97 087	0,08	15	
	46	9,54 969	0,56	9,57 887	0,64	10,42 113	9,97 083	0,08	14	
	47	9,55 003	0,55	9,57 925	0,63	10,42 075	9,97 078	0,08	13	
	48	9,55 036	0,55	9,57 963	0,63	10,42 037	9,97 073	0,08	12	
	49	9,55 069	0,55	9,58 001	0,63	10,41 999	9,97 068	0,08	11	
20	50	9,55 102	0,55	9,58 039	0,63	10,41 961	9,97 063	0,08	10	69
	51	9,55 136	0,55	9,58 077	0,63	10,41 923	9,97 059	0,08	9	
	52	9,55 169	0,55	9,58 115	0,63	10,41 885	9,97 054	0,08	8	
	53	9,55 202	0,55	9,58 153	0,63	10,41 847	9,97 049	0,08	7	
	54	9,55 235	0,55	9,58 191	0,63	10,41 809	9,97 044	0,08	6	
	55	9,55 268	0,55	9,58 229	0,63	10,41 771	9,97 039	0,08	5	
	56	9,55 301	0,55	9,58 267	0,63	10,41 733	9,97 035	0,08	4	
	57	9,55 334	0,55	9,58 304	0,63	10,41 696	9,97 030	0,08	3	
	58	9,55 367	0,55	9,58 342	0,63	10,41 658	9,97 025	0,08	2	
	59	9,55 400	0,55	9,58 380	0,63	10,41 620	9,97 020	0,08	1	
21	0	9,55 433		9,58 418		10,41 582	9,97 015		0	69
o	′	lg cos	D/1″	lg cot	D/1″	lg tan	lg sin	D/1″	M.	Gr.

Gr.	M.	lg sin	D/1″	lg tan	D/1″	lg cot	lg cos	D/1″	′	0
21	**0**	9,55 43<u>3</u>		9,58 41<u>8</u>		10,41 582	9,97 015		**0**	**69**
			0,55		0,63			0,08		
	1	9,55 46<u>6</u>	0,55	9,58 455	0,63	10,41 54<u>5</u>	9,97 010	0,08	59	
	2	9,55 49<u>9</u>	0,55	9,58 493	0,63	10,41 50<u>7</u>	9,97 005	0,08	58	
	3	9,55 53<u>2</u>	0,55	9,58 53<u>1</u>	0,63	10,41 469	9,97 00<u>1</u>	0,08	57	
	4	9,55 564	0,55	9,58 56<u>9</u>	0,63	10,41 431	9,96 99<u>6</u>	0,08	56	
			0,55		0,63			0,08		
	5	9,55 597	0,55	9,58 606	0,63	10,41 39<u>4</u>	9,96 99<u>1</u>	0,08	55	
	6	9,55 63<u>0</u>	0,55	9,58 64<u>4</u>	0,63	10,41 356	9,96 986	0,08	54	
	7	9,55 66<u>3</u>	0,55	9,58 681	0,63	10,41 31<u>9</u>	9,96 981	0,08	53	
	8	9,55 695	0,55	9,58 719	0,63	10,41 28<u>1</u>	9,96 976	0,08	52	
	9	9,55 72<u>8</u>	0,54	9,58 75<u>7</u>	0,63	10,41 243	9,96 971	0,08	51	
			0,54		0,63			0,08		
21	**10**	9,55 76<u>1</u>	0,54	9,58 794	0,63	10,41 20<u>6</u>	9,96 966	0,08	**50**	**68**
	11	9,55 793	0,54	9,58 83<u>2</u>	0,62	10,41 168	9,96 96<u>2</u>	0,08	49	
	12	9.55 82<u>6</u>	0,54	9,58 869	0,62	10,41 13<u>1</u>	9,96 95<u>7</u>	0,08	48	
	13	9,55 858	0,54	9,58 90<u>7</u>	0,62	10,41 093	9,96 95<u>2</u>	0,08	47	
	14	9,55 89<u>1</u>	0,54	9,58 944	0,62	10,41 05<u>6</u>	9,96 94<u>7</u>	0,08	46	
			0,54		0,62			0,08		
	15	9,55 923	0,54	9,58 981	0,62	10,41 01<u>9</u>	9,96 94<u>2</u>	0,08	45	
	16	9,55 95<u>6</u>	0,54	9,59 01<u>9</u>	0,62	10,40 981	9,96 937	0,08	44	
	17	9,55 988	0,54	9,59 056	0,62	10,40 94<u>4</u>	9,96 932	0,08	43	
	18	9,56 02<u>1</u>	0,54	9,59 09<u>4</u>	0,62	10,40 906	9,96 927	0,08	42	
	19	9,56 053	0,54	9,59 131	0,62	10,40 869	9,96 922	0,08	41	
			0,54		0,62			0,08		
21	**20**	9,56 085	0,54	9,59 168	0,62	10,40 83<u>2</u>	9,96 917	0,08	**40**	**68**
	21	9,56 11<u>8</u>	0,54	9,59 205	0,62	10,40 79<u>5</u>	9,96 912	0,08	39	
	22	9,56 150	0,54	9,59 24<u>3</u>	0,62	10,40 757	9,96 907	0,08	38	
	23	9,56 182	0,54	9,59 28<u>0</u>	0,62	10,40 720	9,96 90<u>3</u>	0,08	37	
	24	9,56 21<u>5</u>	0,54	9,59 317	0,62	10,40 683	9,96 89<u>8</u>	0,08	36	
			0,54		0,62			0,08		
	25	9,56 24<u>7</u>	0,54	9,59 354	0,62	10,40 64<u>6</u>	9,96 89<u>3</u>	0,08	35	
	26	9,56 279	0,54	9,59 391	0,62	10,40 609	9,96 88<u>8</u>	0,08	34	
	27	9,56 311	0,54	9,59 42<u>9</u>	0,62	10,40 571	9,96 88<u>3</u>	0,08	33	
	28	9,56 343	0,54	9,59 46<u>6</u>	0,62	10,40 534	9,96 87<u>8</u>	0,08	32	
	29	9,56 375	0,54	9,59 50<u>3</u>	0,62	10,40 497	9,96 87<u>3</u>	0,08	31	
			0,54		0,62			0,08		
21	**30**	9,56 40<u>8</u>		9,59 54<u>0</u>		10,40 460	9,96 86<u>8</u>		**30**	**68**
0	′	lg cos	D/1″	lg cot	D/1″	lg tan	lg sin	D/1″	M.	Gr.

Gr.	M.	lg sin	D/1″	lg tan	D/1″	lg cot	lg cos	D/1″	′	o
21	**30**	9.56 408		9,59 540		10,40 460	9,96 868		**30**	**68**
			0,53		0,62			0,08		
	31	9,56 440		9,59 577		10,40 423	9,96 863		29	
			0,53		0,62			0,08		
	32	9,56 472		9,59 614		10,40 386	9,96 858		28	
			0,53		0,62			0,08		
	33	9,56 504		9,59 651		10,40 349	9,96 853		27	
			0,53		0,62			0,08		
	34	9,56 536		9,59 688		10,40 312	9,96 848		26	
			0,53		0,62			0,08		
	35	9,56 568		9,59 725		10,40 275	9,96 843		25	
			0,53		0,62			0,08		
	36	9,56 599		9,59 762		10,40 238	9,96 838		24	
			0,53		0,62			0,08		
	37	9,56 631		9,59 799		10,40 201	9,96 833		23	
			0,53		0,61			0,08		
	38	9,56 663		9,59 835		10,40 165	9,96 828		22	
			0,53		0,61			0,08		
	39	9,56 695		9,59 872		10,40 128	9,96 823		21	
			0,53		0,61			0,08		
21	**40**	9,56 727		9,59 909		10,40 091	9,96 818		**20**	**68**
			0,53		0,61			0,08		
	41	9,56 759		9,59 946		10,40 054	9,96 813		19	
			0,53		0,61			0,08		
	42	9,56 790		9,59 983		10,40 017	9,96 808		18	
			0,53		0,61			0,08		
	43	9,56 822		9,60 019		10,39 981	9,96 803		17	
			0,53		0,61			0,08		
	44	9,56 854		9,60 056		10,39 944	9,96 798		16	
			0,53		0,61			0,08		
	45	9,56 886		9,60 093		10,39 907	9,96 793		15	
			0,53		0,61			0,08		
	46	9,56 917		9,60 130		10,39 870	9,96 788		14	
			0,53		0,61			0,08		
	47	9,56 949		9,60 166		10,39 834	9,96 783		13	
			0,53		0,61			0,08		
	48	9,56 980		9,60 203		10,39 797	9,96 778		12	
			0,53		0,61			0.08		
	49	9,57 012		9,60 240		10,39 760	9,96 772		11	
			0,53		0,61			0,08		
21	**50**	9,57 044		9,60 276		10,39 724	9,96 767		**10**	**68**
			0,53		0,61			0,08		
	51	9,57 075		9,60 313		10,39 687	9,96 762		9	
			0,52		0,61			0,08		
	52	9,57 107		9,60 349		10,39 651	9,96 757		8	
			0,52		0,61			0,08		
	53	9,57 138		9,60 386		10,39 614	9,96 752		7	
			0,52		0,61			0,08		
	54	9,57 169		9,60 422		10,39 578	9,96 747		6	
			0,52		0,61			0,08		
	55	9,57 201		9,60 459		10,39 541	9,96 742		5	
			0,52		0,61			0,08		
	56	9,57 232		9,60 495		10,39 505	9,96 737		4	
			0,52		0,61			0,08		
	57	9,57 264		9,60 532		10,39 468	9,96 732		3	
			0,52		0,61			0,08		
	58	9,57 295		9,60 568		10,39 432	9,96 727		2	
			0,52		0,61			0,08		
	59	9,57 326		9,60 605		10,39 395	9,96 722		1	
			0,52		0,61			0,08		
22	**0**	9,57 358		9,60 641		10,39 359	9,96 717		**0**	**68**
o	′	lg cos	D/1″	lg cot	D/1″	lg tan	lg sin	D/1″	M.	Gr.

Gr.	M.	lg sin	D/1″	lg tan	D/1″	lg cot	lg cos	D/1″	′	°
22	0	9,57 358		9,60 641		10,39 359	9,96 717		0	68
			0,52		0,61					
	1	9,57 389		9,60 677		10,39 323	9,96 711	0,09	59	
			0,52		0,61			0,09		
	2	9,57 420		9,60 714		10,39 286	9,96 706		58	
			0,52		0,61			0,09		
	3	9,57 451		9,60 750		10,39 250	9,96 701		57	
			0,52		0,61			0,09		
	4	9,57 482		9,60 786		10,39 214	9,96 696		56	
			0,52		0,60			0,09		
	5	9,57 514		9,60 823		10,39 177	9,96 691		55	
			0,52		0,60			0,09		
	6	9,57 545		9,60 859		10,39 141	9,96 686		54	
			0,52		0,60			0,09		
	7	9,57 576		9,60 895		10,39 105	9,96 681		53	
			0,52		0,60			0,09		
	8	9,57 607		9,60 931		10,39 069	9,96 676		52	
			0,52		0,60			0,09		
	9	9,57 638		9,60 967		10,39 033	9,96 670		51	
			0,52		0,60			0,09		
22	10	9,57 669		9,61 004		10,38 996	9,96 665		50	67
			0,52		0,60			0,09		
	11	9,57 700		9,61 040		10,38 960	9,96 660		49	
			0,52		0,60			0,09		
	12	9,57 731		9,61 076		10,38 924	9,96 655		48	
			0,52		0,60			0,09		
	13	9,57 762		9,61 112		10,38 888	9,96 650		47	
			0,52		0,60			0,09		
	14	9,57 793		9,61 148		10,38 852	9,96 645		46	
			0,52		0,60			0,09		
	15	9,57 824		9,61 184		10,38 816	9,96 640		45	
			0,51		0,60			0,09		
	16	9,57 855		9,61 220		10,38 780	9,96 634		44	
			0,51		0,60			0,09		
	17	9,57 885		9,61 256		10,38 744	9,96 629		43	
			0,51		0,60			0,09		
	18	9,57 916		9,61 292		10,38 708	9,96 624		42	
			0,51		0,60			0,09		
	19	9,57 947		9,61 328		10,38 672	9,96 619		41	
			0,51		0,60			0,09		
22	20	9,57 978		9,61 364		10,38 636	9,96 614		10	67
			0,51		0,60			0,09		
	21	9,58 008		9,61 400		10,38 600	9,96 608		39	
			0,51		0,60			0,09		
	22	9,58 039		9,61 436		10,38 564	9,96 603		38	
			0,51		0,60			0,09		
	23	9,58 070		9,61 472		10,38 528	9,96 598		37	
			0,51		0,60			0,09		
	24	9,58 101		9,61 508		10,38 492	9,96 593		36	
			0,51		0,60			0,09		
	25	9,58 131		9,61 544		10,38 456	9,96 588		35	
			0,51		0,60			0,09		
	26	9,58 162		9,61 579		10,38 421	9,96 582		34	
			0,51		0,60			0,09		
	27	9,58 192		9,61 615		10,38 385	9,96 577		33	
			0,51		0,60			0,09		
	28	9,58 223		9,61 651		10,38 349	9,96 572		32	
			0,51		0,60			0,09		
	29	9,58 253		9,61 687		10,38 313	9,96 567		31	
			0,51		0,60			0,09		
22	30	9,58 284		9,61 722		10,38 278	9,96 562		30	67
°	′	lg cos	D/1″	lg cot	D/1″	lg tan	lg sin	D/1″	M.	Gr.

Gr.	M.	lg sin	D/1''	lg tan	D/1''	lg cot	lg cos	D/1''	'	°
22	30	9,58 284	0,51	9,61 722	0,60	10,38 278	9,96 562	0,09	30	67
	31	9,58 314	0,51	9,61 758	0,60	10,38 242	9,96 556	0,09	29	
	32	9,58 345	0,51	9,61 794	0,59	10,38 206	9,96 551	0,09	28	
	33	9,58 375	0,51	9,61 830	0,59	10,38 170	9,96 546	0,09	27	
	34	9,58 406	0,51	9,61 865	0,59	10,38 135	9,96 541	0,09	26	
	35	9,58 436	0,51	9,61 901	0,59	10,38 099	9,96 535	0,09	25	
	36	9,58 467	0,51	9,61 936	0,59	10,38 064	9,96 530	0,09	24	
	37	9,58 497	0,51	9,61 972	0,59	10,38 028	9,96 525	0,09	23	
	38	9,58 527	0,51	9,62 008	0,59	10,37 992	9,96 520	0,09	22	
	39	9,58 557	0,50	9,62 043	0,59	10,37 957	9,96 514	0,09	21	
22	40	9,58 588	0,50	9,62 079	0,59	10,37 921	9,96 509	0,09	20	67
	41	9,58 618	0,50	9,62 114	0,59	10,37 886	9,96 504	0,09	19	
	42	9,58 648	0,50	9,62 150	0,59	10,37 850	9,96 498	0,09	18	
	43	9,58 678	0,50	9,62 185	0,59	10,37 815	9,96 493	0,09	17	
	44	9,58 709	0,50	9,62 221	0,59	10,37 779	9,96 488	0,09	16	
	45	9,58 739	0,50	9,62 256	0,59	10,37 744	9,96 483	0,09	15	
	46	9,58 769	0,50	9,62 292	0,59	10,37 708	9,96 477	0,09	14	
	47	9,58 799	0,50	9,62 327	0,59	10,37 673	9,96 472	0,09	13	
	48	9,58 829	0,50	9,62 362	0,59	10,37 638	9,96 467	0,09	12	
	49	9,58 859	0,50	9,62 398	0,59	10,37 602	9,96 461	0,09	11	
22	50	9,58 889	0,50	9,62 433	0,59	10,37 567	9,96 456	0,09	10	67
	51	9,58 919	0,50	9,62 468	0,59	10,37 532	9,96 451	0,09	9	
	52	9,58 949	0,50	9,62 504	0,59	10,37 496	9,96 445	0,09	8	
	53	9,58 979	0,50	9,62 539	0,59	10,37 461	9,96 440	0,09	7	
	54	9,59 009	0,50	9,62 574	0,59	10,37 426	9,96 435	0,09	6	
	55	9,59 039	0,50	9,62 609	0,59	10,37 391	9,96 429	0,09	5	
	56	9,59 069	0,50	9,62 645	0,59	10,37 355	9,96 424	0,09	4	
	57	9,59 098	0,50	9,62 680	0,59	10,37 320	9,96 419	0,09	3	
	58	9,59 128	0,50	9,62 715	0,59	10,37 285	9,96 413	0,09	2	
	59	9,59 158	0,50	9,62 750	0,59	10,37 250	9,96 408	0,09	1	
23	0	9,59 188		9,62 785		10,37 215	9,96 403		0	67
°	'	lg cos	D/1''	lg cot	D/1''	lg tan	lg sin	D/1''	M.	Gr.

Gr.	M.	lg sin	D/1″	lg tan	D/1″	lg cot	lg cos	D/1″	′	○
23	0	9,59 188	0,50	9,62 785	0,59	10,37 215	9,96 403	0,09	0	67
	1	9,59 218	0,50	9,62 820	0,59	10,37 180	9,96 397	0,09	59	
	2	9,59 247	0,50	9,62 855	0,59	10,37 145	9,96 392	0,09	58	
	3	9.59 277	0,50	9,62 890	0,59	10,37 110	9,96 387	0,09	57	
	4	9,59 307	0,50	9,62 926	0,58	10,37 074	9,96 38]	0,09	56	
			0,49		0,58			0,09		
	5	9,59 336	0,49	9.62 961	0,58	10,37 039	9,96 376	0,09	55	
	6	9,59 366	0,49	9,62 996	0,58	10,37 004	9,96 370	0,09	54	
	7	9,59 396	0,49	9,63 031	0,58	10,36 969	9,96 365	0,09	53	
	8	9,59 425	0,49	9.63 066	0,58	10,36 934	9.96 360	0,09	52	
	9	9,59 455	0,49	9,63 101	0,58	10,36 899	9,96 354	0,09	51	
			0,49		0,58			0,09		
23	10	9,59 484	0,49	9,63 135	0,58	10,36 865	9.96 349	0,09	50	66
	11	9,59 514	0,49	9,63 170	0,58	10.36 830	9,96 343	0,09	49	
	12	9,59 543	0,49	9,63 205	0,58	10,36 795	9,96 338	0,09	48	
	13	9,59 573	0,49	9,63 240	0,58	10.36 760	9,96 333	0,09	47	
	14	9,59 602	0,49	9,63 275	0,58	10,36 725	9,96 327	0,09	46	
			0,49		0,58			0,09		
	15	9,59 632	0,49	9,63 310	0,58	10,36 690	9,96 322	0,09	45	
	16	9,59 661	0,49	9,63 345	0,58	10,36 655	9,96 316	0,09	44	
	17	9,59 690	0,49	9,63 379	0,58	10.36 621	9,96 311	0,09	43	
	18	9,59 720	0,49	9,63 414	0,58	10,36 586	9,96 305	0,09	42	
	19	9,59 749	0,49	9,63 449	0,58	10,36 551	9,96 300	0,09	41	
			0,49		0,58			0,09		
23	20	9,59 778	0,49	9,63 484	0,58	10,36 516	9,96 294	0,09	40	66
	21	9,59 808	0,49	9,63 519	0,58	10,36 481	9,96 289	0,09	39	
	22	9.59 837	0,49	9,63 553	0,58	10,36 447	9,96 284	0,09	38	
	23	9,59 866	0,49	9,63 588	0,58	10,36 412	9,96 278	0,09	37	
	24	9,59 895	0,49	9,63 623	0,58	10,36 377	9,96 273	0,09	36	
			0,49		0,58			0,09		
	25	9,59 924	0,49	9,63 657	0,58	10,36 343	9,96 267	0,09	35	
	26	9,59 954	0,49	9,63 692	0,58	10,36 308	9,96 262	0,09	34	
	27	9,59 983	0,49	9,63 726	0,58	10,36 274	9,96 256	0,09	33	
	28	9,60 012	0,49	9.63 761	0,58	10,36 239	9,96 251	0,09	32	
	29	9,60 041	0,48	9,63 796	0,58	10,36 204	9,96 245	0,09	31	
			0,48		0,58			0,09		
23	30	9,60 070		9,63 830		10,36 170	9,96 240		30	66
○	′	lg cos	D/1″	lg cot	D/1″	lg tan	lg sin	D/1″	M.	Gr.

Gr.	M.	lg sin	D/1″	lg tan	D/1″	lg cot	lg cos	D/1″	′	∘
23	30	9,60 070		9,63 830		10,36 170	9,96 240		30	66
	31	9,60 099	0,48	9,63 865	0,58	10,36 135	9,96 234	0,09	29	
	32	9,60 128	0,48	9,63 899	0,58	10,36 101	9,96 229	0,09	28	
	33	9,60 157	0,48	9,63 934	0,58	10,36 066	9,96 223	0,09	27	
	34	9,60 186	0,48	9,63 968	0,57	10,36 032	9,96 218	0,09	26	
			0,48		0,57			0,09		
	35	9,60 215		9,64 003		10,35 997	9,96 212		25	
	36	9,60 244	0,48	9,64 037	0,57	10,35 963	9,96 207	0,09	24	
	37	9,60 273	0,48	9,64 072	0,57	10,35 928	9,96 201	0,09	23	
	38	9,60 302	0,48	9,64 106	0,57	10,35 894	9,96 196	0,09	22	
	39	9,60 331	0,48	9,64 140	0,57	10,35 860	9,96 190	0,09	21	
			0,48		0,57			0,09		
23	40	9,60 359		9,64 175		10,35 825	9,96 185		20	66
	41	9,60 388	0,48	9,64 209	0,57	10,35 791	9,96 179	0,09	19	
	42	9,60 417	0,48	9,64 243	0,57	10,35 757	9,96 174	0,09	18	
	43	9,60 446	0,48	9,64 278	0,57	10,35 722	9,96 168	0,09	17	
	44	9,60 474	0,48	9,64 312	0,57	10,35 688	9,96 162	0,09	16	
			0,48		0,57			0,09		
	45	9,60 503		9,64 346		10,35 654	9,96 157		15	
	46	9,60 532	0,48	9,64 381	0,57	10,35 619	9,96 151	0,09	14	
	47	9,60 561	0,48	9,64 415	0,57	10,35 585	9,96 146	0,09	13	
	48	9,60 589	0,48	9,64 449	0,57	10,35 551	9,96 140	0,09	12	
	49	9,60 618	0,48	9,64 483	0,57	10,35 517	9,96 135	0,09	11	
			0,48		0,57			0,09		
23	50	9,60 646		9,64 517		10,35 483	9,96 129		10	66
	51	9,60 675	0,48	9,64 552	0,57	10,35 448	9,96 123	0,09	9	
	52	9,60 704	0,48	9,64 586	0,57	10,35 414	9,96 118	0,09	8	
	53	9,60 732	0,48	9,64 620	0,57	10,35 380	9,96 112	0,09	7	
	54	9,60 761	0,48	9,64 654	0,57	10,35 346	9,96 107	0,09	6	
			0,48		0,57			0,09		
	55	9,60 789		9,64 688		10,35 312	9,96 101		5	
	56	9,60 818	0,48	9,64 722	0,57	10,35 278	9,96 095	0,09	4	
	57	9,60 846	0,47	9,64 756	0,57	10,35 244	9,96 090	0,09	3	
	58	9,60 875	0,47	9,64 790	0,57	10,35 210	9,96 084	0,09	2	
	59	9,60 903	0,47	9,64 824	0,57	10,35 176	9,96 079	0,09	1	
			0,47		0,57			0,09		
24	0	9,60 931		9,64 858		10,35 142	9,96 073		0	66
∘	′	lg cos	D/1″	lg cot	D/1″	lg tan	lg sin	D/1″	M.	Gr.

Gr.	M.	lg sin	D/1″	lg tan	D/1″	lg cot	lg cos	D/1″	′	o
24	0	9,60 931	0,47	9,64 858	0,57	10,35 142	9,96 073	0,09	0	66
	1	9,60 960	0,47	9,64 892	0,57	10,35 108	9,96 067	0,09	59	
	2	9,60 988	0,47	9,64 926	0,57	10,35 074	9,96 062	0,09	58	
	3	9,61 016	0,47	9,64 960	0,57	10,35 040	9,96 056	0,09	57	
	4	9,61 045	0,47	9,64 994	0,57	10,35 006	9,96 050	0,09	56	
	5	9,61 073	0,47	9,65 028	0,57	10,34 972	9.96 045	0,09	55	
	6	9,61 101	0,47	9,65 062	0,57	10,34 938	9,96 039	0,09	54	
	7	9,61 129	0,47	9,65 096	0,57	10,34 904	9,96 034	0,09	53	
	8	9,61 158	0,47	9,65 130	0,56	10,34 870	9,96 028	0,09	52	
	9	9,61 186	0,47	9,65 164	0,56	10,34 836	9,96 022	0,09	51	
24	10	9,61 214	0,47	9,65 197	0,56	10,34 803	9,96 017	0,09	50	65
	11	9,61 242	0,47	9,65 231	0,56	10.34 769	9,96 011	0,09	49	
	12	9,61 270	0,47	9.65 265	0,56	10,34 735	9.96 005	0,09	48	
	13	9,61 298	0,47	9,65 299	0,56	10,34 701	9,96 000	0,09	47	
	14	9,61 326	0,47	9,65 333	0,56	10,34 667	9,95 994	0,09	46	
	15	9,61 354	0,47	9,65 366	0,56	10.34 634	9,95 988	0,09	45	
	16	9,61 382	0,47	9,65 400	0,56	10,34 600	9,95 982	0,09	44	
	17	9,61 411	0,47	9,65 434	0,56	10,34 566	9.95 977	0,10	43	
	18	9,61 438	0,47	9,65 467	0,56	10,34 533	9,95 971	0,10	42	
	19	9,61 466	0,47	9,65 501	0,56	10,34 499	9,95 965	0,10	41	
24	20	9,61 494	0,47	9,65 535	0,56	10,34 465	9,95 960	0,10	40	65
	21	9,61 522	0,47	9.65 568	0,56	10,34 432	9,95 954	0,10	39	
	22	9,61 550	0,46	9,65 602	0,56	10,34 398	9,95 948	0,10	38	
	23	9,61 578	0,46	9.65 636	0,56	10,34 364	9,95 942	0,10	37	
	24	9,61 606	0,46	9,65 669	0,56	10,34 331	9,95 937	0,10	36	
	25	9,61 634	0,46	9,65 703	0,56	10,34 297	9,95 931	0,10	35	
	26	9,61 662	0,46	9,65 736	0,56	10.34 264	9,95 925	0,10	34	
	27	9,61 689	0,46	9,65 770	0,56	10,34 230	9,95 920	0,10	33	
	28	9,61 717	0,46	9,65 803	0,56	10,34 197	9.95 914	0,10	32	
	29	9,61 745	0,46	9.65 837	0,56	10,34 163	9,95 908	0,10	31	
24	30	9,61 773		9,65 870		10,34 130	9,95 902		30	65
o	′	lg cos	D/1″	lg cot	D/1″	lg tan	lg sin	D/1″	M.	Gr.

Gr.	M.	lg sin	D/1″	lg tan	D/1″	lg cot	lg cos	D/1″	′	0
24	30	9,61 773		9,65 870		10,34 130	9,95 902		30	65
	31	9,61 800	0,46	9,65 904	0,56	10,34 096	9,95 897	0,10	29	
	32	9,61 828	0,46	9,65 937	0,56	10,34 063	9,95 891	0,10	28	
	33	9,61 856	0,46	9,65 971	0,56	10,34 029	9,95 885	0,10	27	
	34	9,61 883	0,46	9,66 004	0,56	10,33 996	9,95 879	0,10	26	
			0,46		0,56			0,10		
	35	9,61 911		9,66 038		10,33 962	9,95 873		25	
	36	9,61 939	0,46	9,66 071	0,56	10,33 929	9,95 868	0,10	24	
	37	9,61 966	0,46	9,66 104	0,56	10,33 896	9,95 862	0,10	23	
	38	9,61 994	0,46	9,66 138	0,56	10,33 862	9,95 856	0,10	22	
	39	9,62 021	0,46	9,66 171	0,56	10,33 829	9,95 850	0,10	21	
			0,46		0,56			0,10		
24	40	9,62 049		9,66 204		10,33 796	9,95 844		20	65
	41	9,62 076	0,46	9,66 238	0,56	10,33 762	9,95 839	0,10	19	
	42	9,62 104	0,46	9,66 271	0,56	10,33 729	9,95 833	0,10	18	
	43	9,62 131	0,46	9,66 304	0,55	10,33 696	9,95 827	0,10	17	
	44	9,62 159	0,46	9,66 337	0,55	10,33 663	9,95 821	0,10	16	
			0,46		0,55			0,10		
	45	9,62 186		9,66 371		10,33 629	9,95 815		15	
	46	9,62 214	0,46	9,66 404	0,55	10,33 596	9,95 810	0,10	14	
	47	9,62 241	0,46	9,66 437	0,55	10,33 563	9,95 804	0,10	13	
	48	9,62 268	0,46	9,66 470	0,55	10,33 530	9,95 798	0,10	12	
	49	9,62 296	0,46	9,66 503	0,55	10,33 497	9,95 792	0,10	11	
			0,46		0,55			0,10		
24	50	9,62 323		9,66 537		10,33 463	9,95 786		10	65
	51	9,62 350	0,45	9,66 570	0,55	10,33 430	9,95 780	0,10	9	
	52	9,62 377	0,45	9,66 603	0,55	10,33 397	9,95 775	0,10	8	
	53	9,62 405	0,45	9,66 636	0,55	10,33 364	9,95 769	0,10	7	
	54	9,62 432	0,45	9,66 669	0,55	10,33 331	9,95 763	0,10	6	
			0,45		0,55			0,10		
	55	9,62 459		9,66 702		10,33 298	9,95 757		5	
	56	9.62 486	0,45	9,66 735	0,55	10,33 265	9,95 751	0,10	4	
	57	9,62 513	0,45	9,66 768	0,55	10.33 232	9,95 745	0,10	3	
	58	9.62 541	0,45	9,66 801	0,55	10,33 199	9,95 739	0,10	2	
	59	9,62 568	0,45	9,66 834	0.55	10,33 166	9,95 733	0,10	1	
			0,45		0,55			0,10		
25	0	9,62 595		9,66 867		10,33 133	9,95 728		0	65
0	′	lg cos	D/1″	lg cot	D/1″	lg tan	lg sin	D/1″	M.	Gr.

Gr.	M.	lg sin	D/1″	lg tan	D/1″	lg cot	lg cos	D/1″	′	o
25	0	9,62 595		9,66 867		10,33 133	9,95 728		0	65
			0,45		0,55			0,10		
	1	9,62 622		9,66 900		10,33 100	9,95 722		59	
			0,45		0,55			0,10		
	2	9,62 649		9,66 933		10,33 067	9,95 716		58	
			0,45		0,55			0,10		
	3	9,62 676		9,66 966		10,33 034	9,95 710		57	
			0,45		0,55			0,10		
	4	9,62 703		9,66 999		10,33 001	9,95 704		56	
			0,45		0,55			0,10		
	5	9,62 730		9.67 032		10.32 968	9,95 698		55	
			0,45		0.55			0,10		
	6	9,62 757		9,67 065		10.32 935	9,95 692		54	
			0,45		0,55			0,10		
	7	9,62 784		9,67 098		10.32 902	9,95 686		53	
			0,45		0,55			0,10		
	8	9,62 811		9,67 131		10.32 869	9,95 680		52	
			0,45		0,55			0,10		
	9	9,62 838		9,67 163		10.32 837	9,95 674		51	
			0,45		0,55			0,10		
25	10	9,62 865		9,67 196		10.32 804	9,95 668		50	64
			0,45		0,55			0,10		
	11	9,62 892		9,67 229		10,32 771	9,95 663		49	
			0,45		0,55			0,10		
	12	9,62 918		9,67 262		10,32 738	9,95 657		48	
			0,45		0,55			0,10		
	13	9,62 945		9,67 295		10,32 705	9,95 651		47	
			0,45		0,55			0,10		
	14	9,62 972		9,67 327		10,32 673	9,95 645		46	
			0,45		0,55			0,10		
	15	9,62 999		9,67 360		10,32 640	9,95 639		45	
			0,45		0,55			0,10		
	16	9,63 026		9,67 393		10,32 607	9,95 633		44	
			0,45		0,55			0,10		
	17	9,63 052		9.67 426		10,32 574	9,95 627		43	
			0,45		0,55			0,10		
	18	9,63 079		9,67 458		10,32 542	9.95 621		42	
			0,45		0,55			0,10		
	19	9,63 106		9,67 491		10,32 509	9,95 615		41	
			0,45		0,54			0,10		
25	20	9,63 133		9,67 524		10,32 476	9.95 609		40	64
			0,44		0,54			0,10		
	21	9,63 159		9,67 556		10,32 444	9,95 603		39	
			0,44		0,54			0,10		
	22	9,63 186		9,67 589		10.32 411	9,95 597		38	
			0,44		0,54			0,10		
	23	9,63 213		9,67 622		10,32 378	9,95 591		37	
			0,44		0,54			0,10		
	24	9,63 239		9,67 654		10,32 346	9,95 585		36	
			0,44		0,54			0,10		
	25	9,63 266		9,67 687		10,32 313	9,95 579		35	
			0,44		0,54			0,10		
	26	9,63 292		9,67 719		10.32 281	9.95 573		34	
			0,44		0,54			0,10		
	27	9,63 319		9,67 752		10,32 248	9,95 567		33	
			0,44		0,54			0,10		
	28	9.63 345		9,67 785		10.32 215	9,95 561		32	
			0,44		0,54			0,10		
	29	9,63 372		9.67 817		10,32 183	9,95 555		31	
			0,44		0,54			0,10		
25	30	9,63 398		9,67 850		10,32 150	9,95 549		30	64
o	′	lg cos	D/1″	lg cot	D/1″	lg tan	lg sin	D/1″	M.	Gr.

Gr.	M.	lg sin	D/1″	lg tan	D/1″	lg cot	lg cos	D/1″	′	°
25	30	9,63 398	0,44	9,67 850	0,54	10,32 150	9,95 549	0,10	30	64
	31	9,63 425	0,44	9,67 882	0,54	10,32 118	9,95 543	0,10	29	
	32	9,63 451	0,44	9,67 915	0,54	10,32 085	9,95 537	0,10	28	
	33	9,63 478	0,44	9,67 947	0,54	10,32 053	9,95 531	0,10	27	
	34	9,63 504	0,44	9,67 980	0,54	10,32 020	9,95 525	0,10	26	
	35	9,63 531	0,44	9,68 012	0,54	10,31 988	9,95 519	0,10	25	
	36	9,63 557	0,44	9,68 044	0,54	10,31 956	9.95 513	0,10	24	
	37	9,63 583	0,44	9,68 077	0,54	10,31 923	9,95 507	0,10	23	
	38	9,63 610	0,44	9,68 109	0,54	10,31 891	9,95 500	0,10	22	
	39	9,63 636	0,44	9,68 142	0,54	10.31 858	9,95 494	0,10	21	
25	40	9,63 662	0,44	9.68 174	0,54	10,31 826	9,95 488	0,10	20	64
	41	9,63 689	0,44	9.68 206	0,54	10,31 794	9.95 482	0,10	19	
	42	9,63 715	0,44	9,68 239	0,54	10.31 761	9,95 476	0,10	18	
	43	9,63 741	0,44	9,68 271	0,54	10,31 729	9,95 470	0,10	17	
	44	9,63 767	0,44	9,68 303	0,54	10,31 697	9,95 464	0,10	16	
	45	9.63 794	0,44	9,68 336	0.54	10,31 664	9,95 458	0,10	15	
	46	9,63 820	0,44	9,68 368	0,54	10,31 632	9,95 452	0,10	14	
	47	9,63 846	0,44	9,68 400	0,54	10,31 600	9,95 446	0,10	13	
	48	9,63 872	0,44	9,68 432	0,54	10.31 568	9,95 440	0,10	12	
	49	9,63 898	0,44	9.68 465	0,54	10,31 535	9,95 434	0,10	11	
25	50	9,63 924	0,43	9,68 497	0,54	10,31 503	9.95 427	0,10	10	64
	51	9.63 950	0,43	9,68 529	0,54	10,31 471	9.95 421	0,10	9	
	52	9,63 976	0,43	9,68 561	0,54	10.31 439	9,95 415	0,10	8	
	53	9,64 002	0,43	9,68 593	0,54	10.31 407	9,95 409	0,10	7	
	54	9,64 028	0,43	9,68 626	0.54	10.31 374	9,95 403	0,10	6	
	55	9,64 054	0,43	9,68 658	0,54	10,31 342	9,95 397	0,10	5	
	56	9,64 080	0.43	9,68 690	0,54	10,31 310	9,95 391	0,10	4	
	57	9,64 106	0.43	9,68 722	0,54	10.31 278	9.95 384	0,10	3	
	58	9,64 132	0,43	9.68 754	0,53	10.31 246	9,95 378	0,10	2	
	59	9,64 158	0,43	9,68 786	0,53	10.31 214	9,95 372	0,10	1	
26	0	9,64 184		9,68 818		10,31 182	9,95 366		0	64
°	′	lg cos	D/1″	lg cot	D/1″	lg tan	lg sin	D/1″	M.	Gr.

Gr.	M.	lg sin	D/1″	lg tan	D/1″	lg cot	lg cos	D/1″	′	o
26	0	9,64 184		9,68 818		10,31 182	9,95 366		0	64
	1	9,64 210	0,43	9,68 850	0,53	10,31 150	9,95 360	0,10	59	
	2	9,64 236	0,43	9,68 882	0,53	10,31 118	9,95 354	0,10	58	
	3	9,64 262	0,43	9,68 914	0,53	10,31 086	9,95 348	0,10	57	
	4	9,64 288	0,43	9,68 946	0,53	10,31 054	9,95 341	0,10	56	
	5	9,64 313	0,43	9,68 978	0,53	10,31 022	9,95 335	0,10	55	
	6	9,64 339	0,43	9,69 010	0,53	10,30 990	9,95 329	0,10	54	
	7	9,64 365	0,43	9,69 042	0,53	10,30 958	9,95 323	0,10	53	
	8	9.64 391	0,43	9,69 074	0,53	10,30 926	9,95 317	0,10	52	
	9	9,64 417	0,43	9,69 106	0,53	10,30 894	9,95 310	0,10	51	
26	10	9,64 442	0,43	9,69 138	0,53	10.30 862	9,95 304	0,10	50	63
	11	9,64 468	0,43	9,69 170	0,53	10,30 830	9,95 298	0,10	49	
	12	9,64 494	0,43	9,69 202	0,53	10,30 798	9,95 292	0,10	48	
	13	9,64 519	0,43	9,69 234	0,53	10,30 766	9,95 286	0,10	47	
	14	9,64 545	0,43	9,69 266	0,53	10,30 734	9,95 279	0,10	46	
	15	9,64 571	0,43	9,69 298	0,53	10,30 702	9,95 273	0,10	45	
	16	9,64 596	0,43	9,69 329	0,53	10,30 671	9,95 267	0,10	44	
	17	9,64 622	0,43	9.69 361	0,53	10,30 639	9,95 261	0,10	43	
	18	9,64 647	0,43	9,69 393	0,53	10,30 607	9,95 254	0,10	42	
	19	9,64 673	0,43	9,69 425	0,53	10,30 575	9,95 248	0,10	41	
26	20	9,64 698	0,43	9,69 457	0,53	10,30 543	9,95 242	0,10	40	63
	21	9,64 724	0,43	9,69 488	0,53	10,30 512	9,95 236	0,10	39	
	22	9,64 749	0,43	9,69 520	0,53	10,30 480	9,95 229	0,10	38	
	23	9,64 775	0,42	9,69 552	0,53	10,30 448	9,95 223	0,10	37	
	24	9,64 800	0,42	9,69 584	0,53	10,30 416	9,95 217	0,10	36	
	25	9,64 826	0,42	9,69 615	0,53	10,30 385	9,95 211	0,10	35	
	26	9,64 851	0,42	9,69 647	0,53	10,30 353	9,95 204	0,10	34	
	27	9,64 877	0,42	9,69 679	0,53	10,30 321	9,95 198	0,10	33	
	28	9,64 902	0,42	9,69 710	0,53	10,30 290	9,95 192	0,10	32	
	29	9,64 927	0,42	9,69 742	0,53	10,30 258	9,95 185	0,10	31	
26	30	9,64 953		9,69 774		10,30 226	9,95 179		30	63
o	′	lg cos	D/1″	lg cot	D/1″	lg tan	lg sin	D/1″	M.	Gr.

Gr.	M.	lg sin	D/1″	lg tan	D/1″	lg cot	lg cos	D/1″	′	o
26	30	9,64 953		9,69 774		10,30 226	9,95 179		30	63
	31	9,64 978	0,42	9,69 805	0,53	10,30 195	9,95 173	0,10	29	
	32	9,65 003	0,42	9,69 837	0,53	10,30 163	9,95 167	0,10	28	
	33	9,65 029	0,42	9,69 868	0,53	10,30 132	9.95 160	0,10	27	
	34	9,65 054	0,42	9,69 900	0,53	10,30 100	9,95 154	0,10	26	
			0,42		0,53			0,11		
	35	9,65 079	0,42	9,69 932	0,53	10,30 068	9,95 148	0,11	25	
	36	9,65 104	0,42	9,69 963	0,53	10,30 037	9,95 141	0,11	24	
	37	9,65 130	0,42	9,69 995	0,53	10,30 005	9,95 135	0,11	23	
	38	9,65 155	0,42	9,70 026	0,53	10,29 974	9,95 129	0,11	22	
	39	9,65 180	0,42	9,70 058	0,53	10,29 942	9,95 122	0,11	21	
			0,42		0,53			0,11		
26	40	9,65 205		9,70 089		10,29 911	9,95 116		20	63
	41	9,65 230	0,42	9,70 121	0,53	10,29 879	9,95 110	0,11	19	
	42	9,65 255	0,42	9,70 152	0,52	10,29 848	9,95 103	0,11	18	
	43	9,65 281	0,42	9,70 184	0,52	10,29 816	9,95 097	0,11	17	
	44	9,65 306	0,42	9,70 215	0,52	10,29 785	9,95 090	0,11	16	
			0,42		0,52			0,11		
	45	9,65 331	0,42	9,70 247	0,52	10,29 753	9,95 084	0,11	15	
	46	9,65 356	0,42	9,70 278	0,52	10,29 722	9,95 078	0,11	14	
	47	9,65 381	0,42	9,70 309	0,52	10,29 691	9,95 071	0,11	13	
	48	9,65 406	0,42	9,70 341	0,52	10,29 659	9,95 065	0,11	12	
	49	9,65 431	0,42	9,70 372	0,52	10,29 628	9,95 059	0,11	11	
			0,42		0,52			0,11		
26	50	9,65 456		9,70 404		10,29 596	9,95 052		10	63
	51	9,65 481	0,42	9,70 435	0,52	10,29 565	9,95 046	0,11	9	
	52	9,65 506	0,42	9,70 466	0,52	10,29 534	9,95 039	0,11	8	
	53	9,65 531	0,42	9,70 498	0,52	10,29 502	9,95 033	0,11	7	
	54	9,65 556	0,42	9,70 529	0,52	10,29 471	9,95 027	0,11	6	
			0,42		0,52			0,11		
	55	9,65 580	0,41	9,70 560	0,52	10,29 440	9,95 020	0,11	5	
	56	9,65 605	0,41	9,70 592	0,52	10,29 408	9,95 014	0,11	4	
	57	9,65 630	0,41	9,70 623	0,52	10,29 377	9,95 007	0,11	3	
	58	9,65 655	0,41	9,70 654	0,52	10,29 346	9.95 001	0,11	2	
	59	9,65 680	0,41	9,70 685	0,52	10,29 315	9,94 995	0,11	1	
			0,41		0,52			0,11		
27	0	9,65 705		9,70 717		10,29 283	9,94 988		0	63
o	′	lg cos	D/1″	lg cot	D/1″	lg tan	lg sin	D/1″	M.	Gr.

Gr.	M.	lg sin	D/1″	lg tan	D/1″	lg cot	lg cos	D/1″	′	°
27	0	9,65 705	0,41	9,70 717	0,52	10,29 283	9,94 988	0,11	0	63
	1	9,65 729	0,41	9,70 748	0,52	10,29 252	9,94 982	0,11	59	
	2	9,65 754	0,41	9,70 779	0,52	10,29 221	9,94 975	0,11	58	
	3	9,65 779	0,41	9,70 810	0,52	10,29 190	9,94 969	0,11	57	
	4	9,65 804	0,41	9,70 841	0,52	10,29 159	9,94 962	0,11	56	
	5	9,65 823	0,41	9,70 873	0,52	10,29 127	9,94 956	0,11	55	
	6	9,65 853	0,41	9,70 904	0,52	10,29 096	9,94 949	0,11	54	
	7	9,65 878	0,41	9,70 935	0,52	10,29 065	9,94 943	0,11	53	
	8	9,65 902	0,41	9,70 966	0,52	10,29 034	9,94 936	0,11	52	
	9	9,65 927	0,41	9,70 997	0,52	10,29 003	9,94 930	0,11	51	
27	10	9,65 952	0,41	9,71 028	0,52	10,28 972	9,94 923	0,11	50	62
	11	9,65 976	0,41	9,71 059	0,52	10,28 941	9,94 917	0,11	49	
	12	9,66 001	0,41	9,71 090	0,52	10,28 910	9,94 911	0,11	48	
	13	9,66 025	0,41	9,71 121	0,52	10,28 879	9,94 904	0,11	47	
	14	9,66 050	0,41	9,71 153	0,52	10,28 847	9,94 898	0,11	46	
	15	9,66 075	0,41	9,71 184	0,52	10,28 816	9,94 891	0,11	45	
	16	9,66 099	0,41	9,71 215	0,52	10,28 785	9,94 885	0,11	44	
	17	9,66 124	0,41	9,71 246	0,52	10,28 754	9,94 878	0,11	43	
	18	9,66 148	0,41	9,71 277	0,52	10,28 723	9,94 871	0,11	42	
	19	9,66 173	0,41	9,71 308	0,52	10,28 692	9,94 865	0,11	41	
27	20	9,66 197	0,41	9,71 339	0,52	10,28 661	9,94 858	0,11	40	62
	21	9,65 221	0,41	9,71 370	0,52	10,28 630	9,94 852	0,11	39	
	22	9,66 246	0,41	9,71 401	0,52	10,28 599	9,94 845	0,11	38	
	23	9,66 270	0,41	9,71 431	0,52	10,28 569	9,94 839	0,11	37	
	24	9,66 295	0,41	9,71 462	0,52	10,28 538	9,94 832	0,11	36	
	25	9,66 319	0,41	9,71 493	0,52	10,28 507	9,94 826	0,11	35	
	26	9,66 343	0,41	9,71 524	0,52	10,28 476	9,94 819	0,11	34	
	27	9,66 368	0,41	9,71 555	0,52	10,28 445	9,94 813	0,11	33	
	28	9,66 392	0,41	9,71 586	0,51	10,28 414	9,94 806	0,11	32	
	29	9,66 416	0,41	9,71 617	0,51	10,28 383	9,94 799	0,11	31	
27	30	9,66 441	0,40	9,71 648	0,51	10,28 352	9,94 793	0,11	30	62
°	′	lg cos	D/1″	lg cot	D/1″	lg tan	lg sin	D/1″	M.	Gr.

Gr.	M.	lg sin	D/1''	lg tan	D/1''	lg cot	lg cos	D/1''	'	o
27	30	9,66 441		9,71 648		10,28 352	9,94 793		30	62
			0,40		0,51			0,11		
	31	9,66 465		9,71 679		10,28 321	9,94 786		29	
			0,40		0,51			0,11		
	32	9,66 489		9,71 709		10,28 291	9,94 780		28	
			0,40		0,51			0,11		
	33	9,66 513		9,71 740		10,28 260	9,94 773		27	
			0,40		0,51			0,11		
	34	9,66 537		9,71 771		10,28 229	9,94 767		26	
			0,40		0,51			0,11		
	35	9,66 562		9,71 802		10,28 198	9,94 760		25	
			0,40		0,51			0,11		
	36	9,66 586		9,71 833		10,28 167	9,94 753		24	
			0,40		0,51			0,11		
	37	9,66 610		9,71 863		10,28 137	9,94 747		23	
			0,40		0,51			0,11		
	38	9,66 634		9,71 894		10,28 106	9,94 740		22	
			0,40		0,51			0,11		
	39	9,66 658		9,71 925		10,28 075	9,94 734		21	
			0,40		0,51			0,11		
27	40	9,66 682		9,71 955		10,28 045	9,94 727		20	62
			0,40		0,51			0,11		
	41	9,66 706		9,71 986		10,28 014	9,94 720		19	
			0,40		0,51			0,11		
	42	9,66 731		9,72 017		10,27 983	9,94 714		18	
			0,40		0,51			0,11		
	43	9,66 755		9,72 048		10,27 952	9,94 707		17	
			0,40		0,51			0,11		
	44	9,66 779		9,72 078		10,27 922	9,94 700		16	
			0,40		0,51			0,11		
	45	9,66 803		9,72 109		10,27 891	9,94 694		15	
			0,40		0,51			0,11		
	46	9,66 827		9,72 140		10,27 860	9,94 687		14	
			0,40		0,51			0,11		
	47	9,66 851		9,72 170		10,27 830	9,94 680		13	
			0,40		0,51			0,11		
	48	9,66 875		9,72 201		10,27 799	9,94 674		12	
			0,40		0,51			0,11		
	49	9,66 899		9,72 231		10,27 769	9,94 667		11	
			0,40		0,51			0,11		
27	50	9,66 922		9,72 262		10,27 738	9,94 660		10	62
			0,40		0,51			0,11		
	51	9,66 946		9,72 293		10,27 707	9,94 654		9	
			0,40		0,51			0,11		
	52	9,66 970		9,72 323		10,27 677	9,94 647		8	
			0,40		0,51			0,11		
	53	9,66 994		9,72 354		10,27 646	9,94 640		7	
			0,40		0,51			0,11		
	54	9,67 018		9,72 384		10,27 616	9,94 634		6	
			0,40		0,51			0,11		
	55	9,67 042		9,72 415		10,27 585	9,94 627		5	
			0,40		0,51			0,11		
	56	9,67 066		9,72 445		10,27 555	9,94 620		4	
			0,40		0,51			0,11		
	57	9,67 090		9,72 476		10,27 524	9,94 614		3	
			0,40		0,51			0,11		
	58	9,67 113		9,72 506		10,27 494	9,94 607		2	
			0,40		0,51			0,11		
	59	9,67 137		9,72 537		10,27 463	9,94 600		1	
			0,40		0,51			0,11		
28	0	9,67 161		9,72 567		10,27 433	9,94 593		0	62

o	'	lg cos	D/1''	lg cot	D/1''	lg tan	lg sin	D/1''	M.	Gr.

Gr.	M.	lg sin	D/1″	lg tan	D/1″	lg cot	lg cos	D/1″	′	o
28	0	9,67 16$\underline{1}$		9,72 567		10,27 43$\underline{3}$	9,94 593		0	62
			0,40		0,51			0,11		
	1	9,67 18$\underline{5}$		9,72 59$\underline{8}$		10,27 402	9,94 58$\underline{7}$		59	
			0,40		0,51			0,11		
	2	9,67 208		9,72 628		10,27 37$\underline{2}$	9,94 580		58	
			0,40		0,51			0,11		
	3	9,67 232		9,72 65$\underline{9}$		10,27 341	9,94 573		57	
			0,40		0,51			0,11		
	4	9,67 25$\underline{6}$		9,72 689		10,27 31$\underline{1}$	9,94 56$\underline{7}$		56	
			0,39		0,51			0,11		
	5	9,67 28$\underline{0}$		9,72 72$\underline{0}$		10,27 280	9,94 56$\underline{0}$		55	
			0,39		0,51			0,11		
	6	9,67 303		9,72 750		10,27 25$\underline{0}$	9,94 553		54	
			0,39		0,51			0,11		
	7	9,67 32$\underline{7}$		9,72 780		10,27 22$\underline{0}$	9,94 546		53	
			0,39		0,51			0,11		
	8	9,67 350		9,72 81$\underline{1}$		10,27 189	9,94 54$\underline{0}$		52	
			0,39		0,51			0,11		
	9	9,67 374		9,72 841		10,27 15$\underline{9}$	9,94 53$\underline{3}$		51	
			0,39		0,51			0,11		
28	10	9,67 39$\underline{8}$		9,72 87$\underline{2}$		10,27 128	9,94 526		50	61
			0,39		0,51			0,11		
	11	9,67 421		9,72 902		10,27 098	9,94 519		49	
			0,39		0,51			0,11		
	12	9,67 44$\underline{5}$		9,72 932		10,27 06$\underline{8}$	9,94 51$\underline{3}$		48	
			0,39		0,51			0,11		
	13	9,67 468		9,72 96$\underline{3}$		10,27 037	9,94 50$\underline{6}$		47	
			0,39		0,51			0,11		
	14	9,67 49$\underline{2}$		9,72 99$\underline{3}$		10,27 007	9,94 49$\underline{9}$		46	
			0,39		0,51			0,11		
	15	9,67 515		9,73 023		10,26 97$\underline{7}$	9,94 492		45	
			0,39		0,51			0,11		
	16	9,67 53$\underline{9}$		9,73 05$\underline{4}$		10,26 946	9,94 485		44	
			0,39		0,50			0,11		
	17	9,67 562		9,73 08$\underline{4}$		10,26 916	9,94 47$\underline{9}$		43	
			0,39		0,50			0,11		
	18	9,67 58$\underline{6}$		9,73 114		10,26 88$\underline{6}$	9,94 47$\underline{2}$		42	
			0,39		0,50			0,11		
	19	9,67 609		9,73 144		10,26 85$\underline{6}$	9,94 465		41	
			0,39		0,50			0,11		
28	20	9,67 63$\underline{3}$		9,73 17$\underline{5}$		10,26 825	9,94 458		40	61
			0,39		0,50			0,11		
	21	9,67 656		9,73 20$\underline{5}$		10,26 795	9,94 451		39	
			0,39		0,50			0,11		
	22	9,67 68$\underline{0}$		9,73 235		10,26 76$\underline{5}$	9,94 44$\underline{5}$		38	
			0,39		0,50			0,11		
	23	9,67 703		9,73 265		10,26 73$\underline{5}$	9,94 43$\underline{8}$		37	
			0,39		0,50			0,11		
	24	9,67 726		9,73 295		10,26 705	9,94 43$\underline{1}$		36	
			0,39		0,50			0,11		
	25	9,67 75$\underline{0}$		9,73 326		10,26 674	9,94 424		35	
			0,39		0,50			0,11		
	26	9,67 773		9,73 35$\underline{6}$		10,26 644	9,94 417		34	
			0,39		0,50			0,11		
	27	9,67 796		9,73 386		10,26 61$\underline{4}$	9,94 410		33	
			0,39		0,50			0,11		
	28	9,67 82$\underline{0}$		9,73 416		10,26 58$\underline{4}$	9,94 40$\underline{4}$		32	
			0,39		0,50			0,11		
	29	9,67 843		9,73 446		10,26 55$\underline{4}$	9,94 39$\underline{7}$		31	
			0,39		0,50			0,11		
28	30	9,67 866		9,73 476		10,26 52$\underline{4}$	9,94 39$\underline{0}$		30	61
o	′	lg cos	D/1″	lg cot	D/1″	lg tan	lg sin	D/1″	M.	Gr.

Gr.	M.	lg sin	D/1″	lg tan	D/1″	lg cot	lg cos	D/1″	′	°
28	30	9,67 866	0,39	9,73 476	0,50	10,26 524	9,94 390	0,11	30	61
	31	9,67 890	0,39	9,73 507	0,50	10,26 493	9,94 383	0,11	29	
	32	9,67 913	0,39	9,73 537	0,50	10,26 463	9,94 376	0,11	28	
	33	9,67 936	0,39	9,73 567	0,50	10,26 433	9,94 369	0,11	27	
	34	9,67 959	0,39	9,73 597	0,50	10,26 403	9,94 362	0,11	26	
	35	9,67 982	0,39	9,73 627	0,50	10,26 373	9,94 355	0,11	25	
	36	9,68 006	0,39	9,73 657	0,50	10,26 343	9,94 349	0,11	24	
	37	9,68 029	0,39	9,73 687	0,50	10,26 313	9,94 342	0,11	23	
	38	9,68 052	0,39	9,73 717	0,50	10,26 283	9,94 335	0,11	22	
	39	9,68 075	0,39	9,73 747	0,50	10,26 253	9,94 328	0,12	21	
28	40	9,68 098	0,39	9,73 777	0,50	10,26 223	9,94 321	0,12	20	61
	41	9,68 121	0,39	9,73 807	0,50	10,26 193	9,94 314	0,12	19	
	42	9,68 144	0,38	9,73 837	0,50	10,26 163	9,94 307	0,12	18	
	43	9,68 167	0,38	9,73 867	0,50	10,26 133	9,94 300	0,12	17	
	44	9,68 190	0,38	9,73 897	0,50	10,26 103	9,94 293	0,12	16	
	45	9,68 213	0,38	9,73 927	0,50	10,26 073	9,94 286	0,12	15	
	46	9,68 237	0,38	9,73 957	0,50	10,26 043	9,94 279	0,12	14	
	47	9,68 260	0,38	9,73 987	0,50	10,26 013	9,94 273	0,12	13	
	48	9,68 283	0,38	9,74 017	0,50	10,25 983	9,94 266	0,12	12	
	49	9,68 305	0,38	9,74 047	0,50	10,25 953	9,94 259	0,12	11	
28	50	9,68 328	0,38	9,74 077	0,50	10,25 923	9,94 252	0,12	10	61
	51	9,68 351	0,38	9,74 107	0,50	10,25 893	9,94 245	0,12	9	
	52	9,68 374	0,38	9,74 137	0,50	10,25 863	9,94 238	0,12	8	
	53	9,68 397	0,38	9,74 166	0,50	10,25 834	9,94 231	0,12	7	
	54	9,68 420	0,38	9,74 196	0,50	10,25 804	9,94 224	0,12	6	
	55	9,68 443	0,38	9,74 226	0,50	10,25 774	9,94 217	0,12	5	
	56	9,68 466	0,38	9,74 256	0,50	10,25 744	9,94 210	0,12	4	
	57	9,68 489	0,38	9,74 286	0,50	10,25 714	9,94 203	0,12	3	
	58	9,68 512	0,38	9,74 316	0,50	10,25 684	9,94 196	0,12	2	
	59	9,68 534	0,38	9,74 345	0,50	10,25 655	9,94 189	0,12	1	
29	0	9,68 557		9,74 375		10,25 625	9,94 182		0	61
°	′	lg cos	D/1″	lg cot	D/1″	lg tan	lg sin	D/1″	M.	Gr.

Gr.	M.	lg sin	D/1″	lg tan	D/1″	lg cot	lg cos	D/1″	′	°
29	0	9,68 557		9,74 375		10,25 62<u>5</u>	9,94 18<u>2</u>		0	61
			0,38		0,50			0,12		
	1	9,68 58<u>0</u>		9,74 40<u>5</u>		10,25 595	9,94 17<u>5</u>		59	
			0,38		0,50			0,12		
	2	9,68 60<u>3</u>		9,74 43<u>5</u>		10,25 565	9,94 168		58	
			0,38		0,50			0,12		
	3	9,68 625		9,74 46<u>5</u>		10,25 535	9,94 16<u>1</u>		57	
			0,38		0,50			0,12		
	4	9,68 648		9,74 494		10,25 50<u>6</u>	9,94 15<u>4</u>		56	
			0,38		0,50			0,12		
	5	9,68 67<u>1</u>		9,74 524		10,25 47<u>6</u>	9,94 147		55	
			0,38		0,50			0,12		
	6	9,68 69<u>4</u>		9,74 55<u>4</u>		10,25 446	9,94 14<u>0</u>		54	
			0,38		0,50			0,12		
	7	9,68 716		9,74 583		10,25 41<u>7</u>	9,94 13<u>3</u>		53	
			0,38		0,50			0,12		
	8	9,68 73<u>9</u>		9,74 613		10,25 387	9,94 12<u>6</u>		52	
			0,38		0,50			0,12		
	9	9,68 76<u>2</u>		9,74 64<u>3</u>		10,25 357	9,94 11<u>9</u>		51	
			0,38		0,50			0,12		
29	10	9,68 784		9,74 67<u>3</u>		10,25 327	9,94 112		50	60
			0,38		0,50			0,12		
	11	9,68 80<u>7</u>		9,74 702		10,25 29<u>8</u>	9,94 10<u>5</u>		49	
			0,38		0,49			0,12		
	12	9,68 829		9,74 73<u>2</u>		10,25 268	9,94 09<u>8</u>		48	
			0,38		0,49			0,12		
	13	9,68 852		9,74 76<u>2</u>		10,25 238	9,94 090		47	
			0,38		0,49			0,12		
	14	9,68 87<u>5</u>		9,74 791		10,25 20<u>9</u>	9,94 083		46	
			0,38		0,49			0,12		
	15	9,68 897		9,74 82<u>1</u>		10,25 179	9,94 076		45	
			0,38		0,49			0,12		
	16	9,68 92<u>0</u>		9,74 85<u>1</u>		10,25 149	9,94 069		44	
			0,38		0,49			0,12		
	17	9,68 942		9,74 880		10,25 12<u>0</u>	9,94 062		43	
			0,38		0,49			0,12		
	18	9,68 96<u>5</u>		9,74 91<u>0</u>		10,25 090	9,94 055		42	
			0,38		0,49			0,12		
	19	9,68 987		9,74 939		10,25 06<u>1</u>	9,94 048		41	
			0,38		0,49			0,12		
29	20	9,69 01<u>0</u>		9,74 96<u>9</u>		10,25 031	9,94 04<u>1</u>		40	60
			0,37		0,49			0,12		
	21	9,69 032		9,74 998		10,25 00<u>2</u>	9,94 03<u>4</u>		39	
			0,37		0,49			0,12		
	22	9,69 05<u>5</u>		9,75 028		10,24 97<u>2</u>	9,94 02<u>7</u>		38	
			0,37		0,49			0,12		
	23	9,69 077		9,75 05<u>8</u>		10,24 942	9,94 02<u>0</u>		37	
			0,37		0,49			0,12		
	24	9,69 10<u>0</u>		9,75 087		10,24 91<u>3</u>	9,94 012		36	
			0,37		0,49			0,12		
	25	9,69 122		9,75 11<u>7</u>		10,24 883	9,94 005		35	
			0,37		0,49			0,12		
	26	9,69 144		9,75 146		10,24 854	9,93 998		34	
			0,37		0,49			0,12		
	27	9,69 16<u>7</u>		9,75 176		10,24 824	9,93 991		33	
			0,37		0,49			0,12		
	28	9,69 189		9,75 205		10,24 79<u>5</u>	9,93 98<u>4</u>		32	
			0,37		0,49			0,12		
	29	9,69 21<u>2</u>		9,75 23<u>5</u>		10,24 765	9,93 97<u>7</u>		31	
			0,37		0,49			0,12		
29	30	9,69 23<u>4</u>		9,75 264		10,24 73<u>6</u>	9,93 97<u>0</u>		30	60
°	′	lg cos	D/1″	lg cot	D/1″	lg tan	lg sin	D/1″	M.	Gr.

Gr.	M.	lg sin	D/1″	lg tan	D/1″	lg cot	lg cos	D/1″	′	0
29	**30**	9,69 234		9,75 264		10,24 736	9,93 970		**30**	**60**
	31	9,69 256	0,37	9,75 294	0,49	10,24 706	9,93 963	0,12	29	
	32	9,69 279	0,37	9,75 323	0,49	10,24 677	9,93 955	0,12	28	
	33	9,69 301	0,37	9,75 353	0,49	10,24 647	9,93 948	0,12	27	
	34	9,69 323	0,37	9,75 382	0,49	10,24 618	9,93 941	0,12	26	
			0,37		0,49			0,12		
	35	9,69 345		9,75 411		10,24 589	9,93 934		25	
	36	9,69 368	0,37	9,75 441	0,49	10,24 559	9,93 927	0,12	24	
	37	9,69 390	0,37	9,75 470	0,49	10,24 530	9,93 920	0,12	23	
	38	9,69 412	0,37	9,75 500	0,49	10,24 500	9,93 912	0,12	22	
	39	9,69 434	0,37	9,75 529	0,49	10,24 471	9,93 905	0,12	21	
			0,37		0,49			0,12		
29	**40**	9,69 456		9,75 558		10,24 442	9,93 898		**20**	**60**
	41	9,69 479	0,37	9,75 588	0,49	10,24 412	9,93 891	0,12	19	
	42	9,69 501	0,37	9,75 617	0,49	10,24 383	9,93 884	0,12	18	
	43	9,69 523	0,37	9,75 647	0,49	10,24 353	9,93 876	0,12	17	
	44	9,69 545	0,37	9,75 676	0,49	10,24 324	9,93 869	0,12	16	
			0,37		0,49			0,12		
	45	9,69 567		9,75 705		10,24 295	9,93 862		15	
	46	9,69 589	0,37	9,75 735	0,49	10,24 265	9,93 855	0,12	14	
	47	9,69 611	0,37	9,75 764	0,49	10,24 236	9,93 847	0,12	13	
	48	9,69 633	0,37	9,75 793	0,49	10,24 207	9,93 840	0,12	12	
	49	9,69 655	0,37	9,75 822	0,49	10,24 178	9,93 833	0,12	11	
			0,37		0,49			0,12		
29	**50**	9,69 677		9,75 852		10,24 148	9,93 826		**10**	**60**
	51	9,69 699	0,37	9,75 881	0,49	10,24 119	9,93 819	0,12	9	
	52	9,69 721	0,37	9.75 910	0,49	10,24 090	9,93 811	0,12	8	
	53	9,69 743	0,37	9,75 939	0,49	10,24 061	9,93 804	0,12	7	
	54	9,69 765	0,37	9,75 969	0,49	10,24 031	9,93 797	0,12	6	
			0,37		0,49			0,12		
	55	9,69 787		9,75 998		10,24 002	9,93 789		5	
	56	9,69 809	0,37	9,76 027	0,49	10,23 973	9,93 782	0,12	4	
	57	9,69 831	0,37	9,76 056	0,49	10.23 944	9,93 775	0,12	3	
	58	9,69 853	0,37	9,76 086	0,49	10,23 914	9,93 768	0,12	2	
	59	9,69 875	0,37	9,76 115	0,49	10,23 885	9,93 760	0,12	1	
			0,37		0,49			0,12		
30	**0**	9,69 897		9,76 144		10,23 856	9,93 753		**0**	**60**
0	′	lg cos	D/1″	lg cot	D/1″	lg tan	lg sin	D/1″	M.	Gr.

Gr.	M.	lg sin	D/1″	lg tan	D/1″	lg cot	lg cos	D/1″	′	o
30	**0**	9,69 897		9,76 14̲4̲		10,23 856	9,93 753		**0**	**60**
			0,36		0,49			0,12		
	1	9,69 91̲9̲		9,76 173		10,23 82̲7̲	9,93 74̲6̲		59	
			0,36		0,49			0,12		
	2	9,69 94̲1̲		9,76 202		10,23 79̲8̲	9,93 738		58	
			0,36		0,49			0,12		
	3	9,69 96̲3̲		9,76 231		10,23 76̲9̲	9,93 731		57	
			0,36		0,49			0,12		
	4	9,69 984		9,76 26̲1̲		10,23 739	9,93 72̲4̲		56	
			0,36		0,49			0,12		
	5	9,70 006		9,76 29̲0̲		10,23 710	9,93 71̲7̲		55	
			0,36		0,49			0,12		
	6	9,70 028		9,76 31̲9̲		10,23 681	9,93 709		54	
			0,36		0,49			0,12		
	7	9,70 05̲0̲		9,76 34̲8̲		10,23 652	9,93 70̲2̲		53	
			0,36		0,49			0,12		
	8	9,70 07̲2̲		9,76 377		10,23 62̲3̲	9,93 69̲5̲		52	
			0,36		0,49			0,12		
	9	9,70 093		9,76 406		10,23 59̲4̲	9,93 687		51	
			0,36		0,49			0,12		
30	**10**	9,70 115		9,76 435		10,23 56̲5̲	9,93 68̲0̲		**50**	**59**
			0,36		0,48			0,12		
	11	9,70 13̲7̲		9,76 464		10,23 53̲6̲	9,93 67̲3̲		49	
			0,36		0,48			0,12		
	12	9,70 15̲9̲		9,76 493		10,23 50̲7̲	9,93 665		48	
			0,36		0,48			0,12		
	13	9,70 180		9,76 522		10,23 47̲8̲	9,93 65̲8̲		47	
			0,36		0,48			0,12		
	14	9,70 20̲2̲		9,76 551		10,23 44̲9̲	9,93 650		46	
			0,36		0,48			0,12		
	15	9,70 22̲4̲		9,76 580		10,23 42̲0̲	9,93 643		45	
			0,36		0,48			0,12		
	16	9,70 245		9,76 609		10,23 39̲1̲	9,93 63̲6̲		44	
			0,36		0,48			0,12		
	17	9,70 26̲7̲		9,76 63̲9̲		10,23 361	9,93 628		43	
			0,36		0,48			0,12		
	18	9,70 288		9,76 66̲8̲		10,23 332	9,93 62̲1̲		42	
			0,36		0,48			0,12		
	19	9,70 310		9,76 69̲7̲		10,23 303	9,93 61̲4̲		41	
			0,36		0,48			0,12		
30	**20**	9,70 33̲2̲		9,76 725		10,23 27̲5̲	9,93 606		**40**	**59**
			0,36		0,48			0,12		
	21	9,70 353		9,76 754		10,23 24̲6̲	9,93 59̲9̲		39	
			0,36		0,48			0,12		
	22	9,70 37̲5̲		9,76 783		10,23 21̲7̲	9,93 591		38	
			0,36		0,48			0,12		
	23	9,70 396		9,76 812		10,23 18̲8̲	9,93 584		37	
			0,36		0,48			0,12		
	24	9,70 41̲8̲		9,76 841		10,23 15̲9̲	9,93 57̲7̲		36	
			0,36		0,48			0,12		
	25	9,70 439		9,76 870		10,23 13̲0̲	9,93 569		35	
			0,36		0,48			0,12		
	26	9,70 46̲1̲		9,76 899		10,23 10̲1̲	9,93 56̲2̲		34	
			0,36		0,48			0,12		
	27	9,70 482		9,76 928		10,23 072	9,93 554		33	
			0,36		0,48			0,12		
	28	9,70 50̲4̲		9,76 957		10,23 04̲3̲	9,93 54̲7̲		32	
			0,36		0,48			0,12		
	29	9,70 525		9,76 98̲6̲		10,23 014	9,93 539		31	
			0,36		0,48			0,12		
30	**30**	9,70 54̲7̲		9,77 015		10.22 985	9,93 532		**30**	**59**
o	′	lg cos	D/1″	lg cot	D/1″	lg tan	lg sin	D/1″	M.	Gr.

Gr.	M.	lg sin	D/1″	lg tan	D/1″	lg cot	lg cos	D/1″	′	°
30	30	9,70 547	0,36	9,77 015	0,48	10,22 985	9,93 532	0,12	30	59
	31	9,70 568	0,36	9,77 044	0,48	10,22 956	9,93 525	0,12	29	
	32	9,70 590	0,36	9,77 073	0,48	10,22 927	9,93 517	0,12	28	
	33	9,70 611	0,36	9,77 101	0,48	10,22 899	9,93 510	0,12	27	
	34	9,70 633	0,36	9,77 130	0,48	10,22 870	9,93 502	0,12	26	
	35	9,70 654	0,36	9,77 159	0,48	10,22 841	9,93 495	0,12	25	
	36	9,70 675	0,36	9,77 188	0,48	10,22 812	9,93 487	0,12	24	
	37	9,70 697	0,36	9,77 217	0,48	10,22 783	9,93 480	0,12	23	
	38	9,70 718	0,36	9,77 246	0,48	10,22 754	9,93 472	0,12	22	
	39	9,70 739	0,36	9,77 274	0,48	10,22 726	9,93 465	0,12	21	
30	40	9,70 761	0,36	9,77 303	0,48	10,22 697	9,93 457	0,12	20	59
	41	9,70 782	0,36	9,77 332	0,48	10,22 668	9,93 450	0,12	19	
	42	9,70 803	0,36	9,77 361	0,48	10,22 639	9,93 442	0,12	18	
	43	9,70 824	0,36	9,77 390	0,48	10,22 610	9,93 435	0,13	17	
	44	9,70 846	0,35	9,77 418	0,48	10,22 582	9,93 427	0,13	16	
	45	9,70 867	0,35	9,77 447	0,48	10,22 553	9,93 420	0,13	15	
	46	9,70 888	0,35	9,77 476	0,48	10,22 524	9,93 412	0,13	14	
	47	9,70 909	0,35	9,77 505	0,48	10,22 495	9,93 405	0,13	13	
	48	9,70 931	0,35	9,77 533	0,48	10,22 467	9,93 397	0,13	12	
	49	9,70 952	0,35	9,77 562	0,48	10,22 438	9,93 390	0,13	11	
30	50	9,70 973	0,35	9,77 591	0,48	10,22 409	9,93 382	0,13	10	59
	51	9,70 994	0,35	9,77 619	0,48	10,22 381	9,93 375	0,13	9	
	52	9,71 015	0,35	9,77 648	0,48	10,22 352	9,93 367	0,13	8	
	53	9,71 036	0,35	9,77 677	0,48	10,22 323	9,93 360	0,13	7	
	54	9,71 058	0,35	9,77 706	0,48	10,22 294	9,93 352	0,13	6	
	55	9,71 079	0,35	9,77 734	0,48	10,22 266	9,93 344	0,13	5	
	56	9,71 100	0,35	9,77 763	0,48	10,22 237	9,93 337	0,13	4	
	57	9,71 121	0,35	9,77 791	0,48	10,22 209	9,93 329	0,13	3	
	58	9,71 142	0,35	9,77 820	0,48	10,22 180	9,93 322	0,13	2	
	59	9,71 163	0,35	9,77 849	0,48	10,22 151	9,93 314	0,13	1	
31	0	9,71 184		9,77 877		10,22 123	9,93 307		0	59
°	′	lg cos	D/1″	lg cot	D/1″	lg tan	lg sin	D/1″	M.	Gr.

Gr.	M.	lg sin	D/1″	lg tan	D/1″	lg cot	lg cos	D/1″	′	o
31	**0**	9,71 184		9,77 877		10,22 123	9,93 307		**0**	**59**
			0,35		0,48			0,13		
	1	9,71 205		9,77 906		10,22 094	9,93 299		59	
			0,35		0,48			0,13		
	2	9,71 226		9,77 935		10,22 065	9,93 291		58	
			0,35		0,48			0,13		
	3	9,71 247		9,77 963		10,22 037	9,93 284		57	
			0,35		0,48			0,13		
	4	9,71 268		9,77 992		10,22 008	9,93 276		56	
			0,35		0,48			0,13		
	5	9,71 289		9,78 020		10,21 980	9,93 269		55	
			0,35		0,48			0,13		
	6	9,71 310		9.78 049		10,21 951	9,93 261		54	
			0,35		0,48			0,13		
	7	9,71 331		9,78 077		10,21 923	9,93 253		53	
			0,35		0,48			0,13		
	8	9,71 352		9,78 106		10,21 894	9,93 246		52	
			0,35		0,48			0,13		
	9	9,71 373		9,78 135		10,21 865	9,93 238		51	
			0,35		0,48			0,13		
31	**10**	9,71 393		9,78 163		10,21 837	9,93 230		**50**	**58**
			0,35		0,48			0,13		
	11	9,71 414		9,78 192		10,21 808	9,93 223		49	
			0,35		0,48			0,13		
	12	9,71 435		9,78 220		10,21 780	9,93 215		48	
			0,35		0,48			0,13		
	13	9,71 456		9,78 249		10,21 751	9,93 207		47	
			0,35		0,48			0,13		
	14	9,71 477		9.78 277		10,21 723	9,93 200		46	
			0,35		0,48			0,13		
	15	9,71 498		9,78 306		10,21 694	9,93 192		45	
			0,35		0,48			0,13		
	16	9,71 519		9.78 334		10,21 666	9,93 184		44	
			0,35		0,47			0,13		
	17	9,71 539		9,78 363		10,21 637	9,93 177		43	
			0,35		0,47			0,13		
	18	9,71 560		9,78 391		10,21 609	9,93 169		42	
			0,35		0,47			0,13		
	19	9,71 581		9,78 419		10,21 581	9,93 161		41	
			0,35		0,47			0,13		
31	**20**	9,71 602		9,78 448		10,21 552	9,93 154		**40**	**58**
			0,35		0,47			0,13		
	21	9,71 622		9,78 476		10,21 524	9,93 146		39	
			0,35		0,47			0,13		
	22	9,71 643		9,78 505		10,21 495	9,93 138		38	
			0,35		0,47			0,13		
	23	9.71 664		9,78 533		10,21 467	9,93 131		37	
			0,35		0,47			0,13		
	24	9,71 685		9,78 562		10,21 438	9,93 123		36	
			0,35		0,47			0,13		
	25	9,71 705		9.78 590		10.21 410	9,93 115		35	
			0,35		0,47			0,13		
	26	9,71 726		9,78 618		10.21 382	9,93 108		34	
			0,35		0,47			0,13		
	27	9,71 747		9,78 647		10,21 353	9,93 100		33	
			0,34		0,47			0,13		
	28	9,71 767		9,78 675		10,21 325	9.93 092		32	
			0,34		0,47			0,13		
	29	9,71 788		9.78 704		10,21 296	9,93 084		31	
			0,34		0,47			0,13		
31	**30**	9,71 809		9,78 732		10,21 268	9,93 077		**30**	**58**
o	**′**	lg cos	D/1″	lg cot	D/1″	lg tan	lg sin	D/1″	**M.**	**Gr.**

Gr.	M.	lg sin	D/1″	lg tan	D/1″	lg cot	lg cos	D/1″	′	o
31	30	9,71 809		9,78 732		10,21 268	9.93 077		30	58
			0,34		0,47			0,13		
	31	9,71 829		9,78 760		10,21 240	9,93 069		29	
			0,34		0,47			0,13		
	32	9,71 850		9,78 789		10,21 211	9,93 061		28	
			0,34		0,47			0,13		
	33	9,71 870		9,78 817		10,21 183	9,93 053		27	
			0,34		0,47			0,13		
	34	9,71 891		9,78 845		10,21 155	9,93 046		26	
			0,34		0,47			0,13		
	35	9,71 911		9,78 874		10,21 126	9,93 038		25	
			0,34		0,47			0,13		
	36	9,71 932		9,78 902		10,21 098	9,93 030		24	
			0,34		0,47			0,13		
	37	9,71 952		9,78 930		10,21 070	9,93 022		23	
			0,34		0,47			0,13		
	38	9,71 973		9,78 959		10,21 041	9,93 014		22	
			0,34		0,47			0,13		
	39	9,71 994		9,78 987		10,21 013	9,93 007		21	
			0,34		0,47			0,13		
31	40	9,72 014		9,79 015		10,20 985	9,92 999		20	58
			0,34		0,47			0,13		
	41	9,72 034		9,79 043		10,20 957	9,92 991		19	
			0,34		0,47			0,13		
	42	9,72 055		9,79 072		10,20 928	9,92 983		18	
			0,34		0,47			0,13		
	43	9,72 075		9,79 100		10,20 900	9,92 976		17	
			0,34		0,47			0,13		
	44	9,72 096		9,79 128		10,20 872	9,92 968		16	
			0,34		0,47			0,13		
	45	9,72 116		9.79 156		10,20 844	9,92 960		15	
			0,34		0,47			0,13		
	46	9,72 137		9,79 185		10,20 815	9,92 952		14	
			0,34		0,47			0,13		
	47	9,72 157		9,79 213		10,20 787	9,92 944		13	
			0,34		0,47			0,13		
	48	9,72 177		9,79 241		10,20 759	9,92 936		12	
			0,34		0,47			0,13		
	49	9,72 198		9,79 269		10,20 731	9,92 929		11	
			0,34		0,47			0,13		
31	50	9,72 218		9,79 297		10,20 703	9,92 921		10	58
			0,34		0,47			0,13		
	51	9,72 238		9,79 326		10,20 674	9,92 913		9	
			0,34		0,47			0,13		
	52	9,72 259		9,79 354		10,20 646	9,92 905		8	
			0,34		0,47			0,13		
	53	9,72 279		9,79 382		10,20 618	9,92 897		7	
			0,34		0,47			0,13		
	54	9,72 299		9,79 410		10,20 590	9,92 889		6	
			0,34		0,47			0,13		
	55	9,72 320		9,79 438		10,20 562	9,92 881		5	
			0,34		0,47			0,13		
	56	9,72 340		9,79 466		10,20 534	9,92 874		4	
			0,34		0,47			0,13		
	57	9.72 360		9.79 495		10,20 505	9,92 866		3	
			0,34		0,47			0,13		
	58	9,72 381		9,79 523		10,20 477	9,92 858		2	
			0,34		0,47			0,13		
	59	9,72 401		9,79 551		10.20 449	9,92 850		1	
			0,34		0,47			0,13		
32	0	9,72 421		9,79 579		10.20 421	9,92 842		0	58
o	′	lg cos	D/1″	lg cot	D/1″	lg tan	lg sin	D/1″	M.	Gr.

Gr.	M.	lg sin	D/1″	lg tan	D/1″	lg cot	lg cos	D/1″	′	o
32	0	9,72 421	0,34	9,79 579	0,47	10,20 421	9,92 842	0,13	0	58
	1	9,72 441	0,34	9,79 607	0,47	10,20 393	9,92 834	0,13	59	
	2	9,72 461	0,34	9,79 635	0,47	10,20 365	9,92 826	0,13	58	
	3	9,72 482	0,34	9,79 663	0,47	10,20 337	9,92 818	0,13	57	
	4	9,72 502	0,34	9,79 691	0,47	10,20 309	9,92 810	0,13	56	
	5	9,72 522	0,34	9,79 719	0,47	10,20 281	9,92 803	0,13	55	
	6	9,72 542	0,34	9,79 747	0,47	10,20 253	9,92 795	0,13	54	
	7	9,72 562	0,34	9,79 776	0,47	10,20 224	9,92 787	0,13	53	
	8	9,72 582	0,34	9,79 804	0,47	10,20 196	9,92 779	0,13	52	
	9	9,72 602	0,34	9,79 832	0,47	10,20 168	9,92 771	0,13	51	
32	10	9,72 622	0,34	9,79 860	0,47	10,20 140	9,92 763	0,13	50	57
	11	9,72 643	0,34	9,79 888	0,47	10,20 112	9,92 755	0,13	49	
	12	9,72 663	0,33	9,79 916	0,47	10,20 084	9,92 747	0,13	48	
	13	9,72 683	0,33	9,79 944	0,47	10,20 056	9,92 739	0,13	47	
	14	9,72 703	0,33	9,79 972	0,47	10,20 028	9,92 731	0,13	46	
	15	9,72 723	0,33	9,80 000	0,47	10,20 000	9,92 723	0,13	45	
	16	9,72 743	0,33	9,80 028	0,47	10,19 972	9,92 715	0,13	44	
	17	9,72 763	0,33	9,80 056	0,47	10,19 944	9,92 707	0,13	43	
	18	9,72 783	0,33	9,80 084	0,47	10,19 916	9,92 699	0,13	42	
	19	9,72 803	0,33	9,80 112	0,47	10,19 888	9,92 691	0,13	41	
32	20	9,72 823	0,33	9,80 140	0,47	10,19 860	9,92 683	0,13	40	57
	21	9,72 843	0,33	9,80 168	0,47	10,19 832	9,92 675	0,13	39	
	22	9,72 863	0,33	9,80 195	0,47	10,19 805	9,92 667	0,13	38	
	23	9,72 883	0,33	9,80 223	0,47	10,19 777	9,92 659	0,13	37	
	24	9,72 902	0,33	9,80 251	0,47	10,19 749	9,92 651	0,13	36	
	25	9,72 922	0,33	9,80 279	0,47	10,19 721	9,92 643	0,13	35	
	26	9,72 942	0,33	9,80 307	0,47	10,19 693	9,92 635	0,13	34	
	27	9,72 962	0,33	9,80 335	0,47	10,19 665	9,92 627	0,13	33	
	28	9,72 982	0,33	9,80 363	0,47	10,19 637	9,92 619	0,13	32	
	29	9,73 002	0,33	9,80 391	0,47	10,19 609	9,92 611	0,13	31	
32	30	9,73 022		9,80 419		10,19 581	9,92 603		30	57
o	′	lg cos	D/1″	lg cot	D/1″	lg tan	lg sin	D/1″	M.	Gr.

Gr.	M.	lg sin	D/1″	lg tan	D/1″	lg cot	lg cos	D/1″	′	o
32	**30**	9,73 022	0,32	9,80 419	0,47	10,19 581	9,92 603	0,13	**30**	**57**
	31	9,73 041	0,33	9,80 447	0,46	10,19 553	9,92 595	0,13	29	
	32	9,73 061	0,33	9,80 474	0,46	10,19 526	9,92 587	0,13	28	
	33	9,73 081	0,33	9,80 502	0,46	10,19 498	9,92 579	0,13	27	
	34	9,73 101	0,33	9,80 530	0,46	10,19 470	9,92 571	0,13	26	
	35	9,73 121	0,33	9,80 558	0,46	10,19 442	9,92 563	0,13	25	
	36	9,73 140	0,33	9,80 586	0,46	10,19 414	9,92 555	0,13	24	
	37	9,73 160	0,33	9,80 614	0,46	10,19 386	9,92 546	0,13	23	
	38	9,73 180	0,33	9,80 642	0,46	10,19 358	9,92 538	0,13	22	
	39	9,73 200	0,33	9,80 669	0,46	10,19 331	9,92 530	0,13	21	
32	**40**	9,73 219	0,33	9,80 697	0,46	10,19 303	9,92 522	0,14	**20**	**57**
	41	9,73 239	0,33	9,80 725	0,46	10,19 275	9,92 514	0,14	19	
	42	9,73 259	0,33	9,80 753	0,46	10,19 247	9,92 506	0,14	18	
	43	9,73 278	0,33	9,80 781	0,46	10,19 219	9,92 498	0,14	17	
	44	9,73 298	0,33	9,80 808	0,46	10,19 192	9,92 490	0,14	16	
	45	9,73 318	0,33	9,80 836	0,46	10,19 164	9,92 482	0,14	15	
	46	9,73 337	0,33	9,80 864	0,46	10,19 136	9,92 473	0,14	14	
	47	9,73 357	0,33	9,80 892	0,46	10,19 108	9,92 465	0,14	13	
	48	9,73 377	0,33	9,80 919	0,46	10,19 081	9,92 457	0,14	12	
	49	9,73 396	0,33	9,80 947	0,46	10,19 053	9,92 449	0,14	11	
32	**50**	9,73 416	0,33	9,80 975	0,46	10,19 025	9,92 441	0,14	**10**	**57**
	51	9,73 435	0,33	9,81 003	0,46	10,18 997	9,92 433	0,14	9	
	52	9,73 455	0,33	9,81 030	0,46	10,18 970	9,92 425	0,14	8	
	53	9,73 474	0,33	9,81 058	0,46	10,18 942	9,92 416	0,14	7	
	54	9,73 494	0,33	9,81 086	0,46	10,18 914	9,92 408	0,14	6	
	55	9,73 513	0,33	9,81 113	0,46	10,18 887	9,92 400	0,14	5	
	56	9,73 533	0,33	9,81 141	0,46	10,18 859	9,92 392	0,14	4	
	57	9,73 552	0,33	9,81 169	0,46	10,18 831	9,92 384	0,14	3	
	58	9,73 572	0,33	9,81 196	0,46	10,18 804	9,92 376	0,14	2	
	59	9,73 591	0,33	9,81 224	0,46	10,18 776	9,92 367	0,14	1	
33	**0**	9,73 611		9,81 252		10,18 748	9,92 359		**0**	**57**
o	′	lg cos	D/1″	lg cot	D/1″	lg tan	lg sin	D/1″	M.	Gr.

Gr.	M.	lg sin	D/1″	lg tan	D/1″	lg cot	lg cos	D/1″	′	°
33	0	9,73 61<u>1</u>		9,81 25<u>2</u>		10,18 748	9,92 359		0	57
	1	9,73 630	0,32	9,81 279	0,46	10,18 72<u>1</u>	9,92 35<u>1</u>	0,14	59	
	2	9,73 65<u>0</u>	0,32	9,81 307	0,46	10,18 69<u>3</u>	9,92 34<u>3</u>	0,14	58	
	3	9,73 669	0,32	9,81 33<u>5</u>	0,46	10,18 665	9,92 33<u>5</u>	0,14	57	
	4	9,73 68<u>9</u>	0,32	9,81 362	0,46	10,18 63<u>8</u>	9,92 326	0,14	56	
	5	9,73 70<u>8</u>	0,32	9,81 390	0,46	10,18 610	9,92 318	0,14	55	
	6	9,73 727	0,32	9,81 41<u>8</u>	0,46	10,18 582	9,92 31<u>0</u>	0,14	54	
	7	9,73 74<u>7</u>	0,32	9,81 445	0,46	10,18 55<u>5</u>	9,92 30<u>2</u>	0,14	53	
	8	9,73 766	0,32	9,81 47<u>3</u>	0,46	10,18 527	9,92 293	0,14	52	
	9	9,73 785	0,32	9,81 500	0,46	10,18 50<u>0</u>	9,92 285	0,14	51	
33	10	9,73 80<u>5</u>	0,32	9,81 52<u>8</u>	0,46	10,18 472	9,92 27<u>7</u>	0,14	50	56
	11	9,73 824	0,32	9,81 55<u>6</u>	0,46	10,18 444	9,92 26<u>9</u>	0,14	49	
	12	9,73 843	0,32	9,81 583	0,46	10,18 41<u>7</u>	9,92 260	0,14	48	
	13	9,73 86<u>3</u>	0,32	9,81 61<u>1</u>	0,46	10,18 389	9,92 252	0,14	47	
	14	9,73 882	0,32	9,81 638	0,46	10,18 36<u>2</u>	9,92 24<u>4</u>	0,14	46	
	15	9,73 901	0,32	9,81 66<u>6</u>	0,46	10,18 334	9,92 235	0,14	45	
	16	9,73 92<u>1</u>	0,32	9,81 693	0,46	10,18 30<u>7</u>	9,92 227	0,14	44	
	17	9,73 94<u>0</u>	0,32	9,81 72<u>1</u>	0,46	10,18 279	9,92 21<u>9</u>	0,14	43	
	18	9,73 959	0,32	9,81 748	0,46	10,18 25<u>2</u>	9,92 21<u>1</u>	0,14	42	
	19	9,73 978	0,32	9,81 77<u>6</u>	0,46	10,18 224	9,92 202	0,14	41	
33	20	9,73 997	0,32	9,81 803	0,46	10,18 19<u>7</u>	9,92 19<u>4</u>	0,14	40	56
	21	9,74 01<u>7</u>	0,32	9,81 831	0,46	10,18 169	9,92 18<u>6</u>	0,14	39	
	22	9,74 03<u>6</u>	0,32	9,81 858	0,46	10,18 14<u>2</u>	9,92 177	0,14	38	
	23	9,74 055	0,32	9,81 88<u>6</u>	0,46	10,18 114	9,92 169	0,14	37	
	24	9,74 074	0,32	9,81 913	0,46	10,18 08<u>7</u>	9,92 16<u>1</u>	0,14	36	
	25	9,74 093	0,32	9,81 94<u>1</u>	0,46	10,18 059	9,92 152	0,14	35	
	26	9,74 11<u>3</u>	0,32	9,81 968	0,46	10,18 03<u>2</u>	9,92 144	0,14	34	
	27	9,74 13<u>2</u>	0,32	9,81 99<u>6</u>	0,46	10,18 004	9,92 13<u>6</u>	0,14	33	
	28	9,74 15<u>1</u>	0,32	9.82 023	0,46	10,17 97<u>7</u>	9,92 127	0,14	32	
	29	9,74 17<u>0</u>	0,32	9,82 05<u>1</u>	0,46	10,17 949	9.92 119	0,14	31	
33	30	9,74 18<u>9</u>		9,82 078		10,17 92<u>2</u>	9,92 11<u>1</u>		30	56
°	′	lg cos	D/1″	lg cot	D/1″	lg tan	lg sin	D/1″	M.	Gr.

Gr.	M.	lg sin	D/1″	lg tan	D/1″	lg cot	lg cos	D/1″	′	o
33	30	9,74 189	0,32	9.82 078	0,46	10,17 922	9.92 111	0.14	30	56
	31	9,74 208	0.32	9.82 106	0,46	10,17 894	9.92 102	0,14	29	
	32	9,74 227	0,32	9.82 133	0,46	10.17 867	9.92 094	0,14	28	
	33	9,74 246	0,32	9.82 161	0,46	10.17 839	9,92 086	0.14	27	
	34	9,74 265	0,32	9,82 188	0,46	10,17 812	9,92 077	0,14	26	
	35	9,74 284	0,32	9,82 215	0,46	10.17 785	9,92 069	0,14	25	
	36	9,74 303	0,32	9,82 243	0,46	10.17 757	9,92 060	0,14	24	
	37	9,74 322	0,32	9,82 270	0,46	10.17 730	9,92 052	0,14	23	
	38	9,74 341	0,32	9,82 298	0,46	10.17 702	9,92 044	0,14	22	
	39	9,74 360	0,32	9,82 325	0,46	10.17 675	9,92 035	0,14	21	
33	40	9,74 379	0,32	9,82 352	0,46	10,17 648	9.92 027	0,14	20	56
	41	9,74 398	0,32	9,82 380	0,46	10,17 620	9.92 018	0,14	19	
	42	9,74 417	0,32	9,82 407	0,46	10.17 593	9,92 010	0,14	18	
	43	9,74 436	0,32	9,82 435	0,46	10.17 565	9.92 002	0.14	17	
	44	9,74 455	0,32	9,82 462	0,46	10.17 538	9,91 993	0,14	16	
	45	9,74 474	0,32	9,82 489	0,46	10.17 511	9.91 985	0,14	15	
	46	9,74 493	0,32	9,82 517	0,46	10.17 483	9,91 976	0,14	14	
	47	9,74 512	0,32	9,82 544	0,46	10.17 456	9,91 968	0,14	13	
	48	9,74 531	0,31	9,82 571	0,46	10.17 429	9,91 959	0,14	12	
	49	9,74 549	0,31	9,82 599	0,46	10.17 401	9,91 951	0,14	11	
33	50	9,74 568	0,31	9,82 626	0,46	10,17 374	9,91 942	0,14	10	56
	51	9,74 587	0,31	9,82 653	0,46	10,17 347	9.91 934	0,14	9	
	52	9.74 606	0,31	9,82 681	0,46	10.17 319	9,91 925	0,14	8	
	53	9,74 625	0,31	9,82 708	0,46	10,17 292	9,91 917	0,14	7	
	54	9,74 644	0,31	9,82 735	0,46	10.17 265	9.91 908	0,14	6	
	55	9.74 662	0,31	9,82 762	0,46	10.17 238	9,91 900	0,14	5.	
	56	9,74 681	0,31	9,82 790	0,46	10,17 210	9.91 891	0,14	4	
	57	9,74 700	0,31	9,82 817	0,45	10.17 183	9,91 883	0,14	3	
	58	9,74 719	0,31	9,82 844	0,45	10.17 156	9.91 874	0,14	2	
	59	9,74 737	0,31	9,82 871	0,45	10.17 129	9,91 866	0,14	1	
34	0	9,74 756		9,82 899		10,17 101	9,91 857		0	56
o	′	lg cos	D/1″	lg cot	D/1″	lg tan	lg sin	D/1″	M.	Gr.

Gr.	M.	lg sin	D/1″	lg tan	D/1″	lg cot	lg cos	D/1″	′	o
34	**0**	9,74 756		9,82 899		10,17 101	9,91 857		**0**	56
			0,31		0,45			0,14		
	1	9,74 775	0,31	9.82 926	0,45	10.17 074	9,91 849	0,14	59	
	2	9,74 794	0,31	9,82 953	0,45	10,17 047	9,91 840	0,14	58	
	3	9,74 812	0,31	9,82 980	0,45	10,17 020	9,91 832	0,14	57	
	4	9,74 831	0,31	9,83 008	0,45	10,16 992	9,91 823	0,14	56	
	5	9,74 850	0,31	9,83 035	0,45	10,16 965	9,91 815	0,14	55	
	6	9.74 868	0,31	9,83 062	0,45	10,16 938	9,91 806	0,14	54	
	7	9,74 887	0,31	9,83 089	0,45	10,16 911	9,91 798	0,14	53	
	8	9,74 906	0,31	9,83 117	0,45	10,16 883	9,91 789	0,14	52	
	9	9,74 924	0,31	9,83 144	0,45	10,16 856	9,91 781	0,14	51	
34	**10**	9,74 943	0,31	9,83 171	0,45	10,16 829	9,91 772	0,14	**50**	55
	11	9,74 961	0,31	9,83 198	0,45	10,16 802	9,91 763	0,14	49	
	12	9,74 980	0,31	9,83 225	0,45	10,16 775	9,91 755	0,14	48	
	13	9,74 999	0,31	9,83 252	0,45	10,16 748	9,91 746	0,14	47	
	14	9,75 017	0,31	9,83 280	0,45	10,16 720	9,91 738	0,14	46	
	15	9,75 036	0,31	9,83 307	0,45	10,16 693	9,91 729	0,14	45	
	16	9,75 054	0,31	9,83 334	0,45	10,16 666	9,91 720	0,14	44	
	17	9,75 073	0,31	9,83 361	0,45	10,16 639	9,91 712	0,14	43	
	18	9,75 091	0,31	9,83 388	0,45	10,16 612	9,91 703	0,14	42	
	19	9,75 110	0,31	9,83 415	0,45	10,16 585	9,91 695	0,14	41	
34	**20**	9,75 128	0,31	9,83 442	0,45	10,16 558	9,91 686	0,14	**40**	55
	21	9,75 147	0,31	9,83 470	0,45	10,16 530	9,91 677	0,14	39	
	22	9,75 165	0,31	9,83 497	0,45	10,16 503	9,91 669	0,14	38	
	23	9,75 184	0,31	9,83 524	0,45	10,16 476	9,91 660	0,14	37	
	24	9,75 202	0,31	9,83 551	0,45	10,16 449	9,91 651	0,14	36	
	25	9,75 221	0,31	9,83 578	0,45	10,16 422	9,91 643	0,14	35	
	26	9,75 239	0,31	9,83 605	0,45	10,16 395	9,91 634	0,14	34	
	27	9,75 258	0,31	9,83 632	0,45	10,16 368	9,91 625	0,14	33	
	28	9,75 276	0,31	9,83 659	0,45	10,16 341	9,91 617	0,14	32	
	29	9,75 294	0,31	9,83 686	0,45	10,16 314	9,91 608	0,14	31	
34	**30**	9,75 313	0,31	9.83 713	0,45	10,16 287	9.91 599	0,14	**30**	55
o	′	lg cos	D/1″	lg cot	D/1″	lg tan	lg sin	D/1″	M.	Gr.

Gr.	M.	lg sin	D/1″	lg tan	D/1″	lg cot	lg cos	D/1″	′	0
34	30	9,75 313		9,83 713		10,16 287	9,91 599		30	55
			0,31		0,45			0,14		
	31	9,75 331		9,83 740		10,16 260	9,91 591		29	
			0,31		0,45			0,14		
	32	9,75 350		9,83 768		10,16 232	9,91 582		28	
			0,31		0,45			0,14		
	33	9,75 368		9,83 795		10,16 205	9,91 573		27	
			0,31		0,45			0,15		
	34	9,75 386		9,83 822		10,16 178	9,91 565		26	
			0,31		0,45			0,15		
	35	9,75 405		9,83 849		10,16 151	9,91 556		25	
			0,31		0,45			0,15		
	36	9,75 423		9,83 876		10,16 124	9,91 547		24	
			0,31		0,45			0,15		
	37	9,75 441		9,83 903		10,16 097	9,91 538		23	
			0,31		0,45			0,15		
	38	9,75 459		9,83 930		10,16 070	9,91 530		22	
			0,31		0,45			0,15		
	39	9,75 478		9,83 957		10,16 043	9,91 521		21	
			0,31		0,45			0,15		
34	40	9,75 496		9,83 984		10,16 016	9,91 512		20	55
			0,30		0,45			0,15		
	41	9,75 514		9,84 011		10,15 989	9,91 504		19	
			0,30		0,45			0,15		
	42	9,75 533		9,84 038		10,15 962	9,91 495		18	
			0,30		0,45			0,15		
	43	9,75 551		9,84 065		10,15 935	9,91 486		17	
			0,30		0,45			0,15		
	44	9,75 569		9,84 092		10,15 908	9,91 477		16	
			0,30		0,45			0,15		
	45	9,75 587		9,84 119		10,15 881	9,91 469		15	
			0,30		0,45			0,15		
	46	9,75 605		9,84 146		10,15 854	9,91 460		14	
			0,30		0,45			0,15		
	47	9,75 624		9,84 173		10,15 827	9,91 451		13	
			0,30		0,45			0,15		
	48	9,75 642		9,84 200		10,15 800	9,91 442		12	
			0,30		0,45			0,15		
	49	9,75 660		9,84 227		10,15 773	9,91 433		11	
			0,30		0,45			0,15		
34	50	9,75 678		9,84 254		10,15 746	9,91 425		10	55
			0,30		0,45			0,15		
	51	9,75 696		9,84 280		10,15 720	9,91 416		9	
			0,30		0,45			0,15		
	52	9,75 714		9,84 307		10,15 693	9,91 407		8	
			0,30		0,45			0,15		
	53	9,75 733		9,84 334		10,15 666	9,91 398		7	
			0,30		0,45			0,15		
	54	9,75 751		9,84 361		10,15 639	9,91 389		6	
			0,30		0,45			0,15		
	55	9,75 769		9,84 388		10,15 612	9,91 381		5	
			0,30		0,45			0,15		
	56	9,75 787		9,84 415		10,15 585	9,91 372		4	
			0,30		0,45			0,15		
	57	9,75 805		9,84 442		10,15 558	9,91 363		3	
			0,30		0,45			0,15		
	58	9,75 823		9,84 469		10,15 531	9,91 354		2	
			0,30		0,45			0,15		
	59	9,75 841		9,84 496		10,15 504	9,91 345		1	
			0,30		0,45			0,15		
35	0	9,75 859		9,84 523		10,15 477	9,91 336		0	55
0	′	lg cos	D/1″	lg cot	D/1″	lg tan	lg sin	D/1″	M.	Gr.

Gr.	M.	lg sin	D/1″	lg tan	D/1″	lg cot	lg cos	D/1″	′	°
35	0	9,75 859		9,84 523		10,15 477	9,91 336		0	55
	1	9,75 877	0,30	9,84 550	0,45	10,15 450	9,91 328	0,15	59	
	2	9,75 895	0,30	9,84 576	0,45	10,15 424	9,91 319	0,15	58	
	3	9,75 913	0,30	9,84 603	0,45	10,15 397	9,91 310	0,15	57	
	4	9,75 931	0,30	9,84 630	0,45	10,15 370	9,91 301	0,15	56	
			0,30		0,45			0,15		
	5	9,75 949		9,84 657		10,15 343	9,91 292		55	
	6	9,75 967	0,30	9,84 684	0,45	10,15 316	9,91 283	0,15	54	
	7	9,75 985	0,30	9,84 711	0,45	10,15 289	9,91 274	0,15	53	
	8	9,76 003	0,30	9,84 738	0,45	10,15 262	9,91 266	0,15	52	
	9	9,76 021	0,30	9,84 764	0,45	10,15 236	9,91 257	0,15	51	
			0,30		0,45			0,15		
35	10	9,76 039		9,84 791		10,15 209	9,91 248		50	54
	11	9,76 057	0,30	9,84 818	0,45	10,15 182	9,91 239	0,15	49	
	12	9,76 075	0,30	9,84 845	0,45	10,15 155	9,91 230	0,15	48	
	13	9,76 093	0,30	9,84 872	0,45	10,15 128	9,91 221	0,15	47	
	14	9,76 111	0,30	9,84 899	0,45	10,15 101	9,91 212	0,15	46	
			0,30		0,45			0,15		
	15	9,76 129		9,84 925		10,15 075	9,91 203		45	
	16	9,76 146	0,30	9,84 952	0,45	10,15 048	9,91 194	0,15	44	
	17	9,76 164	0,30	9,84 979	0,45	10,15 021	9,91 185	0,15	43	
	18	9,76 182	0,30	9,85 006	0,45	10,14 994	9,91 176	0,15	42	
	19	9,76 200	0,30	9,85 033	0,45	10,14 967	9,91 167	0,15	41	
			0,30		0,45			0,15		
35	20	9,76 218		9,85 059		10,14 941	9,91 158		40	54
	21	9,76 236	0,30	9,85 086	0,45	10,14 914	9,91 149	0,15	39	
	22	9,76 253	0,30	9,85 113	0,45	10,14 887	9,91 141	0,15	38	
	23	9,76 271	0,30	9,85 140	0,45	10,14 860	9,91 132	0,15	37	
	24	9,76 289	0,30	9,85 166	0,45	10,14 834	9,91 123	0,15	36	
			0,30		0,45			0,15		
	25	9,76 307		9,85 193		10,14 807	9,91 114		35	
	26	9,76 324	0,30	9,85 220	0,45	10,14 780	9,91 105	0,15	34	
	27	9,76 342	0,30	9,85 247	0,45	10,14 753	9,91 096	0,15	33	
	28	9,76 360	0,30	9,85 273	0,45	10,14 727	9,91 087	0,15	32	
	29	9,76 378	0,30	9,85 300	0,45	10,14 700	9,91 078	0,15	31	
			0,30		0,45			0,15		
35	30	9,76 395		9,85 327		10,14 673	9,91 069		30	54
0	′	lg cos	D/1″	lg cot	D/1″	lg tan	lg sin	D/1″	M.	Gr.

Gr.	M.	lg sin	D/1″	lg tan	D/1″	lg cot	lg cos	D/1″	′	o
35	30	9,76 395		9,85 327		10,14 673	9,91 069		30	54
			0,30		0,45			0,15		
	31	9,76 413		9,85 354		10,14 646	9,91 060		29	
			0,30		0,45			0,15		
	32	9,76 431		9,85 380		10,14 620	9,91 051		28	
			0,30		0,45			0,15		
	33	9,76 448		9,85 407		10,14 593	9,91 042		27	
			0,30		0,45			0,15		
	34	9,76 466		9,85 434		10,14 566	9,91 033		26	
			0,29		0,45			0,15		
	35	9,76 484		9,85 460		10,14 540	9,91 023		25	
			0,29		0,45			0,15		
	36	9,76 501		9,85 487		10,14 513	9,91 014		24	
			0,29		0,45			0,15		
	37	9,76 519		9,85 514		10,14 486	9,91 005		23	
			0,29		0,45			0,15		
	38	9,76 537		9,85 540		10,14 460	9,90 996		22	
			0,29		0,45			0,15		
	39	9,76 554		9,85 567		10,14 433	9,90 987		21	
			0,29		0,45			0,15		
35	40	9,76 572		9,85 594		10,14 406	9,90 978		20	54
			0,29		0,44			0,15		
	41	9,76 590		9,85 620		10,14 380	9,90 969		19	
			0,29		0,44			0,15		
	42	9,76 607		9,85 647		10,14 353	9,90 960		18	
			0,29		0,44			0,15		
	43	9,76 625		9,85 674		10,14 326	9,90 951		17	
			0,29		0,44			0,15		
	44	9,76 642		9,85 700		10,14 300	9,90 942		16	
			0,29		0,44			0,15		
	45	9,76 660		9,85 727		10,14 273	9,90 933		15	
			0,29		0,44			0,15		
	46	9,76 677		9,85 754		10,14 246	9,90 924		14	
			0,29		0,44			0,15		
	47	9,76 695		9,85 780		10,14 220	9,90 915		13	
			0,29		0,44			0,15		
	48	9,76 712		9,85 807		10,14 193	9,90 906		12	
			0,29		0,44			0,15		
	49	9,76 730		9,85 834		10,14 166	9,90 896		11	
			0,29		0,44			0,15		
35	50	9,76 747		9,85 860		10,14 140	9,90 887		10	54
			0,29		0,44			0,15		
	51	9,76 765		9,85 887		10,14 113	9,90 878		9	
			0,29		0,44			0,15		
	52	9,76 782		9,85 913		10,14 087	9,90 869		8	
			0,29		0,44			0,15		
	53	9,76 800		9,85 940		10,14 060	9,90 860		7	
			0,29		0,44			0,15		
	54	9,76 817		9,85 967		10,14 033	9,90 851		6	
			0,29		0,44			0,15		
	55	9,76 835		9,85 993		10,14 007	9,90 842		5	
			0,29		0,44			0,15		
	56	9,76 852		9,86 020		10,13 980	9,90 832		4	
			0,29		0,44			0,15		
	57	9,76 870		9,86 046		10,13 954	9,90 823		3	
			0,29		0,44			0,15		
	58	9,76 887		9,86 073		10,13 927	9,90 814		2	
			0,29		0,44			0,15		
	59	9,76 904		9,86 100		10,13 900	9,90 805		1	
			0,29		0,44			0,15		
36	0	9,76 922		9,86 126		10,13 874	9,90 796		0	54
o	′	lg cos	D/1″	lg cot	D/1″	lg tan	lg sin	D/1″	M.	Gr.

Gr.	M.	lg sin	D/1″	lg tan	D/1″	lg cot	lg cos	D/1″	′	0
36	0	9,76 922		9,86 126		10,13 874	9,90 796		0	54
			0,29		0,44			0,15		
	1	9,76 939		9,86 153		10,13 847	9,90 787		59	
			0,29		0,44			0,15		
	2	9,76 957		9,86 179		10,13 821	9,90 777		58	
			0,29		0,44			0,15		
	3	9,76 974		9,86 206		10,13 794	9,90 768		57	
			0,29		0,44			0,15		
	4	9,76 991		9,86 232		10,13 768	9,90 759		56	
			0,29		0,44			0,15		
	5	9,77 009		9,86 259		10,13 741	9,90 750		55	
			0,29		0,44			0,15		
	6	9,77 026		9,86 285		10,13 715	9,90 741		54	
			0,29		0,44			0,15		
	7	9,77 043		9,86 312		10,13 688	9,90 731		53	
			0,29		0,44			0,15		
	8	9,77 061		9,86 338		10,13 662	9,90 722		52	
			0,29		0,44			0,15		
	9	9,77 078		9,86 365		10,13 635	9,90 713		51	
			0,29		0,44			0,15		
36	10	9,77 095		9,86 392		10,13 608	9,90 704		50	53
			0,29		0,44			0,15		
	11	9,77 112		9,86 418		10,13 582	9,90 694		49	
			0,29		0,44			0,15		
	12	9,77 130		9,86 445		10,13 555	9,90 685		48	
			0,29		0,44			0,15		
	13	9,77 147		9,86 471		10,13 529	9,90 676		47	
			0,29		0,44			0,15		
	14	9,77 164		9,86 498		10,13 502	9,90 667		46	
			0,29		0,44			0,15		
	15	9,77 181		9,86 524		10,13 476	9,90 657		45	
			0,29		0,44			0,15		
	16	9,77 199		9,86 551		10,13 449	9,90 648		44	
			0,29		0,44			0,15		
	17	9,77 216		9,86 577		10,13 423	9,90 639		43	
			0,29		0,44			0,15		
	18	9,77 233		9,86 603		10,13 397	9,90 630		42	
			0,29		0,44			0,15		
	19	9,77 250		9,86 630		10,13 370	9,90 620		41	
			0,29		0,44			0,15		
36	20	9,77 268		9,86 656		10,13 344	9,90 611		40	53
			0,29		0,44			0,15		
	21	9,77 285		9,86 683		10,13 317	9,90 602		39	
			0,29		0,44			0,16		
	22	9,77 302		9,86 709		10,13 291	9,90 592		38	
			0,29		0,44			0,16		
	23	9,77 319		9,86 736		10,13 264	9,90 583		37	
			0,29		0,44			0,16		
	24	9,77 336		9,86 762		10,13 238	9,90 574		36	
			0,29		0,44			0,16		
	25	9,77 353		9,86 789		10,13 211	9,90 565		35	
			0,29		0,44			0,16		
	26	9,77 370		9,86 815		10,13 185	9,90 555		34	
			0,29		0,44			0,16		
	27	9,77 387		9,86 842		10,13 158	9,90 546		33	
			0,29		0,44			0,15		
	28	9,77 405		9,86 868		10,13 132	9,90 537		32	
			0,29		0,44			0,16		
	29	9,77 422		9,86 894		10,13 106	9,90 527		31	
			0,29		0,44			0,16		
36	30	9.77 439		9,86 921		10,13 079	9.90 518		30	53
0	′	lg cos	D/1″	lg cot	D/1″	lg tan	lg sin	D/1″	M.	Gr.

Gr.	M.	lg sin	D/1″	lg tan	D/1″	lg cot	lg cos	D/1″	′	0
36	30	9,77 439		9,86 921		10,13 079	9,90 518		30	53
			0,29		0,44			0,16		
	31	9,77 456		9,86 947		10,13 053	9,90 509		29	
			0,28		0,44			0,16		
	32	9,77 473		9,86 974		10,13 026	9,90 499		28	
			0,28		0,44			0,16		
	33	9,77 490		9,87 000		10,13 000	9,90 490		27	
			0,28		0,44			0,16		
	34	9,77 507		9,87 027		10,12 973	9,90 480		26	
			0,28		0,44			0,16		
	35	9,77 524		9,87 053		10,12 947	9,90 471		25	
			0,28		0,44			0,16		
	36	9,77 541		9,87 079		10,12 921	9,90 462		24	
			0,28		0,44			0,16		
	37	9,77 558		9,87 106		10,12 894	9,90 452		23	
			0,28		0,44			0,16		
	38	9,77 575		9,87 132		10,12 868	9,90 443		22	
			0,28		0,44			0,16		
	39	9,77 592		9,87 158		10,12 842	9,90 434		21	
			0,28		0,44			0,16		
36	40	9,77 609		9,87 185		10,12 815	9,90 424		20	53
			0,28		0,44			0,16		
	41	9,77 626		9,87 211		10,12 789	9,90 415		19	
			0,28		0,44			0,16		
	42	9,77 643		9,87 238		10,12 762	9,90 405		18	
			0,28		0,44			0,16		
	43	9,77 660		9,87 264		10,12 736	9,90 396		17	
			0,28		0,44			0,16		
	44	9,77 677		9,87 290		10,12 710	9,90 386		16	
			0,28		0,44			0,16		
	45	9,77 694		9,87 317		10,12 683	9,90 377		15	
			0,28		0,44			0,16		
	46	9,77 711		9,87 343		10,12 657	9,90 368		14	
			0,28		0,44			0,16		
	47	9,77 728		9,87 369		10,12 631	9,90 358		13	
			0,28		0,44			0,16		
	48	9,77 744		9,87 396		10,12 604	9,90 349		12	
			0,28		0,44			0,16		
	49	9,77 761		9,87 422		10,12 578	9,90 339		11	
			0,28		0,44			0,16		
36	50	9,77 778		9,87 448		10,12 552	9,90 330		10	53
			0,28		0,44			0,16		
	51	9,77 795		9,87 475		10,12 525	9,90 320		9	
			0,28		0,44			0,16		
	52	9,77 812		9,87 501		10,12 499	9,90 311		8	
			0,28		0,44			0,16		
	53	9,77 829		9,87 527		10,12 473	9,90 301		7	
			0,28		0,44			0,16		
	54	9,77 846		9,87 554		10,12 446	9,90 292		6	
			0,28		0,44			0,16		
	55	9,77 862		9,87 580		10,12 420	9,90 282		5	
			0,28		0,44			0,16		
	56	9,77 879		9,87 606		10,12 394	9,90 273		4	
			0,28		0,44			0,16		
	57	9,77 896		9,87 633		10,12 367	9,90 263		3	
			0,28		0,44			0,16		
	58	9,77 913		9,87 659		10,12 341	9,90 254		2	
			0,28		0,44			0,16		
	59	9,77 930		9,87 685		10,12 315	9,90 244		1	
			0,28		0,44			0,16		
37	0	9,77 946		9,87 711		10,12 289	9,90 235		0	53
0	′	lg cos	D/1″	lg cot	D/1″	lg tan	lg sin	D/1″	M.	Gr.

Gr.	M.	lg sin	D/1″	lg tan	D/1″	lg cot	lg cos	D/1″	′	o
37	**0**	9,77 946		9,87 711		10,12 289	9,90 235		**0**	**53**
	1	9,77 963	0,28	9,87 738	0,44	10,12 262	9,90 225	0,16	59	
	2	9,77 980	0,28	9,87 764	0,44	10,12 236	9,90 216	0,16	58	
	3	9,77 997	0,28	9,87 790	0,44	10,12 210	9,90 206	0,16	57	
	4	9,78 013	0,28	9,87 817	0,44	10,12 183	9,90 197	0,16	56	
	5	9,78 030	0,28	9,87 843	0,44	10,12 157	9,90 187	0,16	55	
	6	9,78 047	0,28	9,87 869	0,44	10,12 131	9,90 178	0,16	54	
	7	9,78 063	0,28	9,87 895	0,44	10,12 105	9,90 168	0,16	53	
	8	9,78 080	0,28	9,87 922	0,44	10,12 078	9,90 159	0,16	52	
	9	9,78 097	0,28	9,87 948	0,44	10,12 052	9,90 149	0,16	51	
37	**10**	9,78 113	0,28	9,87 974	0,44	10,12 026	9,90 139	0,16	**50**	**52**
	11	9,78 130	0,28	9,88 000	0,44	10,12 000	9,90 130	0,16	49	
	12	9,78 147	0,28	9,88 027	0,44	10,11 973	9,90 120	0,16	48	
	13	9,78 163	0,28	9,88 053	0,44	10,11 947	9,90 111	0,16	47	
	14	9,78 180	0,28	9,88 079	0,44	10,11 921	9,90 101	0,16	46	
	15	9,78 197	0,28	9,88 105	0,44	10,11 895	9,90 091	0,16	45	
	16	9,78 213	0,28	9,88 131	0,44	10,11 869	9,90 082	0,16	44	
	17	9,78 230	0,28	9,88 158	0,44	10,11 842	9,90 072	0,16	43	
	18	9,78 246	0,28	9,88 184	0,44	10,11 816	9,90 063	0,16	42	
	19	9,78 263	0,28	9,88 210	0,44	10,11 790	9,90 053	0,16	41	
37	**20**	9,78 280	0,28	9,88 236	0,44	10,11 764	9,90 043	0,16	**40**	**52**
	21	9,78 296	0,28	9,88 262	0,44	10,11 738	9,90 034	0,16	39	
	22	9,78 313	0,28	9,88 289	0,44	10,11 711	9,90 024	0,16	38	
	23	9,78 329	0,28	9,88 315	0,44	10,11 685	9,90 014	0,16	37	
	24	9,78 346	0,28	9,88 341	0,44	10,11 659	9,90 005	0,16	36	
	25	9,78 362	0,28	9,88 367	0,44	10,11 633	9,89 995	0,16	35	
	26	9,78 379	0,28	9,88 393	0,44	10,11 607	9,89 985	0,16	34	
	27	9,78 395	0,28	9,88 420	0,44	10,11 580	9,89 976	0,16	33	
	28	9,78 412	0,28	9,88 446	0,44	10,11 554	9,89 966	0,16	32	
	29	9,78 428	0,28	9,88 472	0,44	10,11 528	9,89 956	0,16	31	
37	**30**	9,78 445	0,28	9,88 498	0,44	10,11 502	9,89 947	0,16	**30**	**52**
o	′	lg cos	D/1″	lg cot	D/1″	lg tan	lg sin	D/1″	M.	Gr.

Gr.	M.	lg sin	D/1″	lg tan	D/1″	lg cot	lg cos	D/1″	′	o
37	30	9,78 445	0,27	9,88 498	0,44	10,11 502	9,89 947	0,16	30	52
	31	9,78 461	0,27	9,88 524	0,44	10,11 476	9,89 937	0,16	29	
	32	9,78 478	0,27	9,88 550	0,44	10,11 450	9,89 927	0,16	28	
	33	9,78 494	0,27	9,88 577	0,44	10,11 423	9,89 918	0,16	27	
	34	9,78 510	0,27	9,88 603	0,44	10,11 397	9,89 908	0,16	26	
	35	9,78 527	0,27	9,88 629	0,44	10,11 371	9,89 898	0,16	25	
	36	9,78 543	0,27	9,88 655	0,44	10,11 345	9,89 888	0,16	24	
	37	9,78 560	0,27	9,88 681	0,44	10,11 319	9,89 879	0,16	23	
	38	9,78 576	0,27	9,88 707	0,44	10,11 293	9,89 869	0,16	22	
	39	9,78 592	0,27	9,88 733	0,44	10,11 267	9,89 859	0,16	21	
37	40	9,78 609	0,27	9,88 759	0,44	10,11 241	9,89 849	0,16	20	52
	41	9,78 625	0,27	9,88 786	0,44	10,11 214	9,89 840	0,16	19	
	42	9,78 642	0,27	9,88 812	0,44	10,11 188	9,89 830	0,16	18	
	43	9,78 658	0,27	9,88 838	0,44	10,11 162	9,89 820	0,16	17	
	44	9,78 674	0,27	9,88 864	0,44	10,11 136	9,89 810	0,16	16	
	45	9,78 691	0,27	9,88 890	0,44	10,11 110	9,89 801	0,16	15	
	46	9,78 707	0,27	9,88 916	0,44	10,11 084	9,89 791	0,16	14	
	47	9,78 723	0,27	9,88 942	0,44	10,11 058	9,89 781	0,16	13	
	48	9,78 739	0,27	9,88 968	0,44	10,11 032	9,89 771	0,16	12	
	49	9,78 756	0,27	9,88 994	0,44	10,11 006	9,89 761	0,16	11	
37	50	9,78 772	0,27	9,89 020	0,44	10,10 980	9,89 752	0,16	10	52
	51	9,78 788	0,27	9,89 046	0,43	10,10 954	9,89 742	0,16	9	
	52	9,78 805	0,27	9,89 073	0,43	10,10 927	9,89 732	0,16	8	
	53	9,78 821	0,27	9,89 099	0,43	10,10 901	9,89 722	0,16	7	
	54	9,78 837	0,27	9,89 125	0,43	10,10 875	9,89 712	0,16	6	
	55	9,78 853	0,27	9,89 151	0,43	10,10 849	9,89 702	0,16	5	
	56	9,78 869	0,27	9,89 177	0,43	10,10 823	9,89 693	0,16	4	
	57	9,78 886	0,27	9,89 203	0,43	10,10 797	9,89 683	0,16	3	
	58	9,78 902	0,27	9,89 229	0,43	10,10 771	9,89 673	0,16	2	
	59	9,78 918	0,27	9,89 255	0,43	10,10 745	9,89 663	0,16	1	
38	0	9,78 934		9,89 281		10,10 719	9,89 653		0	52
o	′	lg cos	D/1″	lg cot	D/1″	lg tan	lg sin	D/1″	M.	Gr.

Gr.	M.	lg sin	D/1″	lg tan	D/1″	lg cot	lg cos	D/1″	′	o
38	0	9,78 934		9,89 281		10,10 719	9,89 653		0	52
	1	9,78 950	0,27	9,89 307	0,43	10,10 693	9,89 643	0,16	59	
	2	9,78 967	0,27	9,89 333	0,43	10,10 667	9,89 633	0,16	58	
	3	9,78 983	0,27	9,89 359	0,43	10,10 641	9,89 624	0,16	57	
	4	9,78 999	0,27	9,89 385	0,43	10,10 615	9,89 614	0,16	56	
	5	9,79 015	0,27	9,89 411	0,43	10,10 589	9,89 604	0,16	55	
	6	9,79 031	0,27	9,89 437	0,43	10,10 563	9,89 594	0,17	54	
	7	9,79 047	0,27	9,89 463	0,43	10,10 537	9,89 584	0,17	53	
	8	9,79 063	0,27	9,89 489	0,43	10,10 511	9,89 574	0,17	52	
	9	9,79 079	0,27	9,89 515	0,43	10,10 485	9,89 564	0,17	51	
38	10	9,79 095	0,27	9,89 541	0,43	10,10 459	9,89 554	0,17	50	51
	11	9,79 111	0,27	9,89 567	0,43	10,10 433	9,89 544	0,17	49	
	12	9,79 128	0,27	9,89 593	0,43	10,10 407	9,89 534	0,17	48	
	13	9,79 144	0,27	9,89 619	0,43	10,10 381	9,89 524	0,17	47	
	14	9,79 160	0,27	9,89 645	0,43	10,10 355	9,89 514	0,17	46	
	15	9,79 176	0,27	9,89 671	0,43	10,10 329	9,89 504	0,17	45	
	16	9,79 192	0,27	9,89 697	0,43	10,10 303	9,89 495	0,17	44	
	17	9,79 208	0,27	9,89 723	0,43	10,10 277	9,89 485	0,17	43	
	18	9,79 224	0,27	9,89 749	0,43	10.10 251	9,89 475	0,17	42	
	19	9,79 240	0,27	9,89 775	0,43	10,10 225	9,89 465	0,17	41	
38	20	9,79 256	0,27	9,89 801	0,43	10,10 199	9,89 455	0,17	40	51
	21	9,79 272	0,27	9,89 827	0,43	10,10 173	9,89 445	0,17	39	
	22	9,79 288	0,27	9,89 853	0,43	10,10 147	9,89 435	0,17	38	
	23	9,79 304	0,27	9,89 879	0,43	10,10 121	9,89 425	0,17	37	
	24	9,79 319	0,27	9,89 905	0,43	10,10 095	9,89 415	0,17	36	
	25	9,79 335	0,27	9,89 931	0,43	10,10 069	9,89 405	0,17	35	
	26	9,79 351	0,27	9,89 957	0,43	10,10 043	9,89 395	0,17	34	
	27	9,79 367	0,27	9,89 983	0,43	10,10 017	9,89 385	0,17	33	
	28	9,79 383	0,27	9,90 009	0,43	10,09 991	9,89 375	0,17	32	
	29	9,79 399	0,27	9,90 035	0,43	10,09 965	9,89 364	0,17	31	
38	30	9,79 415		9,90 061		10,09 939	9,89 354		30	51
o	′	lg cos	D/1″	lg cot	D/1″	lg tan	lg sin	D/1″	M.	Gr.

Gr.	M.	lg sin	D/1″	lg tan	D/1″	lg cot	lg cos	D/1″	′	°
38	30	9,79 41<u>5</u>		9,90 06<u>1</u>		10,09 939	9,89 354		30	51
			0,27		0,43			0,17		
	31	9,79 431		9,90 086		10,09 91<u>4</u>	9,89 344		29	
			0,27		0,43			0,17		
	32	9,79 447		9,90 112		10,09 88<u>8</u>	9,89 334		28	
			0,27		0,43			0,17		
	33	9,79 46<u>3</u>		9,90 138		10,09 86<u>2</u>	9,89 324		27	
			0,26		0,43			0,17		
	34	9,79 478		9,90 164		10,09 83<u>6</u>	9,89 314		26	
			0,26		0,43			0,17		
	35	9,79 494		9,90 190		10,09 81<u>0</u>	9,89 304		25	
			0,26		0,43			0,17		
	36	9,79 510		9,90 216		10,09 78<u>4</u>	9,89 294		24	
			0,26		0,43			0,17		
	37	9,79 52<u>6</u>		9,90 24<u>2</u>		10,09 758	9,89 28<u>4</u>		23	
			0,26		0,43			0,17		
	38	9,79 54<u>2</u>		9,90 26<u>8</u>		10,09 732	9,89 27<u>4</u>		22	
			0,26		0,43			0,17		
	39	9,79 55<u>8</u>		9,90 29<u>4</u>		10,09 706	9,89 26<u>4</u>		21	
			0,26		0,43			0,17		
38	40	9,79 573		9,90 32<u>0</u>		10,09 680	9,89 254		20	51
			0,26		0,43			0,17		
	41	9,79 589		9,90 34<u>6</u>		10,09 654	9,89 24<u>4</u>		19	
			0,26		0,43			0,17		
	42	9,79 60<u>5</u>		9,90 371		10,09 62<u>9</u>	9,89 233		18	
			0,26		0,43			0,17		
	43	9,79 62<u>1</u>		9,90 397		10,09 60<u>3</u>	9,89 223		17	
			0,26		0,43			0,17		
	44	9,79 636		9,90 423		10,09 57<u>7</u>	9,89 213		16	
			0,26		0,43			0,17		
	45	9,79 652		9,90 449		10,09 55<u>1</u>	9,89 203		15	
			0,26		0,43			0,17		
	46	9,79 66<u>8</u>		9,90 47<u>5</u>		10,09 525	9,89 19<u>3</u>		14	
			0,26		0,43			0,17		
	47	9,79 68<u>4</u>		9,90 50<u>1</u>		10,09 499	9,89 18<u>3</u>		13	
			0,26		0,43			0,17		
	48	9,79 699		9,90 52<u>7</u>		10,09 473	9,89 17<u>3</u>		12	
			0,26		0,43			0,17		
	49	9,79 715		9,90 55<u>3</u>		10,09 447	9,89 162		11	
			0,26		0,43			0,17		
38	50	9,79 73<u>1</u>		9,90 578		10,09 42<u>2</u>	9,89 152		10	51
			0,26		0,43			0,17		
	51	9,79 746		9,90 604		10,09 39<u>6</u>	9,89 142		9	
			0,26		0,43			0.17		
	52	9,79 762		9,90 630		10,09 37<u>0</u>	9,89 132		8	
			0,26		0,43			0,17		
	53	9,79 77<u>8</u>		9,90 656		10,09 34<u>4</u>	9,89 12<u>2</u>		7	
			0,26		0,43			0,17		
	54	9,79 793		9,90 68<u>2</u>		10,09 318	9,89 11<u>2</u>		6	
			0,26		0,43			0,17		
	55	9,79 809		9,90 708		10,09 292	9,89 101		5	
			0,26		0,43			0,17		
	56	9,79 82<u>5</u>		9,90 73<u>4</u>		10,09 266	9,89 091		4	
			0,26		0,43			0,17		
	57	9,79 840		9,90 759		10,09 24<u>1</u>	9,89 08<u>1</u>		3	
			0,26		0,43			0,17		
	58	9,79 85<u>6</u>		9,90 785		10,09 21<u>5</u>	9,89 07<u>1</u>		2	
			0,26		0,43			0,17		
	59	9,79 87<u>2</u>		9,90 811		10,09 189	9,89 060		1	
			0,26		0,43			0,17		
39	0	9,79 887		9,90 83<u>7</u>		10,09 163	9,89 050		0	51
°	′	lg cos	D/1″	lg cot	D/1″	lg tan	lg sin	D/1″	M.	Gr.

Gr.	M.	lg sin	D/1″	lg tan	D/1″	lg cot	lg cos	D/1″	′	°
39	**0**	9,79 887	0,26	9,90 83_7_	0,43	10,09 163	9,89 050	0,17	**0**	**51**
	1	9,79 90_3_	0,26	9,90 86_3_	0,43	10,09 137	9,89 040	0,17	59	
	2	9,79 918	0,26	9,90 88_9_	0,43	10,09 111	9,89 03_0_	0,17	58	
	3	9,79 93_4_	0,26	9,90 914	0,43	10,09 08_6_	9,89 02_0_	0,17	57	
	4	9,79 95_0_	0,26	9,90 940	0,43	10,09 06_0_	9,89 009	0,17	56	
	5	9,79 965	0,26	9,90 966	0,43	10,09 03_4_	9,88 999	0,17	55	
	6	9,79 98_1_	0,26	9,90 99_2_	0,43	10,09 008	9,88 98_9_	0,17	54	
	7	9,79 996	0,26	9,91 01_8_	0,43	10,08 982	9,88 978	0,17	53	
	8	9,80 01_2_	0,26	9,91 043	0,43	10,08 95_7_	9,88 968	0,17	52	
	9	9,80 027	0,26	9,91 069	0,43	10,08 93_1_	9,88 95_8_	0,17	51	
39	**10**	9,80 04_3_	0,26	9,91 095	0,43	10,08 90_5_	9,88 94_8_	0,17	**50**	**50**
	11	9,80 058	0,26	9,91 12_1_	0,43	10,08 879	9,88 937	0,17	49	
	12	9,80 07_4_	0,26	9,91 14_7_	0,43	10,08 853	9,88 927	0,17	48	
	13	9,80 089	0,26	9,91 172	0,43	10,08 82_8_	9,88 91_7_	0,17	47	
	14	9,80 10_5_	0,26	9,91 198	0,43	10,08 80_2_	9,88 906	0,17	46	
	15	9,80 120	0,26	9,91 224	0,43	10,08 77_6_	9,88 896	0,17	45	
	16	9,80 13_6_	0,26	9,91 25_0_	0,43	10,08 750	9,88 88_6_	0,17	44	
	17	9,80 151	0,26	9,91 27_6_	0,43	10,08 724	9,88 875	0,17	43	
	18	9,80 166	0,26	9,91 301	0,43	10,08 69_9_	9,88 865	0,17	42	
	19	9,80 18_2_	0,26	9.91 327	0,43	10,08 67_3_	9,88 85_5_	0,17	41	
39	**20**	9,80 197	0,26	9,91 35_3_	0,43	10,08 647	9.88 844	0,17	**40**	**50**
	21	9,80 21_3_	0,26	9,91 37_9_	0,43	10,08 621	9,88 834	0,17	39	
	22	9,80 228	0,26	9,91 404	0,43	10,08 59_6_	9,88 82_4_	0,17	38	
	23	9,80 24_4_	0,26	9,91 430	0,43	10,08 57_0_	9,88 813	0,17	37	
	24	9,80 25_9_	0,26	9,91 45_6_	0,43	10,08 544	9,88 803	0,17	36	
	25	9,80 274	0,26	9,91 48_2_	0,43	10,08 518	9,88 79_3_	0,17	35	
	26	9,80 29_0_	0,26	9,91 507	0,43	10,08 49_3_	9,88 782	0,17	34	
	27	9,80 305	0,26	9,91 533	0,43	10.08 467	9,88 77_2_	0,17	33	
	28	9,80 320	0,26	9,91 55_9_	0,43	10,08 441	9,88 761	0,17	32	
	29	9,80 33_6_	0,26	9,91 58_5_	0,43	10,08 415	9,88 751	0,17	31	
39	**30**	9,80 351		9,91 610		10,08 390	9,88 74_1_		**30**	**50**

°	′	lg cos	D/1″	lg cot	D/1″	lg tan	lg sin	D/1″	M.	Gr.

Gr.	M.	lg sin	D/1″	lg tan	D/1″	lg cot	lg cos	D/1″	′	°
39	30	9,80 351		9,91 610		10,08 390	9,88 741		30	50
	31	9,80 366	0,26	9,91 636	0,43	10,08 364	9,88 730	0,17	29	
	32	9,80 382	0,26	9,91 662	0,43	10,08 338	9,88 720	0,17	28	
	33	9,80 397	0,26	9,91 688	0,43	10,08 312	9,88 709	0,17	27	
	34	9,80 412	0,26	9,91 713	0,43	10,08 287	9,88 699	0,17	26	
			0,26		0,43			0,17		
	35	9,80 428	0,26	9,91 739	0,43	10,08 261	9,88 688	0,17	25	
	36	9,80 443	0,25	9,91 765	0,43	10,08 235	9,88 678	0,17	24	
	37	9,80 458	0,25	9,91 791	0,43	10,08 209	9,88 668	0,17	23	
	38	9,80 473	0,25	9,91 816	0,43	10,08 184	9,88 657	0,17	22	
	39	9,80 489	0,25	9,91 842	0,43	10,08 158	9,88 647	0,17	21	
			0,25		0,43			0,17		
39	40	9,80 504	0,25	9,91 868	0,43	10,08 132	9,88 636	0,17	20	50
	41	9,80 519	0,25	9,91 893	0,43	10,08 107	9,88 626	0,17	19	
	42	9,80 534	0,25	9,91 919	0,43	10,08 081	9,88 615	0,17	18	
	43	9,80 550	0,25	9,91 945	0,43	10,08 055	9,88 605	0,18	17	
	44	9,80 565	0,25	9,91 971	0,43	10,08 029	9,88 594	0,18	16	
			0,25		0,43			0,18		
	45	9,80 580	0,25	9,91 996	0,43	10,08 004	9,88 584	0,18	15	
	46	9,80 595	0,25	9,92 022	0,43	10,07 978	9,88 573	0,18	14	
	47	9,80 610	0,25	9,92 048	0,43	10,07 952	9,88 563	0,18	13	
	48	9,80 625	0,25	9,92 073	0,43	10,07 927	9,88 552	0,18	12	
	49	9,80 641	0,25	9,92 099	0,43	10,07 901	9,88 542	0,18	11	
			0,25		0,43			0,18		
39	50	9,80 656	0,25	9,92 125	0,43	10,07 875	9,88 531	0,18	10	50
	51	9,80 671	0,25	9,92 150	0,43	10,07 850	9,88 521	0,18	9	
	52	9,80 686	0,25	9,92 176	0,43	10,07 824	9,88 510	0,18	8	
	53	9,80 701	0,25	9,92 202	0,43	10,07 798	9,88 499	0,18	7	
	54	9,80 716	0,25	9,92 227	0,43	10,07 773	9,88 489	0,18	6	
			0,25		0,43			0,18		
	55	9,80 731	0,25	9,92 253	0,43	10,07 747	9,88 478	0,18	5	
	56	9,80 746	0,25	9,92 279	0,43	10,07 721	9,88 468	0,18	4	
	57	9,80 762	0,25	9,92 304	0,43	10,07 696	9,88 457	0,18	3	
	58	9,80 777	0,25	9,92 330	0,43	10,07 670	9,88 447	0,18	2	
	59	9,80 792	0,25	9,92 356	0,43	10,07 644	9,88 436	0,18	1	
			0,25		0,43			0,18		
40	0	9,80 807		9,92 381		10,07 619	9,88 425		0	50

°	′	lg cos	D/1″	lg cot	D/1″	lg tan	lg sin	D/1″	M.	Gr.

Gr.	M.	lg sin	D/1″	lg tan	D/1″	lg cot	lg cos	D/1″	′	○
40	0	9,80 807	0,25	9,92 381	0,43	10,07 619	9,88 425	0,18	0	50
	1	9,80 822	0,25	9,92 407	0,43	10,07 593	9,88 415	0,18	59	
	2	9,80 837	0,25	9,92 433	0,43	10,07 567	9,88 404	0,18	58	
	3	9,80 852	0,25	9,92 458	0,43	10,07 542	9,88 394	0,18	57	
	4	9,80 867	0,25	9,92 484	0,43	10,07 516	9,88 383	0,18	56	
	5	9,80 882	0,25	9,92 510	0,43	10,07 490	9,88 372	0,18	55	
	6	9,80 897	0,25	9,92 535	0,43	10,07 465	9,88 362	0,18	54	
	7	9,80 912	0,25	9,92 561	0,43	10,07 439	9,88 351	0,18	53	
	8	9,80 927	0,25	9,92 587	0,43	10,07 413	9,88 340	0,18	52	
	9	9,80 942	0,25	9,92 612	0,43	10,07 388	9,88 330	0,18	51	
40	10	9,80 957	0,25	9,92 638	0,43	10,07 362	9,88 319	0,18	50	49
	11	9,80 972	0,25	9,92 663	0,43	10,07 337	9,88 308	0,18	49	
	12	9,80 987	0,25	9,92 689	0,43	10,07 311	9,88 298	0,18	48	
	13	9,81 002	0,25	9,92 715	0,43	10,07 285	9,88 287	0,18	47	
	14	9,81 017	0,25	9,92 740	0,43	10,07 260	9,88 276	0,18	46	
	15	9,81 032	0,25	9,92 766	0,43	10,07 234	9,88 266	0,18	45	
	16	9,81 047	0,25	9,92 792	0,43	10,07 208	9,88 255	0,18	44	
	17	9,81 061	0,25	9,92 817	0,43	10,07 183	9,88 244	0,18	43	
	18	9,81 076	0,25	9,92 843	0,43	10,07 157	9,88 234	0,18	42	
	19	9,81 091	0,25	9,92 868	0,43	10,07 132	9,88 223	0,18	41	
40	20	9,81 106	0,25	9,92 894	0,43	10,07 106	9,88 212	0,18	40	49
	21	9,81 121	0,25	9,92 920	0,43	10,07 080	9,88 201	0,18	39	
	22	9,81 136	0,25	9,92 945	0,43	10,07 055	9,88 191	0,18	38	
	23	9,81 151	0,25	9,92 971	0,43	10,07 029	9,88 180	0,18	37	
	24	9,81 166	0,25	9,92 996	0,43	10,07 004	9,88 169	0,18	36	
	25	9,81 180	0,25	9,93 022	0,43	10,06 978	9,88 158	0,18	35	
	26	9,81 195	0,25	9,93 048	0,43	10,06 952	9,88 148	0,18	34	
	27	9,81 210	0,25	9,93 073	0,43	10,06 927	9,88 137	0,18	33	
	28	9,81 225	0,25	9,93 099	0,43	10,06 901	9,88 126	0,18	32	
	29	9,81 240	0,25	9,93 124	0,43	10,06 876	9,88 115	0,18	31	
40	30	9,81 254	0,25	9,93 150	0,43	10,06 850	9,88 105	0,18	30	49
○	′	lg cos	D/1″	lg cot	D/1″	lg tan	lg sin	D/1″	M.	Gr.

Gr.	M.	lg sin	D/1″	lg tan	D/1″	lg cot	lg cos	D/1″	′	°
40	**30**	9,81 254		9,93 150		10,06 850	9,88 105		**30**	**49**
	31	9,81 269	0,25	9,93 175	0,43	10,06 825	9,88 094	0,18	29	
	32	9,81 284	0,25	9,93 201	0,43	10,06 799	9,88 083	0,18	28	
	33	9,81 299	0,25	9,93 227	0,43	10,06 773	9,88 072	0,18	27	
	34	9,81 314	0,25	9,93 252	0,43	10,06 748	9,88 061	0,18	26	
			0,25		0,43			0,18		
	35	9,81 328	0,25	9,93 278	0,43	10,06 722	9,88 051	0,18	25	
	36	9,81 343	0,25	9,93 303	0,43	10,06 697	9,88 040	0,18	24	
	37	9,81 358	0,25	9,93 329	0,43	10,06 671	9,88 029	0,18	23	
	38	9,81 372	0,25	9,93 354	0,43	10,06 646	9,88 018	0,18	22	
	39	9,81 387	0,25	9,93 380	0,43	10,06 620	9,88 007	0,18	21	
			0,25		0,43			0,18		
40	**40**	9,81 402	0,25	9,93 406	0,43	10,06 594	9,87 996	0,18	**20**	**49**
	41	9,81 417	0,25	9,93 431	0,43	10,06 569	9,87 985	0,18	19	
	42	9,81 431	0,25	9,93 457	0,43	10,06 543	9,87 975	0,18	18	
	43	9,81 446	0,25	9,93 482	0,43	10,06 518	9,87 964	0,18	17	
	44	9,81 461	0,24	9,93 508	0,43	10,06 492	9,87 953	0,18	16	
			0,24		0,43			0,18		
	45	9,81 475	0,24	9,93 533	0,43	10,06 467	9,87 942	0,18	15	
	46	9,81 490	0,24	9,93 559	0,43	10,06 441	9,87 931	0,18	14	
	47	9,81 505	0,24	9,93 584	0,43	10,06 416	9,87 920	0,18	13	
	48	9,81 519	0,24	9,93 610	0,43	10,06 390	9,87 909	0,18	12	
	49	9,81 534	0,24	9,93 636	0,43	10,06 364	9,87 898	0,18	11	
			0,24		0,43			0,18		
40	**50**	9,81 549	0,24	9,93 661	0,43	10,06 339	9,87 887	0,18	**10**	**49**
	51	9,81 563	0,24	9,93 687	0,43	10,06 313	9,87 877	0,18	9	
	52	9,81 578	0,24	9,93 712	0,43	10,06 288	9,87 866	0,18	8	
	53	9,81 592	0,24	9,93 738	0,43	10,06 262	9,87 855	0,18	7	
	54	9,81 607	0,24	9,93 763	0,43	10,06 237	9,87 844	0,18	6	
			0,24		0,43			0,18		
	55	9,81 622	0,24	9,93 789	0,43	10,06 211	9,87 833	0,18	5	
	56	9,81 636	0,24	9,93 814	0,43	10,06 186	9,87 822	0,18	4	
	57	9,81 651	0,24	9,93 840	0,43	10,06 160	9,87 811	0,18	3	
	58	9,81 665	0,24	9,93 865	0,43	10,06 135	9,87 800	0,18	2	
	59	9,81 680	0,24	9,93 891	0,43	10,06 109	9,87 789	0,18	1	
			0,24		0,43			0,18	′	
41	**0**	9,81 694		9,93 916		10,06 084	9,87 778		**0**	**49**
°	′	lg cos	D/1″	lg cot	D/1″	lg tan	lg sin	D/1″	M.	Gr.

Gr.	M.	lg sin	D/1″	lg tan	D/1″	lg cot	lg cos	D/1″	′	°
41	0	9,81 694		9,93 916		10,06 084	9,87 778		0	49
	1	9,81 709	0,24	9,93 942	0,43	10,06 058	9,87 767	0,18	59	
	2	9,81 723	0,24	9,93 967	0,43	10,06 033	9,87 756	0,18	58	
	3	9,81 738	0,24	9,93 993	0,43	10,06 007	9,87 745	0,18	57	
	4	9,81 752	0,24	9,94 018	0,43	10,05 982	9,87 734	0,18	56	
	5	9,81 767	0,24	9,94 044	0,43	10,05 956	9,87 723	0,18	55	
	6	9,81 781	0,24	9,94 069	0,43	10,05 931	9,87 712	0,18	54	
	7	9,81 796	0,24	9,94 095	0,43	10,05 905	9,87 701	0,18	53	
	8	9,81 810	0,24	9,94 120	0,43	10,05 880	9,87 690	0,18	52	
	9	9,81 825	0,24	9,94 146	0,43	10,05 854	9,87 679	0,18	51	
41	10	9,81 839	0,24	9,94 171	0,43	10,05 829	9,87 668	0,18	50	48
	11	9,81 854	0,24	9,94 197	0,43	10,05 803	9,87 657	0,18	49	
	12	9,81 868	0,24	9,94 222	0,43	10,05 778	9,87 646	0,18	48	
	13	9,81 882	0,24	9,94 248	0,43	10,05 752	9,87 635	0,18	47	
	14	9,81 897	0,24	9,94 273	0,43	10,05 727	9,87 624	0,18	46	
	15	9,81 911	0,24	9,94 299	0,43	10,05 701	9,87 613	0,18	45	
	16	9,81 926	0,24	9,94 324	0,43	10,05 676	9,87 601	0,18	44	
	17	9,81 940	0,24	9,94 350	0,43	10,05 650	9,87 590	0,18	43	
	18	9,81.955	0,24	9,94 375	0,43	10,05 625	9,87 579	0,18	42	
	19	9,81 969	0,24	9,94 401	0,43	10,05 599	9,87 568	0,19	41	
41	20	9,81 983	0,24	9,94 426	0,43	10,05 574	9,87 557	0,19	40	48
	21	9,81 998	0,24	9,94 452	0,43	10,05 548	9,87 546	0,19	39	
	22	9,82 012	0,24	9,94 477	0,43	10,05 523	9,87 535	0,19	38	
	23	9,82 026	0,24	9,94 503	0,43	10,05 497	9,87 524	0,19	37	
	24	9,82 041	0,24	9,94 528	0,43	10,05 472	9,87 513	0,19	36	
	25	9,82 055	0,24	9,94 554	0,42	10,05 446	9,87 501	0,19	35	
	26	9,82 069	0,24	9,94 579	0,42	10,05 421	9,87 490	0,19	34	
	27	9,82 084	0,24	9,94 604	0,42	10,05 396	9,87 479	0,19	33	
	28	9,82 098	0,24	9,94 630	0,42	10,05 370	9,87 468	0,19	32	
	29	9,82 112	0,24	9,94 655	0,42	10,05 345	9,87 457	0,19	31	
41	30	9,82 126	0,24	9,94 681	0,42	10,05 319	9,87 446	0,19	30	48
°	′	lg cos	D/1″	lg cot	D/1″	lg tan	lg sin	D/1″	M.	Gr.

Gr.	M.	lg sin	D/1″	lg tan	D/1″	lg cot	lg cos	D/1″	′	°
41	30	9,82 126		9,94 681		10,05 319	9,87 446		30	**48**
	31	9,82 141	0,24	9,94 706	0,42	10,05 294	9,87 434	0,19	29	
	32	9,82 155	0,24	9,94 732	0,42	10,05 268	9,87 423	0,19	28	
	33	9,82 169	0,24	9,94 757	0,42	10,05 243	9,87 412	0,19	27	
	34	9,82 184	0,24	9,94 783	0,42	10,05 217	9,87 401	0,19	26	
			0,24		0,42			0,19		
	35	9,82 198	0,24	9,94 808	0,42	10,05 192	9,87 390	0,19	25	
	36	9,82 212	0,24	9,94 834	0,42	10,05 166	9,87 378	0,19	24	
	37	9,82 226	0,24	9.94 859	0,42	10,05 141	9,87 367	0,19	23	
	38	9,82 240	0,24	9.94 884	0,42	10,05 116	9,87 356	0,19	22	
	39	9,82 255	0,24	9,94 910	0,42	10,05 090	9,87 345	0,19	21	
			0,24		0,42			0,19		
41	40	9,82 269	0,24	9,94 935	0,42	10,05 065	9,87 334	0,19	**20**	**48**
	41	9,82 283	0,24	9,94 961	0,42	10,05 039	9,87 322	0,19	19	
	42	9,82 297	0,24	9,94 986	0,42	10,05 014	9,87 311	0,19	18	
	43	9,82 311	0,24	9,95 012	0,42	10,04 988	9,87 300	0,19	17	
	44	9,82 326	0,24	9,95 037	0,42	10,04 963	9,87 288	0,19	16	
			0,24		0,42			0,19		
	45	9,82 340	0,24	9,95 062	0,42	10,04 938	9,87 277	0,19	15	
	46	9,82 354	0,24	9,95 088	0,42	10,04 912	9,87 266	0,19	14	
	47	9,82 368	0,24	9,95 113	0,42	10,04 887	9,87 255	0,19	13	
	48	9,82 382	0,24	9,95 139	0,42	10,04 861	9,87 243	0,19	12	
	49	9,82 396	0,24	9,95 164	0,42	10,04 836	9,87 232	0,19	11	
			0,24		0,42			0,19		
41	50	9,82 410	0,24	9,95 190	0,42	10,04 810	9,87 221	0,19	**10**	**48**
	51	9,82 424	0,24	9,95 215	0,42	10,04 785	9,87 209	0,19	9	
	52	9,82 439	0,24	9,95 240	0,42	10,04 760	9,87 198	0,19	8	
	53	9,82 453	0,24	9,95 266	0,42	10,04 734	9,87 187	0,19	7	
	54	9,82 467	0,24	9,95 291	0,42	10,04 709	9,87 175	0,19	6	
			0,24		0,42			0,19		
	55	9,82 481	0,23	9,95 317	0,42	10,04 683	9,87 164	0,19	5	
	56	9,82 495	0,23	9,95 342	0,42	10,04 658	9,87 153	0,19	4	
	57	9,82 509	0,23	9,95 368	0,42	10,04 632	9,87 141	0,19	3	
	58	9,82 523	0,23	9,95 393	0,42	10,04 607	9,87 130	0,19	2	
	59	9,82 537	0,23	9,95 418	0,42	10,04 582	9,87 119	0,19	1	
			0,23		0,42			0,19		
42	0	9,82 551		9,95 444		10,04 556	9,87 107		0	**48**

°	′	lg cos	D/1″	lg cot	D/1″	lg tan	lg sin	D/1″	M.	Gr.

Gr.	M.	lg sin	D/1″	lg tan	D/1″	lg cot	lg cos	D/1″	′	°
42	0	9,82 551		9,95 444		10,04 556	9,87 107		0	48
	1	9,82 565	0,23	9,95 469	0,42	10,04 531	9,87 096	0,19	59	
	2	9,82 579	0,23	9,95 435	0,42	10,04 505	9,87 085	0,19	58	
	3	9,82 593	0,23	9,95 520	0,42	10,04 480	9,87 073	0,19	57	
	4	9,82 607	0,23	9,95 545	0,42	10,04 455	9,87 062	0,19	56	
			0,23		0,42			0,19		
	5	9,82 621		9,95 571		10,04 429	9,87 050		55	
	6	9,82 635	0,23	9,95 596	0,42	10,04 404	9,87 039	0,19	54	
	7	9,82 649	0,23	9,95 622	0,42	10,04 378	9,87 028	0,19	53	
	8	9,82 663	0,23	9,95 647	0,42	10,04 353	9,87 016	0,19	52	
	9	9,82 677	0,23	9,95 672	0,42	10,04 328	9,87 005	0,19	51	
			0,23		0,42			0,19		
42	10	9,82 691		9,95 698		10,04 302	9,86 993		50	47
	11	9,82 705	0,23	9,95 723	0,42	10,04 277	9,86 982	0,19	49	
	12	9,82 719	0,23	9,95 748	0,42	10,04 252	9,86 970	0,19	48	
	13	9,82 733	0,23	9,95 774	0,42	10,04 226	9,86 959	0,19	47	
	14	9,82 747	0,23	9,95 799	0,42	10,04 201	9,86 947	0,19	46	
			0,23		0,42			0,19		
	15	9,82 761		9,95 825		10,04 175	9,36 936		45	
	16	9,82 775	0,23	9,95 850	0,42	10,04 150	9,86 924	0,19	44	
	17	9,82 788	0,23	9,95 875	0,42	10,04 125	9,86 913	0,19	43	
	18	9,82 802	0,23	9,95 901	0,42	10,04 099	9,86 902	0,19	42	
	19	9,82 816	0,23	9,95 926	0,42	10,04 074	9,86 890	0,19	41	
			0,23		0,42			0,19		
42	20	9,82 830		9,95 952		10,04 048	9,86 879		40	47
	21	9,82 844	0,23	9,95 977	0,42	10,04 023	9,86 867	0,19	39	
	22	9,82 858	0,23	9,96 002	0,42	10,03 998	9,86 855	0,19	38	
	23	9,82 872	0,23	9,96 028	0,42	10,03 972	9,86 844	0,19	37	
	24	9,82 885	0,23	9,96 053	0,42	10,03 947	9,86 832	0,19	36	
			0,23		0,42			0,19		
	25	9,82 899		9,96 078		10,03 922	9,86 821		35	
	26	9,82 913	0,23	9,96 104	0,42	10,03 896	9,86 809	0,19	34	
	27	9,82 927	0,23	9,96 129	0,42	10,03 871	9,86 798	0,19	33	
	28	9,82 941	0,23	9,96 155	0,42	10,03 845	9,86 786	0,19	32	
	29	9,82 955	0,23	9,96 180	0,42	10,03 820	9,86 775	0,19	31	
			0,23		0,42			0,19		
42	30	9,82 968		9,96 205		10,03 795	9,86 763		30	47
°	′	lg cos	D/1″	lg cot	D/1″	lg tan	lg sin	D/1″	M.	Gr.

Gr.	M.	lg sin	D/1″	lg tan	D/1″	lg cot	lg cos	D/1″	′	°
42	**30**	9,82 968	0,23	9,96 205	0,42	10,03 795	9,86 763	0,19	**30**	**47**
	31	9,82 982	0,23	9,96 231	0,42	10,03 769	9,86 752	0,19	29	
	32	9,82 996	0,23	9,96 256	0,42	10,03 744	9,86 740	0,19	28	
	33	9,83 010	0,23	9,96 281	0,42	10,03 719	9,86 728	0,19	27	
	34	9,83 023	0,23	9,96 307	0,42	10,03 693	9,86 717	0,19	26	
	35	9,83 037	0,23	9,96 332	0,42	10,03 668	9,86 705	0,19	25	
	36	9,83 051	0,23	9,96 357	0,42	10,03 643	9,86 694	0,19	24	
	37	9,83 065	0,23	9,96 383	0,42	10,03 617	9,86 682	0,19	23	
	38	9,83 078	0,23	9,96 408	0,42	10,03 592	9,86 670	0,19	22	
	39	9,83 092	0,23	9,96 433	0,42	10,03 567	9,86 659	0,19	21	
42	**40**	9,83 106	0,23	9,96 459	0,42	10,03 541	9.86 647	0,19	**20**	**47**
	41	9,83 120	0,23	9,96 484	0,42	10,03 516	9,86 635	0,19	19	
	42	9,83 133	0,23	9,96 510	0,42	10,03 490	9,86 624	0,19	18	
	43	9,83 147	0,23	9,96 535	0,42	10,03 465	9,86 612	0,19	17	
	44	9,83 161	0,23	9,96 560	0,42	10,03 440	9,86 600	0,19	16	
	45	9,83 174	0,23	9,96 586	0,42	10,03 414	9,86 589	0,19	15	
	46	9,83 188	0,23	9,96 611	0,42	10,03 389	9,86 577	0,19	14	
	47	9,83 202	0,23	9,96 636	0,42	10,03 364	9,86 565	0,19	13	
	48	9,83 215	0,23	9,96 662	0,42	10,03 338	9,86 554	0,20	12	
	49	9,83 229	0,23	9,96 687	0,42	10,03 313	9,86 542	0,20	11	
42	**50**	9,83 242	0,23	9,96 712	0,42	10,03 288	9,86 530	0,20	**10**	**47**
	51	9,83 256	0,23	9,96 738	0,42	10,03 262	9,86 518	0,20	9	
	52	9,83 270	0,23	9,96 763	0,42	10,03 237	9,86 507	0,20	8	
	53	9,83 283	0,23	9,96 788	0,42	10,03 212	9,86 495	0,20	7	
	54	9,83 297	0,23	9,96 814	0,42	10,03 186	9,86 483	0,20	6	
	55	9,83 310	0,23	9,96 839	0,42	10,03 161	9,86 472	0,20	5	
	56	9,83 324	0,23	9,96 864	0,42	10,03 136	9,86 460	0,20	4	
	57	9,83 338	0,23	9,96 890	0,42	10,03 110	9.86 448	0,20	3	
	58	9,83 351	0,23	9,96 915	0,42	10,03 085	9,86 436	0,20	2	
	59	9,83 365	0,23	9,96 940	0,42	10,03 060	9,86 425	0,20	1	
43	**0**	9,83 378		9,96 966		10,03 034	9.86 413		**0**	**47**
°	′	lg cos	D/1″	lg cot	D/1″	lg tan	lg sin	D/1″	M.	Gr.

Gr.	M.	lg sin	D/1″	lg tan	D/1″	lg cot	lg cos	D/1″	′	°
43	0	9,83 378	0,23	9,96 966	0,42	10,03 034	9,86 413	0,20	0	47
	1	9,83 392	0,23	9,96 991	0,42	10,03 009	9,86 401	0,20	59	
	2	9,83 405	0,23	9,97 016	0,42	10,02 984	9,86 389	0,20	58	
	3	9,83 419	0,23	9,97 042	0,42	10,02 958	9,86 377	0,20	57	
	4	9,83 432	0,23	9,97 067	0,42	10,02 933	9,86 366	0,20	56	
	5	9,83 446	0,23	9,97 092	0,42	10,02 908	9,86 354	0,20	55	
	6	9,83 459	0,23	9,97 118	0,42	10,02 882	9,86 342	0,20	54	
	7	9,83 473	0,23	9,97 143	0,42	10,02 857	9,86 330	0,20	53	
	8	9,83 486	0,23	9,97 168	0,42	10,02 832	9,86 318	0,20	52	
	9	9,83 500	0,23	9,97 193	0,42	10,02 807	9,86 306	0,20	51	
43	10	9,83 513	0,23	9,97 219	0,42	10,02 781	9,86 295	0,20	50	46
	11	9,83 527	0,22	9,97 244	0,42	10,02 756	9,86 283	0,20	49	
	12	9,83 540	0,22	9,97 269	0,42	10,02 731	9,86 271	0,20	48	
	13	9,83 554	0,22	9,97 295	0,42	10,02 705	9,86 259	0,20	47	
	14	9,83 567	0,22	9,97 320	0,42	10,02 680	9,86 247	0,20	46	
	15	9,83 581	0,22	9,97 345	0,42	10,02 655	9,86 235	0,20	45	
	16	9,83 594	0,22	9,97 371	0,42	10,02 629	9,86 223	0,20	44	
	17	9,83 608	0,22	9,97 396	0,42	10,02 604	9,86 211	0,20	43	
	18	9,83 621	0,22	9,97 421	0,42	10,02 579	9,86 200	0,20	42	
	19	9,83 634	0,22	9,97 447	0,42	10,02 553	9,86 188	0,20	41	
43	20	9,83 648	0,22	9,97 472	0,42	10,02 528	9,86 176	0,20	40	46
	21	9,83 661	0,22	9,97 497	0,42	10,02 503	9,86 164	0,20	39	
	22	9,83 674	0,22	9,97 523	0,42	10,02 477	9,86 152	0,20	38	
	23	9,83 688	0,22	9,97 548	0,42	10,02 452	9,86 140	0,20	37	
	24	9,83 701	0,22	9,97 573	0,42	10,02 427	9,86 128	0,20	36	
	25	9,83 715	0,22	9,97 598	0,42	10,02 402	9,86 116	0,20	35	
	26	9,83 728	0,22	9,97 624	0,42	10,02 376	9,86 104	0,20	34	
	27	9,83 741	0,22	9,97 649	0,42	10,02 351	9,86 092	0,20	33	
	28	9,83 755	0,22	9,97 674	0,42	10,02 326	9,86 080	0,20	32	
	29	9,83 768	0,22	9,97 700	0,42	10,02 300	9,86 068	0,20	31	
43	30	9,83 781	0,22	9,97 725	0,42	10,02 275	9,86 056	0,20	30	46
°	′	lg cos	D/1″	lg cot	D/1″	lg tan	lg sin	D/1″	M.	Gr.

Gr.	M.	lg sin	D/1″	lg tan	D/1″	lg cot	lg cos	D/1″	′	0
43	30	9,83 781	0,22	9.97 725	0,42	10,02 275	9,86 056	0,20	30	46
	31	9,83 795	0,22	9.97 750	0,42	10,02 250	9,86 044	0,20	29	
	32	9,83 808	0,22	9.97 776	0,42	10,02 224	9,86 032	0,20	28	
	33	9,83 821	0,22	9.97 801	0.42	10,02 199	9,86 020	0,20	27	
	34	9,83 834	0,22	9,97 826	0,42	10,02 174	9,86 008	0,20	26	
	35	9,83 848	0,22	9,97 851	0,42	10,02 149	9,85 996	0,20	25	
	36	9,83 861	0,22	9,97 877	0,42	10,02 123	9,85 984	0,20	24	
	37	9,83 874	0,22	9,97 902	0,42	10,02 098	9,85 972	0,20	23	
	38	9,83 887	0,22	9,97 927	0,42	10,02 073	9,85 960	0,20	22	
	39	9,83 901	0,22	9,97 953	0,42	10,02 047	9,85 948	0,20	21	
43	40	9,83 914	0.22	9,97 978	0,42	10,02 022	9,85 936	0,20	20	46
	41	9,83 927	0.22	9,98 003	0,42	10,01 997	9,85 924	0,20	19	
	42	9,83 940	0,22	9,98 029	0,42	10,01 971	9,85 912	0,20	18	
	43	9,83 954	0,22	9,98 054	0,42	10,01 946	9,85 900	0,20	17	
	44	9,83 967	0,22	9,98 079	0,42	10,01 921	9,85 888	0,20	16	
	45	9,83 980	0,22	9,98 104	0.42	10,01 896	9,85 876	0,20	15	
	46	9,83 993	0,22	9,98 130	0,42	10,01 870	9,85 864	0,20	14	
	47	9,84 006	0,22	9,98 155	0,42	10,01 845	9,85 851	0,20	13	
	48	9,84 020	0,22	9,98 180	0,42	10,01 820	9,85 839	0,20	12	
	49	9,84 033	0.22	9,98 206	0.42	10,01 794	9,85 827	0,20	11	
43	50	9,84 046	0,22	9,98 231	0,42	10,01 769	9,85 815	0,20	10	46
	51	9,84 059	0,22	9,98 256	0,42	10,01 744	9,85 803	0,20	9	
	52	9.84 072	0,22	9,98 281	0.42	10,01 719	9,85 791	0,20	8	
	53	9,84 085	0,22	9,98 307	0,42	10,01 693	9,85 779	0,20	7	
	54	9,84 098	0,22	9,98 332	0,42	10,01 668	9,85 766	0,20	6	
	55	9,84 112	0,22	9,98 357	0,42	10,01 643	9,85 754	0,20	5	
	56	9,84 125	0,22	9,98 383	0,42	10,01 617	9,85 742	0,20	4	
	57	9,84 138	0.22	9,98 408	0,42	10,01 592	9,85 730	0,20	3	
	58	9,84 151	0.22	9,98 433	0,42	10.01 567	9,85 718	0,20	2	
	59	9,84 164	0,22	9,98 458	0,42	10,01 542	9,85 706	0,20	1	
44	0	9,84 177		9,98 484		10,01 516	9,85 693		0	46
0	′	lg cos	D/1″	lg cot	D/1″	lg tan	lg sin	D/1″	M.	Gr.

Gr.	M.	lg sin	D/1″	lg tan	D/1″	lg cot	lg cos	D/1″	′	0
44	0	9,84 177	0,22	9,98 484	0,42	10,01 516	9,85 693	0,20	0	46
	1	9,84 190	0,22	9,98 509	0,42	10,01 491	9,85 681	0,20	59	
	2	9,84 203	0,22	9,98 534	0,42	10,01 466	9,85 669	0,20	58	
	3	9,84 216	0,22	9,98 560	0,42	10,01 440	9,85 657	0,20	57	
	4	9,84 229	0,22	9,98 585	0,42	10,01 415	9,85 645	0,20	56	
	5	9,84 242	0,22	9,98 610	0,42	10,01 390	9,85 632	0,20	55	
	6	9,84 255	0,22	9,98 635	0,42	10,01 365	9,85 620	0,20	54	
	7	9,84 269	0,22	9,98 661	0,42	10,01 339	9,85 608	0,20	53	
	8	9,84 282	0,22	9,98 686	0,42	10,01 314	9,85 596	0,20	52	
	9	9,84 295	0,22	9,98 711	0,42	10,01 289	9,85 583	0,20	51	
44	10	9,84 308	0,22	9,98 737	0,42	10,01 263	9,85 571	0,20	50	45
	11	9,84 321	0,22	9,98 762	0,42	10,01 238	9,85 559	0,20	49	
	12	9,84 334	0,22	9,98 787	0,42	10,01 213	9,85 547	0,20	48	
	13	9,84 347	0,22	9,98 812	0,42	10,01 188	9,85 534	0,20	47	
	14	9,84 360	0,22	9,98 838	0,42	10,01 162	9,85 522	0,20	46	
	15	9,84 373	0,22	9,98 863	0,42	10,01 137	9,85 510	0,21	45	
	16	9,84 385	0,22	9,98 888	0,42	10,01 112	9,85 497	0,21	44	
	17	9,84 398	0,22	9,98 913	0,42	10,01 087	9,85 485	0,21	43	
	18	9,84 411	0,22	9,98 939	0,42	10,01 061	9,85 473	0,21	42	
	19	9,84 424	0,22	9,98 964	0,42	10,01 036	9,85 460	0,21	41	
44	20	9,84 437	0,22	9,98 989	0,42	10,01 011	9,85 448	0,21	40	45
	21	9,84 450	0,22	9,99 015	0,42	10,00 985	9,85 436	0,21	39	
	22	9,84 463	0,22	9,99 040	0,42	10,00 960	9,85 423	0,21	38	
	23	9,84 476	0,22	9,99 065	0,42	10,00 935	9,85 411	0,21	37	
	24	9,84 489	0,22	9,99 090	0,42	10,00 910	9,85 399	0,21	36	
	25	9,84 502	0,22	9,99 116	0,42	10,00 884	9,85 386	0,21	35	
	26	9,84 515	0,22	9,99 141	0,42	10,00 859	9,85 374	0,21	34	
	27	9,84 528	0,22	9,99 166	0,42	10,00 834	9,85 361	0,21	33	
	28	9,84 540	0,22	9,99 191	0,42	10,00 809	9,85 349	0,21	32	
	29	9,84 553	0,21	9,99 217	0,42	10,00 783	9,85 337	0,21	31	
44	30	9,84 566	0,21	9,99 242	0,42	10,00 758	9,85 324	0,21	30	45
0	′	lg cos	D/1″	lg cot	D/1″	lg tan	lg sin	D/1″	M.	Gr.

Gr.	M.	lg sin	D/1″	lg tan	D/1″	lg cot	lg cos	D/1″	′	°
44	**30**	9,84 566		9,99 242		10,00 758	9,85 324		**30**	**45**
			0,21		0,42			0,21		
	31	9,84 579		9,99 267		10,00 733	9,85 312		29	
			0,21		0,42			0,21		
	32	9,84 592		9,99 293		10,00 707	9,85 299		28	
			0,21		0,42			0,21		
	33	9,84 605		9,99 318		10,00 682	9,85 287		27	
			0,21		0,42			0,21		
	34	9,84 618		9,99 343		10,00 657	9,85 274		26	
			0,21		0,42			0,21		
	35	9,84 630		9,99 368		10,00 632	9,85 262		25	
			0,21		0,42			0,21		
	36	9,84 643		9,99 394		10,00 606	9,85 250		24	
			0,21		0,42			0,21		
	37	9.84 656		9,99 419		10,00 581	9,85 237		23	
			0,21		0,42			0,21		
	38	9,84 669		9,99 444		10,00 556	9,85 225		22	
			0,21		0,42			0,21		
	39	9,84 682		9,99 469		10,00 531	9,85 212		21	
			0,21		0,42			0,21		
44	**40**	9,84 694		9,99 495		10,00 505	9,85 200		**20**	**45**
			0,21		0,42			0,21		
	41	9,84 707		9,99 520		10,00 480	9,85 187		19	
			0,21		0,42			0,21		
	42	9,84 720		9,99 545		10,00 455	9,85 175		18	
			0,21		0,42			0,21		
	43	9,84 733		9,99 570		10,00 430	9,85 162		17	
			0,21		0,42			0,21		
	44	9,84 745		9,99 596		10,00 404	9,85 150		16	
			0,21		0,42			0,21		
	45	9,84 758		9,99 621		10,00 379	9,85 137		15	
			0,21		0,42			0,21		
	46	9,84 771		9,99 646		10.00 354	9,85 125		14	
			0,21		0,42			0,21		
	47	9,84 784		9,99 672		10,00 328	9,85 112		13	
			0,21		0,42			0,21		
	48	9,84 796		9,99 697		10,00 303	9,85 100		12	
			0,21		0,42			0,21		
	49	9,84 809		9,99 722		10,00 278	9,85 087		11	
			0,21		0,42			0,21		
44	**50**	9,84 822		9,99 747		10,00 253	3,85 074		**10**	**45**
			0,21		0,42			0,21		
	51	9,84 835		9,99 773		10,00 227	9,85 062		9	
			0,21		0,42			0,21		
	52	9,84 847		9,99 798		10,00 202	9.85 049		8	
			0,21		0,42			0,21		
	53	9,84 860		9,99 823		10,00 177	9.85 037		7	
			0,21		0,42			0,21		
	54	9,84 873		9,99 848		10,00 152	9,85 024		6	
			0,21		0,42			0,21		
	55	9,84 885		9,99 874		10,00 126	9.85 012		5	
			0,21		0,42			0,21		
	56	9,84 898		9,99 899		10,00 101	9,84 999		4	
			0,21		0,42			0,21		
	57	9,84 911		9.99 924		10,00 076	9,84 986		3	
			0,21		0,42			0,21		
	58	9,84 923		9,99 949		10,00 051	9,84 974		2	
			0,21		0,42			0,21		
	59	9,84 936		9,99 975		10,00 025	9,84 961		1	
			0,21		0,42			0,21		
45	**0**	9,84 949		10,00 000		10,00 000	9,84 949		**0**	**45**

°	′	lg cos	D/1″	lg cot	D/1″	lg tan	lg sin	D/1″	M.	Gr.

Verwandlung der Briggsschen Logarithmen in natürliche und umgekehrt

$\ln z = \ln 10 \cdot \lg z$ Vielfache von $\ln 10 = 2{,}302\ 585$				$\lg x = \lg e \cdot \ln x$ Vielfache von $\lg e = 0{,}434\ 294$			
1	2,302 585	6	13,815 51<u>1</u>	1	0,434 294	6	2,605 76<u>7</u>
2	4,605 170	7	16,118 09<u>6</u>	2	0,868 58<u>9</u>	7	3,040 061
3	6,907 755	8	18,420 68<u>1</u>	3	1,302 883	8	3,474 35<u>6</u>
4	9,210 340	9	20,723 26<u>6</u>	4	1,737 17<u>8</u>	9	3,908 650
5	11,512 925	10	23,025 85<u>1</u>	5	2,171 472	10	4,342 94<u>5</u>

Die natürlichen Logarithmen der Zahlen von 1 bis 100

N	0	1	2	3	4	5	6	7	8	9
0	$-\infty$	0,00000	0,6931<u>5</u>	1,09861	1,38629	1.60944	1,7917<u>6</u>	1,94591	2,07944	2,19722
1	2,3025<u>9</u>	2,3979<u>0</u>	2,4849<u>1</u>	2,5649<u>5</u>	2,6390<u>6</u>	2,70805	2,7725<u>9</u>	2,83321	2,89037	2,94444
2	2,99573	3,04452	3,09104	3,13549	3,17805	3,2188<u>8</u>	3,2581<u>0</u>	3,2958<u>4</u>	3,33220	3,3673<u>0</u>
3	3,4012<u>0</u>	3,4339<u>9</u>	3,4657<u>4</u>	3,4965<u>1</u>	3,52636	3,5553<u>5</u>	3,5835<u>2</u>	3,6109<u>2</u>	3,6375<u>9</u>	3,6635<u>6</u>
4	3,6888<u>8</u>	3,71357	3,7376<u>7</u>	3,76120	3,7841<u>9</u>	3,80666	3.82864	3,85015	3,87120	3,89182
5	3,91202	3,9318<u>3</u>	3,95124	3,97029	3,98898	4,00733	4,02535	4,04305	4,06044	4,0775<u>4</u>
6	4,09434	4,11087	4,12713	4,14313	4,15888	4,1743<u>9</u>	4,18965	4,20469	4,2195<u>1</u>	4,2341<u>1</u>
7	4,2485<u>0</u>	4,2626<u>8</u>	4,2766<u>7</u>	4,2904<u>6</u>	4,30407	4,3174<u>9</u>	4,33073	4,34381	4,3567<u>1</u>	4,3694<u>5</u>
8	4,3820<u>3</u>	4,3944<u>5</u>	4,4067<u>2</u>	4,41884	4,4308<u>2</u>	4,44265	4,45435	4,46591	4,47734	4,4886<u>4</u>
9	4,4998<u>1</u>	4,5108<u>6</u>	4,5217<u>9</u>	4,5326<u>0</u>	4,54329	4,5538<u>8</u>	4,5643<u>5</u>	4,57471	4,5849<u>7</u>	4,5951<u>2</u>

Die reziproken Werte der Zahlen von 1 bis 100

n	0	1	2	3	4	5	6	7	8	9
0	∞	1,00000	0,50000	0,33333	0,25000	0,20000	0,1666<u>7</u>	0,1428<u>6</u>	0,12500	0,11111
1	0,10000	0,0909<u>1</u>	0,08333	0,07692	0,0714<u>3</u>	0,06667	0,06250	0,05882	0,0555<u>6</u>	0,05263
2	0,05000	0,0476<u>2</u>	0,04545	0,0434<u>8</u>	0,0416<u>7</u>	0,04000	0,03846	0,0370<u>4</u>	0,03571	0,03448
3	0,03333	0,0322<u>6</u>	0,03125	0,03030	0,02941	0,02857	0,0277<u>8</u>	0,0270<u>3</u>	0,0263<u>2</u>	0,02564
4	0,02500	0,02439	0,0238<u>1</u>	0,0232<u>6</u>	0,0227<u>3</u>	0,02222	0,0217<u>4</u>	0,0212<u>8</u>	0,02083	0,0204<u>1</u>
5	0,02000	0,0196<u>1</u>	0,01923	0,0188<u>7</u>	0,0185<u>2</u>	0,01818	0,0178<u>6</u>	0,01754	0,01724	0,0169<u>5</u>
6	0,0166<u>7</u>	0,0163<u>9</u>	0,0161<u>3</u>	0,01587	0,01563	0,01538	0,01515	0,01493	0,0147<u>1</u>	0,01449
7	0,0142<u>9</u>	0,01408	0,0138<u>9</u>	0,0137<u>0</u>	0,0135<u>1</u>	0,01333	0,0131<u>6</u>	0,01299	0,01282	0,0126<u>6</u>
8	0,01250	0,0123<u>5</u>	0,0122<u>0</u>	0,0120<u>5</u>	0,01190	0,01176	0,0116<u>3</u>	0,01149	0,01136	0,0112<u>4</u>
9	0,01111	0,0109<u>9</u>	0,0108<u>7</u>	0,01075	0,0106<u>4</u>	0,0105<u>3</u>	0,0104<u>2</u>	0,0103<u>1</u>	0,01020	0,01010

Die ersten 8 Potenzen der Zahlen von 1 bis 20

n	n^2	n^3	n^4	n^5	n^6	n^7	n^8
1	1	1	1	1	1	1	1
2	4	8	16	32	64	128	256
3	9	27	81	243	729	2 187	6 561
4	16	64	256	1 024	4 096	16 384	65 536
5	25	125	625	3 125	15 625	78 125	390 625
6	36	216	1 296	7 776	46 656	279 936	1 679 616
7	49	343	2 401	16 807	117 649	823 543	5 764 801
8	64	512	4 096	32 768	262 144	2 097 152	16 777 216
9	81	729	6 561	59 049	531 441	4 782 969	43 046 721
10	100	1 000	10 000	100 000	1 000 000	10 000 000	100 000 000
11	121	1 331	14 641	161 051	1 771 561	19 487 171	214 358 881
12	144	1 728	20 736	248 832	2 985 984	35 831 808	429 981 696
13	169	2 197	28 561	371 293	4 826 809	62 748 517	815 730 721
14	196	2 744	38 416	537 824	7 529 536	105 413 504	1 475 789 056
15	225	3 375	50 625	759 375	11 390 625	170 859 375	2 562 890 625
16	256	4 096	65 536	1 048 576	16 777 216	268 435 456	4 294 967 296
17	289	4 913	83 521	1 419 857	24 137 569	410 338 673	6 975 757 441
18	324	5 832	104 976	1 889 568	34 012 224	612 220 032	11 019 960 576
19	361	6 859	130 321	2 476 099	47 045 881	893 871 739	16 983 563 041
20	400	8 000	160 000	3 200 000	64 000 000	1 280 000 000	25 600 000 000

Die 9. bis 12. Potenzen und die Fakultäten der Zahlen von 2 bis 9

n	n^9	n^{10}	n^{11}	n^{12}	$n!$
2	512	1 024	2 048	4 096	2
3	19 683	59 049	177 147	531 441	6
4	262 144	1 048 576	4 194 304	16 777 216	24
5	1 953 125	9 765 625	48 828 125	244 140 625	120
6	10 077 696	60 466 176	362 797 056	2 176 782 336	720
7	40 353 607	282 475 249	1 977 326 743	13 841 287 201	5 040
8	134 217 728	1 073 741 824	8 589 934 592	68 719 476 736	40 320
9	387 420 489	3 486 784 401	31 381 059 609	282 429 536 481	362 880

Fakultäten $n!$ siehe auch Seite 158.

Binomialkoeffizienten

n	$\binom{n}{1}$	$\binom{n}{2}$	$\binom{n}{3}$	$\binom{n}{4}$	$\binom{n}{5}$	$\binom{n}{6}$	$\binom{n}{7}$	$\binom{n}{8}$	$\binom{n}{9}$	$\binom{n}{10}$	$\binom{n}{11}$	$\binom{n}{12}$
1	1											
2	2	1										
3	3	3	1									
4	4	6	4	1								
5	5	10	10	5	1							
6	6	15	20	15	6	1						
7	7	21	35	35	21	7	1					
8	8	28	56	70	56	28	8	1				
9	9	36	84	126	126	84	36	9	1			
10	10	45	120	210	252	210	120	45	10	1		
11	11	55	165	330	462	462	330	165	55	11	1	
12	12	66	220	495	792	924	792	495	220	66	12	1

$$\binom{n}{k} = \frac{n\,(n-1)\,(n-2)\,(n-3)\,\ldots\,(n-k+1)}{1\cdot 2\cdot 3\cdot 4\cdot\ldots\cdot k}$$

$$\binom{n}{0} = 1 \quad \text{für alle } n \in \mathbb{N}$$

Die Primzahlen zwischen 1 und 1000

2	97	227	367	509	661	829
3	101	229	373	521	673	839
5	103	233	379	523	677	853
7	107	239	383	541	683	857
11	109	241	389	547	691	859
13	113	251	397	557	701	863
17	127	257	401	563	709	877
19	131	263	409	569	719	881
23	137	269	419	571	727	883
29	139	271	421	577	733	887
31	149	277	431	587	739	907
37	151	281	433	593	743	911
41	157	283	439	599	751	919
43	163	293	443	601	757	929
47	167	307	449	607	761	937
53	173	311	457	613	769	941
59	179	313	461	617	773	947
61	181	317	463	619	787	953
67	191	331	467	631	797	967
71	193	337	479	641	809	971
73	197	347	487	643	811	977
79	199	349	491	647	821	983
83	211	353	499	653	823	991
89	223	359	503	659	827	997

5	4	3	289	240	161	565	403	396
13	12	5	293	285	68	565	493	276
17	15	8	305	224	207	569	520	231
25	24	7	305	273	136	577	575	48
29	21	20	313	312	25	593	465	368
37	35	12	317	308	75	601	551	240
41	40	9	325	253	204	613	612	35
53	45	28	325	323	36	617	608	105
61	60	11	337	288	175	625	527	336
65	56	33	349	299	180	629	460	429
65	63	16	353	272	225	629	621	100
73	55	48	365	357	76	641	609	200
85	77	36	365	364	27	653	572	315
85	84	13	373	275	252	661	589	300
89	80	39	377	345	152	673	552	385
97	72	65	377	352	135	677	675	52
101	99	20	389	340	189	685	667	156
109	91	60	397	325	228	685	684	37
113	112	15	401	399	40	689	561	400
125	117	44	409	391	120	689	680	111
137	105	88	421	420	29	697	528	455
145	143	24	425	304	297	697	672	185
145	144	17	425	416	87	701	651	260
149	140	51	433	408	145	709	660	259
157	132	85	445	396	203	725	627	364
169	120	119	445	437	84	725	644	333
173	165	52	449	351	280	733	725	108
181	180	19	457	425	168	745	624	407
185	153	104	461	380	261	745	713	216
185	176	57	481	360	319	757	595	468
193	168	95	481	480	31	761	760	39
197	195	28	485	476	93	769	600	481
205	156	133	485	483	44	773	748	195
205	187	84	493	468	155	785	736	273
221	171	140	493	475	132	785	783	56
221	220	21	505	377	336	793	665	432
229	221	60	505	456	217	793	775	168
233	208	105	509	459	220	797	572	555
241	209	120	521	440	279	809	759	280
257	255	32	533	435	308	821	700	429
265	247	96	533	525	92	829	629	540
265	264	23	541	420	341	841	840	41
269	260	69	545	513	184	845	836	123
277	252	115	545	544	33	845	837	116
281	231	160	557	532	165	853	828	205

Quadratzahlen

(Abgekürzt auf 5 Stellen)

n	0	1	2	3	4	5	6	7	8	9
10	1 0000	0201	0404	0609	0816	1025	1236	1449	1664	1881
11	2100	2321	2544	2769	2996	3225	3456	3689	3924	4161
12	4400	4641	4884	5129	5376	5625	5876	6129	6384	6641
13	6900	7161	7424	7689	7956	8225	8496	8769	9044	9321
14	9600	9881	•0164	•0449	•0736	•1025	•1316	•1609	•1904	•2201
15	2 2500	2801	3104	3409	3716	4025	4336	4649	4964	5281
16	5600	5921	6244	6569	6896	7225	7556	7889	8224	8561
17	8900	9241	9584	9929	•0276	•0625	•0976	•1329	•1684	•2041
18	3 2400	2761	3124	3489	3856	4225	4596	4969	5344	5721
19	6100	6481	6864	7249	7636	8025	8416	8809	9204	9601
20	4 0000	0401	0804	1209	1616	2025	2436	2849	3264	3681
21	4100	4521	4944	5369	5796	6225	6656	7089	7524	7961
22	8400	8841	9284	9729	•0176	•0625	•1076	•1529	•1984	•2441
23	5 2900	3361	3824	4289	4756	5225	5696	6169	6644	7121
24	7600	8081	8564	9049	9536	•0025	•0516	•1009	•1504	•2001
25	6 2500	3001	3504	4009	4516	5025	5536	6049	6564	7081
26	7600	8121	8644	9169	9696	•0225	•0756	•1289	•1824	•2361
27	7 2900	3441	3984	4529	5076	5625	6176	6729	7284	7841
28	8400	8961	9524	•0089	•0656	•1225	•1796	•2369	•2944	•3521
29	8 4100	4681	5264	5849	6436	7025	7616	8209	8804	9401
30	9 0000	0601	1204	1809	2416	3025	3636	4249	4864	5481
31	6100	6721	7344	7969	8596	9225	9856	•0049	•0112	•0176
32	1 0240	0304	0368	0433	0498	0563	0628	0693	0758	0824
33	0890	0956	1022	1089	1156	1223	1290	1357	1424	1492
34	1560	1628	1696	1765	1834	1903	1972	2041	2110	2180
35	2250	2320	2390	2461	2532	2603	2674	2745	2816	2888
36	2960	3032	3104	3177	3250	3323	3396	3469	3542	3616
37	3690	3764	3838	3913	3988	4063	4138	4213	4288	4364
38	4440	4516	4592	4669	4746	4823	4900	4977	5054	5132
39	5210	5288	5366	5445	5524	5603	5682	5761	5840	5920
n	0	1	2	3	4	5	6	7	8	9

Beispiele: a) $2{,}74^2 = 7{,}5076$

b) $15{,}7^2 = 1{,}57^2 \cdot 10^2 = 2{,}4649 \cdot 10^2 = 246{,}49$

n	0	1	2	3	4	5	6	7	8	9
40	1 6000	6080	6160	6241	6322	6403	6484	6565	6646	6728
41	6810	6892	6974	7057	7140	7223	7306	7389	7472	7556
42	7640	7724	7808	7893	7978	8063	8148	8233	8318	8404
43	8490	8576	8662	8749	8836	8923	9010	9097	9184	9272
44	9360	9448	9536	9625	9714	9803	9892	9981	*0070	*0160
45	2 0250	0340	0430	0521	0612	0703	0794	0885	0976	1068
46	1160	1252	1344	1437	1530	1623	1716	1809	1902	1996
47	2090	2184	2278	2373	2468	2563	2658	2753	2848	2944
48	3040	3136	3232	3329	3426	3523	3620	3717	3814	3912
49	4010	4108	4206	4305	4404	4503	4602	4701	4800	4900
50	5000	5100	5200	5301	5402	5503	5604	5705	5806	5908
51	6010	6112	6214	6317	6420	6523	6626	6729	6832	6936
52	7040	7144	7248	7353	7458	7563	7668	7773	7878	7984
53	8090	8196	8302	8409	8516	8623	8730	8837	8944	9052
54	9160	9268	9376	9485	9594	9703	9812	9921	*0030	*0140
55	3 0250	0360	0470	0581	0692	0803	0914	1025	1136	1248
56	1360	1472	1584	1697	1810	1923	2036	2149	2262	2376
57	2490	2604	2718	2833	2948	3063	3178	3293	3408	3524
58	3640	3756	3872	3989	4106	4223	4340	4457	4574	4692
59	4810	4928	5046	5165	5284	5403	5522	5641	5760	5880
60	6000	6120	6240	6361	6482	6603	6724	6845	6966	7088
61	7210	7332	7454	7577	7700	7823	7946	8069	8192	8316
62	8440	8564	8688	8813	8938	9063	9188	9313	9438	9564
63	9690	9816	9942	*0069	*0196	*0323	*0450	*0577	*0704	*0832
64	4 0960	1088	1216	1345	1474	1603	1732	1861	1990	2120
65	2250	2380	2510	2641	2772	2903	3034	3165	3296	3428
66	3560	3692	3824	3957	4090	4223	4356	4489	4622	4756
67	4890	5024	5158	5293	5428	5563	5698	5833	5968	6104
68	6240	6376	6512	6649	6786	6923	7060	7197	7334	7472
69	7610	7748	7886	8025	8164	8303	8442	8581	8720	8860
n	0	1	2	3	4	5	6	7	8	9

Beispiele: c) $63{,}5^2 \sim 4032{,}3$

d) $363^2 = 3{,}63^2 \cdot 100^2 \sim 13{,}177 \cdot 100^2 \sim 131\,770$

e) $838^2 = 8{,}38^2 \cdot 100^2 \sim 702\,240$

n	0	1	2	3	4	5	6	7	8	9
70	4 9000	9140	9280	9421	9562	9703	9844	9985	•0126	•0268
71	5 0410	0552	0694	0837	0980	1123	1266	1409	1552	1696
72	1840	1984	2128	2273	2418	2563	2708	2853	2998	3144
73	3290	3436	3582	3729	3876	4023	4170	4317	4464	4612
74	4760	4908	5056	5205	5354	5503	5652	5801	5950	6100
75	6250	6400	6550	6701	6852	7003	7154	7305	7456	7608
76	7760	7912	8064	8217	8370	8523	8676	8829	8982	9136
77	9290	9444	9598	9753	9908	•0063	•0218	•0373	•0528	•0684
78	6 0840	0996	1152	1309	1466	1623	1780	1937	2094	2252
79	2410	2568	2726	2885	3044	3203	3362	3521	3680	3840
80	4000	4160	4320	4481	4642	4803	4964	5125	5286	5448
81	5610	5772	5934	6097	6260	6423	6586	6749	6912	7076
82	7240	7404	7568	7733	7898	8063	8228	8393	8558	8724
83	8890	9056	9222	9389	9556	9723	9890	•0057	•0224	•0392
84	7 0560	0728	0896	1065	1234	1403	1572	1741	1910	2080
85	2250	2420	2590	2761	2932	3103	3274	3445	3616	3788
86	3960	4132	4304	4477	4650	4823	4996	5169	5342	5516
87	5690	5864	6038	6213	6388	6563	6738	6913	7088	7264
88	7440	7616	7792	7969	8146	8323	8500	8677	8854	9032
89	9210	9388	9566	9745	9924	•0103	•0282	•0461	•0640	•0820
90	8 1000	1180	1360	1541	1722	1903	2084	2265	2446	2628
91	2810	2992	3174	3357	3540	3723	3906	4089	4272	4456
92	4640	4824	5008	5193	5378	5563	5748	5933	6118	6304
93	6490	6676	6862	7049	7236	7423	7610	7797	7984	8172
94	8360	8548	8736	8925	9114	9303	9492	9681	9870	•0060
95	9 0250	0440	0630	0821	1012	1203	1394	1585	1776	1968
96	2160	2352	2544	2737	2930	3123	3316	3509	3702	3896
97	4090	4284	4478	4673	4868	5063	5258	5453	5648	5844
98	6040	6236	6432	6629	6826	7023	7220	7417	7614	7812
99	8010	8208	8406	8605	8804	9003	9202	9401	9600	9800
n	0	1	2	3	4	5	6	7	8	9

Beispiele: f) $\quad 0{,}75^2 = \dfrac{7{,}5^2}{100} = \dfrac{56{,}25}{100} = 0{,}5625$

g) $\quad 1{,}099^2 \sim 1{,}2078$ } Interpolieren!
h) $\quad 55{,}37^2 \sim 3065{,}9$ }

Quadratwurzeln

(Abgekürzt auf 5 Stellen)

n	0	1	2	3	4	5	6	7	8	9
0	0,0000	1,0000	1,4142	1,7321	2,0000	2,2361	2,4495	2,6458	2,8284	3,0000
1	3,1623	3,3166	3,4641	3,6056	3,7417	3,8730	4,0000	4,1231	4,2426	4,3589
2	4,4721	4,5826	4,6904	4,7958	4,8990	5,0000	5,0990	5,1962	5,2915	5,3852
3	5,4772	5,5678	5,6569	5,7446	5,8310	5,9161	6,0000	6,0828	6,1644	6,2450
4	6,3246	6,4031	6,4807	6,5574	6,6332	6,7082	6,7823	6,8557	6,9282	7,0000
5	7,0711	7,1414	7,2111	7,2801	7,3485	7,4162	7,4833	7,5498	7,6158	7,6811
6	7,7460	7,8102	7,8740	7,9373	8,0000	8,0623	8,1240	8,1854	8,2462	8,3066
7	8,3666	8,4261	8,4853	8,5440	8,6023	8,6603	8,7178	8,7750	8,8318	8,8882
8	8,9443	9,0000	9,0554	9,1104	9,1652	9,2195	9,2736	9,3274	9,3808	9,4340
9	9,4868	9,5394	9,5917	9,6437	9,6954	9,7468	9,7980	9,8489	9,8995	9,9499
10	10,000	10,050	10,100	10,149	10,198	10,247	10,296	10,344	10,392	10,440
11	10,488	10,536	10,583	10,630	10,677	10,724	10,770	10,817	10,863	10,909
12	10,955	11,000	11,045	11,091	11,136	11,180	11,225	11,269	11,314	11,358
13	11,402	11,446	11,489	11,533	11,576	11,619	11,662	11,705	11,747	11,790
14	11,832	11,874	11,916	11,958	12,000	12,042	12,083	12,124	12,166	12,207
15	12,247	12,288	12,329	12,369	12,410	12,450	12,490	12,530	12,570	12,610
16	12,649	12,689	12,728	12,767	12,806	12,845	12,884	12,923	12,962	13,000
17	13,038	13,077	13,115	13,153	13,191	13,229	13,267	13,304	13,342	13,379
18	13,416	13,454	13,491	13,528	13,565	13,602	13,638	13,675	13,711	13,748
19	13,784	13,820	13,856	13,892	13,928	13,964	14,000	14,036	14,071	14,107
20	14,142	14,177	14,213	14,248	14,283	14,318	14,353	14,388	14,422	14,457
21	14,491	14,526	14,560	14,595	14,629	14,663	14,697	14,731	14,765	14,799
22	14,832	14,866	14,900	14,933	14,967	15,000	15 033	15,067	15,100	15,133
23	15,166	15,199	15,232	15,264	15,297	15,330	15,362	15,395	15,427	15,460
24	15,492	15,524	15,556	15,589	15,621	15,653	15,684	15,716	15,748	15,780
25	15,811	15,843	15,875	15,906	15,937	15,969	16,000	16,031	16,062	16,094
26	16,125	16,156	16,186	16,217	16,248	16,279	16,310	16,340	16,371	16,401
27	16,432	16,462	16,492	16,523	16,553	16,583	16,613	16,643	16,673	16,703
28	16,733	16,763	16,793	16,823	16,852	16,882	16,912	16,941	16,971	17,000
29	17,029	17,059	17,088	17,117	17,146	17,176	17,205	17,234	17,263	17,292
n	0	1	2	3	4	5	6	7	8	9

Beispiele: a) $\sqrt{11} \sim 3,3166$
  b) $\sqrt{369} \sim 19,209$
  c) $\sqrt{898} \sim 29,967$

n	0	1	2	3	4	5	6	7	8	9
30	17,321	17,349	17,378	17,407	17,436	17,464	17,493	17,521	17,550	17,578
31	17,607	17,635	17,664	17,692	17,720	17,748	17,776	17,805	17,833	17,861
32	17,889	17,917	17,944	17,972	18,000	18,028	18,056	18,083	18,111	18,138
33	18,166	18,193	18,221	18,248	18,276	18,303	18,330	18,358	18,385	18,412
34	18,439	18,466	18,493	18,520	18,547	18,574	18,601	18,628	18,655	18,682
35	18,708	18,735	18,762	18,788	18,815	18,841	18,868	18,894	18,921	18,947
36	18,974	19,000	19,026	19,053	19,079	19,105	19,131	19,157	19,183	19,209
37	19,235	19,261	19,287	19,313	19,339	19,365	19,391	19,417	19,442	19,468
38	19,494	19,519	19,545	19,570	19,596	19,621	19,647	19,672	19,698	19,723
39	19,748	19,774	19,799	19,824	19,849	19,875	19,900	19,925	19,950	19,975
40	20,000	20,025	20,050	20,075	20,100	20,125	20,149	20,174	20,199	20,224
41	20,249	20,273	20,298	20,322	20,347	20,372	20,396	20,421	20,445	20,470
42	20,494	20,518	20,543	20,567	20,591	20,616	20,640	20,664	20,688	20,712
43	20,736	20,761	20,785	20,809	20,833	20,857	20,881	20,905	20,928	20,952
44	20,976	21,000	21,024	21,048	21,071	21,095	21,119	21,142	21,166	21,190
45	21,213	21,237	21,260	21,284	21,307	21,331	21,354	21,378	21,401	21,424
46	21,448	21,471	21,494	21,517	21,541	21,564	21,587	21,610	21,633	21,656
47	21,680	21,703	21,726	21,749	21,772	21,795	21,817	21,840	21,863	21,886
48	21,909	21,932	21,955	21,977	22,000	22,023	22,045	22,068	22,091	22,113
49	22,136	22,159	22,181	22,204	22,226	22,249	22,271	22,294	22,316	22,338
50	22,361	22,383	22,405	22,428	22,450	22,472	22,494	22,517	22,539	22,561
51	22,583	22,605	22,627	22,650	22,672	22,694	22,716	22,738	22,760	22,782
52	22,804	22,825	22,847	22,869	22,891	22,913	22,935	22,957	22,978	23,000
53	23,022	23,043	23,065	23,087	23,108	23,130	23,152	23,173	23,195	23,216
54	23,238	23,259	23,281	23,302	23,324	23,345	23,367	23,388	23,409	23,431
55	23,452	23,473	23,495	23,516	23,537	23,558	23,580	23,601	23,622	23,643
56	23,664	23,685	23,707	23,728	23,749	23,770	23,791	23,812	23,833	23,854
57	23,875	23,896	23,917	23,937	23,958	23,979	24,000	24,021	24,042	24,062
58	24,083	24,104	24,125	24,145	24,166	24,187	24,207	24,228	24,249	24,269
59	24,290	24,311	24,331	24,352	24,372	24,393	24,413	24,434	24,454	24,475
60	24,495	24,515	24,536	24,556	24,576	24,597	24,617	24,637	24,658	24,678
61	24,698	24,718	24,739	24,759	24,779	24,799	24,819	24,839	24,860	24,880
62	24,900	24,920	24,940	24,960	24,980	25,000	25,020	25,040	25,060	25,080
63	25,100	25,120	25,140	25,160	25,179	25,199	25,219	25,239	25,259	25,278
64	25,298	25,318	25,338	25,357	25,377	25,397	25,417	25,436	25,456	25,475
n	0	1	2	3	4	5	6	7	8	9

Beispiele: d) $\sqrt{0,4} \quad = \frac{1}{10} \quad \sqrt{40} \sim 0,632\,46$

e) $\sqrt{0,04} \ = 0,2$

f) $\sqrt{0,004} = \frac{1}{100} \quad \sqrt{40} \sim 0,063\,246$

n	0	1	2	3	4	5	6	7	8	9
65	25,495	25,515	25,534	25 554	25,573	25,593	25,613	25,632	25,652	25,671
66	25,691	25,710	25,729	25,749	25,768	25,788	25,807	25,826	25,846	25,865
67	25,884	25,904	25,923	25,942	25,962	25,981	26,000	26,019	26,038	26,058
68	26,077	26,096	26,115	26,134	26,153	26,173	26,192	26,211	26,230	26,249
69	26,268	26,287	26,306	26,325	26,344	26,363	26,382	26,401	26,420	26,439
70	26,458	26,476	26,495	26,514	26,533	26,552	26,571	26,590	26,608	26,627
71	26,646	26,665	26,683	26,702	26,721	26,740	26,758	26,777	26,796	26,814
72	26,833	26,851	26,870	26,889	26,907	26,926	26,944	26;963	26,982	27,000
73	27,019	27,037	27,056	27,074	27,092	27,111	27,129	27,148	27,166	27,185
74	27,203	27,221	27,240	27,258	27,276	27,295	27,313	27,331	27,350	27,368
75	27,386	27,404	27,423	27,441	27,459	27,477	27,496	27,514	27,532	27,550
76	27,568	27,586	27,604	27,623	27,641	27,659	27,677	27,695	27,713	27,731
77	27,749	27,767	27,785	27,803	27,821	27,839	27,857	27,875	27,893	27,911
78	27,929	27,946	27,964	27,982	28,000	28,018	28,036	28,054	28,071	28,089
79	28,107	28,125	28,143	28,160	28,178	28,196	28,214	28,231	28,249	28,267
80	28,284	28,302	28,320	28.337	28,355	28,373	28,390	28,408	28,425	28,443
81	28,461	28,478	28,496	28,513	28,531	28,548	28,566	28,583	28,601	28,618
82	28,636	28,653	28,671	28,688	28,705	28,723	28,740	28,758	28,775	28,792
83	28,810	28,827	28,844	28,862	28,879	28,896	28,914	28,931	28,948	28,966
84	28,983	29,000	29,017	29,035	29,052	29,069	29,086	29,103	29,120	29,138
85	29,155	29,172	29,189	29,206	29,223	29,240	29,258	29,275	29,292	29,309
86	29,326	29,343	29,360	29,377	29,394	29,411	29,428	29,445	29,462	29,479
87	29,496	29,513	29,530	29,547	29,564	29,580	29,597	29,614	29,631	29,648
88	29,665	29,682	29,699	29,715	29,732	29,749	29,766	29,783	29,799	29,816
89	29,833	29,850	29,866	29,883	29,900	29,917	29,933	29,950	29,967	29,983
90	30,000	30,017	30,033	30,050	30,067	30,083	30,100	30,116	30,133	30,150
91	30,166	30,183	30,199	30,216	30,232	30,249	30,266	30,282	30,299	30,315
92	30,332	30,348	30,365	30,381	30,397	30,414	30,430	30,447	30,463	30,480
93	30,496	30,512	30,529	30,545	30,561	30,578	30,594	30,611	30,627	30,643
94	30,659	30,676	30,692	30,708	30,725	30,741	30,757	30,773	30,790	30,806
95	30,822	30,838	30,855	30,871	30,887	30,903	30,919	30,935	30,952	30,968
96	30,984	31,000	31,016	31,032	31,048	31,064	31,081	31,097	31,113	31,129
97	31,145	31,161	31,177	31,193	31,209	31,225	31,241	31,257	31,273	31,289
98	31,305	31,321	31,337	31,353	31,369	31,385	31,401	31,417	31,433	31,448
99	31,464	31,480	31,496	31,512	31,528	31,544	31,560	31,575	31,591	31,607
n	0	1	2	3	4	5	6	7	8	9

Beispiele: g) $\sqrt{91,7} \sim 9,5760$

h) $\sqrt{8539} = 10 \cdot \sqrt{85,39} \sim 10 \cdot 9,2405 \sim 92,405$

i) $\sqrt{853,9} \sim 29,221$

Kubikzahlen

(Abgekürzt auf 5 Stellen)

n	0	1	2	3	4	5	6	7	8	9
10	10000	10303	10612	10927	11249	11576	11910	12250	12597	12950
11	13310	13676	14049	14429	14815	15209	15609	16016	16430	16852
12	17280	17716	18158	18609	19066	19531	20004	20484	20972	21467
13	21970	22481	23000	23526	24061	24604	25155	25714	26281	26856
14	27440	28032	28633	29242	29860	30486	31121	31765	32418	33079
15	33750	34430	35118	35816	36523	37239	37964	38699	39443	40197
16	40960	41733	42515	43307	44109	44921	45743	46575	47416	48268
17	49130	50002	50884	51777	52680	53594	54518	55452	56398	57353
18	58320	59297	60286	61285	62295	63316	64349	65392	66447	67513
19	68590	69679	70779	71891	73014	74149	75295	76454	77624	78806
20	80000	81206	82424	83654	84897	86151	87418	88697	89989	91293
21	92610	93939	95281	96636	98003	99384	10078	10218	10360	10503
22	10648	10794	10941	11090	11239	11391	11543	11697	11852	12009
23	12167	12326	12487	12649	12813	12978	13144	13312	13481	13652
24	13824	13998	14172	14349	14527	14706	14887	15069	15253	15438
25	15625	15813	16003	16194	16387	16581	16777	16975	17174	17374
26	17576	17780	17985	18191	18400	18610	18821	19034	19249	19465
27	19683	19903	20124	20346	20571	20797	21025	21254	21485	21718
28	21952	22188	22426	22665	22906	23149	23394	23640	23888	24138
29	24389	24642	24897	25154	25412	25672	25934	26198	26464	26731
30	27000	27271	27544	27818	28094	28373	28653	28934	29218	29504
31	29791	30080	30371	30664	30959	31256	31554	31855	32157	32462
32	32768	33076	33386	33698	34012	34328	34646	34966	35288	35611
33	35937	36265	36594	36926	37260	37595	37933	38273	38614	38958
34	39304	39652	40002	40354	40708	41064	41422	41782	42144	42508
35	42875	43244	43614	43987	44362	44739	45118	45499	45883	46268
36	46656	47046	47438	47832	48229	48627	49028	49431	49836	50243
37	50653	51065	51479	51895	52314	52734	53157	53583	54010	54440
38	54872	55306	55743	56182	56623	57067	57512	57961	58411	58864
39	59319	59776	60236	60698	61163	61630	62099	62571	63045	63521
n	0	1	2	3	4	5	6	7	8	9

Beispiele: a) $16^3 = 4096$

b) $49^3 = 4{,}9^3 \cdot 10^3 \sim 117{,}65 \cdot 1000 \sim 117650$

c) $0{,}91^3 = \dfrac{1}{10^3} \cdot 9{,}1^3 \sim \dfrac{1}{1000} \cdot 753{,}57 \sim 0{,}75357$

Kubikzahlen

n	0	1	2	3	4	5	6	7	8	9
40	64000	64481	64965	65451	65939	66430	66923	67419	67917	68418
41	68921	69427	69935	70445	70958	71473	71991	72512	73035	73560
42	74088	74618	75151	75687	76225	76766	77309	77854	78403	78954
43	79507	80063	80622	81183	81747	82313	82882	83453	84028	84605
44	85184	85766	86351	86938	87528	88121	88717	89315	89915	90519
45	91125	91734	92345	92960	93577	94196	94819	95444	96072	96703
46	97336	97972	98611	99253	99897	10054	10119	10185	10250	10316
47	10382	10449	10515	10582	10650	10717	10785	10853	10922	10990
48	11059	11128	11198	11268	11338	11408	11479	11550	11621	11693
49	11765	11837	11910	11982	12055	12129	12202	12276	12351	12425
50	12500	12575	12651	12726	12802	12879	12955	13032	13110	13187
51	13265	13343	13422	13501	13580	13659	13739	13819	13899	13980
52	14061	14142	14224	14306	14388	14470	14553	14636	14720	14804
53	14888	14972	15057	15142	15227	15313	15399	15485	15572	15659
54	15746	15834	15922	16010	16099	16188	16277	16367	16457	16547
55	16638	16728	16820	16911	17003	17095	17188	17281	17374	17468
56	17562	17656	17750	17845	17941	18036	18132	18228	18325	18422
57	18519	18617	18715	18813	18912	19011	19110	19210	19310	19410
58	19511	19612	19714	19816	19918	20020	20123	20226	20330	20434
59	20538	20643	20747	20853	20958	21064	21171	21278	21385	21492
60	21600	21708	21817	21926	22035	22145	22255	22365	22476	22587
61	22698	22810	22922	23035	23148	23261	23374	23489	23603	23718
62	23833	23948	24064	24180	24297	24414	24531	24649	24767	24886
63	25005	25124	25244	25364	25484	25605	25726	25847	25969	26092
64	26214	26337	26461	26585	26709	26834	26959	27084	27210	27336
65	27463	27589	27717	27845	27973	28101	28230	28359	28489	28619
66	28750	28880	29012	29143	29275	29408	29541	29674	29808	29942
67	30076	30211	30346	30482	30618	30755	30892	31029	31167	31305
68	31443	31582	31721	31861	32001	32142	32283	32424	32566	32708
69	32851	32994	33137	33281	33426	33570	33715	33861	34007	34153
n	0	1	2	3	4	5	6	7	8	9

Beispiele: a) $453^3 = 4{,}53^3 \cdot 100^3 \sim 92{,}960 \cdot 100^3 \sim 92\,960\,000$

       b) $847^3 \sim 607\,650\,000$

       c) $56{,}9^3 = 10^3 \cdot 5{,}69^3 \sim 184\,220$

n	0	1	2	3	4	5	6	7	8	9
70	34300	34447	34595	34743	34891	35040	35190	35339	35489	35640
71	35791	35943	36094	36247	36399	36553	36706	36860	37015	37169
72	37325	37481	37637	37793	37950	38108	38266	38424	38583	38742
73	38902	39062	39222	39383	39545	39707	39869	40032	40195	40358
74	40522	40687	40852	41017	41183	41349	41516	41683	41851	42019
75	42188	42356	42526	42696	42866	43037	43208	43380	43552	43725
76	43898	44071	44245	44419	44594	44770	44946	45122	45298	45476
77	45653	45831	46010	46189	46368	46548	46729	46910	47091	47273
78	47455	47638	47821	48005	48189	48374	48559	48744	48930	49117
79	49304	49491	49679	49868	50057	50246	50436	50626	50817	51008
80	51200	51392	51585	51778	51972	52166	52361	52556	52751	52948
81	53144	53341	53539	53737	53935	54134	54334	54534	54734	54935
82	55137	55339	55541	55744	55948	56152	56356	56561	56766	56972
83	57179	57386	57593	57801	58009	58218	58428	58638	58848	59059
84	59270	59482	59695	59908	60121	60335	60550	60765	60980	61196
85	61413	61630	61847	62065	62284	62503	62722	62942	63163	63384
86	63606	63828	64050	64274	64497	64721	64946	65171	65397	65623
87	65850	66078	66305	66534	66763	66992	67222	67453	67684	67915
88	68147	68380	68613	68847	69081	69315	69551	69786	70023	70260
89	70497	70735	70973	71212	71452	71692	71932	72173	72415	72657
90	72900	73143	73387	73631	73876	74122	74368	74614	74861	75109
91	75357	75606	75855	76105	76355	76606	76858	77110	77362	77615
92	77869	78123	78378	78633	78889	79145	79402	79660	79918	80177
93	80436	80695	80956	81217	81478	81740	82003	82266	82529	82794
94	83058	83324	83590	83856	84123	84391	84659	84928	85197	85467
95	85738	86009	86280	86552	86825	87098	87372	87647	87922	88197
96	88474	88750	89028	89306	89584	89863	90143	90423	90704	90985
97	91267	91550	91833	92117	92401	92686	92971	93257	93544	93831
98	94119	94408	94697	94986	95276	95567	95859	96150	96443	96736
99	97030	97324	97619	97915	98211	98507	98805	99103	99401	99700
n	0	1	2	3	4	5	6	7	8	9

Beispiele: a) $0,0345^3 = \dfrac{3,45^3}{100^3} \sim \dfrac{41,064}{100^3} \sim 0,000\,041\,064$

b) $2,764^3 \sim 21,117$

c) $112,93^3 \sim 1\,440\,300$

Kubikwurzeln

(Abgekürzt auf 5 Stellen)

n	0	1	2	3	4	5	6	7	8	9
0	0,0000	1,0000	1,2599	1,4422	1,5874	1,7100	1,8171	1,9129	2,0000	2,0801
1	2,1544	2,2240	2,2894	2,3513	2,4101	2,4662	2,5198	2,5713	2,6207	2,6684
2	2,7144	2,7589	2,8020	2,8439	2,8845	2,9240	2,9625	3,0000	3,0366	3,0723
3	3,1072	3,1414	3,1748	3,2075	3,2396	3,2711	3,3019	3,3322	3,3620	3,3912
4	3,4200	3,4482	3,4760	3,5034	3,5303	3,5569	3,5830	3,6088	3,6342	3,6593
5	3,6840	3,7084	3,7325	3,7563	3,7798	3,8030	3,8259	3,8485	3,8709	3,8930
6	3,9149	3,9365	3,9579	3,9791	4,0000	4,0207	4,0412	4,0615	4,0817	4,1016
7	4,1213	4,1408	4,1602	4,1793	4,1983	4,2172	4,2358	4,2543	4,2727	4,2908
8	4,3089	4,3267	4,3445	4,3621	4,3795	4,3968	4,4140	4,4310	4,4480	4,4647
9	4,4814	4,4979	4,5144	4,5307	4,5468	4,5629	4,5789	4,5947	4,6104	4,6261
10	4,6416	4,6570	4,6723	4,6875	4,7027	4,7177	4,7326	4,7475	4,7622	4,7769
11	4,7914	4,8059	4,8203	4,8346	4,8488	4,8629	4,8770	4,8910	4,9049	4,9187
12	4,9324	4,9461	4,9597	5,9732	4,9866	5,0000	5,0133	5,0265	5,0397	5,0528
13	5,0658	5,0788	5,0916	5,1045	5,1172	5,1299	5,1426	5,1551	5,1676	5,1801
14	5,1925	5,2048	5,2171	5,2293	5,2415	5,2536	5,2656	5,2776	5,2896	5,3015
15	5,3133	5,3251	5,3368	5,3485	5,3601	5,3717	5,3832	5,3947	5,4061	5,4175
16	5,4288	5,4401	5,4514	5,4626	5,4737	5,4848	5,4959	5,5069	5,5178	5,5288
17	5,5397	5,5505	5,5613	5,5721	5,5828	5,5934	5,6041	5,6147	5,6252	5,6357
18	5,6462	5,6567	5,6671	5,6774	5,6877	5,6980	5,7083	5,7185	5,7287	5,7388
19	5,7489	5,7590	5,7690	5,7790	5,7890	5,7989	5,8088	5,8186	5,8285	5,8383
20	5,8480	5,8578	5,8675	5,8771	5,8868	5,8964	5,9059	5,9155	5,9250	5,9345
21	5,9439	5,9533	5,9627	5,9721	5,9814	5,9907	6,0000	6,0092	6,0185	6,0277
22	6,0368	6,0459	6,0550	6,0641	6,0732	6,0822	6,0912	6,1002	6,1091	6,1180
23	6,1269	6,1358	6,1446	6,1534	6,1622	6,1710	6,1797	6,1885	6,1972	6,2058
24	6,2145	6,2231	6,2317	6,2403	6,2488	6,2573	6,2658	6,2743	6,2828	6,2912
25	6,2996	6,3080	6,3164	6,3247	6,3330	6,3413	6,3496	6,3579	6,3661	6,3743
26	6,3825	6,3907	6,3988	6,4070	6,4151	6,4232	6,4312	6,4393	6,4473	6,4553
27	6,4633	6,4713	6,4792	6,4872	6,4951	6,5030	6,5108	6,5187	6,5265	6,5343
28	6,5421	6,5499	6,5577	6,5654	6,5731	6,5808	6,5885	6,5962	6,6039	6,6115
29	6,6191	6,6267	6,6343	6,6419	6,6494	6,6569	6,6644	6,6719	6,6794	6,6869
n	**0**	**1**	**2**	**3**	**4**	**5**	**6**	**7**	**8**	**9**

Beispiele: a) $\sqrt[3]{7} \sim 1{,}9129$

b) $\sqrt[3]{84} \sim 4{,}3795$

c) $\sqrt[3]{726} \sim 8{,}9876$

n	0	1	2	3	4	5	6	7	8	9
30	6,6943	6,7018	6,7092	6,7166	6,7240	6,7313	6,7387	6,7460	6,7533	6,7606
31	6,7679	6,7752	6,7824	6,7897	6,7969	6,8041	6,8113	6.8185	6,8256	6,8328
32	6,8399	6,8470	6,8541	6,8612	6,8683	6,8753	5,8824	6,8894	6,8964	6,9034
33	6,9104	6,9174	6,9244	6,9313	6,9382	6,9451	6,9521	6,9589	6,9658	6,9727
34	6,9795	6,9864	6,9932	7,0000	7,0068	7,0136	7,0203	7,0271	7,0338	7,0406
35	7,0473	7,0540	7,0607	7,0674	7,0740	7,0807	7,0873	7,0940	7,1006	7,1072
36	7,1138	7,1204	7,1269	7,1335	7,1400	7,1466	7,1531	7,1596	7,1661	7,1726
37	7,1791	7,1855	7,1920	7,1984	7,2048	7,2112	7,2177	7,2240	7,2304	7,2368
38	7,2432	7,2495	7,2558	7,2622	7,2685	7,2748	7,2811	7,2874	7,2936	7,2999
39	7,3061	7,3124	7,3186	7,3248	7,3310	7,3372	7,3434	7,3496	7,3558	7,3619
40	7,3681	7,3742	7,3803	7,3864	7,3925	7,3986	7,4047	7,4108	7,4169	7,4229
41	7,4290	7,4350	7,4410	7,4470	7,4530	7,4590	7,4650	7,4710	7,4770	7,4829
42	7,4889	7,4948	7,5007	7,5067	7,5126	7,5185	7,5244	7,5302	7,5361	7,5420
43	7,5478	7,5537	7,5595	7,5654	7,5712	7,5770	7,5828	7,5886	7,4944	7,6001
44	7,6059	7,6117	7,6174	7,6232	7,6289	7,6346	7,6403	7,6460	7,6517	7,6574
45	7,6631	7,6688	7,6744	7,6801	7,6857	7,6914	7,6970	7,7026	7,7082	7,7138
46	7,7194	7,7250	7,7306	7,7362	7,7418	7,7473	7.7529	7,7584	7,7639	7,7695
47	7,7750	7,7805	7,7860	7,7915	7,7970	7,8025	7,8079	7,8134	7,8188	7,8243
48	7,8297	7,8352	7,8406	7,8460	7,8514	7,8568	7,8622	7,8676	7,8730	7,8784
49	7,8837	7,8891	7,8944	7,8998	7,9051	7,9105	7,9158	7,9211	7,9264	7,9317
50	7,9370	7,9423	7,9476	7,9528	7,9581	7,9634	7,9686	7,9739	7,9791	7,9843
51	7,9896	7,9948	8,0000	8,0052	8,0104	8,0156	8,0208	8,0260	8,0311	8,0363
52	8,0415	8,0466	8,0517	8,0569	8,0620	8,0671	8,0723	8,0774	8,0825	8,0876
53	8,0927	8.0978	8,1028	8,1079	8,1130	8,1180	8,1231	8.1281	8,1332	8,1382
54	8,1433	8,1483	8,1533	8,1583	8,1633	8,1683	8,1733	8,1783	8,1833	8,1882
55	8,1932	8,1982	8,2031	8,2081	8,2130	8,2180	8,2229	8,2278	8,2327	8,2377
56	8,2426	8,2475	8,2524	8,2573	8,2621	8,2670	8,2719	8,2768	8,2816	8,2865
57	8,2913	8,2962	8,3010	8,3059	8,3107	8,3155	8.3203	8,3251	8,3300	8,3348
58	8,3396	8,3443	8,3491	8,3539	8,3587	8,3634	8,3682	8,3730	8,3777	8,3825
59	8,3872	8,3919	8,3967	8,4014	8,4061	8,4108	8,4155	8,4202	8,4249	8,4296
60	8,4343	8,4390	8,4437	8,4484	8,4530	8,4577	8,4623	8,4670	8,4716	8,4763
61	8,4809	8,4856	8,4902	8,4948	8,4994	8 5040	8,5086	8,5132	8,5178	8,5224
62	8,5270	8,5316	8,5362	8,5408	8,5453	8,5499	8,5544	8,5590	8,5635	8,5681
63	8,5726	8,5772	8,5817	8,5862	8,5907	8,5952	8,5997	8,6043	8,6088	8,6132
64	8,6177	8,6222	8,6267	8,6312	8,6357	8,6401	8,6446	8,6490	8,6535	8,6579
n	0	1	2	3	4	5	6	7	8	9

Beispiele: d) $\sqrt[3]{5} \sim 1{,}71$

e) $\sqrt[3]{0{,}5} = \dfrac{1}{10}\ \sqrt[3]{500} \sim 0{,}7937$

f) $\sqrt[3]{0{,}05} = \dfrac{1}{10}\ \sqrt[3]{50} \sim 0{,}3684$

n	0	1	2	3	4	5	6	7	8	9
65	8,6624	8,6668	8,6713	8,6757	8,6801	8,6845	8,6890	8,6934	8,6978	8,7022
66	8,7066	8,7110	8,7154	8,7198	8,7241	8,7285	8,7329	8,7373	8,7416	8,7460
67	8,7503	8,7547	8,7590	8,7634	8,7677	8,7721	8,7764	8,7807	8,7850	8,7893
68	8,7937	8,7980	8,8023	8,8066	8,8109	8,8152	8,8194	8 8237	8,8280	8,8323
69	8,8366	8,8408	8,8451	8,8493	8,8536	8,8578	8,8621	8,8663	8,8706	8,8748
70	8,8790	8,8833	8,8875	8,8917	8,8959	8,9001	8,9043	8,9085	8,9127	8,9169
71	8,9211	8,9253	8,9295	8,9337	8,9378	8,9420	8,9462	8,9503	8,9545	8,9587
72	8,9628	8,9670	8,9711	8,9752	8,9794	8,9835	8,9876	8,9918	8,9959	9,0000
73	9,0041	9,0082	9,0123	9,0164	9,0205	9,0246	9,0287	9,0328	9,0369	9,0410
74	9,0450	9,0491	9,0532	9,0572	9,0613	9,0654	9,0694	9,0735	9,0775	9,0816
75	9,0856	9 0896	9,0937	9,0977	9,1017	9,1057	9,1098	9,1138	9,1178	9,1218
76	9,1258	9,1298	9,1338	9,1378	9,1418	9,1458	9,1498	9,1537	9,1577	9,1617
77	9,1657	9,1696	9,1736	9,1775	9,1815	9,1855	9,1894	9,1933	9,1973	9,2012
78	9,2052	9,2091	9,2130	9,2170	9,2209	9,2248	9,2287	9,2326	9,2365	9,2404
79	9,2443	9,2482	9,2521	9,2560	9,2599	9,2638	9,2677	9,2716	9,2754	9,2793
80	9,2832	9,2870	9,2909	9,2948	9,2986	9,3025	9,3063	9,3102	9,3140	9,3179
81	9,3217	9,3255	9,3294	9,3332	9,3370	9,3408	9,3447	9,3485	9,3523	9,3561
82	9,3599	9,3637	9 3675	9,3713	9,3751	9,3789	9,3827	9,3865	9,3902	9,3940
83	9,3978	9,4016	9,4053	9,4091	9,4129	9,4166	9,4204	9,4241	9,4279	9,4316
84	9,4354	9,4391	9,4429	9,4466	9,4503	9,4541	9,4578	9,4615	9,4652	9,4690
85	9,4727	9,4764	9,4801	9,4838	9,4875	9,4912	9 4949	9,4986	9,5023	9,5060
86	9,5097	9,5134	9,5171	9,5207	9,5244	9,5281	9,5317	9,5354	9,5391	9,5427
87	9,5464	9,5501	9,5537	9,5574	9,5610	9,5647	9 5683	9,5719	9 5756	9,5792
88	9,5828	9,5865	9,5901	9,5937	9,5973	9,6010	9,6046	9,6082	9,6118	9,6154
89	9,6190	9,6226	9,6262	9,6298	9,6334	9,6370	9,6406	9,6442	9,6477	9,6513
90	9,6549	9,6585	9,6620	9,6656	9,6692	9,6727	9,6763	9,6799	9,6834	9,6870
91	9,6905	9,6941	9,6976	9,7012	9,7047	9,7082	9,7118	9,7153	9,7188	9,7224
92	9,7259	9,7294	9,7329	9,7364	9,7400	9,7435	9,7470	9,7505	9,7540	9,7575
93	9,7610	9,7645	9,7680	9,7715	9,7750	9,7785	9,7819	9,7854	9,7889	9,7924
94	9,7959	9,7993	9,8028	9,8063	9,8097	9,8132	9,8167	9,8201	9,8236	9,8270
95	9,8305	9,8339	9,8374	9,8408	9,8443	9,8477	9,8511	9,8546	9,8580	9,8614
96	9,8648	9,8683	9,8717	9,8751	9,8785	9,8819	9,8854	9,8888	9,8922	9,8956
97	9,8990	9,9024	9,9058	9,9092	9,9126	9,9160	9,9194	9,9227	9,9261	9,9295
98	9,9329	9,9363	9,9396	9,9430	9,9464	9 9497	9,9531	9,9565	9,9598	9,9632
99	9,9666	9,9699	9,9733	9,9766	9,9800	9,9833	9,9866	9,9900	9,9933	9,9967
n	0	1	2	3	4	5	6	7	8	9

Beispiele: g) $\sqrt[3]{4,5} \sim 1,6487 \sim 1,65$ Interpolieren!

h) $\sqrt[3]{78,4} \sim 4,2799$. i) $\sqrt[3]{784,1} \sim 9,221$

Beim Interpolieren werden alle Werte in den letzten Stellen ungenau. Bei den Kubikwurzeln werden die Werte, bei denen interpoliert werden muß, vor allem dann ungenau, wenn die Differenz in der Tafel groß ist.

Aufzinsungsfaktoren q^n

$$q = 1 + \frac{p}{100} : \quad p \mathrel{\hat{=}} \text{Zinsfuß}$$

n	2%	3%	$3^1/_2$%	4%	$4^1/_2$%	5%
1	1,020000	1,030000	1,035000	1,040000	1,045000	1,050000
2	1,040400	1,060900	1,071225	1,081600	1,092025	1,102500
3	1,061208	1,092727	1,108718	1,124864	1,141166	1,157625
4	1,082432	1,125509	1,147523	1,169859	1,192519	1,215506
5	1,104081	1,159274	1,187686	1,216653	1,246182	1,276282
6	1,126162	1,194052	1,229255	1,265319	1,302260	1,340096
7	1,148686	1,229874	1,272279	1,315932	1,360862	1,407100
8	1,171659	1,266770	1,316809	1,368569	1,422101	1,477455
9	1,195093	1,304773	1,362897	1,423312	1,486095	1,551328
10	1,218994	1,343916	1,410599	1,480244	1,552969	1,628895
11	1,243374	1,384234	1,459970	1,539454	1,622853	1,710339
12	1,268242	1,425761	1,511069	1,601032	1,695881	1,795856
13	1,293607	1,468534	1,563956	1,665074	1,772196	1,885649
14	1,319479	1,512590	1,618695	1,731676	1,851945	1,979932
15	1,345868	1,557967	1,675349	1,800944	1,935282	2,078928
16	1,372786	1,604706	1,733986	1,872981	2,022370	2,182875
17	1,400241	1,652848	1,794676	1,947900	2,113377	2,292018
18	1,428246	1,702433	1,857489	2,025817	2,208479	2,406619
19	1,456811	1,753506	1,922501	2,106849	2,307860	2,526950
20	1,485947	1,806111	1,989789	2,191123	2,411714	2,653298
21	1,515666	1,860295	2,059431	2,278768	2,520241	2,785963
22	1,545980	1,916103	2,131512	2,369919	2,633652	2,925261
23	1,576899	1,973587	2,206114	2,464716	2,752166	3,071524
24	1,608437	2,032794	2,283328	2,563304	2,876014	3,225100
25	1,640606	2,093778	2,363245	2,665836	3,005434	3,386355
26	1,673418	2,156591	2,445959	2,772470	3,140679	3,555673
27	1,706886	2,221289	2,531567	2,883369	3,282010	3,733456
28	1,741024	2,287928	2,620172	2,998703	3,429700	3,920129
29	1,775845	2,356566	2,711878	3,118651	3,584036	4,116136
30	1,811362	2,427262	2,806794	3,243398	3.745318	4,321942
35	1,999890	2,813862	3,333590	3,946089	4,667348	5,516015
40	2,208040	3,262038	3,959260	4,801021	5,816365	7,039989
45	2,437854	3,781596	4,702359	5,841176	7,248248	8,985008
50	2,691588	4,383906	5,584927	7,106683	9,032636	11,467400
n	2%	3%	$3^1/_2$%	4%	$4^1/_2$%	5%

Abzinsungsfaktoren $\dfrac{1}{q^n}$ $q = 1 + \dfrac{p}{100}$: $p \,\hat{=}\,$ Zinsfuß

n	2%	3%	$3^1/_2$%	4%	$4^1/_2$%	5%
1	0,980 392	0,970 874	0,966 184	0,961 538	0,956 938	0,952 381
2	0,961 169	0,942 596	0,933 511	0,924 556	0,915 730	0,907 029
3	0,942 322	0,915 142	0,901 943	0,888 996	0,876 297	0,863 838
4	0,923 845	0,888 487	0,871 442	0,854 804	0,838 561	0,822 702
5	0,905 731	0,862 609	0,841 973	0,821 927	0,802 451	0,783 526
6	0,887 971	0,837 484	0,813 501	0,790 315	0,767 896	0,746 215
7	0,870 560	0,813 092	0,785 991	0,759 918	0,734 828	0,710 681
8	0,853 490	0,789 409	0,759 412	0,730 690	0,703 185	0,676 839
9	0,836 755	0,766 417	0,733 731	0,702 587	0,672 904	0,644 609
10	0,820 348	0,744 094	0,708 919	0,675 564	0,643 928	0,613 913
11	0,804 263	0,722 421	0,684 946	0,649 581	0,616 199	0,584 679
12	0,788 493	0,701 380	0,661 783	0,624 597	0,589 664	0,556 837
13	0,773 033	0,680 951	0,639 404	0,600 574	0,564 272	0,530 321
14	0,757 875	0,661 118	0,617 782	0,577 475	0,539 973	0,505 068
15	0,743 015	0,641 862	0,596 891	0,555 265	0,516 720	0,481 017
16	0,728 446	0,623 167	0,576 706	0,533 908	0,494 469	0,458 112
17	0,714 163	0,605 016	0,557 204	0,513 373	0,473 176	0,436 297
18	0,700 159	0,587 395	0,538 361	0,493 628	0,452 800	0,415 521
19	0,686 431	0,570 286	0,520 156	0,474 642	0,433 302	0,395 734
20	0,672 971	0,553 676	0,502 566	0,456 387	0,414 643	0,376 889
21	0,659 776	0,537 549	0,485 571	0,438 834	0,396 787	0,358 942
22	0,646 839	0,521 893	0,469 151	0,421 955	0,379 701	0,341 850
23	0,634 156	0,506 692	0,453 286	0,405 726	0,363 350	0,325 571
24	0,621 721	0,491 934	0,437 957	0,390 121	0,347 703	0,310 068
25	0,609 531	0,477 606	0,423 147	0,375 117	0,332 731	0,295 303
26	0,597 579	0,463 695	0,408 838	0,360 689	0,318 402	0,281 241
27	0,585 862	0,450 189	0,395 012	0,346 817	0,304 691	0,267 848
28	0,574 375	0,437 077	0,381 654	0,333 477	0,291 571	0,255 094
29	0,563 112	0,424 346	0,368 748	0,320 651	0,279 015	0,242 946
30	0,552 071	0,411 987	0,356 278	0,308 319	0,267 000	0,231 377
35	0,500 028	0,355 383	0,299 977	0,253 415	0,214 254	0,181 290
40	0,452 890	0,306 557	0,252 572	0,208 289	0,171 929	0,142 046
45	0,410 197	0,264 439	0,212 659	0,171 198	0,137 964	0,111 297
50	0,371 528	0,228 107	0,179 053	0,140 713	0,110 710	0,087 204
n	2%	3%	$3^1/_2$%	4%	$4^1/_2$%	5%

e-Funktionswerte

(Hyperbelfunktionen, Dichte der Normalverteilung, Wahrscheinlichkeitsintegral)

x	e^x	e^{-x}	sinh x	cosh x	tanh x	coth x	e^{-x^2}	$\varphi(x)$	$J(x)$
0,00	1,000	1,0000	0,0000	1,000	0,0000	–	1,0000	0,3989	0,0000
0,05	1,051	0,9512	0,0500	1,001	0,04996	20,02	0,9975	0,3984	0,0399
0,10	1,105	0,9048	0,1002	1,005	0,09967	10,03	0,9900	0,3970	0,0797
0,15	1,162	0,8607	0,1506	1,011	0,1489	6,717	0,9778	0,3945	0,1192
0,20	1,221	0,8187	0,2013	1,020	0,1974	5,066	0,9608	0,3910	0,1585
0,25	1,284	0,7788	0,2526	1,031	0,2449	4,083	0,9394	0,3867	0,1974
0,30	1,350	0,7408	0,3045	1,045	0,2913	3,433	0,9139	0,3814	0,2358
0,35	1,419	0,7047	0,3572	1,062	0,3364	2,973	0,8847	0,3752	0,2737
0,40	1,492	0,6703	0,4108	1,081	0,3799	2,632	0,8521	0,3683	0,3108
0,45	1,568	0,6376	0,4653	1,103	0,4219	2,370	0,8167	0,3605	0,3473
0,50	1,649	0,6065	0,5211	1,128	0,4621	2,164	0,7788	0,3521	0,3829
0,55	1,733	0,5769	0,5782	1,155	0,5005	1,998	0,7390	0,3429	0,4177
0,60	1,822	0,5488	0,6367	1,185	0,5370	1,862	0,6977	0,3332	0,4515
0,65	1,916	0,5220	0,6967	1,219	0,5717	1,749	0,6554	0,3230	0,4843
0,70	2,014	0,4966	0,7586	1,255	0,6044	1,655	0,6126	0,3123	0,5161
0,75	2,117	0,4724	0,8223	1,295	0,6351	1,574	0,5698	0,3011	0,5467
0,80	2,226	0,4493	0,8881	1,337	0,6640	1,506	0,5273	0,2897	0,5763
0,85	2,340	0,4274	0,9561	1,384	0,6911	1,447	0,4855	0,2780	0,6047
0,90	2,460	0,4066	1,027	1,433	0,7163	1,396	0,4449	0,2661	0,6319
0,95	2,586	0,3867	1,099	1,486	0,7398	1,352	0,4056	0,2541	0,6579
1,00	2,718	0,3679	1,175	1,543	0,7616	1,313	0,3679	0,2420	0,6827
1,05	2,858	0,3499	1,254	1,604	0,7818	1,279	0,3320	0,2299	0,7063
1,10	3,004	0,3329	1,336	1,669	0,8005	1,249	0,2982	0,2179	0,7287
1,15	3,158	0,3166	1,421	1,737	0,8178	1,223	0,2665	0,2059	0,7499
1,20	3,320	0,3012	1,509	1,811	0,8337	1,200	0,2369	0,1942	0,7699
1,25	3,490	0,2865	1,602	1,888	0,8483	1,179	0,2096	0,1826	0,7887
1,30	3,669	0,2725	1,698	1,971	0,8617	1,160	0,1845	0,1714	0,8064
1,35	3,857	0,2592	1,799	2,058	0,8741	1,144	0,1616	0,1604	0,8230
1,40	4,055	0,2466	1,904	2,151	0,8854	1,129	0,1409	0,1497	0,8385
1,45	4,263	0,2346	2,014	2,249	0,8957	1,116	0,1222	0,1394	0,8529
1,50	4,482	0,2231	2,129	2,352	0,9051	1,105	0,1054	0,1295	0,8664
1,55	4,711	0,2122	2,250	2,462	0,9138	1,094	0,09049	0,1200	0,8789
1,60	4,953	0,2019	2,376	2,577	0,9217	1,085	0,07730	0,1109	0,8904
1,65	5,207	0,1920	2,507	2,700	0,9289	1,077	0,06571	0,1023	0,9011
1,70	5,474	0,1827	2,646	2,828	0,9354	1,069	0,05558	0,09405	0,9109
1,75	5,755	0,1738	2,790	2,964	0,9414	1,062	0,04677	0,08628	0,9199
1,80	6,050	0,1653	2,942	3,107	0,9468	1,056	0,03916	0,07895	0,9281
1,85	6,360	0,1572	3,101	3,259	0,9517	1,051	0,03263	0,07206	0,9357
1,90	6,686	0,1496	3,268	3,418	0,9562	1,046	0,02705	0,06562	0,9426
1,95	7,029	0,1423	3,443	3,585	0,9603	1,041	0,02231	0,05959	0,9488

Erläuterungen:

Vgl. Formelteile 6.2.5. (Definition und Näherungswert von e)
                15.2. (Hyperbelfunktionen)
                16.3. (Wahrscheinlichkeitsrechnung)

3 bedeutet: Ziffer 3 ist aufgerundet.

e-Funktionswerte (Fortsetzung)

x	e^x	e^{-x}	sinh x	cosh x	tanh x	coth x	e^{-x^2}	$\varphi(x)$	$J(x)$
2,00	7,389	0,1353	3,627	3,762	0,9640	1,037	0,01832	0,05399	0,9545
2,05	7,768	0,1287	3,820	3,948	0,9674	1,034	0,01496	0,04879	0,9596
2,10	8,166	0,1225	4,022	4,144	0,9705	1,030	0,01216	0,04398	0,9643
2,15	8,585	0,1165	4,234	4,351	0,9732	1,028	0,009828	0,03955	0,9684
2,20	9,025	0,1108	4,457	4,568	0,9757	1,025	0,007907	0,03547	0,9722
2,25	9,488	0,1054	4,691	4,797	0,9780	1,022	0,006330	0,03174	0,9756
2,30	9,974	0,1003	4,937	5,037	0,9801	1,020	0,005042	0,02833	0,9786
2,35	10,49	0,09537	5,195	5,290	0,9820	1,018	0,003996	0,02522	0,9812
2,40	11,02	0,09072	5,466	5,557	0,9837	1,017	0,003151	0,02239	0,9836
2,45	11,59	0,08629	5,751	5,837	0,9852	1,015	0,002473	0,01984	0,9857
2,50	12,18	0,08208	6,050	6,132	0,9866	1,014	0,001930	0,01753	0,9876
2,55	12,81	0,07808	6,365	6,443	0,9879	1,012	0,001500	0,01545	0,9892
2,60	13,46	0,07427	6,695	6,769	0,9890	1,011	0,001159	0,01358	0,9907
2,65	14,15	0,07065	7,042	7,112	0,9901	1,010	0,0008916	0,01191	0,9920
2,70	14,88	0,06721	7,406	7,473	0,9910	1,009	0,0006823	0,01042	0,9931
2,75	15,64	0,06393	7,789	7,853	0,9919	1,008	0,0005196	0,009094	0,9940
2,80	16,44	0,06081	8,192	8,253	0,9926	1,007	0,0003937	0,007915	0,9949
2,85	17,29	0,05784	8,615	8,673	0,9933	1,007	0,0002968	0,006873	0,9956
2,90	18,17	0,05502	9,060	9,115	0,9940	1,006	0,0002226	0,005953	0,9963
2,95	19,11	0,05234	9,527	9,579	0,9945	1,005	0,0001662	0,005143	0,9968
3,00	20,09	0,04979	10,02	10,07	0,9951	1,005	0,0001234	0,004432	0,9973
3,05	21,12	0,04736	10,53	10,58	0,9955	1,004	0,00009120	0,003810	0,9977
3,10	22,20	0,04505	11,08	11,12	0,9959	1,004	0,00006705	0,003267	0,9981
3,15	23,34	0,04285	11,65	11,69	0,9963	1,004	0,00004906	0,002794	0,9984
3,20	24,53	0,04076	12,25	12,29	0,9967	1,003	0,00003571	0,002384	0,9986
3,25	25,79	0,03877	12,88	12,91	0,9970	1,003	0,00002587	0,002029	0,9988
3,30	27,11	0,03688	13,54	13,57	0,9973	1,003	0,00001864	0,001723	0,9990
3,35	28,50	0,03508	14,23	14,27	0,9975	1,002	0,00001337	0,001459	0,9992
3,40	29,96	0,03337	14,97	15,00	0,9978	1,002	0,00000954	0,001232	0,9993
3,45	31,50	0,03175	15,73	15,77	0,9980	1,002	0,00000677	0,001038	0,9994
3,50	33,12	0,03020	16,54	16,57	0,9982	1,002	0,00000479	0,0008727	0,9995
3,55	34,81	0,02872	17,39	17,42	0,9984	1,002	0,00000336	0,0007317	0,9996
3,60	36,60	0,02732	18,29	18,31	0,9985	1,001	0,00000235	0,0006119	0,9997
3,65	38,47	0,02599	19,22	19,25	0,9986	1,001	0,00000164	0,0005105	0,9997
3,70	40,45	0,02472	20,21	20,24	0,9988	1,001	0,00000113	0,0004248	0,9998
3,75	42,52	0,02352	21,25	21,27	0,9989	1,001	0,00000078	0,0003526	0,9998
3,80	44,70	0,02237	22,34	22,36	0,9990	1,001	0,00000054	0,0002919	0,9999
3,85	46,99	0,02128	23,49	23,51	0,9991	1,001	0,00000037	0,0002411	0,9999
3,90	49,40	0,02024	24,69	24,71	0,9992	1,001	0,00000025	0,0001987	0,9999
3,95	51,94	0,01925	25,96	25,98	0,9993	1,001	0,00000017	0,0001633	0,9999

Dichte der Normalverteilung (siehe auch S. 159)

$$\varphi(x) = \frac{1}{\sqrt{2\pi}} \cdot e^{\frac{-x^2}{2}}$$

Wahrscheinlichkeitsintegral (siehe auch S. 162)

$$J(x) = \frac{1}{\sqrt{2\pi}} \cdot \int_{-x}^{+x} e^{\frac{-t^2}{2}} \, dt$$

e-Funktionswerte (Fortsetzung)

x	e^x	e^{-x}	$\sinh x$	$\cosh x$	$\tanh x$	$\coth x$	e^{-x^2}	$\varphi(x)$	$J(x)$
4,0	54,60	0,01832	27,29	27,31	0,9993	1,001	0,00000011	0,0001338	0,9999
4,1	60,34	0,01657	30,16	30,18	0,9995	1,001	0,00000005	0,00008926	1,000
4,2	66,69	0,01500	33,34	33,35	0,9996	1,000	0,00000002	0,00005894	1,000
4,3	73,70	0,01357	36,84	36,86	0,9996	1,000	0,00000000	0,00003854	1,000
4,4	81,45	0,01228	40,72	40,73	0,9997	1,000	0,00000000	0,00002494	1,000
4,5	90,02	0,01111	45,00	45,01	0,9998	1,000	0,00000000	0,00001598	1,000
4,6	99,48	0,01005	49,74	49,75	0,9998	1,000	0,00000000	0,00001014	1,000
4,7	109,9	0,009095	54,97	54,98	0,9998	1,000	0,00000000	0,00000637	1,000
4,8	121,5	0,008230	60,75	60,76	0,9999	1,000	0,00000000	0,00000396	1,000
4,9	134,3	0,007447	67,14	67,15	0,9999	1,000	0,00000000	0,00000244	1,000
5,0	148,4	0,006738	74,20	74,21	0,9999	1,000	0,00000000	0,00000149	1,000
5,5	244,7	0,004087	122,3	122,3					
6,0	403,4	0,002479	201,7	201,7					
6,5	665,1	0,001503	332,6	332,6					
7,0	1097	0,0009119	548,3	548,3					
7,5	1808	0,0005531	904,0	904,0					
8,0	2981	0,0003355	1490	1490					
8,5	4915	0,0002035	2457	2457					
9,0	8103	0,0001234	4052	4052					
9,5	13360	0,00007485	6680	6680					
10,0	22026	0,00004540	11013	11013					

Definitionen:

$$\sinh x = \frac{e^x - e^{-x}}{2}$$

$$\cosh x = \frac{e^x + e^{-x}}{2}$$

$$\tanh x = \frac{e^x - e^{-x}}{e^x + e^{-x}}$$

$$\coth x = \frac{e^x + e^{-x}}{e^x - e^{-x}}$$

Fakultäten $n!$ $n = 0, \ldots, 75$

n	$n!$	exp	n	$n!$	exp	n	$n!$	exp	n	$n!$	exp	n	$n!$	exp
1	1	0	16	2,09228	13	31	8,22284	33	46	5,50262	57	61	5,07580	83
2	2	0	17	3,55687	14	32	2,63131	35	47	2,58623	59	62	3,14700	85
3	6	0	18	6,40237	15	33	8,68332	36	48	1,24139	61	63	1,98261	87
4	2,4	1	19	1,21645	17	34	2,95233	38	49	6,08282	62	64	1,26887	89
5	1,20	2	20	2,43290	18	35	1,03331	40	50	3,04141	64	65	8,24765	90
6	7,20	2	21	5,10909	19	36	3,71993	41	51	1,55112	66	66	5,44345	92
7	5,040	3	22	1,12400	21	37	1,37638	43	52	8,06582	67	67	3,64711	94
8	4,0320	4	23	2,58520	22	38	5,23023	44	53	4,27488	69	68	2,48004	96
9	3,62880	5	24	6,20448	23	39	2,03979	46	54	2,30844	71	69	1,71122	98
10	3,62880	6	25	1,55112	25	40	8,15915	47	55	1,26964	73	70	1,19786	100
11	3,99168	7	26	4,03291	26	41	3,34525	49	56	7,10999	74	71	8,50479	101
12	4,79002	8	27	1,08889	28	42	1,40501	51	57	4,05269	76	72	6,12345	103
13	6,22702	9	28	3,04888	29	43	6,04153	52	58	2,35056	78	73	4,47012	105
14	8,71783	10	29	8,84176	30	44	2,65827	54	59	1,38683	80	74	3,30789	107
15	1,30767	12	30	2,65253	32	45	1,19622	56	60	8,32099	81	75	2,48091	109

Erläuterung: Fett gedruckte Zahlen sind genau.

Dichte der Normalverteilung $\varphi(x) = \dfrac{1}{\sqrt{2\pi}}\, e^{-\frac{1}{2}x^2}$

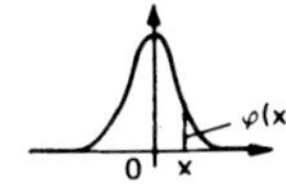

x	0	1	2	3	4	5	6	7	8	9
0,0	0, 39894	39892	39886	39876	39862	39844	39822	39797	39767	39733
0,1	39695	39654	39608	39559	39505	39448	39387	39322	39253	39181
0,2	39104	39024	38940	38853	38762	38667	38568	38466	38361	38251
0,3	38139	38023	37903	37780	37654	37524	37391	37255	37115	36973
0,4	36827	36678	36526	36371	36213	36053	35889	35723	35553	35381
0,5	35207	35029	34849	34667	34482	34294	34105	33912	33718	33521
0,6	33322	33121	32918	32713	32506	32297	32086	31874	31659	31443
0,7	31225	31006	30785	30563	30339	30114	29887	29658	29430	29200
0,8	28969	28737	28504	28269	28034	27798	27562	27324	27086	26848
0,9	26609	26369	26129	25888	25647	25406	25164	24923	24681	24439
1,0	24197	23955	23713	23471	23230	22988	22747	22506	22265	22025
1,1	21785	21546	21307	21069	20831	20594	20357	20121	19886	19652
1,2	19419	19186	18954	18724	18494	18265	18037	17810	17585	17360
1,3	17137	16915	16694	16474	16256	16038	15822	15608	15395	15183
1,4	14973	14764	14556	14350	14146	13943	13742	13542	13344	13147
1,5	12952	12758	12566	12376	12188	12001	11816	11632	11450	11270
1,6	11092	10915	10741	10567	10396	10226	10059	098925	097282	095657
1,7	0,0 94049	92459	90887	89333	87796	86277	84776	83293	81828	80380
1,8	78950	77538	76143	74766	73407	72065	70740	69433	68144	66871
1,9	65616	64378	63157	61952	60765	59595	58441	57304	56183	55079
2,0	53991	52919	51864	50824	49800	48792	47800	46823	45861	44915
2,1	43984	43067	42166	41280	40408	39550	38707	37878	37063	36262
2,2	35475	34701	33941	33194	32460	31740	31032	30337	29655	28985
2,3	28327	27682	27048	26426	25817	25218	24631	24056	23491	22937
2,4	22395	21862	21341	20829	20328	19837	19356	18885	18423	17971
2,5	17528	17095	16670	16254	15848	15449	15060	14678	14305	13940
2,6	13583	13234	12892	12558	12232	11912	11600	11295	10997	10706
2,7	10421	10143	098712	096058	093466	090936	088465	086052	083697	081398
2,8	0,00 79155	76965	74829	72744	70711	68728	66793	64907	63067	61274
2,9	59525	57821	56160	54541	52963	51426	49929	48470	47050	45666
3,0	44318	43007	41729	40486	39276	38098	36951	35836	34751	33695
3,1	32668	31669	30698	29754	28835	27943	27075	26231	25412	24615
3,2	23841	23089	22358	21649	20960	20290	19641	19010	18397	17803
3,3	17226	16666	16122	15595	15084	14587	14106	13639	13187	12748
3,4	12322	11910	11510	11122	10747	10383	10030	096886	093577	090372
3,5	0,000 87268	84263	81352	78534	75807	73166	70611	68138	65745	63430
3,6	61190	59024	56928	54901	52941	51046	49214	47443	45731	44077
3,7	42478	40933	39440	37998	36605	35260	33960	32705	31494	30324
3,8	29195	28105	27053	26037	25058	24113	23201	22321	21473	20655
3,9	19866	19105	18371	17664	16983	16326	15693	15083	14495	13928
4,0	13383	12858	12352	11864	11395	10943	10509	10090	096870	092993
4,1	0,000 0 89262	85672	82218	78895	75700	72626	69670	66828	64095	61468
4,2	58943	56516	54183	51942	49788	47719	45731	43821	41988	40226
4,3	38535	36911	35353	33856	32420	31041	29719	28449	27231	26063
4,4	24942	23868	22837	21848	20900	19992	19121	18286	17486	16719

Binomialverteilung kumulativ

$$\sum_{i=0}^{k} \binom{n}{i} p^i (1-p)^{n-i}$$

n	k	0,05	0,10	0,15	0,20	0,25	0,30	0,35	0,40	0,45	0,50	
3	0	0,85738	72900	61412	51200	42188	34300	27463	21600	16637	12500	2
	1	0,99275	97200	93925	89600	84375	78400	71825	64800	57475	50000	1
	2	0,99988	99900	99662	99200	98437	97300	95712	93600	90887	87500	0
4	0	0,81451	65610	52201	40960	31641	24010	17851	12960	09151	06250	3
	1	0,98598	94770	89048	81920	73828	65170	56298	47520	39098	31250	2
	2	0,99952	99630	98802	97280	94922	91630	87352	82080	75852	68750	1
	3	0,99999	99990	99949	99840	99609	99190	98499	97440	95899	93750	0
5	0	0,77378	59049	44371	32768	23730	16807	11603	07776	05033	03125	4
	1	0,97741	91854	83521	73728	63281	52822	42841	33696	25622	18750	3
	2	0,99884	99144	93739	94208	89648	83692	76483	68256	59313	50000	2
	3	0,99997	99954	99777	99328	98437	96922	94598	91296	86878	81250	1
	4		99999	99992	99968	99902	99757	99475	98976	98155	96875	0
6	0	0,73509	53144	37715	26214	17798	11765	07542	04666	02768	01563	5
	1	0,96723	88573	77648	65536	53394	42017	31908	23328	16357	10938	4
	2	0,99777	98415	95266	90112	83057	74431	64709	54432	44152	34375	3
	3	0,99991	99873	99411	98304	96240	92953	88258	82080	74474	65625	2
	4		99994	99960	99840	99536	98906	97768	95904	93080	89063	1
	5			99999	99994	99976	99927	99816	99590	99170	98438	0
7	0	0,69834	47830	32058	20972	13348	08235	04902	02799	01522	00781	6
	1	0,95562	85031	71658	57672	44495	32942	23380	15863	10242	06250	5
	2	0,99624	97431	92623	85197	75641	64707	53228	41990	31644	22656	4
	3	0,99981	99727	98790	96666	92944	87396	80015	71021	60829	50000	3
	4	0,99999	99982	99878	99533	98712	97120	94439	90374	84707	77344	2
	5		99999	99993	99963	99866	99621	99099	98116	96429	93750	1
	6			99999	99994	99978	99936	99836	99626	99219	0
8	0	0,66342	43047	27249	16777	10011	05765	03186	01680	00837	00391	7
	1	0,94276	81310	65718	50332	36708	25530	16913	10638	06318	03516	6
	2	0,99421	96191	89479	79692	67854	55177	42781	31539	22013	14453	5
	3	0,99963	99498	97865	94372	88618	80590	70640	59409	47696	36328	4
	4	0,99998	99998	99715	98959	97270	94203	89391	82633	73962	63672	3
	5			99976	99877	99577	98871	97468	95019	91154	85547	2
	6			99999	99992	99962	99871	99643	99148	98188	96484	1
	7				99998	99993	99977	99934	99832	99609	0
9	0	0,63025	38742	23162	13422	07508	04035	02071	01008	00461	00195	8
	1	0,92879	77484	59948	43621	30034	19600	12109	07054	03852	01953	7
	2	0,99164	94703	85915	73820	60068	46283	33727	23179	14950	08984	6
	3	0,99936	99167	96607	91436	83427	72966	60889	48261	36138	25391	5
	4	0,99997	99911	99437	98042	95107	90119	82828	73343	62142	50000	4
	5		99994	99937	99693	99001	97471	94641	90065	83418	74609	3
	6			99995	99969	99866	99571	98882	97497	95023	91016	2
	7				99998	99989	99957	99860	99620	99092	98047	1
	8					99998	99992	99974	99924	99805	0
n		0,95	0,90	0,85	0,80	0,75	0,70	0,65	0,60	0,55	0,50	k

$$1 - \sum_{i=0}^{k} \binom{n}{i} p^i (1-p)^{n-i} = \sum_{i=k+1}^{n} \binom{n}{i} p^i (1-p)^{n-i}$$

Fehlende Zahlen sind größer als 0,999995 oder kleiner als 0,000005.

Binomialverteilung kumulativ (Fortsetzung)

$$\sum_{i=0}^{k} \binom{n}{i} p^{i} (1-p)^{n-i}$$

n	k	0,05	0,10	0,15	0,20	0,25	0,30	0,35	0,40	0,45	0,50	k
10	0	0,59874	34868	19687	10737	05631	02825	01346	00605	00253	00098	9
	1	0,91386	73610	54430	37581	24403	14931	08595	04636	02326	01074	8
	2	0,98850	92981	82020	67780	52559	38278	26161	16729	09956	05469	7
	3	0,99897	98720	95003	87913	77588	64961	51383	38228	26604	17188	6
	4	0,99994	99837	99013	96721	92187	84973	75150	63310	50440	37695	5
	5		99985	99862	99363	98027	95265	90507	83376	73844	62305	4
	6		99999	99987	99914	99649	98941	97398	94524	89801	82813	3
	7			99999	99992	99958	99841	99518	98771	97261	94531	2
	8					99997	99986	99946	99832	99550	98926	1
	9						99999	99997	99990	99966	99902	0
15	0	0,46329	20589	08735	03518	01336	00475	00156	00047	00013	00003	14
	1	0,82905	54904	31859	16713	08018	03527	01418	00517	00169	00049	13
	2	0,96380	81594	60423	39802	23609	12683	06173	02711	01065	00369	12
	3	0,99453	94444	82266	64816	46129	29687	17270	09050	04242	01758	11
	4	0,99939	98728	93829	83577	68649	51549	35194	21728	12040	05923	10
	5	0,99995	99775	98319	93895	85163	72162	56428	40322	26076	15088	9
	6		99969	99639	98194	94338	86886	75484	60981	45216	30362	8
	7		99997	99939	99576	98270	94999	88677	78690	65350	50000	7
	8			99992	99922	99581	98476	95781	90495	81824	69638	6
	9			99999	99989	99921	99635	98756	96617	92307	84912	5
	10				99999	99988	99933	99717	99005	97453	94077	4
	11					99999	99991	99952	99807	99367	98242	3
	12						99999	99994	99972	99889	99631	2
	13								99997	99988	99951	1
	14									99999	99997	0
20	0	0,35849	12158	03876	01153	00317	00080	00018	00004	00001	00000	19
	1	0,73584	39175	17556	06918	02431	00764	00213	00052	00011	00002	18
	2	0,92452	67693	40490	20608	09126	03548	01212	00361	00093	00020	17
	3	0,98410	86705	64773	41145	22516	10709	04438	01596	00493	00129	16
	4	0,99743	95683	82985	62965	41484	23751	11820	05095	01886	00591	15
	5	0,99967	98875	93269	80421	61717	41637	24540	12560	05533	02069	14
	6	0,99997	99761	97806	91331	78578	60801	41663	25001	12993	05766	13
	7		99958	99408	96786	89819	77227	60103	41589	25201	13159	12
	8		99994	99867	99002	95907	88667	76238	59560	41431	25172	11
	9		99999	99975	99741	98614	95204	87822	75534	59136	41190	10
	10			99996	99944	99606	98286	94683	87248	75071	58810	9
	11				99990	99906	99486	98042	94347	86924	74828	8
	12				99998	99982	99872	99398	97897	94197	86841	7
	13					99997	99974	99848	99353	97859	94234	6
	14						99996	99969	99839	99357	97931	5
	15						99999	99995	99968	99847	99409	4
	16							99999	99995	99972	99871	3
	17								99999	99996	99980	2
	18										99998	1
	19											0
n		0,95	0,90	0,85	0,80	0,75	0,70	0,65	0,60	0,55	0,50	k
												p

$$1 - \sum_{i=0}^{k} \binom{n}{i} p^{i} (1-p)^{n-i} = \sum_{i=k+1}^{n} \binom{n}{i} p^{i} (1-p)^{n-i}$$

Fehlende Zahlen sind größer als 0,999995 oder kleiner als 0,000005.

Normalverteilung $\Phi(x) = \dfrac{1}{\sqrt{2\pi}} \displaystyle\int_{-\infty}^{x} e^{-\frac{1}{2}t^2}\,\mathrm{d}t$

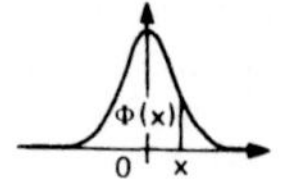

x	0	1	2	3	4	5	6	7	8	9
0,0	0, 50000	50399	50798	51197	51595	51994	52392	52790	53188	53586
0,1	53983	54380	54776	55172	55567	55962	56356	56749	57142	57535
0,2	57926	58317	58706	59095	59483	59871	60257	60642	61026	61409
0,3	61791	62172	62552	62930	63307	63683	64058	64431	64803	65173
0,4	65554	65910	66276	66640	67003	67364	67724	68082	68439	68793
0,5	69146	69497	69847	70194	70450	70884	71226	71566	71904	72240
0,6	72575	72907	73237	73565	73891	74215	74537	74857	75175	75490
0,7	75804	76115	76424	76730	77035	77337	77637	77935	78230	78524
0,8	78814	79103	79389	79673	79955	80234	80511	80785	81057	81327
0,9	81594	81859	82121	82381	82639	82894	83147	83398	83646	83891
1,0	84134	84375	84614	84850	85083	85313	85543	85769	85993	86214
1,1	86433	86650	86864	87076	87286	87493	87698	87900	88100	88298
1,2	88493	88686	88877	89065	89251	89435	89617	89796	89973	901475
1,3	0,9 03200	04902	06582	08241	09877	11492	13085	14657	16207	17736
1,4	19243	20730	22196	23641	25066	26471	27855	29219	30563	31888
1,5	33193	34478	35745	36992	38220	39429	40620	41792	42947	44083
1,6	45201	46301	47384	48449	49497	50529	51543	52540	53521	54486
1,7	55435	56367	57284	58185	59070	59941	60796	61636	62462	63273
1,8	64070	64852	65620	66375	67116	67843	68557	69258	69946	70621
1,9	71283	71933	72571	73197	73810	74412	75002	75581	76148	76705
2,0	77250	77784	78308	78822	79325	79818	80301	80774	81237	81691
2,1	82136	82571	82997	83414	83823	84222,	84614	84997	85371	85738
2,2	86097	86447	86791	87126	87455	87776	88089	88396	88696	88989
2,3	89276	89556	89830	900969	903581	906133	908625	911060	913437	915758
2,4	0,99 18025	20237	22397	24506	26564	28572	30531	32443	34309	36128
2,5	37903	39634	41323	42969	44574	46139	47664	49151	50600	52012
2,6	53388	54729	56035	57308	58547	59754	60930	62074	63189	64274
2,7	65330	66358	67359	68333	69280	70202	71099	71972	72821	73646
2,8	74449	75229	75988	76726	77443	78140	78818	79476	80116	80738
2,9	81342	81929	82498	83052	83589	84111	84618	85110	85588	86051
3,0	86501	86938	87361	87772	88171	88558	88933	89297	89650	89992
3,1	0,999 03240	06456	09574	12597	15526	18365	21115	23781	26362	28864
3,2	31286	33633	35905	38105	40235	42297	44294	46226	48096	49906
3,3	51658	53352	54991	56577	58111	59594	61029	62416	63757	65054
3,4	66307	67519	68689	69821	70914	71971	72991	73977	74929	75849
3,5	76737	77595	78423	79222	79994	80738	81457	82151	82820	83466
3,6	84089	84690	85270	85829	86368	86888	87389	87872	88338	88787
3,7	89220	89637	900389	904260	907990	911583	915043	918376	921586	924676
3,8	0,999 9 27652	30517	33274	35928	38483	40941	43306	45582	47772	49878
3,9	51904	53852	55726	57527	59259	60924	62525	64064	65542	66963
4,0	68329	69641	70901	72112	73274	74391	75464	76493	77482	78431
4,1	79342	80217	81056	81862	82635	83376	84088	84770	85425	86052
4,2	86654	87231	87785	88315	88824	89311	89779	902264	906553	910663
4,3	0,999 99 14601	18373	21985	25445	28759	31931	34969	37877	40660	43325
4,4	45875	48315	50650	52883	55021	57065	59020	60890	62678	64388

Physikalische Größen und Formeln

Basisgrößen, Basiseinheiten

Größen	Einheit	Definition der Basiseinheit [1]
Länge l	1 m (Meter)	1 m ist das 1 650 763,73-fache der Wellenlänge der von Atomen des Nuklids ^{86}Kr beim Übergang vom Zustand $5d_5$ zum Zustand $2p_{10}$ im Vakuum ausgesandten Strahlung.
Masse m	1 kg (Kilogramm)	1 kg ist die Masse des Internationalen Kilogrammprototyps.
Zeit t	1 s (Sekunde)	1 s ist das 9 192 631 770-fache der Periodendauer der dem Übergang zwischen den beiden Hyperfeinstrukturniveaus des Grundzustandes von Atomen des Nuklids ^{133}Cs entsprechenden Strahlung.
Stromstärke I	1 A (Ampere)	1 A ist die Stärke eines konstanten Gleichstromes, der durch zwei im Abstand von 1 m parallele, geradlinige, unendlich lange, vernachlässigbar dünne Leiter im Vakuum fließt und zwischen diesen eine Kraft von $2 \cdot 10^{-7}$ N je Meter Länge hervorruft.
Temperatur ϑ	1 K (Kelvin)	1 K ist der 273,16te Teil der thermodynamischen Temperatur des Tripelpunktes des Wassers.
Stoffmenge	1 mol	1 mol ist die Stoffmenge eines Systems bestimmter Zusammensetzung, das aus ebenso vielen Teilchen besteht, wie Atome in 0,012 kg des Nuklids ^{12}C enthalten sind.
Lichtstärke	1 cd (Candela)	1 cd ist die Lichtstärke, mit der $1,\overline{6} \cdot 10^{-6}$ m^2 der Oberfläche eines Schwarzen Strahlers bei der Temperatur des beim Druck 101 325 N/m^2 erstarrenden Platins senkrecht zu seiner Oberfläche leuchtet.

[1] Nach „Gesetz über Einheiten im Meßwesen" vom 2.7.69/72 (verkürzt)

Umrechnung der SI-Einheiten in einige noch gebrauchte Einheiten [2]

Geschwindigkeit:	1 m/s = 3,6 km/h;		1 km/h = 0,2778 m/s	
Kraft:	1 N = 0,102 kp;		1 kp = 9,80665 N	
Energie:	J	kp m	kcal	eV
$1 J = 1 Nm = 1 W s =$	1	0,102	$2,39 \cdot 10^{-4}$	$6,24 \cdot 10^{18}$
$1 kp\,m =$	9,80665	1	$2,34 \cdot 10^{-3}$	$6,12 \cdot 10^{19}$
$1 kcal =$	$4,19 \cdot 10^3$	427	1	$2,61 \cdot 10^{22}$
$1 eV =$	$1,602 \cdot 10^{-19}$	$1,63 \cdot 10^{-20}$	$3,83 \cdot 10^{-23}$	1
Leistung:	$1 W = 1,36 \cdot 10^{-3}$ PS;		1 PS = 736 W	
Druck:		N/m^2	at	Torr
$1 N/m^2 = 10^{-2}$ mbar $= 1$ Pa $=$		1	$1,02 \cdot 10^{-5}$	$7,50 \cdot 10^{-3}$
$1 at = 1 kp/cm^2 =$		$9,80665 \cdot 10^4$	1	736
$1 Torr = 1 mm Hg = \frac{1}{760}$ atm $=$		133,3	$1,36 \cdot 10^{-3}$	1

[2] Die farbigen Zahlen sind genau.

Weitere Größen, Einheiten, Formeln, Gesetze

Lineare Bewegung, Druck, Energie, Gravitation

Geschwindigkeit	$\vec{v}$	1 m/s	$\vec{v} = \dfrac{d\vec{s}}{dt}$; $\vec{v}$ konstant: $\vec{s} = \vec{v} \cdot t$
Beschleunigung	$\vec{a}$	1 m/s²	$\vec{a} = \dfrac{d\vec{v}}{dt}$; $\vec{a}$ konstant: $\vec{s} = \dfrac{\vec{a}}{2} \cdot t^2$, $\begin{array}{l} \vec{v} = \vec{a} \cdot t, \\ v = \sqrt{2\,a \cdot s} \end{array}$
Kraft	$\vec{F}$	1 kg m/s² = 1 N (Newton)	$\vec{F} = m \cdot \vec{a}$
Druck	p	1 N/m² = 1 Pa (Pascal)	$p = \dfrac{F}{A}$
Arbeit	W	1 N m = 1 J (Joule)	$W = \vec{F} \cdot \vec{s} = F \cdot s \cdot \cos\alpha = \dfrac{1}{2} m \cdot v^2 \quad (\alpha = \sphericalangle\,(\vec{F},\vec{s}))$
Leistung	P	1 N m/s = 1 W (Watt)	$P = \dfrac{W}{t}$
Energie	W	1 N m = 1 J (Joule)	$W_{pot} = m \cdot g \cdot h$; $W_{kin} = \dfrac{1}{2} m \cdot v^2$; $W_{spann} = \dfrac{1}{2} D \cdot l^2$
Impuls	$\vec{p}$	1 kg m/s	$\vec{p} = m \cdot \vec{v}$; $\vec{F} = \dfrac{d\vec{p}}{dt}$
Gravitationsgesetz			$F = \gamma \cdot \dfrac{M \cdot m}{r^2}$

Kreisbewegung

Umlaufzeit	T	1 s	
Frequenz	f	1 s⁻¹ = 1 Hz (Hertz)	$f = \dfrac{1}{T} = \dfrac{n}{t}$
Winkelgeschwindigkeit (Kreisfrequenz)	$\vec{\omega}$	1 Hz	$\omega = \dfrac{d\varphi}{dt}$; $\vec{\omega}$ konstant: $\omega = \dfrac{\varphi}{t} = \dfrac{2\pi}{T} = 2\pi f$
Winkelbeschleunigung	$\vec{\beta}$	1 s⁻² = 1 Hz²	$\vec{\beta} = \dfrac{d\vec{\omega}}{dt}$; $\vec{\beta}$ konstant: $\varphi = \dfrac{1}{2}\beta \cdot t^2$
Bahngeschwindigkeit	$\vec{v}$	1 m/s	$\vec{v} = \vec{\omega} \times \vec{r}$, $v = \dfrac{2\pi r}{T} = 2\pi r \cdot f = r \cdot \omega$
Zentralbeschleunigung	$\vec{a}$	1 m/s²	$\vec{a} = -\dfrac{v^2}{r^2} \cdot \vec{r}$
Zentralkraft	$\vec{Z}$	1 N	$\vec{Z} = m \cdot \vec{a} = -m \cdot \dfrac{v^2}{r^2} \cdot \vec{r}$
Energie	W	1 J	$W_{rot} = \dfrac{1}{2} m \cdot r^2 \cdot \omega^2 = \dfrac{1}{2} J \cdot \omega^2$
Trägheitsmoment	J	1 kg m²	$J = m \cdot r^2 \left(= \displaystyle\int_{r=r_1}^{r=r_2} r^2\,dm \right)$
Drehimpuls	$\vec{b}$	1 kg m²/s	$\vec{b} = J \cdot \vec{\omega}$
Drehmoment	$\vec{M}$	1 kg m²/s²	$\vec{M} = \vec{r} \times \vec{F} = \dfrac{d\vec{b}}{dt}$; $\vec{M} = J \cdot \vec{\beta}$

Schwingungen

Harmonische Schwingungen			$y = r \sin \omega t; \quad v = r \cdot \omega \cos \omega t;$ $a = -r \cdot \omega^2 \sin \omega t = -\omega^2 \cdot y$
Differentialgleichung			$m \cdot \ddot{y} + D \cdot y = 0; \quad \omega = \dfrac{2\pi}{T} = \sqrt{\dfrac{D}{m}} \ \left(\text{Pendel:} = \sqrt{\dfrac{g}{l}} \right)$
Energie	W	1 J	$W = \dfrac{1}{2} D \cdot r^2$
Wellengleichung			$y = r \sin 2\pi \left(\dfrac{t}{T} - \dfrac{x}{\lambda} \right)$
Wellenlänge	λ	1 m	$\lambda = v \cdot T$ (v: Ausbreitungsgeschw. der Welle)

Thermodynamik

Längenausdehnungskoeffizient	α	$1\ \mathrm{K}^{-1}$	$\alpha = \dfrac{\Delta l}{\Delta \vartheta} \cdot \dfrac{1}{l_0}; \quad l = l_0 \cdot (1 + \alpha \cdot \vartheta)$
Raumausdehnung			$V = V_0 \cdot (1 + \beta \cdot \vartheta); \quad \beta = 3\alpha$
Raumausdehnung für Gase			$V = V_0 \cdot \left(1 + \dfrac{\vartheta}{273} \right),$ falls p konstant
Wärmemenge	Q	1 J	
spez. Wärme	c	1 J/kg K	$c = \dfrac{\Delta Q}{\Delta \vartheta} \cdot \dfrac{1}{m}; \quad c_v$: V konstant; c_p: p konstant
Gasgleichung für ideale Gase			$\dfrac{p \cdot V}{T} = \dfrac{p_0 \cdot V_0}{T_0} = n \cdot R$ (n: Anzahl der Kilomole, R: Gaskonstante)
Gasgleichung für reale Gase (van-der-Waalssche Gleichung)			$\left(p + \dfrac{a}{V^2} \right) \cdot (V - n \cdot b) = n \cdot R \cdot T$ (a, b Eigenschaften des Gases, n: Anzahl der Kilomole, R: Gaskonstante)

Optik

Brechungsgesetz			$\dfrac{\sin \alpha}{\sin \beta} = \dfrac{c_1}{c_2} = \dfrac{n_2}{n_1}$ (n_1, n_2: Brechungsindex, c_1, c_2: Geschwindigkeit)
Linsengleichung			$\dfrac{1}{g} + \dfrac{1}{b} = \dfrac{1}{f}$ (g: Gegenstands-, b: Bild-, f: Brennweite)
Brechkraft	B	$1\ \mathrm{m}^{-1} = 1\ \mathrm{D}$ (Dioptrie)	$B = \dfrac{1}{f}; \quad B = B_1 + B_2$ bei Hintereinanderschaltung von Linsen
Beugung am Spalt			Minima: $\sin \alpha = \dfrac{2n}{d} \cdot \dfrac{\lambda}{2}$ Maxima: $\sin \alpha = \dfrac{2n+1}{d} \cdot \dfrac{\lambda}{2}$ (d: Breite des Spaltes)
Beugung am Gitter			Maxima: $\sin \alpha = \dfrac{2n}{a} \cdot \dfrac{\lambda}{2}$ (a: Gitterkonstante) a = Abstand der Mitten der Öffnungen

Elektrisches Feld

Ladung	Q	$1\,A\,s = 1\,C$ (Coulomb)	$Q = I \cdot t$
elektrische Feldstärke	$\vec{E}$	$1\,N/A\,s = 1\,V/m$	$\vec{E} = \dfrac{\vec{F}}{Q}$; um Punktladung: $\vec{E} = \dfrac{Q}{\epsilon_r \cdot \epsilon_0 \cdot 4\pi r^3} \cdot \vec{r}$
elektrische Verschiebungsdichte	$\vec{D}$	$1\,A\,s/m^2$	$D = \dfrac{Q}{A}$; $\vec{D} = \epsilon_r \cdot \epsilon_0 \cdot \vec{E}$ (ϵ_r: relative Dielektrizitätszahl, ϵ_0: el. Feldkonstante)
Spannung	U	$1\,N\,m/A\,s = 1\,V$ (Volt)	$U = \dfrac{W}{Q} = \vec{E} \cdot \vec{d}$
Coulombsches Gesetz			$F = \dfrac{1}{4\pi\,\epsilon_0} \cdot \dfrac{Q_1 \cdot Q_2}{r^2}$
Kapazität	C	$1\,A\,s/V = 1\,F$ (Farad)	$C = \dfrac{Q}{U} = \epsilon_r \cdot \epsilon_0 \cdot \dfrac{A}{d}$
Reihenschaltung von Kapazitäten			$\dfrac{1}{C} = \dfrac{1}{C_1} + \dfrac{1}{C_2} + \ldots$
Parallelschaltung von Kapazitäten			$C = C_1 + C_2 + \ldots$
Energie des Kondensators	W	$1\,A\,V\,s = 1\,J$	$W = \dfrac{1}{2} C \cdot U^2 = \dfrac{1}{2} Q \cdot U = \dfrac{1}{2}\dfrac{Q^2}{C}$

Magnetisches Feld

magnetische Feldstärke	$\vec{H}$	$1\,A/m$	$H = I \cdot \dfrac{w}{l}$ (w: Windungszahl, l: Länge, I: Strom der Spule)
magnetische Flußdichte	$\vec{B}$	$1\,N/A\,m = 1\,Vs/m^2 = 1\,T$ (Tesla)	$B = \dfrac{F}{I \cdot l}$ (F: Kraft, I: Strom, l: Länge des Leiterstücks, $F \perp l \perp B \perp F$) $\vec{B} = \mu_r \cdot \mu_0 \cdot \vec{H}$ (μ_r: relative Permeabilität, μ_0: magnetische Feldkonstante)
Lorentzkraft	$\vec{F}$	$1\,N$	$\vec{F} = Q \cdot \vec{v} \times \vec{B}$; $F = Q \cdot v \cdot B$ (falls $v \perp B$) (v: Geschwindigkeit von Q)
magnetischer Fluß	Φ	$1\,Vs = 1\,Wb$ (Weber)	$\Phi = B \cdot A \cos\varphi$ (A: Fläche der Spule, $\varphi = \sphericalangle\,(\vec{A}, \vec{B})$)
Induktionsspannung	U	$1\,V$	$U_{ind} = w \cdot \dfrac{d\Phi}{dt}$ (w: Anzahl der Windungen der Spule) $U_{ind} = B \cdot v \cdot L$ (v: Geschwindigkeit, L: Länge des bewegten Leiters)
Induktivität	L	$1\,V\,s/A = 1\,Hy$ (Henry)	$L = -\dfrac{U_{ind}}{\dfrac{dI}{dt}} = \mu_r \cdot \mu_0 \cdot \dfrac{w^2 \cdot A}{l}$
Energie der Spule	W	$1\,J$	$W = \dfrac{1}{2} L \cdot I^2$

Stromkreis

Ohmsches Gesetz		$U \sim I$	
Ohmscher Widerstand	R_O	$1\,\dfrac{V}{A} = 1\,\Omega$	$R_O = \dfrac{U}{I} = \rho \cdot \dfrac{l}{A}$ (l: Länge, A: Querschnitt, ρ: spez. Widerstand des Drahtes)
Reihenschaltung			$R_O = R_{O1} + R_{O2}; \quad U_1 : U_2 = R_1 : R_2$
Parallelschaltung			$\dfrac{1}{R_O} = \dfrac{1}{R_{O1}} + \dfrac{1}{R_{O2}}; \quad I = I_1 + I_2$
Elektr. Arbeit	W	$1\,A\,V\,s = 1\,J$	$W = I \cdot U \cdot t$
Wechselspannung	U	$1\,V$	$U = U_m \sin \omega t; \quad U_{eff} = \dfrac{U_m}{\sqrt{2}}$
Wechselstrom	I	$1\,A$	$I = I_m \sin \omega t; \quad I_{eff} = \dfrac{I_m}{\sqrt{2}}$
kapazitiver Widerstand	R_C	$1\,\Omega$	$R_C = \dfrac{1}{\omega \cdot C}$
induktiver Widerstand	R_L	$1\,\Omega$	$R_L = \omega \cdot L$
Gesamtwiderstand	R	$1\,\Omega$	$R = \sqrt{R_O^2 + (R_L - R_C)^2}$
Phasenwinkel			$\tan \varphi = \dfrac{R_L - R_C}{R_O}$
Leistung	P	$1\,A\,V = 1\,W$	$P = U_{eff} \cdot I_{eff} \cos \varphi$
Differentialgleichung im Schwingkreis			$L \cdot \ddot{Q} + \dfrac{1}{C} \cdot Q = 0 \quad (\dot{Q} = I)$
Schwingungsdauer	T	$1\,s$	$T = 2\pi \sqrt{L \cdot C}$

Atomphysik

Energie der Strahlung	W	$1\,J$	$W = h \cdot f$ (h: Plancksches Wirkungsquantum, f: Frequenz)
Wellenlänge (de Broglie)	λ	$1\,m$	$\lambda = \dfrac{h}{m \cdot v}$ (m: Masse, v: Geschwindigkeit des Teilchens)
Frequenz der von einem Atom ausgestrahlten Lichtquanten	f	$1\,Hz$	$f = c \cdot Ry \cdot \left(\dfrac{1}{m^2} - \dfrac{1}{n^2} \right)$ (c: Lichtgeschwindigkeit) $n > m; \quad$ ganze Zahlen
Aktivität	A	$1\,s^{-1}$ $1\,Ci = 3{,}7 \cdot 10^{10}$ Zerfallsakte/s (Curie)	$A = \dfrac{dN}{dt}$
Absorptionsgesetz			$N = N_0 \cdot e^{-kd}$ (k: Absorptionskonstante)
Zerfallsgesetz			$N = N_0 \cdot e^{-\lambda t}$ (λ: Zerfallskonstante)
Halbwertszeit	T_H	$1\,s$	$T_H = \dfrac{1}{\lambda} \ln 2 \quad (N = \tfrac{1}{2} N_0)$

Elektromagnetische Wellen

Stefan-Boltzmannsches Gesetz

$P = \sigma \cdot A \cdot T^4$ (σ: Strahlungskonstante; P: Leistung, A: Fläche, T: abs. Temperatur des Strahlers)

Wiensches Verschiebungsgesetz

$\lambda_{max} \cdot T = \text{const.}$ (λ_{max}: Maximum der Wellenlänge der Strahlung, T: abs. Temperatur)

Lichtgeschwindigkeit im Vakuum

$$c_0 = \frac{1}{\sqrt{\mu_0 \cdot \epsilon_0}}$$

Skala des elektromagnetischen Spektrums ➤

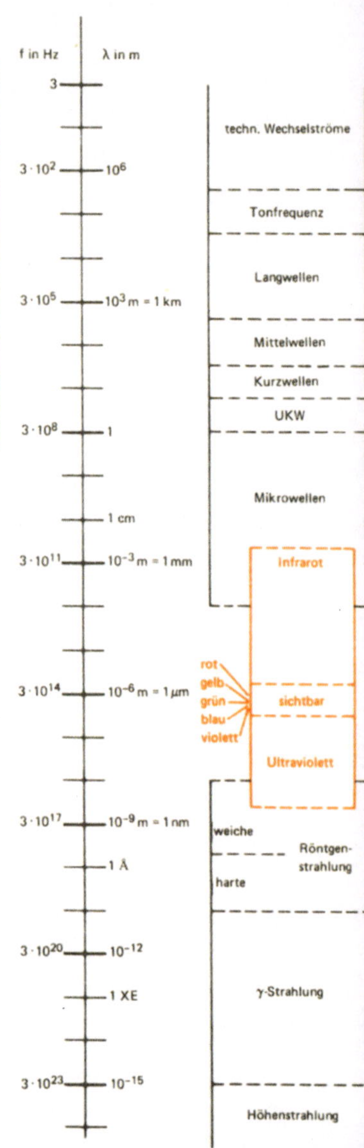

Druck des gesättigten Wasserdampfes

ϑ °C	p 10^{-3} bar	Torr
-10	2,6	1,95
0	6,1	4,58
5	8,7	6,53
10	12,3	9,23
15	17,1	12,8
20	23,4	17,6
25	31,7	23,8
30	42,4	31,8
50	123,3	92,48
70	311,6	233,7
90	701,1	525,9
97	909,4	682,1
98	943,0	707,3
99	977,5	733,2
100	1013,2	760
110	1432	1074
120	1985	1489
150	4760	3570
200	15550	11660
300	85920	64450
374	220550	165400

Eigenschaften einiger Elemente

Element	rel. Molekulargew.	Molvolumen bei 20 °C (*0 °C, 760 T.) m³/kmol	spez. Wärme bei 20 °C (* c_p[1]) kcal/K kg
Al	27,0	0,010	0,214
Pb	207,2	0,024	0,031
Fe	55,8	0,0072	0,108
Diamant		0,0034	0,12
Graphit		0,0055	0,17
Cu	63,5	0,0071	0,092
Pt	195,2	0,0091	0,032
Ag	107,9	0,010	0,056
Si	28,1	0,012	0,168
U	238,1	0,013	0,028
Zn	65,4	0,0092	0,093
H_2O	18	0,018	0,999
C_6H_6	78	0,089	0,41
Hg	201	0,015	0,033
H_2	2,016	22,4 *	0,420 *
He	4,003	22,4 *	1,250 *
Ne	20,183	22,4 *	0,244 *
N_2	28,015	22,4 *	0,248 *
O_2	31,999	22,4 *	0,219 *
CO_2	44,011	22,2 *	0,200 *

[1] bei konstantem Druck

Elektrochem. Äquivalente für 1 As

	mg
Ag	1,1180
Al	0,0932
Cu	0,3293
Cl	0,367
H	0,01045
Hg	1,0395
Ni	0,305
O	0,08291

spez. Wärme c_v bei konst. Volumen kcal/K kg

H_2	2,426
He	0,767
Ne	0,149
N_2	0,177
O_2	0,157
CO_2	0,155

Physikalische Konstanten

Größe	Symbol	Wert
Fallbeschleunigung	g	$= 9{,}80665 \ \text{m/s}^2$
Gravitationskonstante	γ	$= 6{,}670 \cdot 10^{-11} \ \text{N m}^2/\text{kg}^2$
Avogadro-Konstante	N_A	$= 6{,}02252 \cdot 10^{26} \ 1/\text{kmol}$
Gaskonstante	R	$= 8{,}3143 \cdot 10^3 \ \text{J/K} \cdot \text{kmol}$
Boltzmannsche Konstante	k	$= 1{,}38054 \cdot 10^{-23} \ \text{J/K}$
absolute Temperatur	$0 \ \text{K}$	$\doteq -273{,}15 \ °\text{C}$
Elementarladung	e	$= 1{,}60210 \cdot 10^{-19} \ \text{A s}$
Faraday-Konstante	F	$= 9{,}64870 \cdot 10^7 \ \text{A s/kcal}$
elektrische Feldkonstante	ϵ_0	$= 8{,}85419 \cdot 10^{-12} \ \text{A s/V m}$
magnetische Feldkonstante	μ_0	$= 1{,}2566 \cdot 10^{-6} \ \text{V s/A m} = 4\pi \cdot 10^{-7} \ \text{V s/A m}$
Lichtgeschwindigkeit im Vakuum	c_0	$= 2{,}997925 \cdot 10^8 \ \text{m/s}$
Strahlungskonstante	σ	$= 5{,}67 \cdot 10^{-8} \ \text{W/m}^2 \ \text{K}^4$
Rydberg-Konstante (H-Atom)	Ry_H	$= 1{,}0967758 \cdot 10^7 \ \text{m}^{-1}$
Plancksches Wirkungsquantum	h	$= 6{,}6256 \cdot 10^{-34} \ \text{J s}$
Masse des Elektrons	m_e	$= 9{,}1091 \cdot 10^{-31} \ \text{kg}$
Masse des Protons	m_p	$= 1{,}67252 \cdot 10^{-27} \ \text{kg} = 1836 \, m_e$
Masse des Neutrons	m_n	$= 1{,}67482 \cdot 10^{-27} \ \text{kg} = 1836 \, m_e$

Periodensystem der Elemente 1. Teil

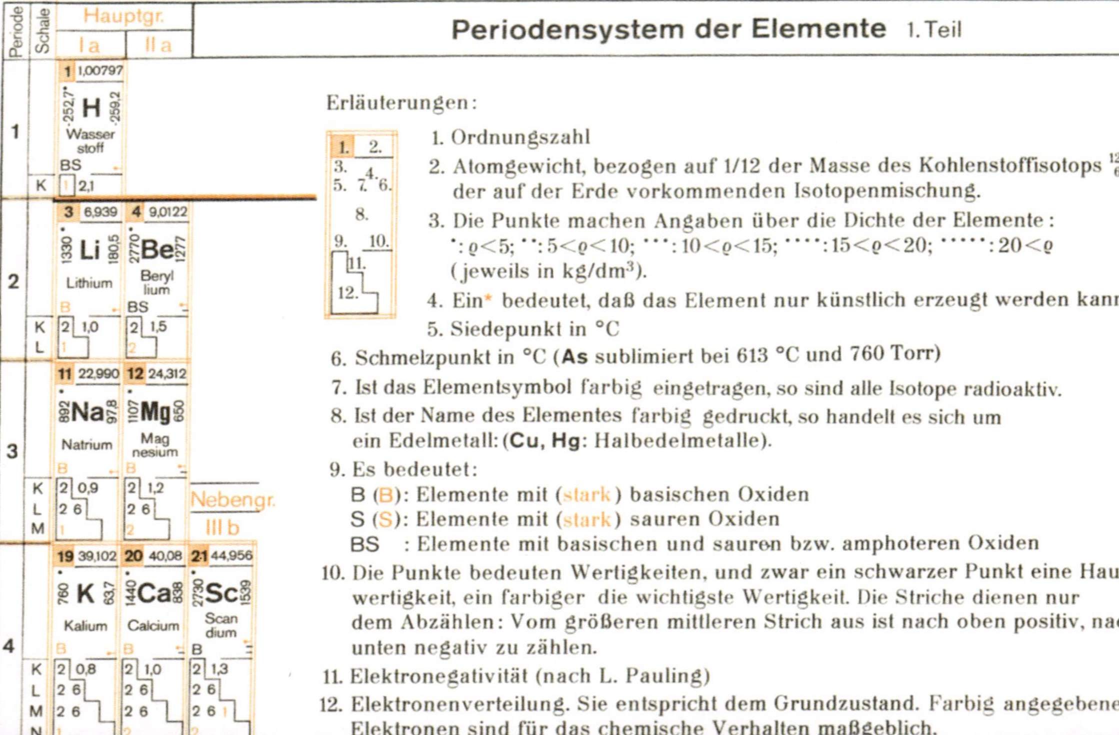

Erläuterungen:

1. Ordnungszahl

2. Atomgewicht, bezogen auf 1/12 der Masse des Kohlenstoffisotops $^{12}_{6}C$ der auf der Erde vorkommenden Isotopenmischung.

3. Die Punkte machen Angaben über die Dichte der Elemente: $\cdot$: $\varrho < 5$; $\cdot\cdot$: $5 < \varrho < 10$; $\cdot\cdot\cdot$: $10 < \varrho < 15$; $\cdot\cdot\cdot\cdot$: $15 < \varrho < 20$; $\cdot\cdot\cdot\cdot\cdot$: $20 < \varrho$ (jeweils in kg/dm³).

4. Ein* bedeutet, daß das Element nur künstlich erzeugt werden kann.

5. Siedepunkt in °C

6. Schmelzpunkt in °C (**As** sublimiert bei 613 °C und 760 Torr)

7. Ist das Elementsymbol farbig eingetragen, so sind alle Isotope radioaktiv.

8. Ist der Name des Elementes farbig gedruckt, so handelt es sich um ein Edelmetall: (**Cu, Hg**: Halbedelmetalle).

9. Es bedeutet:
B (B): Elemente mit (stark) basischen Oxiden
S (S): Elemente mit (stark) sauren Oxiden
BS : Elemente mit basischen und sauren bzw. amphoteren Oxiden

10. Die Punkte bedeuten Wertigkeiten, und zwar ein schwarzer Punkt eine Hauptwertigkeit, ein farbiger die wichtigste Wertigkeit. Die Striche dienen nur dem Abzählen: Vom größeren mittleren Strich aus ist nach oben positiv, nach unten negativ zu zählen.

11. Elektronegativität (nach L. Pauling)

12. Elektronenverteilung. Sie entspricht dem Grundzustand. Farbig angegebene Elektronen sind für das chemische Verhalten maßgeblich.

13. Die schwarze Linie bedeutet die Grenze zwischen Metallen und Nichtmetallen. Sie spaltet sich bei den Halbmetallen auf. Angegeben sind jeweils die wichtigsten Modifikationen (z.B. gilt für **C**: Graphit: Halbmetall, Diamant: Nichtmetall).

14. Die farbige Linie bedeutet die Grenze zwischen (bei 20 °C) gasförmigen und festen Elementen (mit zwei Ausnahmen: **Br**, **Hg** sind flüssig).

Lanthanide und Actinide

Periode 5 (Ausschnitt, Elemente 37–39):

Z	Atommasse	Sdp.	Smp.	Symbol	Name	EN	K	L	M	N	O
37	85,47	688	38,9	Rb	Rubidium	0,8	2	2 6	2 6 10	2 6	1
38	87,62	1380	768	Sr	Strontium	1,0	2	2 6	2 6 10	2 6	2
39	88,905	2927	1509	Y	Yttrium	1,3	2	2 6	2 6 10	2 6 1	2

Periode 6 (Elemente 55–71):

Z	Atommasse	Sdp.	Smp.	Symbol	Name	EN	K	L	M	N	O	P
55	132,90	690	28,7	Cs	Cäsium	0,7	2	2 6	2 6 10	2 6 10	2 6	1
56	137,34	1640	714	Ba	Barium	0,9	2	2 6	2 6 10	2 6 10	2 6	2
57	138,91	3470	920	La	Lanthan	1,1	2	2 6	2 6 10	2 6 10	2 6 1	2
58	140,12	3468	795	Ce	Cer	1,1	2	2 6	2 6 10	2 6 10 2	2 6	2
59	140,91	3127	1024	Pr	Praseodym	1,1	2	2 6	2 6 10	2 6 10 3	2 6	2
60	144,24	3027	1024	Nd	Neodym	1,2	2	2 6	2 6 10	2 6 10 4	2 6	2
61	–	–	–	Pm	Promethium	–	2	2 6	2 6 10	2 6 10 5	2 6	2
62	150,35	1900	1072	Sm	Samarium	1,2	2	2 6	2 6 10	2 6 10 6	2 6	2
63	151,96	1439	826	Eu	Europium	–	2	2 6	2 6 10	2 6 10 7	2 6	2
64	157,25	3000	1312	Gd	Gadolinium	1,1	2	2 6	2 6 10	2 6 10 7	2 6 1	2
65	158,92	2800	1356	Tb	Terbium	1,2	2	2 6	2 6 10	2 6 10 9	2 6	2
66	162,50	2600	1407	Dy	Dysprosium	–	2	2 6	2 6 10	2 6 10 10	2 6	2
67	164,93	2600	1461	Ho	Holmium	1,2	2	2 6	2 6 10	2 6 10 11	2 6	2
68	167,26	2900	1497	Er	Erbium	1,2	2	2 6	2 6 10	2 6 10 12	2 6	2
69	168,93	1727	1545	Tm	Thulium	1,2	2	2 6	2 6 10	2 6 10 13	2 6	2
70	173,04	1427	824	Yb	Ytterbium	1,1	2	2 6	2 6 10	2 6 10 14	2 6	2
71	174,97	3327	1652	Lu	Lutetium	1,2	2	2 6	2 6 10	2 6 10 14	2 6 1	2

Periode 7 (Elemente 87–103):

Z	Atommasse	Sdp.	Smp.	Symbol	Name	EN	K	L	M	N	O	P	Q
87	–	–	27	Fr	Francium	0,7	2	2 6	2 6 10	2 6 10 14	2 6 10	2 6	1
88	–	700	–	Ra	Radium	0,9	2	2 6	2 6 10	2 6 10 14	2 6 10	2 6	2
89	–	–	1050	Ac	Actinium	1,1	2	2 6	2 6 10	2 6 10 14	2 6 10	2 6 1	2
90	232,04	3850	1750	Th	Thorium	1,3	2	2 6	2 6 10	2 6 10 14	2 6 10	2 6 2	2
91	–	–	–	Pa	Proctatinium	1,5	2	2 6	2 6 10	2 6 10 14	2 6 10 2	2 6 1	2
92	238,03	3818	1132	U	Uran	1,7	2	2 6	2 6 10	2 6 10 14	2 6 10 3	2 6 1	2
93	–	–	–	Np	Neptunium	1,3	2	2 6	2 6 10	2 6 10 14	2 6 10 4	2 6 1	2
94	–	3235	640	Pu	Plutonium	1,3	2	2 6	2 6 10	2 6 10 14	2 6 10 5	2 6 1	2
95	–	–	–	Am	Americium	–	2	2 6	2 6 10	2 6 10 14	2 6 10 7	2 6	2
96	–	–	–	Cm	Curium	–	2	2 6	2 6 10	2 6 10 14	2 6 10 7	2 6 1	2
97	–	–	–	Bk	Berkelium	–	2	2 6	2 6 10	2 6 10 14	2 6 10 8	2 6 1	2
98	–	–	–	Cf	Californium	–	2	2 6	2 6 10	2 6 10 14	2 6 10 9	2 6 1	2
99	–	–	–	Es	Einsteinium	–	2	2 6	2 6 10	2 6 10 14	2 6 10 10	2 6 1	2
100	–	–	–	Fm	Fermium	–	2	2 6	2 6 10	2 6 10 14	2 6 10 11	2 6 1	2
101	–	–	–	Md	Mendelevium	–	2	2 6	2 6 10	2 6 10 14	2 6 10 12	2 6 1	2
102	–	–	–	No	Nobelium	–	2	2 6	2 6 10	2 6 10 14	2 6 10 13	2 6 1	2
103	–	–	–	Lw	Lawrencium	–	2	2 6	2 6 10	2 6 10 14	2 6 10 14	2 6 1	2

Zustand: s p d f (für jedes Element)

Periodensystem der Elemente 2. Teil

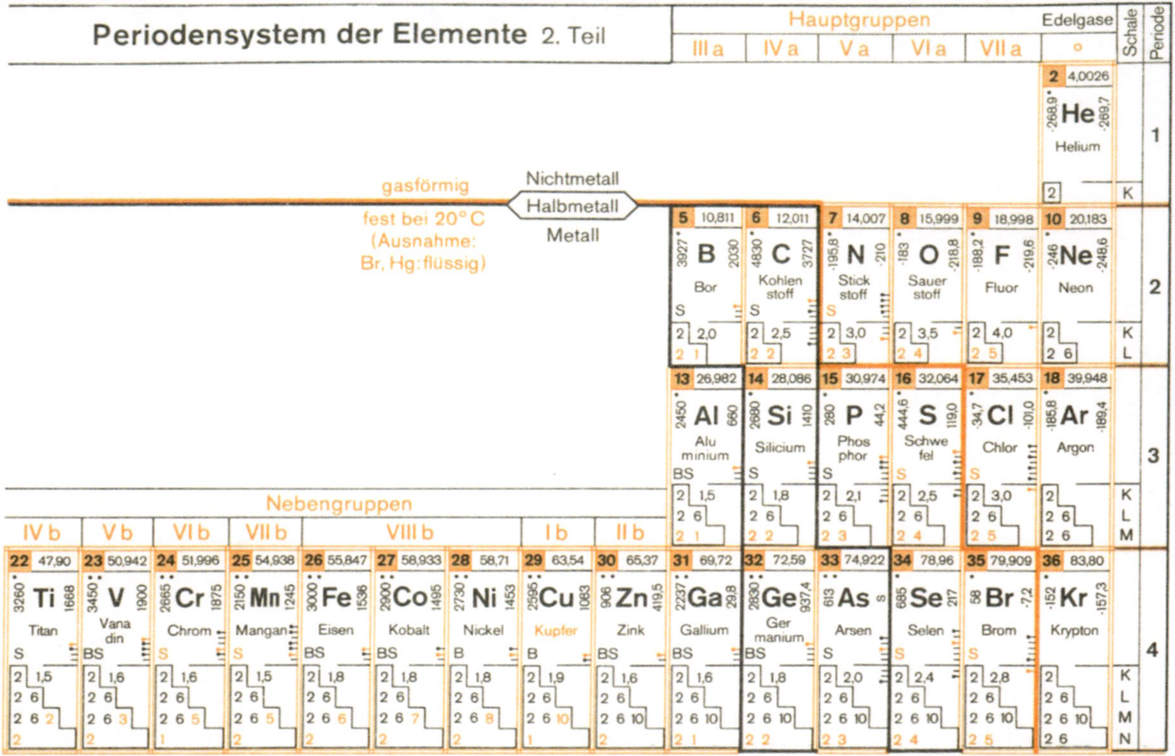

Hauptgruppen — Edelgase

gasförmig
Nichtmetall
Halbmetall
Metall
fest bei 20°C (Ausnahme: Br, Hg: flüssig)

Nebengruppen

Periode	IV b	V b	VI b	VII b	VIII b			I b	II b	III a	IV a	V a	VI a	VII a	o	Schale
1															**2** 4,0026 · -268,9 / -269,7 **He** Helium · 2	K
2										**5** 10,811 · 3927 / 2030 **B** Bor · S · 2,0 · 2 / 2 1	**6** 12,011 · 4830 / 3727 **C** Kohlenstoff · S · 2,5 · 2 / 2 2	**7** 14,007 · -195,8 / -210 **N** Stickstoff · S · 3,0 · 2 / 2 3	**8** 15,999 · -183 / -218,8 **O** Sauerstoff · S · 3,5 · 2 / 2 4	**9** 18,998 · -188,2 / -219,6 **F** Fluor · 4,0 · 2 / 2 5	**10** 20,183 · -246 / -248,6 **Ne** Neon · 2 / 2 6	K L
3										**13** 26,982 · 2450 / 660 **Al** Aluminium · BS · 1,5 · 2 / 2 6 / 2 1	**14** 28,086 · 2680 / 1410 **Si** Silicium · 1,8 · 2 / 2 6 / 2 2	**15** 30,974 · 280 / 44,2 **P** Phosphor · S · 2,1 · 2 / 2 6 / 2 3	**16** 32,064 · 444,6 / 119,0 **S** Schwefel · S · 2,5 · 2 / 2 6 / 2 4	**17** 35,453 · -34,7 / -101,0 **Cl** Chlor · S · 3,0 · 2 / 2 6 / 2 5	**18** 39,948 · -185,8 / -189,4 **Ar** Argon · 2 / 2 6 / 2 6	K L M
4	**22** 47,90 · 3260 / 1668 **Ti** Titan · S · 1,5 · 2 / 2 6 / 2 6 2 / 2	**23** 50,942 · 3450 / 1900 **V** Vanadin · BS · 1,6 · 2 / 2 6 / 2 6 3 / 2	**24** 51,996 · 2665 / 1875 **Cr** Chrom · S · 1,6 · 2 / 2 6 / 2 6 5 / 1	**25** 54,938 · 2150 / 1245 **Mn** Mangan · S · 1,5 · 2 / 2 6 / 2 6 5 / 2	**26** 55,847 · 3000 / 1536 **Fe** Eisen · BS · 1,8 · 2 / 2 6 / 2 6 6 / 2	**27** 58,933 · 2900 / 1495 **Co** Kobalt · BS · 1,8 · 2 / 2 6 / 2 6 7 / 2	**28** 58,71 · 2730 / 1453 **Ni** Nickel · B · 1,8 · 2 / 2 6 / 2 6 8 / 2	**29** 63,54 · 2595 / 1083 **Cu** Kupfer · B · 1,9 · 2 / 2 6 / 2 6 10 / 1	**30** 65,37 · 906 / 419,5 **Zn** Zink · BS · 1,6 · 2 / 2 6 / 2 6 10 / 2	**31** 69,72 · 2237 / 29,8 **Ga** Gallium · BS · 1,6 · 2 / 2 6 / 2 6 10 / 2 1	**32** 72,59 · 2830 / 937,4 **Ge** Germanium · BS · 1,8 · 2 / 2 6 / 2 6 10 / 2 2	**33** 74,922 · 613 / s **As** Arsen · S · 2,0 · 2 / 2 6 / 2 6 10 / 2 3	**34** 78,96 · 685 / 217 **Se** Selen · S · 2,4 · 2 / 2 6 / 2 6 10 / 2 4	**35** 79,909 · 58 / -7,2 **Br** Brom · S · 2,8 · 2 / 2 6 / 2 6 10 / 2 5	**36** 83,80 · -152 / -157,3 **Kr** Krypton · 2 / 2 6 / 2 6 10 / 2 6	K L M N

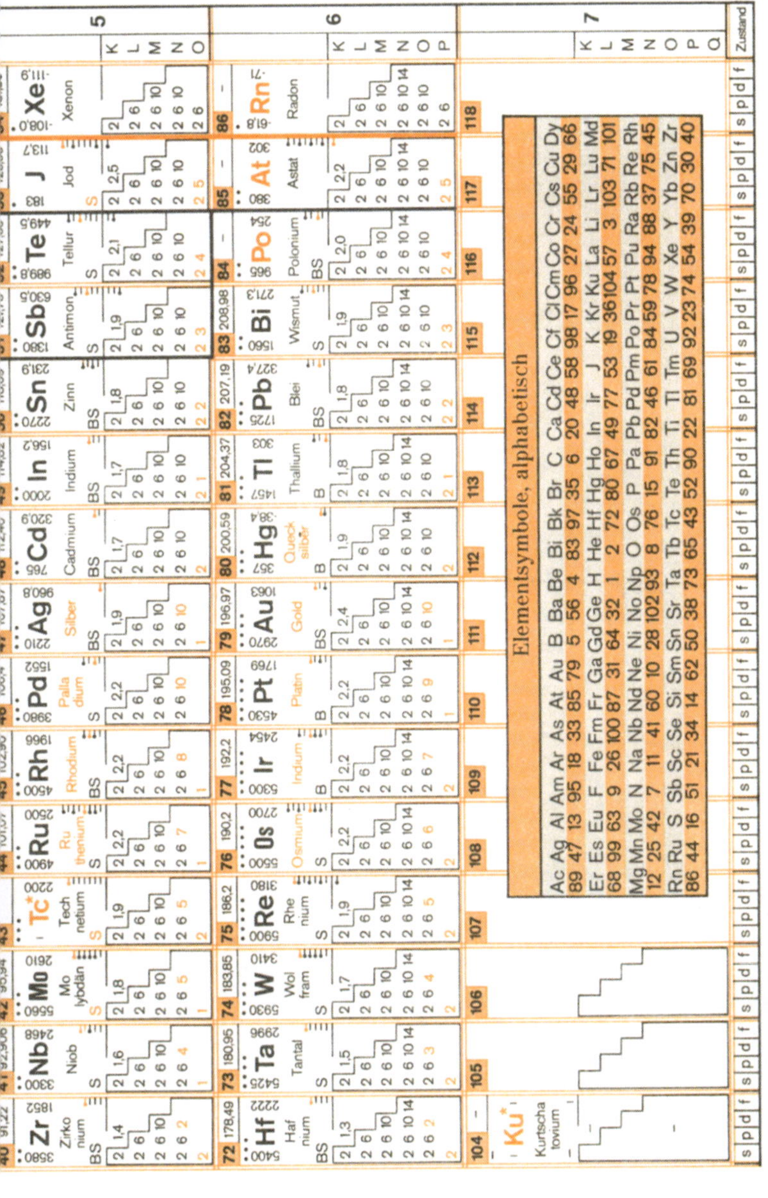

Chemische Elemente (alphabetisch), Dichte, langlebigste radioaktive Isotope

Element	Symbol	Ordnungszahl	Dichte kg/dm³ bei 20 °C (* g/dm³ bei 0 °C, 760 Torr)	langlebigstes radioaktives Isotop: Atommasse	Zerfallsart [5])	Halbwertszeit
Actinium	Ac	89	–	227	β^-	21,8 a
Aluminium	Al	13	2,70	26	β^+	$7,4 \cdot 10^5$ a
Americium	Am	95	11,7	243	α	7950 a
Antimon	Sb	51	6,62	125	β^-	2,7 a
Argon	Ar	18	1,784*	39	β^-	269 a
Arsen	As	33	5,72	73	e	76 d
Astatin	At	85	–	210	e	8,3 h
Barium	Ba	56	3,5	133	e	10,7 a
Berkelium	Bk	97	–	247	α	1380 a
Beryllium	Be	4	1,85	10	β^-	$2,7 \cdot 10^6$ a
Blei	Pb	82	11,34	205	e	$3 \cdot 10^7$ a
Bor	B	5	2,34	8	$\beta^+, 2\alpha$	0,77 s
Brom	Br	35	3,12	77	e	56 h
Cadmium	Cd	48	8,65	113	e	470 d
Cäsium	Cs	55	1,87	135	β^-	$2,0 \cdot 10^6$ a
Calcium	Ca	20	1,55	41	e	$8 \cdot 10^4$ a
Californium	Cf	98	–	251	α	892 a
Cer	Ce	58	6,67	144	α	$5 \cdot 10^{15}$ a
Chlor	Cl	17	3,214*	36	β^-	$3,1 \cdot 10^5$ a
Chrom	Cr	24	7,19	51	e	27,8 d
Curium	Cm	96	–	247	α	$1,6 \cdot 10^7$ a
Dysprosium	Dy	66	8,54	154	α	$2 \cdot 10^{14}$ a
Einsteinium	Es	99	–	254	α	276 d
Eisen	Fe	26	7,86	60	β^-	10^5 a
Erbium	Er	68	9,05	169	β^-	9,5 d
Europium	Eu	63	5,26	154	β^-	16 a
Fermium	Fm	100	–	253	e	5 d
Fluor	F	9	1,696*	18	β^+	1,8 h
Francium	Fr	87	–	223	β^-	22 min
Gadolinium	Gd	64	7,89	152	α	$1,1 \cdot 10^{14}$ a
Gallium	Ga	31	5,91	67	e	78 h
Germanium	Ge	32	5,32	68	e	275 d
Gold	Au	79	19,3	195	e	183 d
Hafnium	Hf	72	13,1	174	α	$2 \cdot 10^{15}$ a
Helium	He	2	0,1785*	6	β^-	0,8 s
Holmium	Ho	67	8,80	163	β^-	$1 \cdot 10^3$ a
Indium	In	49	7,36	115	β^-	$6 \cdot 10^{14}$ a
Iridium	Ir	77	22,4	192	β^-	74 d
Jod	J	53	4,94	129	β^-	$1,7 \cdot 10^7$ a
Kalium	K	19	0,86	40	β^-	$1,27 \cdot 10^9$ a
Kobalt	Co	27	8,9	60	β^-	5,26 a
Kohlenstoff	C	6	2,24 [2])	14	β^-	5730 a

[2]) Für Graphit

[5]) e: Elektroneneinfan

Chemische Elemente (Fortsetzung)

Element	Symbol	Ordnungszahl	Dichte kg/dm³ bei 20 °C (* g/dm³ bei 0 °C, 760 Torr)	langlebigstes radioaktives Isotop: Atommasse	Zerfallsart [5]	Halbwertszeit
Krypton	Kr	36	3,744*	81	e	$2,1 \cdot 10^5$ a
Kupfer	Cu	29	8,96	64	$\epsilon, \beta^+, \beta^-$	12,8 h
Kurtschatovium	Ku	104	–	260		0,3 s
Lanthan	La	57	6,17	138	ϵ, β^-	$1,1 \cdot 10^{11}$ a
Lawrencium	Lr	103	–	257	α	8 s
Lithium	Li	3	0,53	8	β^-	0,85 s
Lutetium	Lu	71	9,84	176	β^-	$3 \cdot 10^{10}$ a
Magnesium	Mg	12	1,74	28	β^-	21,3 h
Mangan	Mn	25	7,43	53	e	$1,9 \cdot 10^6$ a
Mendelevium	Md	101	–	256	e	1,5 h
Molybdän	Mo	42	10,2	93	e	> 100 a
Natrium	Na	11	0,97	22	β^+	2,6 a
Neodym	Nd	60	7,00	144	α	$2,1 \cdot 10^{15}$ a
Neon	Ne	10	0,900*	24	β^-	3,4 min
Neptunium	Np	93	19,5	237	α	$2,14 \cdot 10^6$ a
Nickel	Ni	28	8,9	59	e	$7,5 \cdot 10^4$ a
Niob	Nb	41	8,4	94	β^-	$2 \cdot 10^4$ a
Nobelium	No	102	–	253	α	~ 10 min
Osmium	Os	76	22,6	194	β^-	6,0 a
Palladium	Pd	46	12,0	107	β^-	$7 \cdot 10^6$ a
Phosphor	P	15	1,82 [3]	33	β^-	25 d
Platin	Pt	78	21,4	190	α	$6 \cdot 10^{11}$ a
Plutonium	Pu	94	–	244	α	$8,2 \cdot 10^7$ a
Polonium	Po	84	–	208	α	3 a
Praseodym	Pr	59	6,77	143	β^-	13,6 d
Promethium	Pm	61	–	145	e	17,7 a
Protactinium	Pa	91	15,4	231	α	$3,2 \cdot 10^4$ a
Quecksilber	Hg	80	13,546	203	β^-	47 d
Radium	Ra	88	5,0	226	α	1600 a
Radon	Rn	86	–	222	α	3,8 d
Rhenium	Re	75	21,0	187	β^-	$5 \cdot 10^{10}$ a
Rhodium	Rh	45	12,4	105	β^-	36 h
Rubidium	Rb	37	1,53	87	β^-	$4,7 \cdot 10^{10}$ a
Ruthenium	Ru	44	12,2	106	β^-	371 d
Samarium	Sm	62	7,54	147	α	$1,1 \cdot 10^{11}$ a
Sauerstoff	O	8	1,429*	15	β^+	2,03 min
Scandium	Sc	21	3,0	46	β^-	84 d
Schwefel	S	16	2,07	35	β^-	88 d
Selen	Se	34	4,79	79	β^-	$6,5 \cdot 10^4$ a
Silber	Ag	47	10,5	108 [1]	e	≈ 100 a
Silicium	Si	14	2,33	32	β^-	280 a
Stickstoff	N	7	1,25*	13	β^+	9,96 min
Strontium	Sr	38	2,6	90	β^-	28 a

[1]) Metastabiles Isomer (angeregter Zustand)

[3]) weißer Phosphor

[5]) e: Elektroneneinfang

Chemische Elemente (Fortsetzung)

Element	Symbol	Ordnungszahl	Dichte kg/dm³ bei 20 °C (* g/dm³ bei 0 °C, 760 Torr)	langlebigstes radioaktives Isotop: Atommasse Zerfallsart⁵)		Halbwertszeit
Tantal	Ta	73	16,6	179	β^-	115 d
Technetium	Tc	43	11,5	97	e	$2{,}6 \cdot 10^6$ a
Tellur	Te	52	6,24	123	e	$1{,}2 \cdot 10^{13}$ a
Terbium	Tb	65	8,27	158	e	150 a
Thallium	Tl	81	11,85	204	β^-	3,8 a
Thorium	Th	90	11,7	232	α	$1{,}39 \cdot 10^{10}$ a
Thullium	Tm	69	9,33	171	β^-	1,9 a
Titan	Ti	22	4,51	44	e	47,3 a
Uran	U	92	19,07	238	α	$4{,}5 \cdot 10^9$ a
				236	α	$2{,}4 \cdot 10^7$ a
				235	α	$7{,}1 \cdot 10^8$ a
				234	α	$2{,}5 \cdot 10^5$ a
				233	α	$1{,}6 \cdot 10^6$ a
Vanadin	V	23	6,1	49	e	330 d
Wasserstoff	H	1	0,0899*	3	β^-	12,35 a
Wismut	Bi	83	9,8	210¹)	α	$2{,}6 \cdot 10^6$ a
Wolfram	W	74	19,3	181	e	130 d
Xenon	Xe	54	5,897*	127	e	36,4 d
Ytterbium	Yb	70	6,98	169	e	32 d
Yttrium	Y	39	4,47	88¹)	e	108 d
Zink	Zn	30	7,14	65	e	245 d
Zinn	Sn	50	7,30⁴)	126	β^-	$2 \cdot 10^5$ a
Zirkonium	Zr	40	6,49	93	β^-	$1{,}1 \cdot 10^6$ a

¹) Metastabiles Isomer (angeregter Zustand

⁴) Zinn β

⁵) e: Elektroneneinfa[ng]

Die Tafeln S. 142–153 wurden von Dr. Georg Wolff, Düsseldorf, die Tafeln S. 156–176 von Dr. Friedrich Kemnitz und Rainer Engelhard, Braunschweig, zusammengestellt.

63., verbesserte Auflage 1978

Friedrich Kemnitz

Rainer Engelhard

Mathematische Formelsammlung

Inhaltsverzeichnis

4., verbesserte Auflage 1978

© Friedr. Vieweg & Sohn Verlagsgesellschaft mbH, Braunschweig 1978

1. Logik

1.1. Aussagen, Aussageformen

Aussagen sind sprachliche Gebilde, die entweder wahr oder falsch sind. Bezeichnung der Aussagen: $p, q, \ldots$.

Aussageformen in den Variablen $x, y, \ldots$ auf den Grundmengen $M_x, M_y, \ldots$ sind sprachliche Gebilde, die nach Ersetzung der Variablen $x, y, \ldots$ durch Elemente aus $M_x, M_y, \ldots$ in Aussagen übergehen. Bezeichnung der Aussageformen: $p(x, y, \ldots), q(x, y, \ldots)$.

Eine Aussageform heißt genau dann **erfüllbar** auf den Grundmengen $M_x, M_y, \ldots$, wenn es Elemente aus den jeweiligen Grundmengen gibt, die die Aussageform dadurch in eine wahre Aussage überführen, daß man sie für die Variablen einsetzt.

Eine Aussageform heißt genau dann **allgemeingültig** auf den Grundmengen $M_x, M_y, \ldots$, wenn sie bei *jeder* Ersetzung der Variablen durch Elemente der jeweiligen Grundmengen in eine wahre Aussage übergeht.

Eine Aussageform heißt genau dann **teilgültig** auf den Grundmengen $M_x, M_y, \ldots$, wenn sie auf diesen erfüllbar, aber nicht allgemeingültig ist.

Eine Aussageform heißt genau dann **unerfüllbar** auf den Grundmengen $M_x, M_y, \ldots$, wenn sie auf diesen nicht erfüllbar ist.

erfüllbar   unerfüllbar

allgemeingültig   teilgültig

1.2. Negation und Verknüpfungen von Aussagen und Aussageformen

1.2.1. Aussagen

Es seien p und q Aussagen. Dann bedeutet:

Negation	$\neg p$	nicht p
Konjunktion	$p \wedge q$	p und q (sowohl p als auch q)
Adjunktion	$p \vee q$	p oder q (entweder p oder q oder beides)
Subjunktion	$p \rightarrow q$	wenn p, dann q
Bisubjunktion	$p \leftrightarrow q$	p genau dann, wenn q ausführlich: (wenn p, dann q) und (wenn q, dann p).

Wahrheitstafeln:

p	q	$\neg p$	$p \wedge q$	$p \vee q$	$p \rightarrow q$	$p \leftrightarrow q$
w	w	f	w	w	w	w
w	f	f	f	w	f	f
f	w	w	f	w	w	f
f	f	w	f	f	w	w

1.2.2. Aussageformen

Aussageformen lassen sich durch $\wedge$, $\vee$, $\rightarrow$, $\leftrightarrow$ verknüpfen. Die Verknüpfungsergebnisse sind dann wieder Aussageformen.

Dagegen verknüpft die Implikation Aussageformen zu *Aussagen:*

Implikation: $p(x, y, ...) \Rightarrow q(x, y, ...)$: aus $p(x, y, ...)$ folgt $q(x, y, ...)$ [1]

Diese Aussage ist genau dann wahr, wenn die Aussageform $p(x, y, ...) \rightarrow q(x, y, ...)$ auf ihren Grundmengen allgemeingültig ist.

Ist $p(x, y, ...) \Rightarrow q(x, y, ...)$ wahr, so nennt man $p(x, y, ...)$ auch **hinreichende** Bedingung für $q(x, y, ...)$, $q(x, y, ...)$ auch **notwendige** Bedingung für $p(x, y, ...)$.

Entsprechend wie $\Rightarrow$ wird $\Leftrightarrow$ (**äquivalent**) definiert und bedeutet „notwendig und hinreichend".

1.3. Quantoren

Ist $p(x)$ eine Aussageform auf der Grundmenge M und N eine Teilmenge von M, so bedeutet:

$\bigwedge\limits_{x \in N} p(x)$ für alle $x \in N$ gilt $p(x)$ (d. h. $p(x)$ ist allgemeingültig auf N)

$\bigvee\limits_{x \in N} p(x)$ es gibt (mindestens) ein $x \in N$, für das $p(x)$ gilt
            (d. h. $p(x)$ ist erfüllbar auf N)

„$\bigwedge\limits_{x \in N} p(x)$" und „$\bigvee\limits_{x \in N} p(x)$" sind Aussagen.

1.4. Logische Regeln

Es gilt stets:

$\neg(\neg p) \leftrightarrow p$

$\neg(p \wedge q) \leftrightarrow (\neg p) \vee (\neg q)$

$\neg(p \vee q) \leftrightarrow (\neg p) \wedge (\neg q)$

$\neg(p \rightarrow q) \leftrightarrow p \wedge (\neg q)$

$(p \rightarrow q) \leftrightarrow \neg(p \wedge (\neg q))$

$\neg \bigwedge\limits_{x \in M} p(x) \leftrightarrow \bigvee\limits_{x \in M} \neg p(x)$

$\neg \bigvee\limits_{x \in M} p(x) \leftrightarrow \bigwedge\limits_{x \in M} \neg p(x)$

$\bigvee\limits_{x \in M} \bigwedge\limits_{y \in N} p(x, y) \rightarrow \bigwedge\limits_{y \in N} \bigvee\limits_{x \in M} p(x, y)$ (nicht umgekehrt!)

2. Mengenlehre

2.1. Bezeichnungen

Die Menge, gebildet aus den Elementen a_1, a_2, ..., a_n, wird bezeichnet mit $\{a_1, a_2, ..., a_n\}$.

Die Menge aller Elemente, die die Aussageform $p(x)$ erfüllen, wird bezeichnet mit $\{x \mid p(x)\}$ (Lies: Menge aller x, für die $p(x)$ gilt).

---

[1] Im folgenden wird zwischen den Zeichen $\rightarrow$ und $\Rightarrow$ unterschieden. Wer auf diesen Unterschied verzichten will, nehme für $\rightarrow$ stets $\Rightarrow$, entsprechend für $\leftrightarrow$ stets $\Leftrightarrow$.

$\emptyset$ oder $\{\ \}$: leere Menge

$\in$ bzw. $\notin$: „ist Element von" bzw. „ist nicht Element von"

Paar: $(x, y) = \{x, \{x, y\}\}$, folglich: $(x, y) \neq (y, x)$ genau dann, wenn $x \neq y$

Tripel: $(x, y, z) = ((x, y), z)$

...

n-Tupel: $(a_1, a_2, ..., a_n) = ((a_1, ..., a_{n-1}), a_n)$

A ist **Teilmenge** von B: $\qquad A \subseteq B$: $\quad x \in A \Rightarrow x \in B$

A ist **gleich** B: $\qquad\qquad A = B$: $\quad A \subseteq B \wedge B \subseteq A$

A ist **echte Teilmenge** von B: $\quad A \subset B$: $\quad A \subseteq B \wedge A \neq B$

Es gilt für alle Mengen A: $\emptyset \subseteq A$, $\ A \subseteq A$

Potenzmenge: $\quad \mathfrak{P}\, A = \{T \mid T \subseteq A\}$

Durchschnitt: $\quad A \cap B = \{x \mid x \in A \wedge x \in B\}$ (lies: A durchschnitten mit B)

Vereinigung: $\quad A \cup B = \{x \mid x \in A \vee x \in B\}$ (lies: A vereinigt mit B)

Differenz: $\quad A \setminus B = \{x \mid x \in A \wedge x \notin B\}$ (lies: A ohne B)

Komplement: $\quad \mathbf{C}_A B = A \setminus B$, kurz auch: $\bar{B}$

Symmetrische Differenz: $\quad A \triangle B = (A \setminus B) \cup (B \setminus A)$;

$\qquad\qquad\qquad\qquad\qquad es\ gilt:\ A \triangle B = (A \cup B) \setminus (A \cap B)$

Kartesisches Produkt: $\quad A \times B = \{(x, y) \mid x \in A \wedge y \in B\}$

$$A^2 = A \times A, \quad A^n = \underbrace{A \times A \times ... \times A}_{n\text{-mal}}, \quad n \in \mathbb{N}$$

2.2. Gesetze

Assoziativgesetze: Für alle Mengen A, B, C gilt:

$(A \cap B) \cap C = A \cap (B \cap C) \qquad (A \cup B) \cup C = A \cup (B \cup C)$

Kommutativgesetze: Für alle Mengen A, B gilt:

$\quad A \cap B = B \cap A \qquad\qquad\qquad A \cup B = B \cup A$

Distributivgesetze: Für alle Mengen A, B, C gilt:

$(A \cap B) \cup C = (A \cup C) \cap (B \cup C) \qquad (A \cup B) \cap C = (A \cap C) \cup (B \cap C)$

3. Relationen

3.1. Definitionen

Sind A, B nichtleere Mengen, so heißt jede nichtleere Teilmenge ρ von $A \times B$ (zweistellige) **Relation**. Ist $(a, b) \in \rho$, so sagt man: a steht in der Relation ρ zu b und schreibt dann auch $a \rho b$.

Sind $A_1, A_2, ..., A_n$ nichtleere Mengen, so heißt jede nichtleere Teilmenge ρ von $A_1 \times A_2 \times ... \times A_n$ (n-stellige) **Relation**. Ist $(a_1, a_2, ..., a_n) \in \rho$, so schreibt man auch: $\rho(a_1, a_2, ..., a_n)$.

3.2. Äquivalenzrelationen

> Eine zweistellige Relation $\rho \subseteq A \times A$ heißt **Äquivalenzrelation** auf A
>
> $\updownarrow$
>
> Reflexivität: $\bigwedge\limits_{a \in A} a \, \rho \, a$ in $a \, \rho \, a$ für alle $a \in A$
>
> Symmetrie: $\bigwedge\limits_{a,b \in A} (a \, \rho \, b \to b \, \rho \, a)$ anderer Schreib- $a \, \rho \, b \Rightarrow b \, \rho \, a$
>
> Transitivität: $\bigwedge\limits_{a,b,c \in A} (a \, \rho \, b \wedge b \, \rho \, c \to a \, \rho \, c)$ weise: $a \, \rho \, b \wedge b \, \rho \, c \Rightarrow a \, \rho \, c$
>
> Beispiele von wichtigen Äquivalenzrelationen: Gleichheit, Ähnlichkeit (13.3.2), Kongruenz (13.3.3), Parallelgleichheit (8.1.).

3.3. Ordnungsrelationen

3.3.1.

> Eine zweistellige Relation $\rho \subseteq A \times A$ heißt **Ordnungsrelation**[1]) auf A
>
> $\updownarrow$
>
> Reflexivität: $\bigwedge\limits_{a \in A} a \, \rho \, a$ in $a \, \rho \, a$ für alle $a \in A$
>
> Isosymmetrie[2]): $\bigwedge\limits_{a,b \in A} (a \, \rho \, b \wedge b \, \rho \, a \to a = b)$ anderer Schreib- $a \, \rho \, b \wedge b \, \rho \, a \Rightarrow a = b$
>
> Transitivität: $\bigwedge\limits_{a,b,c \in A} (a \, \rho \, b \wedge b \, \rho \, c \to a \, \rho \, c)$ weise: $a \, \rho \, b \wedge b \, \rho \, c \Rightarrow a \, \rho \, c$
>
> Ist ρ eine Ordnungsrelation, so schreibt man oft $a \sqsubseteq b$ (lies: a vor-oder-gleich b) statt $a \, \rho \, b$.
>
> *Beispiele:*
>
> Ist A eine Menge, so ist $\subseteq$ eine Ordnungsrelation auf $\mathfrak{P} A$.
>
> $\leqslant$ (kleiner oder gleich) und $|$ (teilt) sind Ordnungsrelationen auf $\mathbb{N}$
>
> $(a \leqslant b \Leftrightarrow \bigvee\limits_{x \in \mathbb{N}_0} a + x = b \quad$ bzw. $\quad a \mid b \Leftrightarrow \bigvee\limits_{x \in \mathbb{N}} a \cdot x = b)$.

> Das Paar $(A, \sqsubseteq)$ heißt **Ordnung**[1]).
>
> Ist B eine Teilmenge von A, so definiert man:
>
> $s_o \in A$ heißt genau dann **obere Schranke** von B (bzgl. $\sqsubseteq$), wenn $\bigwedge\limits_{x \in B} x \sqsubseteq s_o$ gilt.
>
> $s_u \in A$ heißt genau dann **untere Schranke** von B (bzgl. $\sqsubseteq$), wenn $\bigwedge\limits_{x \in B} s_u \sqsubseteq x$ gilt.
>
> $g_o \in A$ heißt genau dann **obere Grenze** von B (bzgl. $\sqsubseteq$), wenn g_o obere Schranke von B ist und für alle oberen Schranken s_o von B gilt: $g_o \sqsubseteq s_o$.
>
> $g_u \in A$ heißt genau dann **untere Grenze** von B (bzgl. $\sqsubseteq$), wenn g_u untere Schranke von B ist und für alle unteren Schranken s_u von B gilt: $s_u \sqsubseteq g_u$.

[1]) Statt Ordnung und Ordnungsrelation sind auch die Bezeichnungen Halbordnung und Halbordnungsrelation gebräuchlich.

[2]) Diese Eigenschaft wird auch Antisymmetrie oder Identitivität genannt.

Es gilt: Jede Menge B hat bzgl. $\sqsubseteq$ höchstens eine obere und höchstens eine untere Grenze.

Man schreibt auch **sup** B (supremum von B) statt g_o und **inf** B (infimum von B) statt g_u.

Eine Ordnung $(V, \sqsubseteq)$ heißt **Verband**

$$\updownarrow$$

Jede zweielementige Teilmenge von V besitzt sowohl eine obere als auch eine untere Grenze bzgl. $\sqsubseteq$

Diese Definition des Verbandes ist mit der in 4.6. angegebenen gleichwertig.

3.3.2.

Eine Ordnung $(A, \sqsubseteq)$ heißt **vollständig (linear, total** oder **Kette)**

$$\updownarrow$$

Konnexität: $\displaystyle\bigwedge_{a,\,b\,\in\,A} a \sqsubseteq b \vee b \sqsubseteq a$

Eine wichtige vollständige Ordnung ist $(\mathbb{R}, \leqslant)$, dagegen ist $(\mathbb{N}, \mid)$ keine vollständige Ordnung.

3.3.3.

Eine Relation $\rho \subseteq A \times A$ heißt **strikte** Ordnungsrelation auf A

$$\updownarrow$$

Asymmetrie: $\displaystyle\bigwedge_{a,\,b\,\in\,A} (a\,\rho\,b \rightarrow \neg\, b\,\rho\,a)$ in anderer Schreibweise: $a\,\rho\,b \Rightarrow \neg\, b\,\rho\,a$

Transitivität: $\displaystyle\bigwedge_{a,\,b,\,c\,\in\,A} (a\,\rho\,b \wedge b\,\rho\,c \rightarrow a\,\rho\,c)$ $a\,\rho\,b \wedge b\,\rho\,c \Rightarrow a\,\rho\,c$

Man schreibt dann meist $a \sqsubset b$ (lies: a vor b) statt $a\,\rho\,b$.

Es gilt: Eine strikte Ordnungsrelation ist nie eine Ordnungsrelation.

Ist $\sqsubseteq$ eine Ordnungsrelation, so erhält man eine strikte Ordnungsrelation $\sqsubset$, indem man setzt: $a \sqsubset b \Leftrightarrow (a \sqsubseteq b$ und $a \neq b)$; umgekehrt: ist $\sqsubset$ eine strikte Ordnungsrelation, so erhält man eine Ordnungsrelation $\sqsubseteq$, indem man setzt: $a \sqsubseteq b \Leftrightarrow (a \sqsubset b$ oder $a = b)$.

3.4. Abbildungen, Funktionen

Eine zweistellige Relation $\rho \subseteq A \times B$ heißt **Abbildung** von A in B

$$\updownarrow$$

(1) $\displaystyle\bigwedge_{x\in A} \bigvee_{y\in B} (x, y) \in \rho$ (2) $\displaystyle\bigwedge_{x\in A} \bigwedge_{y,\,z\in B} \left(\begin{matrix} (x, y)\in \rho \\ (x, z)\in \rho \end{matrix} \rightarrow y = z \right)$

Statt ρ schreibt man in diesen Fällen meist f, g, ..., statt $(x, y) \in f$ bzw. xfy meist $y = f(x)$ oder $f: x \mapsto y$, statt $f \subseteq A \times B$ meist $f: A \to B$, so daß sich als neue Schreibfigur ergibt:

$$f: \begin{array}{l} A \to B \\ x \mapsto f(x)^{1)} \end{array} \quad \left(\text{lies:} \begin{array}{l} A \text{ abgebildet in } B\,^{2)} \\ x \text{ abgebildet auf } f(x) \end{array} \right)$$

Man nennt $f(x)$ das **Bild** von x und x das **Urbild** von $f(x)$.

Ist $T \subseteq A$, so definiert man $f(T) = \{ y \mid \bigvee_{x \in T} y = f(x) \}$.

Man nennt A die **Urbildmenge** (den **Definitionsbereich**), $f(A)$ die **Bildmenge** (den **Wertebereich**) und B die **Zielmenge** der Abbildung f (statt Zielmenge ist auch Bildmenge gebräuchlich).

$f: A \to B$ heißt **injektiv** $\qquad \leftrightarrow \qquad \bigwedge_{x_1, x_2 \in A} (x_1 \neq x_2 \to f(x_1) \neq f(x_2))$

$f: A \to B$ heißt **surjektiv** $\qquad \leftrightarrow \qquad \bigwedge_{y \in B} \bigvee_{x \in A} f(x) = y$, kurz: $f(A) = B$

$f: A \to B$ heißt **bijektiv** (**eineindeutig**)[3] $\qquad \leftrightarrow \qquad f$ ist injektiv und surjektiv

Ist f bijektiv, so gibt es genau eine **Umkehrabbildung** f^{-1} von f, die definiert ist durch: $x = f^{-1}(y) \Leftrightarrow y = f(x)$.

Für $f: \begin{array}{l} A \to B \\ x \mapsto f(x) \end{array}$ und $g: \begin{array}{l} B \to C \\ y \mapsto g(y) \end{array}$ wird definiert: $g \circ f: \begin{array}{l} A \to C \\ x \mapsto g(f(x)) \end{array}$

($g \circ f$ lies: g kreis f). Diese Verknüpfung $\circ$ heißt meist **Verkettung**.

Es gilt also: $(g \circ f)(x) = g(f(x))$

Eine Abbildung $f: \begin{array}{l} A \to B \\ x \mapsto f(x) \end{array}$ heißt **Funktion**, wenn A und B Zahlenmengen (siehe 5.) sind. Statt Urbild sagt man dann **Argument** oder **Stelle**, statt Bild **Funktionswert**.

---

4. Algebraische Strukturen

4.1. Verknüpfungen

Jede Abbildung der Art $A \times B \to C$ heißt **Verknüpfung**.

Verknüpfungen werden meist mit $\circ$ bezeichnet. Statt $\circ((a, b))$ schreibt man $a \circ b$ (lies: a kreis b).

---

[1]) Statt $\mapsto$ wird oft auch $\to$ verwendet.

[2]) Im Falle der Surjektivität (s. u.) sagt man auch: A wird abgebildet *auf* B.

[3]) Oft werden auch injektive Abbildungen „eineindeutig" genannt.

Eine Verknüpfung heißt genau dann **innere Verknüpfung** (auf A), wenn $A = B = C$ ist.

Eine Verknüpfung heißt genau dann **äußere Verknüpfung 1. Art**, wenn $A \neq B = C$ ist.

Eine Verknüpfung heißt genau dann **äußere Verknüpfung 2. Art**, wenn $A = B \neq C$ ist.

Wichtige Beispiele: Innere Verknüpfungen: Auf $\mathbb{N}$: $+, \cdot$, auf $\mathfrak{P}\,\mathbb{R}$: $\cap, \cup, \backslash, \triangle$.

Äußere Verknüpfung 1. Art: Produkt von reeller Zahl und Vektor:

$\mathbb{R} \times V \rightarrow V$
$(\lambda, \vec{a}) \mapsto \lambda \circ \vec{a}$ \quad (siehe 4.5.)

Äußere Verknüpfung 2. Art: Skalarprodukt:

$V \times V \rightarrow \mathbb{R}$
$(\vec{a}, \vec{b}) \mapsto \vec{a} \cdot \vec{b}$ \quad (siehe 4.5.)

Ein Paar $(A, \circ)$ heißt **Verknüpfungsgebilde**	$\leftrightarrow$	$\circ$ ist innere Verknüpfung auf A

4.2. Gruppen

$(H, \circ)$ heißt **Halbgruppe**	$\leftrightarrow$	(1) $(H, \circ)$ ist ein Verknüpfungsgebilde (2) Assoziativgesetz (Verbindungsgesetz): $$\bigwedge_{a,b,c \in H} (a \circ b) \circ c = a \circ (b \circ c)$$
$(G, \circ)$ heißt **Gruppe**	$\leftrightarrow$	(1) $(G, \circ)$ ist Halbgruppe (2) Existenz des neutralen Elementes: $$\bigvee_{n \in G} \bigwedge_{a \in G} n \circ a = a \circ n = a$$ (3) Existenz der inversen Elemente: $$\bigwedge_{a \in G} \bigvee_{i(a) \in G} a \circ i(a) = i(a) \circ a = n$$
$(G, \circ)$ heißt **kommutative (abelsche) Gruppe**	$\leftrightarrow$	(1) $(G, \circ)$ ist Gruppe (2) Kommutativgesetz (Vertauschungsgesetz): $$\bigwedge_{a,b \in G} a \circ b = b \circ a$$

Beispiele für kommutative Gruppen:

$(\mathbb{Z}, +), (\mathbb{Q}, +), (\mathbb{Q}^+, \cdot), (\mathbb{Q}^*, \cdot), (\mathbb{R}, +), (\mathbb{R}^+, \cdot), (\mathbb{R}^*, \cdot), (\mathbb{C}, +), (\mathbb{C}^*, \cdot)$ (siehe 5.)

$(\mathbb{D}_S, \circ), (\mathbb{T}, \circ), (\mathbb{Z}_A, \circ), (\mathbb{K}, \circ), (\mathbb{A}, \circ)$ (siehe 13.3.)

Weitere wichtige Beispiele sind die Restklassengruppen mod m:

Es sei für $a \in \mathbb{Z}$: $\bar{a} = \{x \mid x \in \mathbb{Z}$ und m teilt $(a - x)\} = \{x \mid x \in \mathbb{Z}$ und $x \equiv_m a\}$, $R_m = \{\bar{0}, \bar{1}, ..., \overline{m-1}\}$ und $\bar{a} \oplus \bar{b} = \overline{a+b}$, $\bar{a} \odot \bar{b} = \overline{a \cdot b}$. Dann ist $(R_m, \oplus)$

eine kommutative Gruppe; ist m Primzahl, so ist auch $(R_m \setminus \{\overline{0}\}, \odot)$ eine kommutative Gruppe.

Ist $(G, \circ)$ eine Gruppe, *so gilt:*

1. Für alle $a, b \in G$ sind die Gleichungen $a \circ x = b$ und $y \circ a = b$ eindeutig lösbar.
2. Kürzungsregeln: $\bigwedge\limits_{a,\,b,\,c\,\epsilon\,G} (a \circ b = c \circ b \rightarrow a = c)$; $\bigwedge\limits_{a,\,b,\,c\,\epsilon\,G} (a \circ b = a \circ c \rightarrow b = c)$
3. $\bigwedge\limits_{a,\,b\,\epsilon\,G} i(a \circ b) = i(b) \circ i(a)$

Ist $\widetilde{G} \subseteq G$ und ist $(\widetilde{G}, \circ)$ eine Gruppe, so heißt $(\widetilde{G}, \circ)$ **Untergruppe** der Gruppe $(G, \circ)$.

Ist $\widetilde{G} \subseteq G$ und $\widetilde{G} \neq \emptyset$, so ist $(\widetilde{G}, \circ)$ bereits Untergruppe der Gruppe $(G, \circ)$, wenn gilt: $\bigwedge\limits_{a,\,b\,\epsilon\,\widetilde{G}} a \circ i(b) \in \widetilde{G}$.

Eine Gruppe $(G, \circ)$ heißt **zyklisch**, wenn es ein Element $a \in G$ gibt, so daß gilt: $G = \{..., a^{-2}, a^{-1}, n, a, a^2, ...\}$ (dabei ist für $m \in \mathbb{N}$: $a^m = \underbrace{a \circ ... \circ a}_{m-\text{mal}}$ und $a^{-m} = i(a^m)$). a heißt **erzeugendes Element**.

Ist G endlich und zyklisch, so gilt sogar: $G = \{n, a, a^2, ..., a^m\}$ für ein geeignetes $m \in \mathbb{N}$.

4.3. Ringe

$(R, \square, \circ)$ heißt **Ring**

$\updownarrow$

(1) $(R, \square)$ ist kommutative Gruppe	(2) $(R, \circ)$ ist Halbgruppe

(3)   Distributivgesetze: (Verteilungsgesetze) $\bigwedge\limits_{a,b,c\,\epsilon\,R}$ $\begin{aligned}(a \square b) \circ c &= (a \circ c) \square (b \circ c) \\ a \circ (b \square c) &= (a \circ b) \square (a \circ c)\end{aligned}$

Ein Ring heißt genau dann **kommutativ**, wenn in $(R, \circ)$ das Kommutativgesetz gilt.

Das neutrale Element von $(R, \square)$ bezeichnet man meist mit 0 und nennt es **Null-element**. Gibt es in $(R, \circ)$ auch ein neutrales Element, so bezeichnet man es meist mit 1 und nennt es **Einselement**.

Beispiele: $(\mathbb{Z}, +, \cdot)$, $(R_m, \oplus, \odot)$ (siehe 4.2.) sind kommutative Ringe mit Einselement.

In einem Ring $(R, \square, \circ)$ heißt ein Element $a \neq 0$, $a \in R$, genau dann **Nullteiler**, wenn es ein Element $b \neq 0$, $b \in R$, gibt mit $a \circ b = 0$ oder $b \circ a = 0$.

Meist schreibt man $+$ für $\square$, $\cdot$ für $\circ$, $-a$ für $i(a)$ in $(R, +)$. $a + (-b)$ wird abgekürzt durch $a - b$. Die neue Verknüpfung „$-$" heißt **Subtraktion**.

Weitere Sätze siehe 6.1.

4.4. Körper

$(K, \square, \circ)$ heißt **Körper**[1]) $\leftrightarrow$ (1) $(K, \square, \circ)$ ist Ring
(2) $(K^*, \circ)$ ist kommutative Gruppe
$$K^* = K \setminus \{0\}$$

Beispiele: $(\mathbb{Q}, +, \cdot)$; $(\mathbb{R}, +, \cdot)$; $(\mathbb{C}, +, \cdot)$ (siehe 5.)
$(R_p, \oplus, \odot)$, falls p Primzahl ist (siehe 4.2.)

In Körpern gilt: $a \circ b = 0 \Rightarrow (a = 0 \vee b = 0)$ (d. h. es gibt keine Nullteiler).

Meist schreibt man $+$ für $\square$, $\cdot$ für $\circ$, $-a$ für $i(a)$ in $(K, +)$, $\frac{1}{a}$ für $i(a)$ in $(K^*, \cdot)$.
Für $a \cdot \frac{1}{b}$ schreibt man auch $a : b$. Die neue Verknüpfung „:" heißt **Division**.
Weitere Sätze siehe 6.1.

4.5. Vektorräume

Ist $\oplus$ eine innere Verknüpfung auf einer Menge V und $\circ: \begin{array}{c} \mathbb{R} \times V \to V \\ (\lambda, \vec{a}) \mapsto \lambda \circ \vec{a} \end{array}$ eine äußere Verknüpfung 1. Art, so wird definiert:

$(V, \oplus, \circ)$ heißt **Vektorraum**[2])

$\updownarrow$

(1) $(V, \oplus)$ ist eine kommutative Gruppe

(2) a) Gemischt-assoziativ-Gesetz: $\bigwedge\limits_{\lambda,\mu \in \mathbb{R}} \bigwedge\limits_{\vec{a} \in V} \lambda \circ (\mu \circ \vec{a}) = (\lambda\mu) \circ \vec{a}$

  b) Distributivgesetze: $\bigwedge\limits_{\lambda,\mu \in \mathbb{R}} \bigwedge\limits_{\vec{a} \in V} (\lambda + \mu) \circ \vec{a} = \lambda \circ \vec{a} \oplus \mu \circ \vec{a}$

  $\bigwedge\limits_{\lambda \in \mathbb{R}} \bigwedge\limits_{\vec{a},\vec{b} \in V} \lambda \circ (\vec{a} \oplus \vec{b}) = \lambda \circ \vec{a} \oplus \lambda \circ \vec{b}$

  c) $\bigwedge\limits_{\vec{a} \in V} 1 \circ \vec{a} = \vec{a}$

Das neutrale Element von $(V, \oplus)$ wird meist mit $\vec{0}$ bezeichnet und **Nullvektor** genannt. Das inverse Element von $\vec{a}$ bzgl. $\oplus$ wird mit $-\vec{a}$ bezeichnet.

Wichtige Beispiele sind:

a) $(\mathbb{V}_2, +, \cdot)$ bzw. $(\mathbb{V}_3, +, \cdot)$, wobei $\mathbb{V}_2$ bzw. $\mathbb{V}_3$ die Menge der Vektoren in der Ebene bzw. im Raum ist (siehe 8.)

---

[1]) Hier ist mit Körper stets kommutativer Körper gemeint; in der Literatur werden auch nichtkommutative Körper (Schiefkörper) behandelt.

[2]) Hier ist mit Vektorraum stets *reeller* Vektorraum gemeint (d. h. $\lambda, \mu \in \mathbb{R}$); in der Literatur werden auch nichtreelle Vektorräume, z. B. komplexe Vektorräume ($\lambda, \mu \in \mathbb{C}$), behandelt.

b) $(\mathbb{R}^n, \oplus, \circ)$ mit $(a_1, a_2, ..., a_n) \oplus (b_1, b_2, ..., b_n) = (a_1 + b_1, a_2 + b_2, ..., a_n + b_n)$
und $\lambda \circ (a_1, a_2, ..., a_n) = (\lambda a_1, \lambda a_2, ..., \lambda a_n)$

c) $(\mathcal{F}_k, \oplus, \circ)$, wobei $\mathcal{F}_k$ die Menge aller reellen konvergenten Folgen ist;
$<a_n> \oplus <b_n> = <a_n + b_n>, \quad \lambda \circ <a_n> = <\lambda a_n>$

d) $(\mathbb{F}_d, \oplus, \circ)$, wobei $\mathbb{F}_d$ die Menge aller auf $\mathbb{R}$ differenzierbaren Funktionen ist;
$(f \oplus g)(x) = f(x) + g(x), \quad (\lambda \circ f)(x) = \lambda f(x)$

e) $(\mathbb{R}[x], \oplus, \circ)$, wobei $\mathbb{R}[x] = \{f \mid f \in \mathbb{F}_d, f(x) = a_n x^n + ... + a_1 x + a_0, a_\nu \in \mathbb{R},$
$n \in \mathbb{N}\}$ ist; $\oplus$ und $\circ$ wie unter d)

Ist $\widetilde{V} \subseteq V$ und $(\widetilde{V}, \oplus, \circ)$ ein Vektorraum, so heißt $(\widetilde{V}, \oplus, \circ)$ **Untervektorraum (Teilraum)** des Vektorraumes $(V, \oplus, \circ)$.

Ein Ausdruck $\lambda_1 \circ \vec{a}_1 \oplus \lambda_2 \circ \vec{a}_2 \oplus ... \oplus \lambda_n \circ \vec{a}_n$ heißt **Linearkombination** der Vektoren $\vec{a}_1, \vec{a}_2, ..., \vec{a}_n$.

$(\vec{a}_1, \vec{a}_2, ..., \vec{a}_n)$ heißt **linear abhängig** $\quad\leftrightarrow\quad \bigvee\limits_{\lambda_1, ..., \lambda_n \in \mathbb{R}} \begin{array}{c} \lambda_1 \circ \vec{a}_1 \oplus ... \oplus \lambda_n \circ \vec{a}_n = \vec{0} \\ \text{und} \\ (\lambda_1, ..., \lambda_n) \neq (0, ..., 0) \end{array}$

$(\vec{a}_1, \vec{a}_2, ..., \vec{a}_n)$ heißt **linear unabhängig** $\quad\leftrightarrow\quad (\vec{a}_1, \vec{a}_2, ..., \vec{a}_n)$ ist nicht linear abhängig

Es gilt:

$(\vec{a}_1, \vec{a}_2, ..., \vec{a}_n)$ ist genau dann linear unabhängig, wenn gilt:
$$\bigwedge\limits_{\lambda_1, ..., \lambda_n \in \mathbb{R}} (\lambda_1 \circ \vec{a}_1 \oplus ... \oplus \lambda_n \circ \vec{a}_n = \vec{0} \rightarrow \lambda_1^2 + ... + \lambda_n^2 = 0).$$

Man definiert: $<\vec{a}_1, \vec{a}_2, ..., \vec{a}_n> = \{\lambda_1 \circ \vec{a}_1 \oplus ... \oplus \lambda_n \circ \vec{a}_n \mid \lambda_\nu \in \mathbb{R}\}$.

Es gilt: $(<\vec{a}_1, \vec{a}_2, ..., \vec{a}_n>, \oplus, \circ)$ ist Untervektorraum von $(V, \oplus, \circ)$.

Man sagt: $(\vec{a}_1, \vec{a}_2, ..., \vec{a}_n)$ **erzeugt** den Untervektorraum $(<\vec{a}_1, \vec{a}_2, ..., \vec{a}_n>, \oplus, \circ)$.

$(\vec{a}_1, \vec{a}_2, ..., \vec{a}_n)$ heißt genau dann **Basis** des Vektorraums $(V, \oplus, \circ)$, wenn $(\vec{a}_1, \vec{a}_2, ..., \vec{a}_n)$ linear unabhängig und $<\vec{a}_1, \vec{a}_2, ..., \vec{a}_n> = V$ ist.

Die Anzahl der Vektoren, die zu einer beliebigen Basis eines bestimmten Vektorraums $(V, \oplus, \circ)$ gehören, ist stets gleich groß. Sie heißt **Dimension** von $(V, \oplus, \circ)$.

Ist $(\vec{a}_1, \vec{a}_2, ..., \vec{a}_n)$ eine Basis von $(V, \oplus, \circ)$, so läßt sich jedes Element aus V eindeutig als Linearkombination von $\vec{a}_1, \vec{a}_2, ..., \vec{a}_n$ darstellen. Man kürzt dann ab:

$$\vec{x} = \lambda_1 \circ \vec{a}_1 \oplus ... \oplus \lambda_n \circ \vec{a}_n = \begin{pmatrix} \lambda_1 \\ \lambda_2 \\ \vdots \\ \lambda_n \end{pmatrix} \quad \text{(Spaltenschreibweise)}$$

Eine Verknüpfung $\cdot:$ $\begin{matrix} V \times V & \to & \mathbb{R} \\ (\vec{a}, \vec{b}) & \mapsto & \vec{a} \cdot \vec{b} \end{matrix}$ heißt **Skalarprodukt**

$$\updownarrow$$

(1) Kommutativgesetz: $\quad \bigwedge\limits_{\vec{a}, \vec{b} \in V} \qquad \vec{a} \cdot \vec{b} = \vec{b} \cdot \vec{a}$

(2) Distributivgesetz: $\quad \bigwedge\limits_{\vec{a}, \vec{b}, \vec{c} \in V} \vec{a} \cdot (\vec{b} \oplus \vec{c}) = \vec{a} \cdot \vec{b} + \vec{a} \cdot \vec{c}$

(3) Gemischt-assoziativ-Gesetz: $\quad \bigwedge\limits_{\vec{a}, \vec{b} \in V} (\lambda \circ \vec{a}) \cdot \vec{b} = \lambda (\vec{a} \cdot \vec{b})$

(4) Positiv-definit-Gesetz: $\quad \bigwedge\limits_{\vec{a} \in V} \vec{a} \cdot \vec{a} > 0 \leftrightarrow \vec{a} \neq \vec{0}$

Wichtige Beispiele:

Auf $\mathbb{V}_2$ und $\mathbb{V}_3$ siehe 8.2.

Auf $\mathbb{R}^n$: $\quad (a_1, a_2, ..., a_n) \cdot (b_1, b_2, ..., b_n) = a_1 b_1 + a_2 b_2 + ... + a_n b_n$

oder: $\quad (a_1, a_2, ..., a_n) \cdot (b_1, b_2, ..., b_n) = a_1 b_1 + \frac{1}{2} a_2 b_2 + ... + \frac{1}{n} a_n b_n$

Auf $\mathbb{R}[x]$: $f \cdot g = \int\limits_0^1 f(x) g(x)\, dx$

4.6. Boolesche Verbände (Boolesche Algebren)

$(V, \sqcap, \sqcup)$ heißt **Verband**

$$\updownarrow$$

(1) Kommutativgesetze: $\bigwedge\limits_{x, y \in V} [\quad x \sqcap y = y \sqcap x \qquad \wedge \qquad x \sqcup y = y \sqcup x \qquad]$

(2) Assoziativgesetze: $\bigwedge\limits_{x, y, z \in V} [x \sqcap (y \sqcap z) = (x \sqcap y) \sqcap z \wedge x \sqcup (y \sqcup z) = (x \sqcup y) \sqcup z]$

(3) Absorptionsgesetze: $\bigwedge\limits_{x, y \in V} [x \sqcap (x \sqcup y) = x \qquad \wedge x \sqcup (x \sqcap y) = x \qquad]$

($\sqcap$ lies z. B. ,durchschnitten mit', $\sqcup$ lies z. B. ,vereinigt mit')

Diese Definition ist mit der in 3.3. gegebenen gleichwertig.

Wichtige Beispiele: $(\mathfrak{P}\,\mathbb{R}, \subseteq)$ bzw. $(\mathfrak{P}\,\mathbb{R}, \cap, \cup)$

und $(\mathbb{N}, |)$ bzw. $(\mathbb{N}, \text{ggT}, \text{kgV})$

(ggT: größter gemeinsamer Teiler, kgV: kleinstes gemeinsames Vielfaches)

In jedem Verband gilt: $\bigwedge\limits_{x, y \in V} (x \sqcup y = y \leftrightarrow x \sqcap y = x)$

$(V, \sqcap, \sqcup)$ heißt **Boolescher Verband** oder **Boolesche Algebra**

$\updownarrow$

(1) $(V, \sqcap, \sqcup)$ ist Verband

(2) a) Existenz des Nullelementes: $\bigvee\limits_{n \in V} \bigwedge\limits_{x \in V} x \sqcup n = x$ (oder $\bigvee\limits_{n \in V} \bigwedge\limits_{x \in V} x \sqcap n = n$)

   b) Existenz des Einselementes: $\bigvee\limits_{e \in V} \bigwedge\limits_{x \in V} x \sqcup e = e$ (oder $\bigvee\limits_{e \in V} \bigwedge\limits_{x \in V} x \sqcap e = x$)

   c) Existenz der komplementären Elemente: $\bigwedge\limits_{x \in V} \bigvee\limits_{\overline{x} \in V} (x \sqcup \overline{x} = e \wedge x \sqcap \overline{x} = n)$

   d) Distributivgesetze:

   $\bigwedge\limits_{x,y,z \in V} [(x \sqcup y) \sqcap z = (x \sqcap z) \sqcup (y \sqcap z) \ \wedge \ (x \sqcap y) \sqcup z = (x \sqcup z) \sqcap (y \sqcup z)]$

Beispiel: $(\mathfrak{P}\,\mathbb{R}, \cap, \cup)$

4.7. Anordnung

$(R, \square, \circ, \sqsubseteq)$ heißt **angeordneter Ring**

$\updownarrow$

(1) $(R, \square, \circ)$ ist kommutativer Ring (Nullelement sei 0) (siehe 4.3.)

(2) $(R, \sqsubseteq)$ ist eine vollständige Ordnung (siehe 3.3.)

(3) $\bigwedge\limits_{a,b,c \in R} (a \sqsubseteq b \rightarrow a \square c \sqsubseteq b \square c)$

(4) $\bigwedge\limits_{\substack{a,b,c \in R \\ 0 \sqsubseteq c}} (a \sqsubseteq b \rightarrow a \circ c \sqsubseteq b \circ c)$

Beispiel: $(\mathbb{Z}, +, \cdot, \leqslant)$

Alle Elemente x eines angeordneten Ringes mit $0 \sqsubseteq x$ und $0 \neq x$ heißen **positiv**, alle Elemente x mit $x \sqsubseteq 0$ und $x \neq 0$ heißen **negativ**.

$(K, \square, \circ, \sqsubseteq)$ heißt **angeordneter Körper**

$\updownarrow$

(1) $(K, \square, \circ)$ ist Körper (siehe 4.4.)

(2) $(K, \square, \circ, \sqsubseteq)$ ist angeordneter Ring

Beispiel: $(\mathbb{Q}, +, \cdot, \leqslant)$, $(\mathbb{R}, +, \cdot, \leqslant)$ mit

$a \leqslant b \Leftrightarrow (a = b \vee \bigvee\limits_{x \in \mathbb{Q}^+ (\mathbb{R}^+)} a + x = b)$ (siehe 6.1.3.),

dabei ist $\mathbb{Q}^+ = \{ \frac{a}{b} \mid a, b \in \mathbb{N} \}$ und $\mathbb{R}^+ = \{ x \mid x \neq 0 \wedge \bigvee\limits_{a_n \in \mathbb{Q}^+} x = \lim a_n \}$

5.   Zahlenmengen

$$\text{IN} = \{1, 2, 3, \dots\} \qquad \text{Menge der } \textbf{natürlichen Zahlen}$$
$$\mathbb{Z} = \{\dots, -3, -2, -1, 0, 1, 2, \dots\} \qquad \text{Menge der } \textbf{ganzen Zahlen}$$
$$\mathbb{Q} = \{\tfrac{a}{b} \mid a \in \mathbb{Z}, b \in \text{IN}\} \qquad \text{Menge der } \textbf{rationalen Zahlen}$$

Jede rationale Zahl hat eine endliche oder periodische Dezimaldarstellung.

$$\text{IR} = \{x \mid x = \lim q_n, q_n \in \mathbb{Q}\} \qquad \text{Menge der } \textbf{reellen Zahlen} \text{ (siehe 14.1.)}$$

Reelle Zahlen sind alle Zahlen, die eine Dezimaldarstellung haben.

Alle reellen Zahlen, die nicht rational sind, heißen **irrationale Zahlen**. Irrationale Zahlen haben in Dezimaldarstellung unendlich viele Stellen ohne Periode.

Alle reellen Zahlen, die einer (algebraischen) Gleichung der Form $a_n x^n + \dots + a_1 x + a_0 = 0$ mit $a_\nu \in \mathbb{Q}$ genügen, heißen **algebraische Zahlen** (z. B. $4, \frac{1}{5}, \sqrt{2}, \sqrt{3} + \sqrt[3]{7}$, sowie nicht explizit ausdrückbare reelle Lösungen algebraischer Gleichungen mit $n \geqslant 5$).

Alle reellen Zahlen, die nicht algebraisch sind, heißen **transzendente Zahlen**. (z. B. $\pi, e, \sin 1, \log 2$).

$$\mathbb{C} = \{a + bi \mid a, b \in \text{IR}\} \qquad \text{Menge der } \textbf{komplexen Zahlen} \text{ (siehe 7.)}$$

Alle komplexen Zahlen $a + bi$ mit $a = 0$ und $b \neq 0$ heißen **imaginäre Zahlen**.

Ist A eine Teilmenge von $\mathbb{C}$, so wird vereinbart:
$$A_0 = A \cup \{0\} \qquad\qquad A^* = A \setminus \{0\}$$
Ist A eine Teilmenge von **R**, so wird vereinbart:
$$A^+ = \{x \mid x \in A, x > 0\} \qquad A^- = \{x \mid x \in A, x < 0\}$$

6.   Der Körper der reellen Zahlen

$(\text{IR}, +, \cdot, \leqslant)$ ist ein angeordneter Körper (siehe 4.4. und 4.7.), in dem jede Fundamentalfolge konvergent ist (siehe 14.1.).

6.1.   Grundlegende Gesetze und Definitionen

6.1.1.   Ringgesetze für $(\text{IR}, +, \cdot)$

Kommutativgesetze (Vertauschungsgesetze):

$$\bigwedge_{a, b \in \text{IR}} a + b = b + a \qquad\qquad \bigwedge_{a, b \in \text{IR}} a \cdot b = b \cdot a$$

Assoziativgesetze (Verbindungsgesetze):

$$\bigwedge_{a, b, c \in \text{IR}} (a + b) + c = a + (b + c) \qquad\qquad \bigwedge_{a, b, c \in \text{IR}} (a \cdot b) \cdot c = a \cdot (b \cdot c)$$

Distributivgesetz (Verteilungsgesetz): $\bigwedge_{a,b,c \in \mathbb{R}} a \cdot (b+c) = a \cdot b + a \cdot c$

„Vorzeichen"regeln[1]): *Für alle* $a, b \in \mathbb{R}$ *gilt:*

$-(-a) = a;\quad -(a+b) = (-a)+(-b);\quad a - b = a + (-b);$

$-(a-b) = (-a) + b;\quad (-a) \cdot b = a \cdot (-b) = -(a \cdot b);\quad (-a) \cdot (-b) = a \cdot b$

6.1.2. Körpergesetze für $(\mathbb{R}, +, \cdot)$

Bruchrechnung: Schreibweise: $\dfrac{a}{b} = a : b$

Für alle $a, c \in \mathbb{R}$, $b, d \in \mathbb{R}^* = \mathbb{R} \setminus \{0\}$ *gilt:*

„Vorzeichen"regeln[1]): $\quad \dfrac{-a}{b} = \dfrac{a}{-b} = -\dfrac{a}{b};\quad \dfrac{-a}{-b} = \dfrac{a}{b}$

Erweitern und Kürzen $(c \neq 0)$: $\quad \dfrac{a}{b} = \dfrac{a \cdot c}{b \cdot c};\quad \dfrac{a}{b} = \dfrac{a : c}{b : c}$

Addieren und Subtrahieren: $\quad \dfrac{a}{b} \pm \dfrac{c}{b} = \dfrac{a \pm c}{b};\quad \dfrac{a}{b} \pm \dfrac{c}{d} = \dfrac{a \cdot d}{b \cdot d} \pm \dfrac{b \cdot c}{b \cdot d} = \dfrac{a \cdot d \pm b \cdot c}{b \cdot d}$

Multiplizieren und Dividieren $(c \neq 0)$: $\quad \dfrac{a}{b} \cdot \dfrac{c}{d} = \dfrac{a \cdot c}{b \cdot d};\quad \dfrac{a}{b} : \dfrac{c}{d} = \dfrac{a \cdot d}{b \cdot c}$

6.1.3. Anordnung

$a > b \Leftrightarrow \bigvee_{x \in \mathbb{R}^+} a = b + x;\quad b < a \Leftrightarrow a > b;\quad a \geq b \Leftrightarrow (a > b \vee a = b)$

Für alle $a, b, c \in \mathbb{R}$ *gilt:*

$$a > b \;\leftrightarrow\; a \pm c > b \pm c \qquad\qquad a > b \;\leftrightarrow\; -a < -b$$

$$a > b \wedge c > 0 \;\rightarrow\; a \cdot c > b \cdot c \qquad\qquad a > b \wedge c < 0 \;\rightarrow\; a \cdot c < b \cdot c$$

$$a > b \wedge c > 0 \;\rightarrow\; \frac{a}{c} > \frac{b}{c} \qquad\qquad a > b \wedge c < 0 \;\rightarrow\; \frac{a}{c} < \frac{b}{c}$$

$$a > b \wedge a \cdot b > 0 \;\rightarrow\; \frac{1}{a} < \frac{1}{b} \qquad\qquad a > b \wedge a \cdot b < 0 \;\rightarrow\; \frac{1}{a} > \frac{1}{b}$$

$$a > b > 0 \wedge r \in \mathbb{R}^+ \;\rightarrow\; a^r > b^r \qquad\qquad a > b > 0 \wedge r \in \mathbb{R}^- \;\rightarrow\; a^r < b^r$$

$$a > 1 \wedge r > s \;\rightarrow\; a^r > a^s \qquad\qquad 0 < a < 1 \wedge r > s \;\rightarrow\; a^r < a^s$$

6.1.4. Absoluter Betrag

$$|a| = \begin{cases} a, & \text{falls } a \geq 0 \\ -a, & \text{falls } a \leq 0 \end{cases} \qquad (|a| \text{ lies: Betrag von } a)$$

Für alle $a, b \in \mathbb{R}$ *gilt:*

$$|a \pm b| \leq |a| + |b|;\quad |a \pm b| \geq \big||a| - |b|\big|;\quad |a \cdot b| = |a| \cdot |b|;\quad \left|\frac{a}{b}\right| = \frac{|a|}{|b|}\ (b \neq 0)$$

6.1.5. Intervalle

Für $a, b \in \mathbb{R}$ und $a \leq b$ wird definiert:

offenes Intervall: $\quad]a, b[\, = \{x \mid x \in \mathbb{R} \text{ und } a < x < b\}$

abgeschlossenes Intervall: $[a, b] = \{x \mid x \in \mathbb{R} \text{ und } a \leq x \leq b\}$

---

[1]) Genauer: Regeln zum Rechnen mit dem Additionsinversen.

halboffenes Intervall:
$$]a, b] = \{x \mid x \in \mathbb{R} \text{ und } a < x \leqslant b\}$$
$$[a, b[= \{x \mid x \in \mathbb{R} \text{ und } a \leqslant x < b\}$$

6.2. Weitere Gesetze als Formeln der Arithmetik

Formeln sind allgemeingültige Aussageformen auf der Grundmenge $\mathbb{R}$; jedoch muß die Grundmenge gegebenenfalls eingeschränkt werden, damit eventuell auftretende Nenner immer ungleich 0 sind.

6.2.1. Proportionen

$a : b = c : d$ (lies: a zu b wie c zu d) $\Leftrightarrow \frac{a}{b} = \frac{c}{d}$

Produktform: $a : b = c : d \Leftrightarrow a \cdot d = b \cdot c$

Mittlere Proportionale ($a, d \in \mathbb{R}^+$): $a : x = x : d \Leftrightarrow x = \sqrt{a \cdot d}$

Korrespondierende Addition und Subtraktion:

$$\frac{a}{b} = \frac{c}{d} \Leftrightarrow \frac{a}{a \pm b} = \frac{c}{c \pm d} \Leftrightarrow \frac{a \pm b}{b} = \frac{c \pm d}{d} \Leftrightarrow \frac{a + b}{a - b} = \frac{c + d}{c - d}$$

(a, b) heißt **quotientgleich** zu $(c, d) \Leftrightarrow \frac{a}{b} = \frac{c}{d}$

(a, b) heißt **produktgleich** zu $(c, d) \Leftrightarrow a \cdot b = c \cdot d$

Eine physikalische Größe A heißt genau dann **proportional** zu einer physikalischen Größe B (in Zeichen: $A \sim B$), wenn es einen Faktor k gibt, so daß stets gilt: $A = k \cdot B$. k heißt **Proportionalitätsfaktor.**

Sind A, B, C physikalische Größen, *so gilt:*

$A \sim B, C$ konstant
$A \sim C, B$ konstant $\Rightarrow A \sim B \cdot C; \quad A \sim B, B \sim C \Rightarrow A \sim C$

6.2.2. Mittelwerte

	Zwei Glieder	n Glieder ($n \in \mathbb{N}$)
Arithmetische Mittel:	$\frac{a + b}{2}$	$\frac{1}{n}(a_1 + a_2 + \ldots + a_n)$
Geometrische Mittel:	$\sqrt{ab}$	$\sqrt[n]{a_1 a_2 \ldots a_n}$
Harmonische Mittel:	$\dfrac{2}{\frac{1}{a} + \frac{1}{b}} = \dfrac{2ab}{a + b}$	$\dfrac{n}{\frac{1}{a_1} + \frac{1}{a_2} + \ldots + \frac{1}{a_n}}$

6.2.3. Binomische Formeln

1. $(a + b)^2 = a^2 + 2ab + b^2$ 2. $(a - b)^2 = a^2 - 2ab + b^2$
3. $(a + b)(a - b) = a^2 - b^2$

Die zweite binomische Formel ergibt sich aus der ersten, indem man $-b$ für b einsetzt. Entsprechend lassen sich aus folgenden Formeln weitere herleiten.

$$(a + b)^3 = a^3 + 3a^2 b + 3ab^2 + b^3$$
$$(a + b + c)^2 = a^2 + b^2 + c^2 + 2ab + 2ac + 2bc$$
$$a^3 + b^3 = (a + b)(a^2 - ab + b^2)$$
$$a^n - b^n = (a - b)(a^{n-1} + a^{n-2} b + a^{n-3} b^2 + \ldots + b^{n-1})$$

Binomischer Satz: Für alle $a, b \in \mathbb{R}$, $n \in \mathbb{N}$ gilt:

$$(a + b)^n = a^n + \binom{n}{1}a^{n-1}b + \binom{n}{2}a^{n-2}b^2 + \ldots + \binom{n}{k}a^{n-k}b^k + \ldots + b^n = \sum_{k=0}^{n} \binom{n}{k}a^{n-k}b^k$$

Fakultät: $1 \cdot 2 \cdot 3 \cdot \ldots \cdot k = k!$ (k Fakultät) $0! = 1$

Stirlingsche Formel: $\left(\frac{n}{e}\right)^n \cdot \sqrt{2\pi n} < n! < \left(\frac{n}{e}\right)^n \cdot \sqrt{2\pi n}\,(1 + \frac{1}{10^n})$;

ist n genügend groß, so gilt: $n! \approx \left(\frac{n}{e}\right)^n \cdot \sqrt{2\pi n}$

Binomialkoeffizienten: $\binom{n}{0} = 1$; $\binom{n}{k} = \dfrac{n(n-1)(n-2)\ldots(n-k+1)}{1 \cdot 2 \cdot 3 \cdot \ldots \cdot k}$ $(n \geqslant k > 0)$

Es gilt: $\binom{n}{k} + \binom{n}{k+1} = \binom{n+1}{k+1}$; $\binom{n}{k} = \dfrac{n!}{k!\,(n-k)!} = \binom{n}{n-k}$

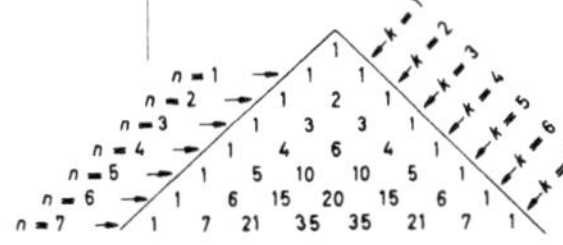

Pascalsches Dreieck:

Jedes innere Glied ist gleich der Summe der beiden links und rechts darüber stehenden Glieder. Die Glieder des Pascalschen Dreiecks sind Binomialkoeffizienten $\binom{n}{k}$

6.2.4. Potenzen (Wurzeln)

Für $n \in \mathbb{N}$ und $a \in \mathbb{R}$: $a^n = \underbrace{a \cdot a \cdot \ldots \cdot a}_{n \text{ Faktoren}}$ a heißt **Basis** n heißt **Exponent**

Für $x \in \mathbb{Z}$ und $a \in \mathbb{R}$: a^x wie oben, falls $x > 0$;

$\qquad a^x = \dfrac{1}{a^{-x}}$, falls $x < 0$ und $a \neq 0$;

$\qquad a^0 = 1$, falls $a \neq 0$.

Für $x \in \mathbb{Q}$ und $a \in \mathbb{R}^+$: $a^x = a^{\frac{p}{q}}$ ($p \in \mathbb{Z}$, $q \in \mathbb{N}$) ist diejenige positive reelle Zahl, für die gilt: $(a^x)^q = a^p$.

Für $x \in \mathbb{R}$ und $a \in \mathbb{R}^+$: Ist $x = \lim x_n$ für $x_n \in \mathbb{Q}$, so wird definiert:

$\qquad a^x = \lim a^{x_n}$ (siehe 14.1.).

Für $x = \dfrac{1}{m}$, $m \in \mathbb{N}$, und $a \in \mathbb{R}^+$ schreibt man auch: $a^{\frac{1}{m}} = \sqrt[m]{a}$

($\sqrt[m]{a}$ lies: m-te **Wurzel** aus a, a heißt **Radikand**, m **Wurzelexponent**).

Für alle $a, b \in \mathbb{R}^+$ und alle $r, s \in \mathbb{R}$, $m \in \mathbb{N}$ gilt:

$a^r \cdot a^s = a^{r+s}$ $\qquad$ $a^r : a^s = a^{r-s}$ $\qquad$ $a^{-s} = \dfrac{1}{a^s}$

$a^r \cdot b^r = (a \cdot b)^r$ $\qquad$ $a^r : b^r = \left(\dfrac{a}{b}\right)^r$ $\qquad$ $\sqrt[m]{a} \cdot \sqrt[m]{b} = \sqrt[m]{a \cdot b}$

$(a^r)^s = a^{r \cdot s} = (a^s)^r$ $\qquad\qquad$ $\sqrt[m]{a^s} = a^{\frac{s}{m}} = \left(\sqrt[m]{a}\right)^s$

6.2.5. **Logarithmen**

Für alle $y \in \mathbb{R}$, $x \in \mathbb{R}^+$ und $b \in \mathbb{R}^+ \setminus \{1\}$ wird definiert:

$$\log_b x = y \;\leftrightarrow\; b^y = x$$

($y = \log_b x$ wird gelesen: y gleich Logarithmus (von) x zur Basis b,
x heißt Numerus von y)

Zehnerlogarithmus:		$\lg a = m + k$
(Briggsscher oder	$\lg = \log_{10}$	$0 \leqslant m < 1$ Mantisse
dekadischer Logarithmus)		$k \in \mathbb{Z}$ Kennziffer

Natürlicher Logarithmus:
(logarithmus naturalis) $\quad \ln = \log_e$ mit $e = \lim(1 + \frac{1}{n})^n = 2{,}71828\ldots$

Für alle $x, y \in \mathbb{R}^+$, $a, b \in \mathbb{R}^+ \setminus \{1\}$, $r \in \mathbb{R}$ *und* $n \in \mathbb{N}$ *gilt:*

Umrechnung: $\log_b x = \log_a x \cdot \log_b a \quad (\log_b a = \frac{1}{\log_a b})$

$$\ln x = \lg x \cdot \ln 10 \quad (\ln 10 = \frac{1}{\lg e} = 2{,}302\,585\ldots)$$

$$\lg x = \ln x \cdot \lg e \quad (\lg e = \frac{1}{\ln 10} = 0{,}434\,294\ldots)$$

Rechenregeln: $\quad \log_b(x \cdot y) = \log_b x + \log_b y \qquad \log_b \frac{x}{y} = \log_b x - \log_b y$

$$\log_b x^r = r \cdot \log_b x \qquad \log_b \sqrt[n]{x} = \frac{1}{n} \cdot \log_b x$$

Insbesondere gilt für Zehnerlogarithmen mit $a \in \mathbb{R}^+$, $1 \leqslant s < 10$, $k \in \mathbb{Z}$:
$\lg a = \lg(s \cdot 10^k) = \lg s + \lg 10^k = m + k$ (siehe oben)

7. Der Körper der komplexen Zahlen

$\mathbb{C}$ läßt sich definieren als $\{(a, b) \mid a, b \in \mathbb{R}\}$ mit den folgenden Verknüpfungen:

$$(a_1, b_1) + (a_2, b_2) = (a_1 + a_2, b_1 + b_2)$$
$$(a_1, b_1) \cdot (a_2, b_2) = (a_1 a_2 - b_1 b_2, a_1 b_2 + a_2 b_1)$$

Dann ist $(\mathbb{C}, +, \cdot)$ ein Körper (siehe 4.4.).

Übliche Schreibweise: $z = a + bi$ statt $z = (a, b)$

Es gilt: $i^2 = (0, 1)^2 = (-1, 0) = -1$; $i^3 = -i$; $i^4 = 1$; ...

Betrag: $|z| = |a + bi| = \sqrt{a^2 + b^2}$

Darstellung in Polarkoordinaten:

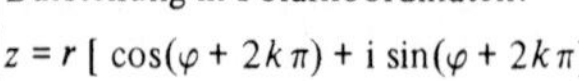

$$z = r\left[\cos(\varphi + 2k\pi) + i\sin(\varphi + 2k\pi)\right]$$
$$= r\,e^{i(\varphi + 2k\pi)}, \quad k \in \mathbb{Z}$$

Es gilt: $|z| = r = \sqrt{a^2 + b^2}$; $\tan\varphi = \frac{b}{a}$; $a = r\cos\varphi$; $b = r\sin\varphi$

Addition und Subtraktion:

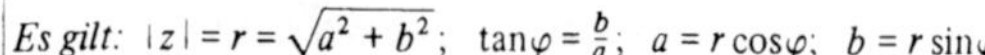

$$z_1 \pm z_2 = (a_1 + b_1 i) \pm (a_2 + b_2 i) = (a_1 \pm a_2) + (b_1 \pm b_2)i$$

Multiplikation:

$$z_1 \cdot z_2 = (a_1 + b_1 \mathrm{i}) \cdot (a_2 + b_2 \mathrm{i}) = (a_1 a_2 - b_1 b_2) + (a_1 b_2 + a_2 b_1) \mathrm{i}$$
$$= r_1 r_2 [\cos(\varphi_1 + \varphi_2) + \mathrm{i} \sin(\varphi_1 + \varphi_2)]$$
$$= r_1 r_2 \mathrm{e}^{\mathrm{i}(\varphi_1 + \varphi_2)}$$

Division: $\dfrac{z_1}{z_2} = \dfrac{a_1 + b_1 \mathrm{i}}{a_2 + b_2 \mathrm{i}} = \dfrac{a_1 + b_1 \mathrm{i}}{a_2 + b_2 \mathrm{i}} \cdot \dfrac{a_2 - b_2 \mathrm{i}}{a_2 - b_2 \mathrm{i}} = \dfrac{a_1 a_2 + b_1 b_2}{a_2^2 + b_2^2} + \dfrac{a_2 b_1 - a_1 b_2}{a_2^2 + b_2^2} \mathrm{i}$

$z_2 \neq 0$
$$= \frac{r_1}{r_2} [\cos(\varphi_1 - \varphi_2) + \mathrm{i} \sin(\varphi_1 - \varphi_2)] = \frac{r_1}{r_2} \mathrm{e}^{\mathrm{i}(\varphi_1 - \varphi_2)}$$

Moivresche Formeln:

Potenzieren $(m \in \mathbb{Z})$: $z^m = (a + b\mathrm{i})^m = r^m (\cos m\varphi + \mathrm{i} \sin m\varphi) = r^m \mathrm{e}^{\mathrm{i} m\varphi}$

Radizieren: Für $z = r(\cos\varphi + \mathrm{i} \sin\varphi)$ sind die Lösungen der Gleichung

$w^n = z, \; n \in \mathbb{N}$:

$$\sqrt[n]{r} \left[\cos \frac{\varphi + 2k\pi}{n} + \mathrm{i} \sin \frac{\varphi + 2k\pi}{n} \right] \quad \text{bzw.} \quad \sqrt[n]{r}\, \mathrm{e}^{\mathrm{i} \frac{\varphi + 2k\pi}{n}} \quad (k = 0,1,\ldots,n-1)$$

n-te **Einheitswurzeln**, $\epsilon_1, \ldots, \epsilon_n$, sind die Lösungen der Gleichung $w^n = 1$ ($n \in \mathbb{N}$).

Es gilt: $\epsilon_k = \cos \dfrac{2k\pi}{n} + \mathrm{i} \sin \dfrac{2k\pi}{n} = \mathrm{e}^{\mathrm{i} \frac{2k\pi}{n}} \quad (k = 0,1,\ldots,n-1)$

Die *dritten Einheitswurzeln* $\epsilon_1, \epsilon_2, \epsilon_3$ sind: $1; \quad \dfrac{-1 + \mathrm{i}\sqrt{3}}{2}; \quad \dfrac{-1 - \mathrm{i}\sqrt{3}}{2}$

Konjugiert komplexe Zahlen:

$\bar{z} = a - b\mathrm{i}$ heißt die zu $z = a + b\mathrm{i}$ konjugiert komplexe Zahl.

Es gilt: $z + \bar{z} = 2a; \quad z - \bar{z} = 2b\mathrm{i}; \quad z \cdot \bar{z} = a^2 + b^2 = r^2$

8. Vektoren in der Geometrie

8.1. Allgemeines

Ein Punktepaar (A, B) heißt **Pfeil.** A heißt **Ausgangspunkt (Anfangspunkt),** B **Zielpunkt (Endpunkt).** Jeder Pfeil hat eine bestimmte Länge, Richtung und Orientierung. Pfeile, die in diesen drei Eigenschaften übereinstimmen, heißen **parallelgleich,** in Zeichen: $(A, B) \,\#\, (C, D)$.

Es gilt: $(A, B) \,\#\, (C, D) \Leftrightarrow ABDC$ ist ein Parallelogramm.

Jede Menge $\overrightarrow{AB} = \{(P, Q) \mid (P, Q) \,\#\, (A, B)\}$ heißt Vektor.

Ein Vektor ist also die Menge aller zu einem Pfeil parallelgleichen Pfeile.

Bezeichnung: $\overrightarrow{AB}, \overrightarrow{PQ}, \vec{a}, \vec{b}, \ldots$

Die Menge aller Vektoren in der Ebene (im Raum) bezeichnet man mit $\mathbb{V}_2$ ($\mathbb{V}_3$).

Es sei O ein ausgezeichneter Punkt (Ursprung). Dann heißt jeder Pfeil (O, A) **Ortsvektor.**

Bezeichnung: $\overrightarrow{OA}$, $\overrightarrow{OB}$, $\vec{a}$, $\vec{b}$, ...

Die Menge aller Ortsvektoren bezeichnet man mit $\mathbb{V}_O$.

Verknüpfungen

Auf $\mathbb{V}_2$ bzw. $\mathbb{V}_3$ und $\mathbb{V}_O$ läßt sich je eine **Addition** von Vektoren und eine **Multiplikation** mit einer reellen Zahl definieren (siehe Zeichnung).

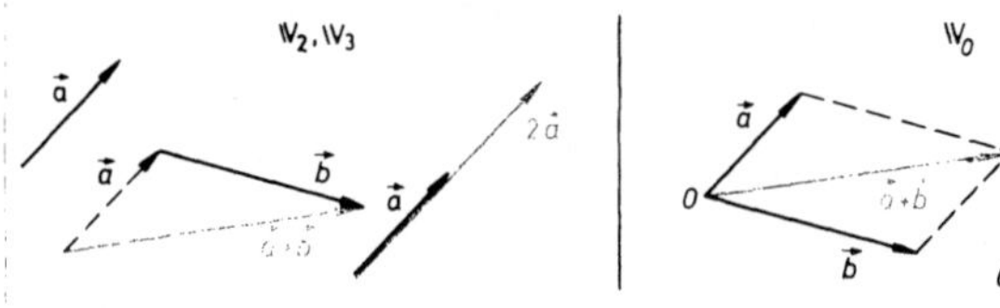

Für diese Verknüpfungen auf $\mathbb{V}_2$, $\mathbb{V}_3$ bzw. $\mathbb{V}_O$ sind die Gesetze des Vektorraumes (siehe 4.5.) erfüllt.

Koordinatensysteme

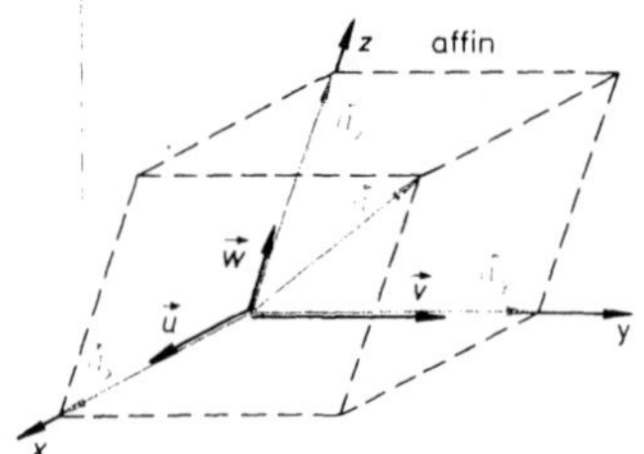

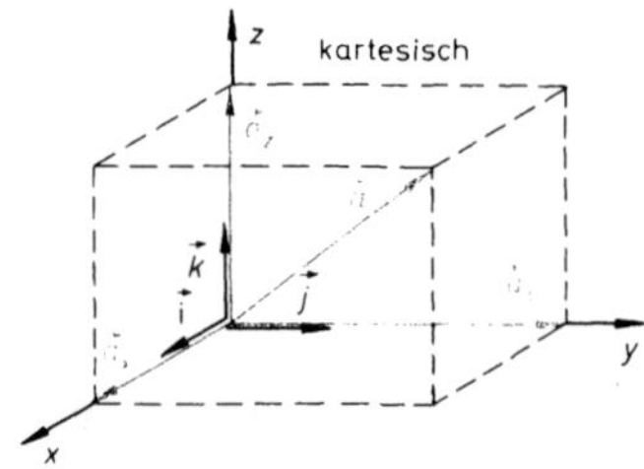

Basisvektoren $\vec{u}, \vec{v}, \vec{w}$ Basisvektoren $\vec{i}, \vec{j}, \vec{k}$, für die gilt:

$$|\vec{i}| = |\vec{j}| = |\vec{k}| = 1 \quad \text{und} \quad \vec{i} \perp \vec{j} \perp \vec{k} \perp \vec{i}$$

und $\vec{i}, \vec{j}, \vec{k}$ bilden ein Rechtssystem[1])

Komponentendarstellung:

$$\vec{a} = \vec{a}_x + \vec{a}_y + \vec{a}_z = x \cdot \vec{u} + y \cdot \vec{v} + z \cdot \vec{w} \qquad \vec{a} = \vec{a}_x + \vec{a}_y + \vec{a}_z = x \cdot \vec{i} + y \cdot \vec{j} + z \cdot \vec{k}$$

$$= \begin{pmatrix} x \\ y \\ z \end{pmatrix} \qquad\qquad\qquad\qquad\qquad\qquad = \begin{pmatrix} x \\ y \\ z \end{pmatrix}$$

[1]) Daumen, Zeigefinger und Mittelfinger der rechten Hand für $\vec{i}, \vec{j}, \vec{k}$.

Zwei von $\vec{0}$ verschiedene Vektoren heißen genau dann **kollinear**, wenn sie linear abhängig (siehe 4.5.) sind.

Zwei von $\vec{0}$ verschiedene Vektoren $\vec{a}, \vec{b}$ sind genau dann kollinear, wenn gilt:

$$\bigvee_{\lambda, \mu \in \mathbb{R}} (\lambda \cdot \vec{a} + \mu \cdot \vec{b} = \vec{0} \wedge \lambda^2 + \mu^2 \neq 0) \quad \text{oder} \quad \bigvee_{\rho \in \mathbb{R}} \vec{a} = \rho \cdot \vec{b},$$

d. h. wenn es eine Gerade gibt, zu der $\vec{a}$ und $\vec{b}$ parallel sind.

Drei von $\vec{0}$ verschiedene Vektoren heißen genau dann **komplanar**, wenn sie linear abhängig (siehe 4.5.) sind.

Drei von $\vec{0}$ verschiedene Vektoren $\vec{a}, \vec{b}, \vec{c}$ sind genau dann komplanar, wenn gilt:

$$\bigvee_{\lambda, \mu, \nu \in \mathbb{R}} (\lambda \cdot \vec{a} + \mu \cdot \vec{b} + \nu \cdot \vec{c} = \vec{0} \wedge \lambda^2 + \mu^2 + \nu^2 \neq 0),$$

d. h. wenn es eine Ebene gibt, zu der $\vec{a}, \vec{b}$ und $\vec{c}$ parallel sind.

In kartesischen Koordinaten gilt:

Betrag (Länge) von $\vec{a} : |\vec{a}| = a = \sqrt{x^2 + y^2 + z^2} \geqslant 0$

Winkel zwischen $\vec{a}$ und den Koordinatenachsen ($\vec{a} \neq \vec{0}$):

$$\cos(\vec{i}, \vec{a}) = \frac{x}{a}; \quad \cos(\vec{j}, \vec{a}) = \frac{y}{a}; \quad \cos(\vec{k}, \vec{a}) = \frac{z}{a}$$

$$(\cos(\vec{i}, \vec{a}))^2 + (\cos(\vec{j}, \vec{a}))^2 + (\cos(\vec{k}, \vec{a}))^2 = 1$$

Einheitsvektor in Richtung $\vec{a}$ ($\vec{a} \neq \vec{0}$): $\vec{a}^0 = \frac{\vec{a}}{a};$ $\quad \vec{a} = a \cdot \vec{a}^0 = |\vec{a}| \cdot \vec{a}^0$

8.2. Produkte

Skalarprodukt (siehe 4.5.)

$$\vec{a} \cdot \vec{b} = |\vec{a}| \cdot |\vec{b}| \cdot \cos(\vec{a}, \vec{b})$$

Es gilt:

$$\begin{pmatrix} a_x \\ a_y \\ a_z \end{pmatrix} \cdot \begin{pmatrix} b_x \\ b_y \\ b_z \end{pmatrix} = a_x b_x + a_y b_y + a_z b_z$$

$$|\vec{a}| = a = \sqrt{\vec{a} \cdot \vec{a}}$$

$$\vec{a} \cdot \vec{b} = 0 \Leftrightarrow \vec{a} \perp \vec{b}$$

$$\vec{i} \cdot \vec{j} = \vec{j} \cdot \vec{k} = \vec{i} \cdot \vec{k} = 0; \quad \vec{i} \cdot \vec{i} = \vec{j} \cdot \vec{j} = \vec{k} \cdot \vec{k} = 1$$

Kreuzprodukt

$\vec{a} \times \vec{b}$ wird definiert als der Vektor, der die folgenden Bedingungen erfüllt:

(1) $\quad |\vec{a} \times \vec{b}| = ab \sin(\vec{a}, \vec{b}) \qquad (0^0 \leqslant \measuredangle (\vec{a}, \vec{b}) \leqslant 180^\circ)$

(2) $\quad (\vec{a} \times \vec{b}) \perp \vec{a}; \; (\vec{a} \times \vec{b}) \perp \vec{b}$

(3) $\quad \vec{a}, \vec{b}, \vec{a} \times \vec{b}$ bilden ein Rechtssystem

$\quad$ (siehe Fußnote S. 20)

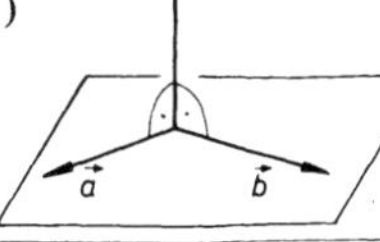

Gesetze:

Antikommutativgesetz:
$$\bigwedge_{\vec{a},\vec{b}\,\in\,\mathbb{V}_3} \vec{a}\times\vec{b} = -\vec{b}\times\vec{a}$$

Gemischt-assoziativ-Gesetz:
$$\bigwedge_{\vec{a},\vec{b}\,\in\,\mathbb{V}_3}\;\bigwedge_{\lambda\in\mathbb{R}}\;\lambda\cdot(\vec{a}\times\vec{b}) = (\lambda\cdot\vec{a})\times\vec{b} = \vec{a}\times(\lambda\cdot\vec{b})$$

Distributivgesetz:
$$\bigwedge_{\vec{a},\vec{b},\vec{c}\,\in\,\mathbb{V}_3} \vec{a}\times(\vec{b}+\vec{c}) = \vec{a}\times\vec{b} + \vec{a}\times\vec{c}$$

Weitere Sätze:

$$\vec{a}\times\vec{a} = \vec{0};\quad |\vec{a}\times\vec{b}| = ab \iff \vec{a}\perp\vec{b}$$

$$\vec{a}\times\vec{b} = \vec{0} \iff (\vec{a},\vec{b})\ \text{linear abhängig}$$

$$\vec{i}\times\vec{i} = \vec{j}\times\vec{j} = \vec{k}\times\vec{k} = \vec{0};\quad \vec{i}\times\vec{j} = \vec{k};\quad \vec{j}\times\vec{k} = \vec{i};\quad \vec{k}\times\vec{i} = \vec{j}$$

Spatprodukt

$$\vec{a}\,\vec{b}\,\vec{c} = \vec{a}\cdot(\vec{b}\times\vec{c})$$

Es gilt:
$$\vec{a}\,\vec{b}\,\vec{c} = a_x b_y c_z + b_x c_y a_z + c_x a_y b_z - c_x b_y a_z - b_x a_y c_z - a_x c_y b_z$$

$$= \begin{vmatrix} a_x & b_x & c_x \\ a_y & b_y & c_y \\ a_z & b_z & c_z \end{vmatrix} \quad \text{(siehe 9.1.2.)}$$

$$\vec{a}\,\vec{b}\,\vec{c} = \vec{b}\,\vec{c}\,\vec{a} = \vec{c}\,\vec{a}\,\vec{b} = -\vec{b}\,\vec{a}\,\vec{c} = -\vec{c}\,\vec{b}\,\vec{a} = -\vec{a}\,\vec{c}\,\vec{b}$$

$$\vec{i}\,\vec{j}\,\vec{k} = 1$$

9. Systeme linearer Gleichungen

9.1. Matrizen und Determinanten

9.1.1. Matrizen

Eine Matrix mit m Zeilen und n Spalten ist ein System von $n\cdot m$ Zahlen (ein m-Tupel von n-Tupeln), das man in der Form

$$\begin{pmatrix} \alpha_{11} & \alpha_{12} & \cdots & \alpha_{1n} \\ \alpha_{21} & \alpha_{22} & \cdots & \alpha_{2n} \\ \vdots & \vdots & & \vdots \\ \alpha_{m1} & \alpha_{m2} & \cdots & \alpha_{mn} \end{pmatrix}$$

schreibt. Die Menge aller Matrizen mit m Zeilen und n Spalten nennt man $\mathbb{M}_{m,n}$. Ist $n = m$, so heißt die Matrix quadratisch.

9.1.2. Determinanten

Zweireihige Determinante:
$$\begin{vmatrix} \alpha_{11} & \alpha_{12} \\ \alpha_{21} & \alpha_{22} \end{vmatrix} = \alpha_{11}\,\alpha_{22} - \alpha_{12}\,\alpha_{21}$$

Dreireihige Determinante:

$$\begin{vmatrix} \alpha_{11} & \alpha_{12} & \alpha_{13} \\ \alpha_{21} & \alpha_{22} & \alpha_{23} \\ \alpha_{31} & \alpha_{32} & \alpha_{33} \end{vmatrix} = \alpha_{11} \begin{vmatrix} \alpha_{22} & \alpha_{23} \\ \alpha_{32} & \alpha_{33} \end{vmatrix} - \alpha_{21} \begin{vmatrix} \alpha_{12} & \alpha_{13} \\ \alpha_{32} & \alpha_{33} \end{vmatrix} + \alpha_{31} \begin{vmatrix} \alpha_{12} & \alpha_{13} \\ \alpha_{22} & \alpha_{23} \end{vmatrix} =$$

$$= \alpha_{11}\alpha_{22}\alpha_{33} + \alpha_{12}\alpha_{23}\alpha_{31} + \alpha_{13}\alpha_{21}\alpha_{32} - \alpha_{31}\alpha_{22}\alpha_{13} - \alpha_{32}\alpha_{23}\alpha_{11} - \alpha_{33}\alpha_{21}\alpha_{12}$$

Entsprechend sind n-reihige Determinanten definiert.

Regel von Sarrus (gilt nur für dreireihige Determinanten):

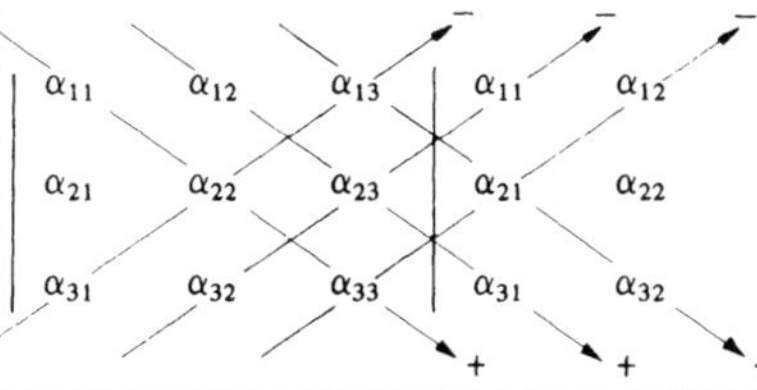

Es gelten folgende Sätze:

1. Stürzen:

$$\begin{vmatrix} \alpha_{11} & \alpha_{12} & \alpha_{13} \\ \alpha_{21} & \alpha_{22} & \alpha_{23} \\ \alpha_{31} & \alpha_{32} & \alpha_{33} \end{vmatrix} = \begin{vmatrix} \alpha_{11} & \alpha_{21} & \alpha_{31} \\ \alpha_{12} & \alpha_{22} & \alpha_{32} \\ \alpha_{13} & \alpha_{23} & \alpha_{33} \end{vmatrix}$$

2. Rändern:

$$\begin{vmatrix} \alpha_{11} & \alpha_{12} \\ \alpha_{21} & \alpha_{22} \end{vmatrix} = \begin{vmatrix} 1 & 0 & 0 \\ \alpha & \alpha_{11} & \alpha_{12} \\ \beta & \alpha_{21} & \alpha_{22} \end{vmatrix} \qquad (\alpha, \beta \in \mathbb{R})$$

3. Vertauscht man zwei Parallelreihen (d. h. zwei Spalten oder zwei Zeilen), so ändert die Determinante ihr Vorzeichen; z. B.:

$$\begin{vmatrix} \alpha_{11} & \alpha_{12} & \alpha_{13} \\ \alpha_{21} & \alpha_{22} & \alpha_{23} \\ \alpha_{31} & \alpha_{32} & \alpha_{33} \end{vmatrix} = - \begin{vmatrix} \alpha_{13} & \alpha_{12} & \alpha_{11} \\ \alpha_{23} & \alpha_{22} & \alpha_{21} \\ \alpha_{33} & \alpha_{32} & \alpha_{31} \end{vmatrix}$$

4. Sind zwei Parallelreihen (d. h. zwei Spalten oder zwei Zeilen) gleich oder proportional, so ist die Determinante gleich Null; z. B.:

$$\begin{vmatrix} \alpha_{11} & \alpha_{12} & \alpha_{13} \\ \alpha_{21} & \alpha_{22} & \alpha_{23} \\ \lambda\alpha_{11} & \lambda\alpha_{12} & \lambda\alpha_{13} \end{vmatrix} = 0 \qquad (\lambda \in \mathbb{R})$$

5. Summe:

$$\begin{vmatrix} \alpha_{11} & \alpha_{12} & \alpha_{13} + \beta_1 \\ \alpha_{21} & \alpha_{22} & \alpha_{23} + \beta_2 \\ \alpha_{31} & \alpha_{32} & \alpha_{33} + \beta_3 \end{vmatrix} = \begin{vmatrix} \alpha_{11} & \alpha_{12} & \alpha_{13} \\ \alpha_{21} & \alpha_{22} & \alpha_{23} \\ \alpha_{31} & \alpha_{32} & \alpha_{33} \end{vmatrix} + \begin{vmatrix} \alpha_{11} & \alpha_{12} & \beta_1 \\ \alpha_{21} & \alpha_{22} & \beta_2 \\ \alpha_{31} & \alpha_{32} & \beta_3 \end{vmatrix}$$

Entsprechend bei jeder anderen Spalte und jeder Zeile.

6. Eine Determinante wird mit einem Faktor multipliziert, indem man jedes Glied entweder einer beliebigen Spalte oder einer beliebigen Zeile mit dem Faktor multipliziert; z. B.:

$$\lambda \begin{vmatrix} \alpha_{11} & \alpha_{12} & \alpha_{13} \\ \alpha_{21} & \alpha_{22} & \alpha_{23} \\ \alpha_{31} & \alpha_{32} & \alpha_{33} \end{vmatrix} = \begin{vmatrix} \alpha_{11} & \lambda\alpha_{12} & \alpha_{13} \\ \alpha_{21} & \lambda\alpha_{22} & \alpha_{23} \\ \alpha_{31} & \lambda\alpha_{32} & \alpha_{33} \end{vmatrix} = \begin{vmatrix} \alpha_{11} & \alpha_{12} & \alpha_{13} \\ \alpha_{21} & \alpha_{22} & \alpha_{23} \\ \lambda\alpha_{31} & \lambda\alpha_{32} & \lambda\alpha_{33} \end{vmatrix} \quad (\lambda \in \mathbb{R})$$

7. Eine Determinante ändert ihren Wert nicht, wenn man zu jedem Glied einer Reihe (Spalte oder Zeile) das entsprechende Glied einer mit einem gemeinsamen Faktor multiplizierten Parallelreihe addiert; z. B.:

$$\begin{vmatrix} \alpha_{11} & \alpha_{12} & \alpha_{13} \\ \alpha_{21} & \alpha_{22} & \alpha_{23} \\ \alpha_{31} & \alpha_{32} & \alpha_{33} \end{vmatrix} = \begin{vmatrix} \alpha_{11} + \lambda\alpha_{21} & \alpha_{12} + \lambda\alpha_{22} & \alpha_{13} + \lambda\alpha_{23} \\ \alpha_{21} & \alpha_{22} & \alpha_{23} \\ \alpha_{31} & \alpha_{32} & \alpha_{33} \end{vmatrix}$$

$$(\lambda \in \mathbb{R})$$

9.2. Lineare Gleichungssysteme

9.2.1. Lösbarkeit (nicht-eindeutige und eindeutige)

Ein (m, n)-**System** ist ein Gleichungssystem von m linearen Gleichungen mit n Variablen.

$$\alpha_{11} x_1 + \alpha_{12} x_2 + \dots + \alpha_{1n} x_n = k_1$$
$$\vdots \qquad\qquad \vdots$$
$$\alpha_{m1} x_1 + \alpha_{m2} x_2 + \dots + \alpha_{mn} x_n = k_m$$

Das n-Tupel $(x_1^*, x_2^*, \dots, x_n^*)$ heißt **Lösung** des Gleichungssystems, wenn für alle $i = 1, 2, \dots, m$ gilt:

$$\alpha_{i1} x_1^* + \alpha_{i2} x_2^* + \dots + \alpha_{in} x_n^* = k_i$$

Das Gleichungssystem läßt sich auch schreiben als:

$$x_1 \circ \vec{a}_1 \oplus x_2 \circ \vec{a}_2 \oplus \dots \oplus x_n \circ \vec{a}_n = \vec{k},$$

wobei $\vec{a}_j = \begin{pmatrix} \alpha_{1j} \\ \vdots \\ \alpha_{mj} \end{pmatrix}$ und $\vec{k} = \begin{pmatrix} k_1 \\ \vdots \\ k_m \end{pmatrix}$ (siehe 4.5.) ist.

Ist $\vec{k} = \vec{0}$, d. h. $k_i = 0$ für alle $i = 1, \dots, m$, so heißt das System **homogen**, sonst **inhomogen**.

Zu jedem inhomogenen System läßt sich ein dazugehöriges homogenes System angeben, indem man an die Stelle von $\vec{k}$ den Vektor $\vec{0}$ setzt.

> *Es gilt:*
>
> 1. Die Lösungsmenge L_h eines homogenen Systems bildet mit $\oplus$ und $\circ$ einen Untervektorraum von $(\mathbb{R}^n, \oplus, \circ)$ (siehe 4.5.).
>
> 2. Hat man einen speziellen Lösungsvektor $\vec{x}_p$ (Partikulärlösung) eines Gleichungssystems gefunden, so gilt für die Lösungsmenge L des Systems: $L = \{\vec{x}_p \oplus \vec{x} \mid \vec{x} \in L_h\}$, wobei L_h die Lösungsmenge des zugehörigen homogenen Systems ist.

9.2.2. Eindeutige Lösbarkeit

(2,2)-System $\quad \alpha_{11}\, x_1 + \alpha_{12}\, x_2 = k_1$

$\qquad\qquad\qquad \alpha_{21}\, x_1 + \alpha_{22}\, x_2 = k_2$

Genau dann, wenn $D = \begin{vmatrix} \alpha_{11} & \alpha_{12} \\ \alpha_{21} & \alpha_{22} \end{vmatrix} \neq 0$ ist, existiert eine Lösung und ist diese eindeutig:

$$x_1^* = \frac{D_1}{D}, \quad x_2^* = \frac{D_2}{D}, \quad \text{wobei } D_1 = \begin{vmatrix} k_1 & \alpha_{12} \\ k_2 & \alpha_{22} \end{vmatrix}, \quad D_2 = \begin{vmatrix} \alpha_{11} & k_1 \\ \alpha_{21} & k_2 \end{vmatrix} \text{ ist.}$$

(3,3)-System $\quad \alpha_{11}\, x_1 + \alpha_{12}\, x_2 + \alpha_{13}\, x_3 = k_1$

$\qquad\qquad\qquad \alpha_{21}\, x_1 + \alpha_{22}\, x_2 + \alpha_{23}\, x_3 = k_2$

$\qquad\qquad\qquad \alpha_{31}\, x_1 + \alpha_{32}\, x_2 + \alpha_{33}\, x_3 = k_3$

Genau dann, wenn $D = \begin{vmatrix} \alpha_{11} & \alpha_{12} & \alpha_{13} \\ \alpha_{21} & \alpha_{22} & \alpha_{23} \\ \alpha_{31} & \alpha_{32} & \alpha_{33} \end{vmatrix} \neq 0$ ist, existiert eine Lösung und ist diese eindeutig:

$$x_1^* = \frac{D_1}{D}, \quad x_2^* = \frac{D_2}{D}, \quad x_3^* = \frac{D_3}{D}, \quad \text{wobei}$$

$$D_1 = \begin{vmatrix} k_1 & \alpha_{12} & \alpha_{13} \\ k_2 & \alpha_{22} & \alpha_{23} \\ k_3 & \alpha_{32} & \alpha_{33} \end{vmatrix}, \quad D_2 = \begin{vmatrix} \alpha_{11} & k_1 & \alpha_{13} \\ \alpha_{21} & k_2 & \alpha_{23} \\ \alpha_{31} & k_3 & \alpha_{33} \end{vmatrix}, \quad D_3 = \begin{vmatrix} \alpha_{11} & \alpha_{12} & k_1 \\ \alpha_{21} & \alpha_{22} & k_2 \\ \alpha_{31} & \alpha_{32} & k_3 \end{vmatrix} \text{ ist.}$$

Entsprechendes gilt für (n, n)-Systeme.

10. Allgemeine Gleichungen in einer Variablen

Gleichung n-ten Grades in **Normalform**:

$$f(x) = x^n + \alpha_{n-1} x^{n-1} + \alpha_{n-2} x^{n-2} + \ldots + \alpha_1 x + \alpha_0 = 0$$

Fundamentalsatz der Algebra

Jede Gleichung n-ten Grades besitzt mindestens eine Lösung in $\mathbb{C}$ ($n \in \mathbb{N}$).

Folgerung: $f(x) = x^n + \alpha_{n-1}x^{n-1} + \alpha_{n-2}x^{n-2} + \ldots + \alpha_1 x + \alpha_0$ läßt sich stets über $\mathbb{C}$ in Linearfaktoren zerlegen: $f(x) = (x - x_1)(x - x_2)\ldots(x - x_n)$ mit $x_\nu \in \mathbb{C}$.

Die Lösungsmenge der Gleichung $f(x) = 0$ ist dann: $L = \{x_1, x_2, \ldots, x_n\}$.
Dabei kann ein und dieselbe Zahl mehrfach als Lösung auftreten, d. h. L braucht nicht n-elementig zu sein.

Satz von Vïeta:

$$\alpha_{n-1} = -(x_1 + x_2 + \ldots + x_n) = -\sum_{\nu=1}^{n} x_\nu$$

$$\alpha_{n-2} = (x_1 x_2 + x_1 x_3 + \ldots + x_1 x_n) + (x_2 x_3 + x_2 x_4 + \ldots + x_2 x_n) + \ldots + x_{n-1}x_n = \sum_{\substack{\nu, \mu = 1 \\ \nu < \mu}}^{n} x_\nu x_\mu$$

$$\alpha_{n-3} = -[x_1 x_2 x_3 + x_1 x_2 x_4 + \ldots + x_1 x_2 x_n + x_1 x_3 x_4 + x_1 x_3 x_5 + \ldots + x_1 x_3 x_n + \ldots$$

$$+ x_{n-2}x_{n-1}x_n] = -\sum_{\substack{\nu, \mu, \lambda = 1 \\ \nu < \mu < \lambda}}^{n} x_\nu x_\mu x_\lambda$$

$$\ldots$$

$$\alpha_0 = (-1)^n x_1 x_2 \ldots x_n$$

Näherungslösungen

Regula falsi (Sekantenverfahren):

Sind x_1, x_2 Näherungslösungen mit $f(x_1) < 0$ und $f(x_2) > 0$, so erhält man durch Interpolation die bessere Näherungslösung x_s:

$$x_s = x_1 - \frac{x_2 - x_1}{f(x_2) - f(x_1)} \cdot f(x_1)$$

Newtonsche Formel (Tangentenverfahren):

Ist x_1 eine Näherungslösung mit $f'(x_1) \neq 0$, so erhält man die bessere Näherungslösung x_t:

$$x_t = x_1 - \frac{f(x_1)}{f'(x_1)}$$

Quadratische Gleichung

Normalform: $x^2 + px + q = 0$ $\qquad$ Grundform: $ax^2 + bx + c = 0,\ a \neq 0$

Lösungen: $\quad x_{1/2} = -\dfrac{p}{2} \pm \sqrt{\left(\dfrac{p}{2}\right)^2 - q}\,;$ $\qquad x_{1/2} = \dfrac{1}{2a}\left(-b \pm \sqrt{b^2 - 4ac}\,\right)$

Zerlegung in Linearfaktoren: $\qquad x^2 + px + q = 0 = (x - x_1)(x - x_2)$

Satz von Vïeta: $\quad p = -(x_1 + x_2); \quad q = x_1 x_2$

Kubische Gleichung

Normalform: $\quad x^3 + px^2 + qx + r = 0$

Zerlegung in Linearfaktoren: $\quad x^3 + px^2 + qx + r = 0 = (x - x_1)(x - x_2)(x - x_3)$

Satz von Viëta: $\quad p = -(x_1 + x_2 + x_3); \quad q = x_1 x_2 + x_1 x_3 + x_2 x_3; \quad r = -x_1 x_2 x_3$

---

11. Arithmetische und geometrische Folgen und Reihen

Grundsätzliches über Folgen und Reihen siehe 14.1., weitere Reihen 14.4.

Eine Folge $<a_n>$ heißt arithmetisch $\leftrightarrow \bigvee\limits_{d \in \mathbb{R}} \bigwedge\limits_{n \in \mathbb{N}} a_{n+1} = a_n + d$

Für die arithmetische Folge $<a_n>$ gilt:

$$a_n = a_1 + (n-1)d; \quad d = a_{n+1} - a_n; \quad a_k = \frac{a_{k-1} + a_{k+1}}{2}$$

$$s_n = a_1 + a_2 + \dots + a_n = \frac{n}{2}(a_1 + a_n) = \frac{n}{2}[2a_1 + (n-1)d]$$

Spezielle Reihen:

$$1 + 2 + 3 + \dots + n = \frac{n}{2}(n+1); \quad 1 + 3 + \dots + (2n-1) = n^2$$

Eine Folge $<a_n>$ heißt geometrisch $\leftrightarrow \bigvee\limits_{q \in \mathbb{R}^*} \bigwedge\limits_{n \in \mathbb{N}} a_{n+1} = q \cdot a_n$

Für die geometrische Folge $<a_n>$ gilt:

$$a_n = a_1 q^{n-1}; \quad q = \frac{a_{n+1}}{a_n}; \quad a_k = \sqrt{a_{k-1} \cdot a_{k+1}}$$

$$s_n = a_1 + a_2 + \dots + a_n = a_1 \cdot \frac{q^n - 1}{q - 1} \quad (q \neq 1)$$

Für $|q| < 1$ gilt: $\lim a_n = 0 \quad und \quad s = a_1 + a_2 + \dots = \sum\limits_{n=1}^{\infty} a_n = \lim s_n = \frac{a_1}{1 - q}$

---

12. Geometrie

12.1. Planimetrie

12.1.1. Das Dreieck

Eckpunkte: A, B, C Seiten: $\overline{BC}, \overline{CA}, \overline{AB}$

Seitenlängen (kurz auch Seiten genannt):

$a = |\overline{BC}|, \quad b = |\overline{CA}|, \quad c = |\overline{AB}|$

Winkel: $\sphericalangle BAC, \quad \sphericalangle CBA, \quad \sphericalangle ACB$

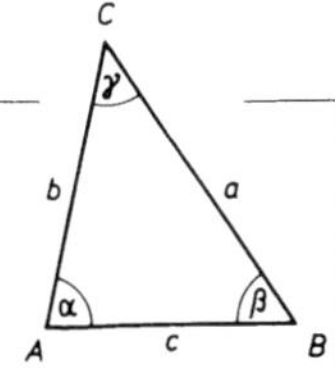

Winkelgrößen (kurz auch Winkel genannt):

$$\alpha = |\sphericalangle\, BAC|, \quad \beta = |\sphericalangle\, CBA|, \quad \gamma = |\sphericalangle\, ACB|$$

Es gilt:

Seitenlängenbeziehungen: $b + c > a, \; c + a > b, \; a + b > c$

Winkelbeziehung: $\alpha + \beta + \gamma = 180°$

Ecktransversalen und Mittelsenkrechten:

Ecktransversalen sind die drei Höhen, die drei Winkelhalbierenden und die drei Seitenhalbierenden.

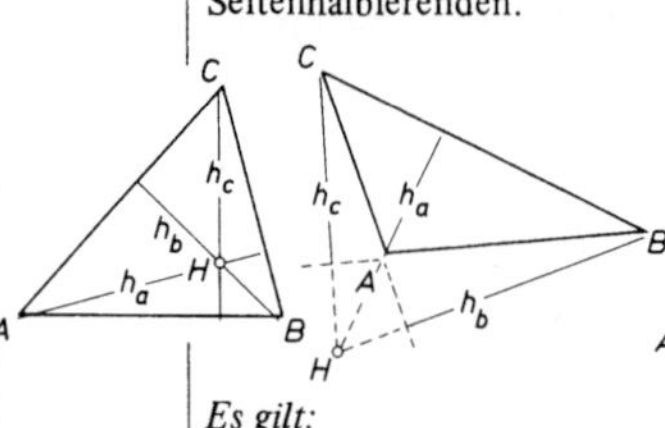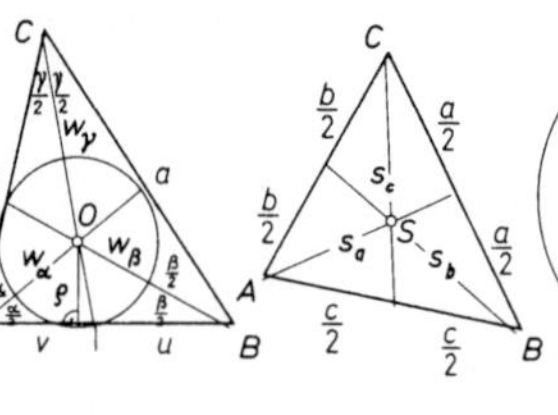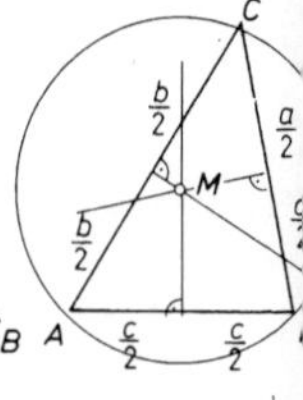

Es gilt:

Die drei Höhen (bzw. die drei Winkelhalbierenden bzw. die drei Seitenhalbierenden bzw. die drei Mittelsenkrechten) schneiden sich in genau einem Punkt H (bzw. O bzw. S bzw. M).

In jedem Dreieck liegen S, H, M auf einer Geraden, der Eulerschen Geraden.

$$|\overline{HS}| : |\overline{SM}| = 2 : 1; \quad h_a : h_b : h_c = \frac{1}{a} : \frac{1}{b} : \frac{1}{c}; \quad u : v = a : b, \dots$$

$$\rho = \sqrt{\frac{(s-a)\,(s-b)\,(s-c)}{s}} \quad \text{mit} \quad s = \frac{a+b+c}{2}$$

S ist Schwerpunkt $\qquad |\overline{SA}| = \frac{2}{3}\, s_a, \dots$

Dreiecksfläche: $\qquad A = \frac{1}{2}\, a\, h_a = \dots = \sqrt{s(s-a)\,(s-b)\,(s-c)}$ (Heronische Formel)

$$= \rho \cdot s \quad \text{mit} \quad s = \frac{a+b+c}{2}$$

Ein Dreieck heißt genau dann **rechtwinklig,** wenn ein Winkel gleich $90°$ ist.

Im Falle $\gamma = 90°$ *gilt:*

Kathetensatz (Erster Satz des Euklid):

$$a^2 = c \cdot p \qquad b^2 = c \cdot q$$

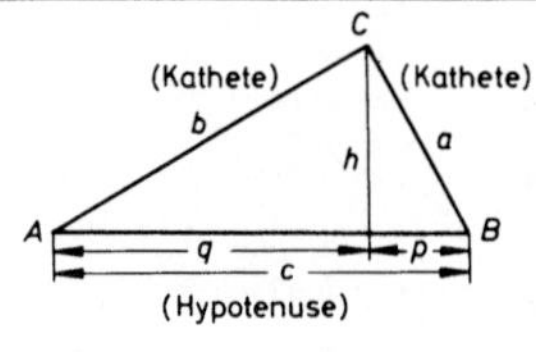

Höhensatz (Zweiter Satz des Euklid): $h^2 = p \cdot q$

Satz des Pythagoras: $a^2 + b^2 = c^2$

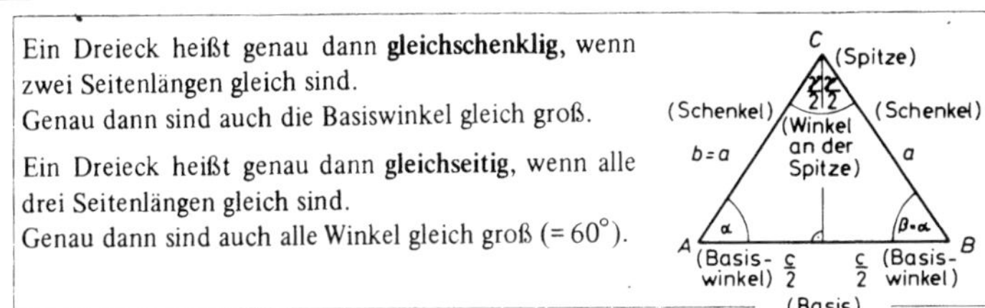

Ein Dreieck heißt genau dann **gleichschenklig**, wenn zwei Seitenlängen gleich sind.
Genau dann sind auch die Basiswinkel gleich groß.

Ein Dreieck heißt genau dann **gleichseitig**, wenn alle drei Seitenlängen gleich sind.
Genau dann sind auch alle Winkel gleich groß (= 60°).

12.1.2. Das Viereck

(Mit *a, b, c, d, e, f* werden der Kürze halber hier auch die Seiten und Diagonalen selbst, nicht nur ihre Längen bezeichnet.)

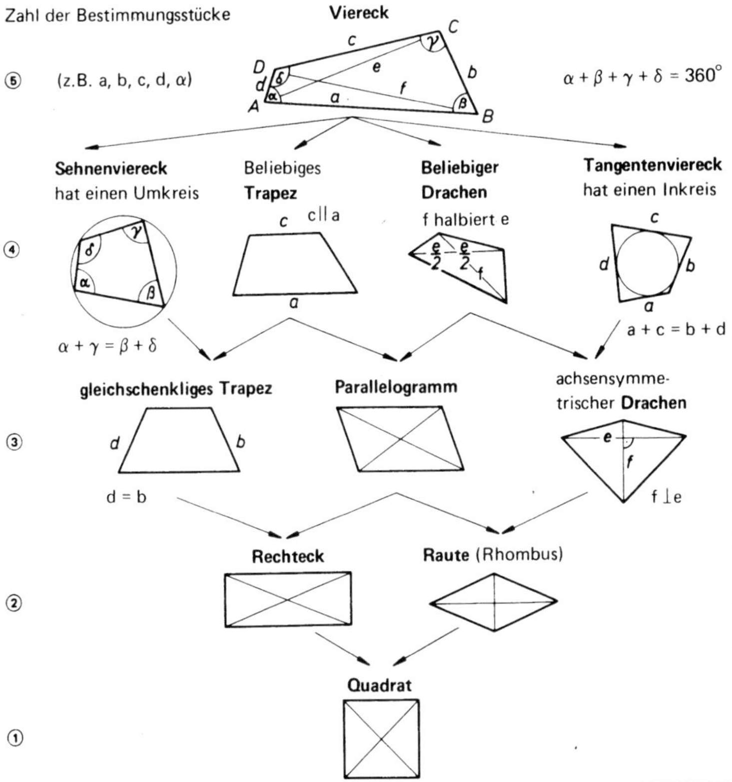

Zahl der Bestimmungsstücke

Viereck

⑤ (z.B. a, b, c, d, α)

$$\alpha + \beta + \gamma + \delta = 360°$$

④

Sehnenviereck
hat einen Umkreis

$$\alpha + \gamma = \beta + \delta$$

Beliebiges
Trapez

c ∥ a

Beliebiger Drachen

f halbiert e

Tangentenviereck
hat einen Inkreis

a + c = b + d

③

gleichschenkliges Trapez

d = b

Parallelogramm

achsensymmetrischer Drachen

f ⊥ e

②

Rechteck

Raute (Rhombus)

①

Quadrat

12.1.3. Das n-Eck

Summe der Innenwinkel: $(n-2) \cdot 180°$

Anzahl der Diagonalen: $\frac{1}{2} n \cdot (n-3)$

Fläche des (beliebigen) Tangenten-n-Ecks: $\rho_n \cdot s$ (s gleich halber Umfang, ρ_n Inkreisradius)

Bezeichnungen zum regelmäßigen n-Eck:

a_n Seitenlänge

a_{2n} Seitenlänge des $2n$-Ecks

ρ_n Inkreisradius

r Umkreisradius

A_n Flächeninhalt

Fläche des regelmäßigen n-Ecks:

$$A_n = \frac{n}{2} a_n \rho_n = \frac{n}{2} a_n r \sqrt{1 - \frac{a_n^2}{4r^2}} = \frac{n}{2} r^2 \sin \frac{360°}{n}$$

Seitenlänge des regelmäßigen $2n$-Ecks: $a_{2n} = r \sqrt{2 - \sqrt{4 - \left(\frac{a_n}{r}\right)^2}}$

Längen- und Flächenverhältnisse einiger regelmäßiger n-Ecke:

	$\dfrac{r}{a_n}$	$\dfrac{\rho_n}{a_n}$	$\dfrac{A_n}{a_n^2}$
Dreieck	$\frac{1}{3}\sqrt{3}$	$\frac{1}{6}\sqrt{3}$	$\frac{1}{4}\sqrt{3}$
Viereck	$\frac{1}{2}\sqrt{2}$	$\frac{1}{2}$	1
Fünfeck	$\frac{1}{10}\sqrt{50 + 10\sqrt{5}}$	$\frac{1}{10}\sqrt{25 + 10\sqrt{5}}$	$\frac{1}{4}\sqrt{25 + 10\sqrt{5}}$
Sechseck	1	$\frac{1}{2}\sqrt{3}$	$\frac{3}{2}\sqrt{3}$
Achteck	$\frac{1}{2}\sqrt{4 + 2\sqrt{2}}$	$\frac{1}{2}(\sqrt{2} + 1)$	$2(\sqrt{2} + 1)$
Zehneck	$\frac{1}{2}(\sqrt{5} + 1)$	$\frac{1}{2}\sqrt{5 + 2\sqrt{5}}$	$\frac{5}{2}\sqrt{5 + 2\sqrt{5}}$

12.1.4. Streckenteilung

Harmonische Teilung:

$$|\overline{AP}| : |\overline{PB}| = |\overline{AQ}| : |\overline{QB}|$$
$$= a : b$$

Stetige Teilung (Goldener Schnitt):

$$r : s = s : (r-s); \quad s = \frac{r}{2}(\sqrt{5} - 1)$$

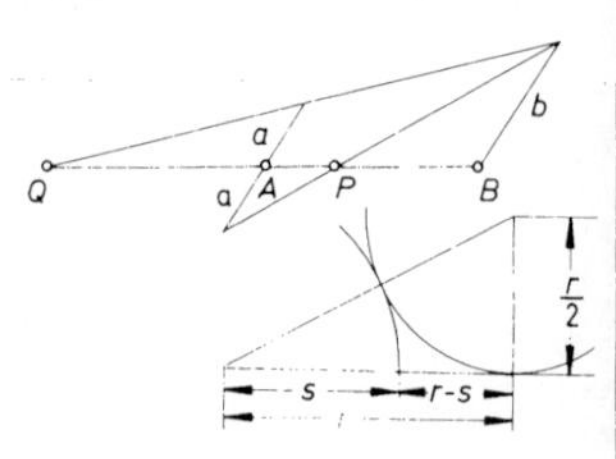

12.1.5. Der Kreis

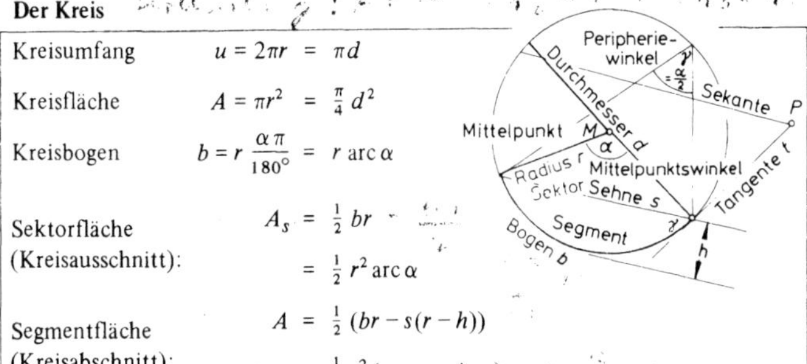

Kreisumfang	$u = 2\pi r = \pi d$
Kreisfläche	$A = \pi r^2 = \frac{\pi}{4} d^2$
Kreisbogen	$b = r \dfrac{\alpha \pi}{180°} = r \arc \alpha$
Sektorfläche (Kreisausschnitt):	$A_s = \frac{1}{2} br$
	$= \frac{1}{2} r^2 \arc \alpha$
Segmentfläche (Kreisabschnitt):	$A = \frac{1}{2}(br - s(r - h))$
	$= \frac{1}{2} r^2 (\arc \alpha - \sin \alpha)$

12.2. Stereometrie

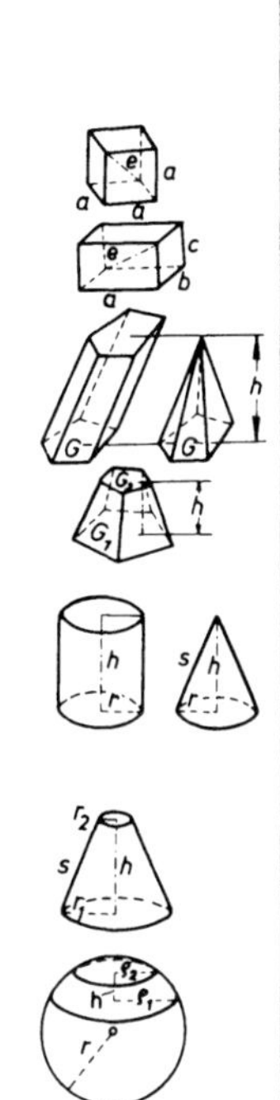

Körper	Volumen V	Oberfläche A Mantelfläche M Raumdiagonale e Seitenlinie s
Würfel	a^3	$A = 6\,a^2$ $e = a\sqrt{3}$
Quader	abc	$A = 2(ab + ac + bc)$ $e = \sqrt{a^2 + b^2 + c^2}$
Prisma	$G \cdot h$	$A = 2G + M$
Pyramide	$\frac{1}{3} G \cdot h$	
Pyramidenstumpf	$\frac{h}{3}(G_1 + \sqrt{G_1 G_2} + G_2)$	
Zylinder (gerader Kreis-)	$\pi r^2 h$	$M = 2\pi rh$ $A = 2\pi r(h + r)$
Kegel (gerader Kreis-)	$\frac{h}{3}\pi r^2$	$M = \pi rs$ $A = \pi r(r + s)$ $s^2 = h^2 + r^2$
Kegelstumpf	$\frac{h}{3}\pi(r_1^2 + r_1 r_2 + r_2^2)$	$M = \pi s(r_1 + r_2)$ $A = \pi r_1(r_1 + s)$ $\quad + \pi r_2(r_2 + s)$ $s^2 = h^2 + (r_1 - r_2)^2$
Kugel	$\frac{4}{3}\pi r^3$	$A = 4\pi r^2$
Kugelschicht	$\frac{1}{6}\pi h(3\rho_1^2 + 3\rho_2^2 + h^2)$	$M = 2\pi rh$ (Zone)

Körper	Volumen V	Oberfläche A Mantelfläche M Raumdiagonale e Seitenlinie s	
Kugelabschnitt	$\frac{1}{6}\,\pi h(3\rho^2 + h^2)$ $= \pi\,\frac{h^2}{3}\,(3r - h)$	$M = 2\pi rh$ (Kappe)	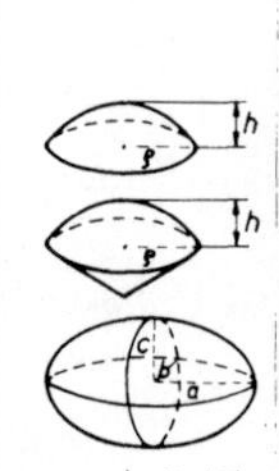
Kugelausschnitt	$\frac{2}{3}\,\pi r^2 h$	$A = \pi r(2h + \rho)$	
Ellipsoid	$\frac{4}{3}\,\pi\,abc$		
Torus	$2\pi^2 r\,\rho^2$	$A = 4\pi^2 r\rho$	

Regelmäßige Körper (Platonische Polyeder)

Tetraeder	Hexaeder (Würfel)	Oktaeder	Dodekaeder	Ikosaeder
(4 Dreiecke)	(6 Quadrate)	(8 Dreiecke)	(12 Fünfecke)	(20 Dreiecke)

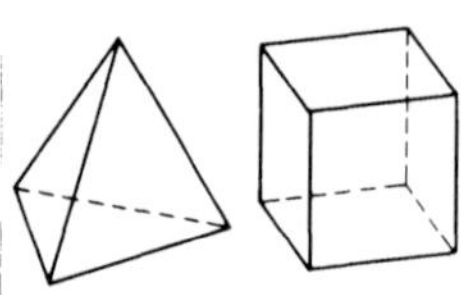 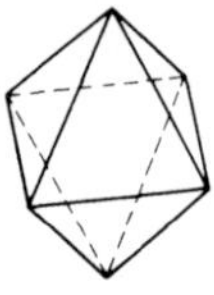 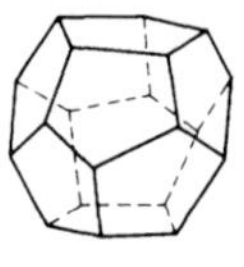 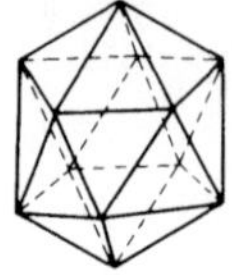

12.3. Winkelfunktionen

Mit den Bezeichnungen der neben-
stehenden Figur wird definiert:

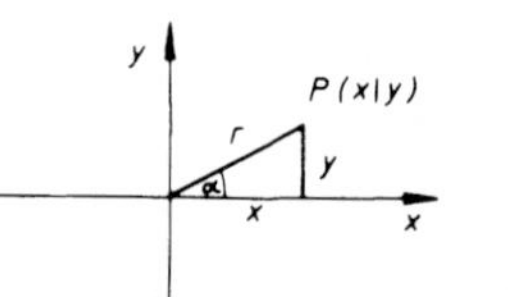

$$\sin\alpha = \frac{y}{r}\ (r > 0) \qquad \cos\alpha = \frac{x}{r}\ (r > 0)$$

$$\tan\alpha = \frac{y}{x}\ (x \neq 0) \qquad \cot\alpha = \frac{x}{y}\ (y \neq 0)$$

Wertetabelle:

Vorzeichen: Quadrant

α	$0°$	$30°$	$45°$	$60°$	$90°$	$135°$	$180°$	I	II	III	IV
$\sin\alpha$	0	$\frac{1}{2}$	$\frac{1}{2}\sqrt{2}$	$\frac{1}{2}\sqrt{3}$	1	$\frac{1}{2}\sqrt{2}$	0	+	+	−	−
$\cos\alpha$	1	$\frac{1}{2}\sqrt{3}$	$\frac{1}{2}\sqrt{2}$	$\frac{1}{2}$	0	$-\frac{1}{2}\sqrt{2}$	−1	+	−	−	+
$\tan\alpha$	0	$\frac{1}{3}\sqrt{3}$	1	$\sqrt{3}$	∞	−1	0	+	−	+	−
$\cot\alpha$	∞	$\sqrt{3}$	1	$\frac{1}{3}\sqrt{3}$	0	−1	∞	+	−	+	−

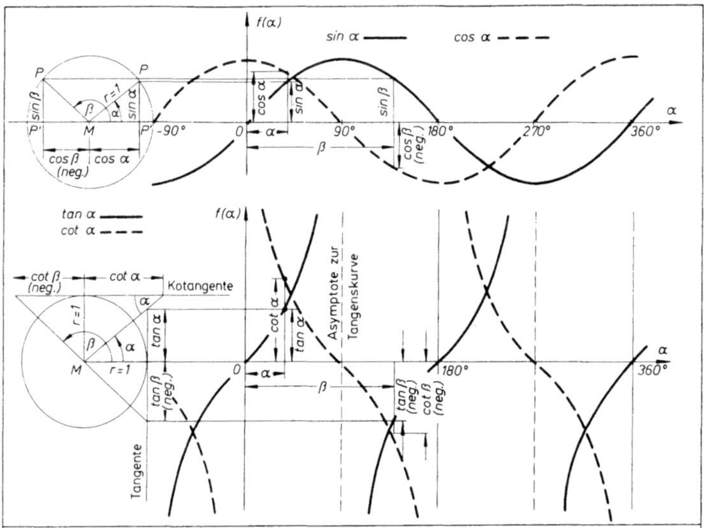

Zusammenhänge zwischen den Winkelfunktionen

$$(\sin\alpha)^2 + (\cos\alpha)^2 = 1; \quad \cot\alpha = \frac{1}{\tan\alpha}; \quad \tan\alpha = \frac{\sin\alpha}{\cos\alpha}$$

	Zwischen 0° und 90° ausgedrückt durch:			
	sin	cos	tan	cot
$\sin\alpha$	$-\sin(-\alpha)$	$\sqrt{1-(\cos\alpha)^2}$	$\dfrac{\tan\alpha}{\sqrt{1+(\tan\alpha)^2}}$	$\dfrac{1}{\sqrt{1+(\cot\alpha)^2}}$
$\cos\alpha$	$\sqrt{1-(\sin\alpha)^2}$	$\cos(-\alpha)$	$\dfrac{1}{\sqrt{1+(\tan\alpha)^2}}$	$\dfrac{\cot\alpha}{\sqrt{1+(\cot\alpha)^2}}$
$\tan\alpha$	$\dfrac{\sin\alpha}{\sqrt{1-(\sin\alpha)^2}}$	$\dfrac{\sqrt{1-(\cos\alpha)^2}}{\cos\alpha}$	$-\tan(-\alpha)$	$\dfrac{1}{\cot\alpha}$
$\cot\alpha$	$\dfrac{\sqrt{1-(\sin\alpha)^2}}{\sin\alpha}$	$\dfrac{\cos\alpha}{\sqrt{1-(\cos\alpha)^2}}$	$\dfrac{1}{\tan\alpha}$	$-\cot(-\alpha)$

Additionstheoreme

$$\sin(\alpha \pm \beta) = \sin\alpha\,\cos\beta \pm \cos\alpha\,\sin\beta; \qquad \tan(\alpha \pm \beta) = \frac{\tan\alpha \pm \tan\beta}{1 \mp \tan\alpha\,\tan\beta};$$

$$\cos(\alpha \pm \beta) = \cos\alpha\,\cos\beta \mp \sin\alpha\,\sin\beta; \qquad \cot(\alpha \pm \beta) = \frac{\cot\alpha\,\cot\beta \mp 1}{\cot\beta \pm \cot\alpha}$$

Sonderfälle für 90°, 180°:

$$\sin(90° \pm \beta) = \cos\beta \qquad\qquad \sin(180° \pm \beta) = \mp \sin\beta$$
$$\cos(90° \pm \beta) = \mp \sin\beta \qquad\qquad \cos(180° \pm \beta) = -\cos\beta$$
$$\tan(90° \pm \beta) = \mp \cot\beta \qquad\qquad \tan(180° \pm \beta) = \pm \tan\beta$$
$$\cot(90° \pm \beta) = \mp \tan\beta \qquad\qquad \cot(180° \pm \beta) = \pm \cot\beta$$

Sonderfälle für 2α

$$\sin(2\alpha) = 2\sin\alpha\cos\alpha$$
$$\cos(2\alpha) = (\cos\alpha)^2 - (\sin\alpha)^2 = 1 - 2(\sin\alpha)^2 = 2(\cos\alpha)^2 - 1$$
$$\tan(2\alpha) = \frac{2\tan\alpha}{1 - (\tan\alpha)^2} \qquad\qquad \cot(2\alpha) = \frac{(\cot\alpha)^2 - 1}{2\cot\alpha}$$

Summen und Differenzen:

$$\sin\alpha + \sin\beta = 2\sin\frac{\alpha+\beta}{2}\cos\frac{\alpha-\beta}{2} \qquad\qquad \sin\alpha - \sin\beta = 2\cos\frac{\alpha+\beta}{2}\sin\frac{\alpha-\beta}{2}$$

$$\cos\alpha + \cos\beta = 2\cos\frac{\alpha+\beta}{2}\cos\frac{\alpha-\beta}{2} \qquad\qquad \cos\alpha - \cos\beta = -2\sin\frac{\alpha+\beta}{2}\sin\frac{\alpha-\beta}{2}$$

$$\tan\alpha \pm \tan\beta = \frac{\sin(\alpha \pm \beta)}{\cos\alpha\cos\beta} \qquad\qquad \cot\alpha \pm \cot\beta = \pm\frac{\sin(\alpha \pm \beta)}{\sin\alpha\sin\beta}$$

Beziehung zwischen Winkel und Bogen:

Die Abbildung arc: $\begin{array}{c} W \to \mathbb{R} \\ \alpha \mapsto \dfrac{\alpha \cdot 2\pi}{360°} \end{array}$ (*W:* Menge aller Winkelgrößen) liefert zu jedem

Winkel α die Länge des zugehörigen Bogens des Einheitskreises.

Wertetabelle:

α	$1°$	$30°$	$45°$	$60°$	$90°$	$180°$	$270°$	$360°$
$\text{arc}\,\alpha$	$0{,}017\ldots$	$0{,}524\ldots$	$0{,}785\ldots$	$1{,}05\ldots$	$1{,}57\ldots$	$3{,}14\ldots$	$4{,}71\ldots$	$6{,}28\ldots$
	$=\frac{\pi}{180}$	$=\frac{\pi}{6}$	$=\frac{\pi}{4}$	$=\frac{\pi}{3}$	$=\frac{\pi}{2}$	$=\pi$	$=\frac{3}{2}\pi$	$=2\pi$

12.4. Ebene Trigonometrie

12.4.1. Rechtwinkliges Dreieck $(\gamma = 90°)$

Katheten: a, b;   Hypotenuse: c

Winkelfunktionen:

$$\sin\alpha = \frac{a}{c}; \qquad \cos\alpha = \frac{b}{c}; \qquad \tan\alpha = \frac{a}{b}; \qquad \cot\alpha = \frac{b}{a}$$

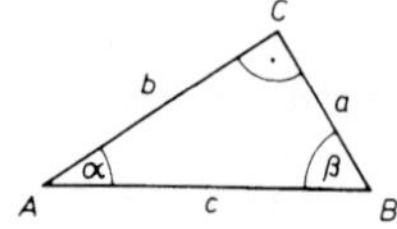

12.4.2. Beliebiges Dreieck

Sinussatz:	$\dfrac{a}{\sin\alpha} = \dfrac{b}{\sin\beta} = \dfrac{c}{\sin\gamma}$	Kosinussatz[1]):	$a^2 = b^2 + c^2 - 2bc\cos\alpha$

$$\text{Radius des Umkreises[1]): } r = \frac{a}{2\sin\alpha} \qquad \text{Radius des Inkreises[1]): } \rho = \frac{a\sin\frac{\beta}{2}\sin\frac{\gamma}{2}}{\cos\frac{\alpha}{2}}$$

$$\text{Fläche des Dreiecks[1]): } F = \tfrac{1}{2}\,ab\,\sin\gamma$$

13. Analytische Geometrie

13.1. Strecke, Gerade, Ebene

13.1.1. Strecke, Dreieck

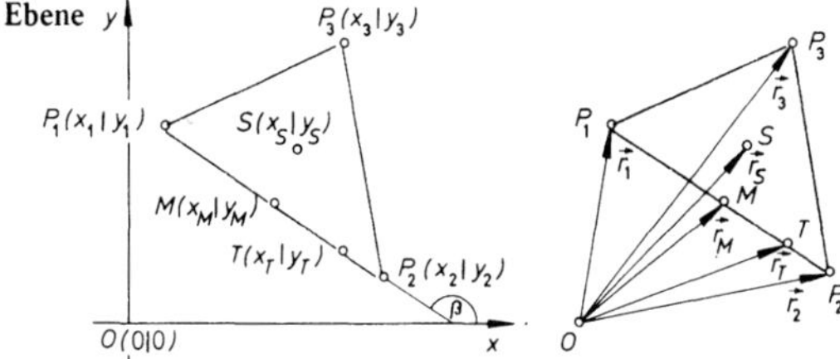

Strecke (Länge):	$\overline{OP_1} = \sqrt{x_1^2 + y_1^2}$	$|\vec{r}_1|$	(siehe 8.1.)
	$\overline{P_1P_2} = \sqrt{(x_2-x_1)^2 + (y_2-y_1)^2}$	$|\vec{r}_2 - \vec{r}_1|$	(siehe 8.1.)
Steigung:	$m = \tan\beta$		

$$\text{Teilpunkt } T \text{ von } \overline{P_1P_2}: \quad \left(\frac{x_1+\lambda x_2}{1+\lambda} \;\Big|\; \frac{y_1+\lambda y_2}{1+\lambda}\right) \qquad \vec{r}_T = \frac{\vec{r}_1 + \lambda\vec{r}_2}{1+\lambda}$$

$$\text{Mittelpunkt } M \text{ von } \overline{P_1P_2}: \quad \left(\frac{x_1+x_2}{2} \;\Big|\; \frac{y_1+y_2}{2}\right) \qquad \vec{r}_M = \frac{\vec{r}_1 + \vec{r}_2}{2}$$

Dreieck $P_1P_2P_3$:

$$\text{Fläche: } \quad A = \frac{1}{2}\begin{vmatrix} 1 & x_1 & y_1 \\ 1 & x_2 & y_2 \\ 1 & x_3 & y_3 \end{vmatrix} \quad \text{(siehe 9.1.2.)} \qquad A = \frac{1}{2}\left|(\vec{r}_2 - \vec{r}_1)\times(\vec{r}_3 - \vec{r}_1)\right|$$

$$\text{Schwerpunkt } S: \quad \left(\frac{x_1+x_2+x_3}{3} \;\Big|\; \frac{y_1+y_2+y_3}{3}\right) \qquad \vec{r}_S = \frac{\vec{r}_1 + \vec{r}_2 + \vec{r}_3}{3}$$

Tetraeder $OP_1P_2P_3$:

$$\text{Volumen: } \quad V = \tfrac{1}{6}\,\vec{r}_1\vec{r}_2\vec{r}_3$$
$$= \tfrac{1}{6}\,\vec{r}_1\cdot(\vec{r}_2\times\vec{r}_3)$$
$$\text{(siehe 8.2.)}$$

[1]) Zu diesen Formeln gehören noch je zwei weitere, die durch zyklische Vertauschung der Seiten und Winkel entstehen.

13.1.2. Gerade in der Ebene

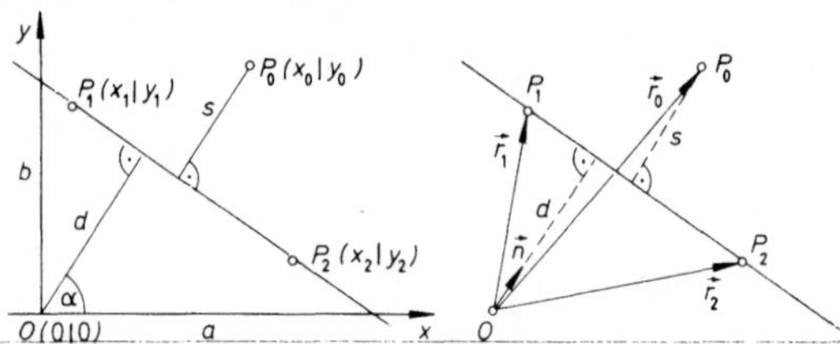

Allgemeine Form:

$$Ax + By + C = 0$$
$$A^2 + B^2 \neq 0$$

$$\boxed{\vec{a} = \begin{pmatrix} A \\ B \end{pmatrix}} \qquad \boxed{k = -C}$$

$$\vec{a} \cdot \vec{r} = k, \quad k \in \mathbb{R}$$
$$\vec{a} \neq \vec{0}$$

Hauptform: $\qquad y = mx + b$

Gerade durch P_1: $\qquad y - y_1 = m(x - x_1)$
(Punktrichtungsform)

$$\boxed{\vec{u} = \begin{pmatrix} 1 \\ m \end{pmatrix}} \qquad \vec{r} = \vec{r}_1 + \lambda\vec{u}, \quad \vec{u} \neq \vec{0} \ {}^{1)}$$

Gerade durch P_1, P_2: $\qquad \dfrac{y - y_1}{x - x_1} = \dfrac{y_2 - y_1}{x_2 - x_1}$
(Zweipunktform)

$$\boxed{\vec{r}_i = \begin{pmatrix} x_i \\ y_i \end{pmatrix}} \qquad \vec{r} = \vec{r}_1 + \lambda(\vec{r}_2 - \vec{r}_1) \ {}^{1)}$$

Abschnittsform: $\qquad \dfrac{x}{a} + \dfrac{y}{b} = 1$

$$\begin{pmatrix} \frac{1}{a} \\ \frac{1}{b} \end{pmatrix} \cdot \vec{r} = 1$$

Hessesche Normalenform:

$$x \cos\alpha + y \sin\alpha - d = 0, \quad d \geqslant 0$$

$$\boxed{\vec{n} = \begin{pmatrix} \cos\alpha \\ \sin\alpha \end{pmatrix}}$$

$$\vec{r} \cdot \vec{n} - d = 0,$$
$$|\vec{n}| = 1, \quad d \geqslant 0, \quad \vec{n} \perp \vec{u}$$

Abstand s des Punktes P_0 von der Geraden:

$$s = x_0 \cos\alpha + y_0 \sin\alpha - d$$

$$\boxed{\vec{r}_0 = \begin{pmatrix} x_0 \\ y_0 \end{pmatrix}} \qquad s = \vec{r}_0 \cdot \vec{n} - d$$

Bei zwei Geraden $g_{1/2}$

$$y = m_{1/2}\, x + b_{1/2}$$
$$\text{bzw. } x \cos\alpha_{1/2} + y \sin\alpha_{1/2} - d_{1/2} = 0$$

$$\vec{r} = \vec{r}_{1/2} + \lambda\vec{u}_{1/2}$$
$$\vec{r} \cdot \vec{n}_{1/2} - d_{1/2} = 0$$

gilt für die Winkelhalbierenden:

$$x(\cos\alpha_1 \pm \cos\alpha_2) + y(\sin\alpha_1 \pm \sin\alpha_2) - (d_1 \pm d_2) = 0 \qquad \vec{r} \cdot (\vec{n}_1 \pm \vec{n}_2) - (d_1 \pm d_2) = 0$$

gilt für die Schnittwinkel:

$$\tan\varphi_{1/2} = \frac{m_2 - m_1}{1 + m_1 m_2} \qquad\qquad \cos\varphi_{1/2} = \frac{\vec{n}_1 \cdot \vec{n}_2}{|\vec{n}_1| \cdot |\vec{n}_2|} = \frac{\vec{u}_1 \cdot \vec{u}_2}{|\vec{u}_1| \cdot |\vec{u}_2|} \ {}^{1)}$$

${}^{1)}$ Vektorielle Gleichung (Bedingung) gilt auch im Raum.

gilt für alle Geraden des Büschels, dem g_1 und g_2 angehören, $(\mu^2 + \nu^2 \neq 0)$:

$$x(\mu \cos\alpha_1 + \nu \cos\alpha_2) + y(\mu \sin\alpha_1 + \nu \sin\alpha_2) - (\mu d_1 + \nu d_2) = 0 \qquad \vec{r} \cdot (\mu \vec{n}_1 + \nu \vec{n}_2) - (\mu d_1 + \nu d_2) = 0$$

gilt ferner:

$$g_1 \parallel g_2 \Leftrightarrow \begin{cases} m_1 = m_2 \\ \text{oder} \\ \alpha_1 = \alpha_2 \end{cases} \qquad g_1 \parallel g_2 \Leftrightarrow \begin{cases} \bigvee_{\lambda \in \mathbb{R}} \vec{n}_1 = \lambda \vec{n}_2 \\ \text{oder} \\ \bigvee_{\lambda \in \mathbb{R}} \vec{u}_1 = \lambda \vec{u}_2 \end{cases} \quad ^{1)}$$

$$g_1 \perp g_2 \Leftrightarrow m_1 = -\frac{1}{m_2} \qquad g_1 \perp g_2 \Leftrightarrow \begin{cases} \vec{n}_1 \cdot \vec{n}_2 = 0 \\ \text{oder} \\ \vec{u}_1 \cdot \vec{u}_2 = 0 \end{cases} \quad ^{1)}$$

13.1.3. Ebene

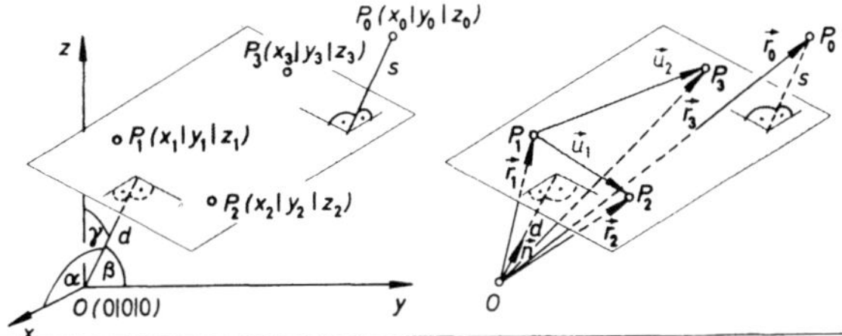

Allgemeine Form:

$$Ax + By + Cz + D = 0$$

$$A^2 + B^2 + C^2 \neq 0$$

$$\vec{a} = \begin{pmatrix} A \\ B \\ C \end{pmatrix} \qquad k = -D$$

$$\vec{a} \cdot \vec{r} = k \qquad k \in \mathbb{R}$$

$$\vec{a} \neq \vec{0}$$

Ebene durch P_1 (Parameterform):

$$A(x - x_1) + B(y - y_1) + C(z - z_1) + D = 0$$

$$A^2 + B^2 + C^2 \neq 0$$

$$\vec{r} = \vec{r}_1 + \lambda \vec{u}_1 + \mu \vec{u}_2$$

$$\vec{u}_1, \vec{u}_2 \neq \vec{0};$$

$\vec{u}_1, \vec{u}_2$ **nicht kollinear** (siehe 8.1.)

Ebene durch drei Punkte P_1, P_2, P_3:

$$\begin{vmatrix} x & y & z & 1 \\ x_1 & y_1 & z_1 & 1 \\ x_2 & y_2 & z_2 & 1 \\ x_3 & y_3 & z_3 & 1 \end{vmatrix} = 0 \qquad r_i = \begin{pmatrix} x_i \\ y_i \\ z_i \end{pmatrix} \qquad \vec{r} = \vec{r}_1 + \lambda(\vec{r}_2 - \vec{r}_1) + \mu(\vec{r}_3 - \vec{r}_1)$$

Abschnittsform:

$$\frac{x}{a} + \frac{y}{b} + \frac{z}{c} = 1 \qquad \begin{pmatrix} \frac{1}{a} \\ \frac{1}{b} \\ \frac{1}{c} \end{pmatrix} \cdot \vec{r} = 1$$

$^{1)}$ Vektorielle Gleichung (Bedingung) gilt auch im Raum.

Hessesche Normalenform:

$$x \cos\alpha + y \cos\beta + z \cos\gamma - d = 0, \quad d \geqslant 0 \qquad \vec{n} = \begin{pmatrix} \cos\alpha \\ \cos\beta \\ \cos\gamma \end{pmatrix} \qquad \begin{array}{l} |\vec{n}| = 1 \\ \vec{r} \cdot \vec{n} - d = 0, \quad d \geqslant 0 \\[2mm] \vec{n} = \dfrac{\vec{u}_1 \times \vec{u}_2}{|\vec{u}_1| \cdot |\vec{u}_2|} \end{array}$$

Abstand s des Punktes P_0 von der Ebene:

$$s = x_0 \cos\alpha + y_0 \cos\beta + z_0 \cos\gamma - d \qquad \vec{r}_0 = \begin{pmatrix} x_0 \\ y_0 \\ z_0 \end{pmatrix} \qquad s = \vec{r}_0 \cdot \vec{n} - d$$

Bei **zwei Ebenen** $E_{1/2}$

$$x \cos\alpha_{1/2} + y \cos\beta_{1/2} + z \cos\gamma_{1/2} - d_{1/2} = 0 \qquad\qquad \vec{r} \cdot \vec{n}_{1/2} - d_{1/2} = 0$$

gilt für die Winkelhalbierenden:

$$\begin{aligned} &x(\cos\alpha_1 \pm \cos\alpha_2) + y(\cos\beta_1 \pm \cos\beta_2) + \\ &+ z(\cos\gamma_1 \pm \cos\gamma_2) - (d_1 \pm d_2) = 0 \end{aligned} \qquad \vec{r} \cdot (\vec{n}_1 \pm \vec{n}_2) - (d_1 \pm d_2) = 0$$

gilt für die Ebenen des Büschels, dem E_1 und E_2 angehören, $(\nu^2 + \rho^2 \neq 0)$:

$$\begin{aligned} &x(\nu\cos\alpha_1 + \rho\cos\alpha_2) + y(\nu\cos\beta_1 + \rho\cos\beta_2) + \\ &+ z(\nu\cos\gamma_1 + \rho\cos\gamma_2) - (\nu d_1 + \rho d_2) = 0 \end{aligned} \qquad \vec{r} \cdot (\nu\vec{n}_1 + \rho\vec{n}_2) - (\nu d_1 + \rho d_2) =$$

gilt für die Schnittwinkel:

$$\begin{aligned} \cos\varphi_{1/2} &= \cos\alpha_1 \cos\alpha_2 + \cos\beta_1 \cos\beta_2 + \\ &\quad + \cos\gamma_1 \cos\gamma_2 \end{aligned} \qquad \cos\varphi_{1/2} = \frac{\vec{n}_1 \cdot \vec{n}_2}{|\vec{n}_1| \cdot |\vec{n}_2|}$$

gilt ferner:

$$E_1 \parallel E_2 \Leftrightarrow \begin{cases} \alpha_1 = \alpha_2 \\ \quad \text{und} \\ \beta_1 = \beta_2 \\ \quad \text{und} \\ \gamma_1 = \gamma_2 \end{cases} \qquad\qquad E_1 \parallel E_2 \Leftrightarrow \begin{cases} \vec{n}_1, \vec{n}_2 \ \text{kollinear} \\ \qquad\qquad \text{(siehe 8.1.)} \\ \text{oder} \\ \vec{n}_1 \times \vec{n}_2 = 0 \end{cases}$$

$$E_1 \perp E_2 \Leftrightarrow \vec{n}_1 \cdot \vec{n}_2 = 0$$

13.2. Kegelschnitte

13.2.1. Kreis

Bezeichnungen: $K(x_0 | y_0 ; \rho)$, Mittelpunkt: $M(x_0 | y_0)$; Radius: ρ; $\vec{r}_0 = \begin{pmatrix} x_0 \\ y_0 \end{pmatrix}$

Kreis um $M(0|0)$ **mit** ρ: $\quad x^2 + y^2 = \rho^2 \qquad\qquad (\vec{r})^2 = \rho^2$

Tangente in $P_1(x_1|y_1)$: $\quad xx_1 + yy_1 = \rho^2 \qquad\qquad \vec{r} \cdot \vec{r}_1 = \rho^2$

Polare zu $P_2(x_2|y_2)$: $\quad xx_2 + yy_2 = \rho^2 \qquad\qquad \vec{r} \cdot \vec{r}_2 = \rho^2$

Kreis um $M(x_0|y_0)$ **mit** ρ:

$$(x - x_0)^2 + (y - y_0)^2 = \rho^2 \qquad\qquad (\vec{r} - \vec{r}_0)^2 = \rho^2$$

Tangente in P_1:

$$(x - x_0)(x_1 - x_0) + (y - y_0)(y_1 - y_0) = \rho^2 \qquad (\vec{r} - \vec{r}_0) \cdot (\vec{r}_1 - \vec{r}_0) = \rho^2$$

Polare zu P_2:

$$(x - x_0)(x_2 - x_0) + (y - y_0)(y_2 - y_0) = \rho^2 \qquad (\vec{r} - \vec{r}_0) \cdot (\vec{r}_2 - \vec{r}_0) = \rho^2$$

3.2.2. Parabel

Scheitelform

Parameter: $p > 0$; Scheitel: $S(0|0)$; Brennpunkt: $F(\frac{p}{2}|0)$

Gleichung (Parabel nach rechts geöffnet): $y^2 = 2px$

Exzentrizität (numerische): $\epsilon = 1$

Leitlinie: $x = -\frac{p}{2}$

Länge des Brennstrahls: $r = \frac{p}{2} + x_1$

Tangente in P_1: $yy_1 = p(x + x_1)$

Polare zu P_2: $yy_2 = p(x + x_2)$

Krümmungsradius: für P_1: $\rho = \dfrac{\sqrt{(y_1^2 + p^2)^3}}{p^2}$, für S: $\rho = p$

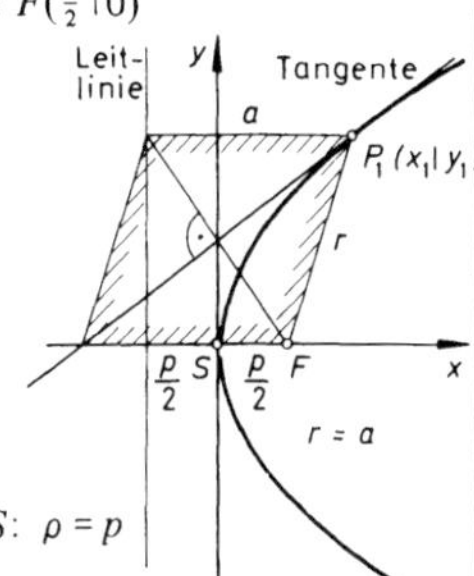

Parabelgleichungen, wenn Öffnung in Richtung

x-Achse: nach rechts $y^2 = 2px$, nach links $y^2 = -2px$

y-Achse: nach oben $x^2 = 2py$, nach unten $x^2 = -2py$

Sehnen mit Steigung m heißen konjugiert zum Durchmesser $y = \frac{p}{m}$

Allgemeine Form (Parabelachse parallel zur x-Achse, Parabel nach rechts geöffnet)

Parameter: $p > 0$; Scheitel: $S(x_S|y_S)$; Brennpunkt: $F(x_S + \frac{p}{2} | y_S)$

Gleichung: $(y - y_S)^2 = 2p(x - x_S)$

Leitlinie: $x = x_S - \frac{p}{2}$

Tangente in P_1: $(y - y_S)(y_1 - y_S) = p(x + x_1 - 2x_S)$

Polare zu P_2: $(y - y_S)(y_2 - y_S) = p(x + x_2 - 2x_S)$

13.2.3. Ellipse und Hyperbel

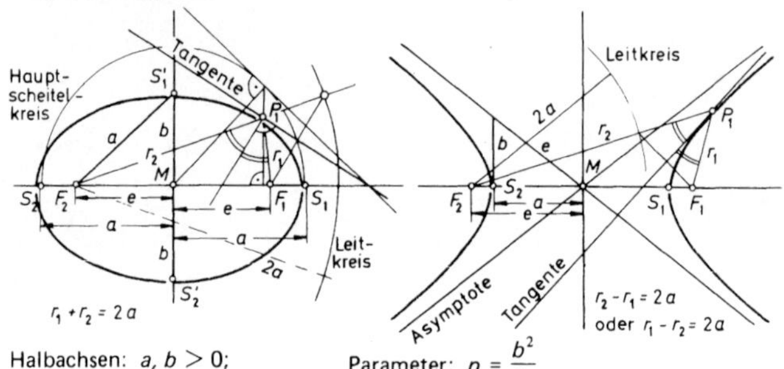

Halbachsen: $a, b > 0$;   Parameter: $p = \dfrac{b^2}{a}$

	Ellipse $(a > b)$	**Hyperbel**
lineare Exzentrizität	$e = \sqrt{a^2 - b^2}$	$e = \sqrt{a^2 + b^2}$
numerische	$\epsilon = \dfrac{e}{a} < 1$	$\epsilon = \dfrac{e}{a} > 1$
Krümmungsradius in $S_{1/2}$:	$\rho = \dfrac{b^2}{a} = p$	$\rho = \dfrac{b^2}{a} = p$
in $S_{1/2}'$:	$\rho = \dfrac{a^2}{b}$	—
Fläche:	$F = ab\,\pi$	—

Mittelpunktsform

	Ellipse $(a > b)$	**Hyperbel**
Mittelpunkt:	$M(0\,|\,0)$	$M(0\,|\,0)$
(Haupt-)Scheitelpunkte:	$S_1(a\,|\,0),\ S_2(-a\,|\,0)$	$S_1(a\,|\,0),\ S_2(-a\,|\,0)$
Nebenscheitelpunkte:	$S_1'(0\,|\,b),\ S_2'(0\,|\,-b)$	—
Brennpunkte:	$F_1(e\,|\,0),\ F_2(-e\,|\,0)$	$F_1(e\,|\,0),\ F_2(-e\,|\,0)$
Gleichung:	$\dfrac{x^2}{a^2} + \dfrac{y^2}{b^2} = 1$	$\dfrac{x^2}{a^2} - \dfrac{y^2}{b^2} = 1$
Länge der Brennstrahlen:	$r_{1/2} = a \pm \epsilon x_1$	$r_{1/2} = \epsilon x_1 \mp a$
Tangente in P_1:	$\dfrac{xx_1}{a^2} + \dfrac{yy_1}{b^2} = 1$	$\dfrac{xx_1}{a^2} - \dfrac{yy_1}{b^2} = 1$
Polare zu P_2:	$\dfrac{xx_2}{a^2} + \dfrac{yy_2}{b^2} = 1$	$\dfrac{xx_2}{a^2} - \dfrac{yy_2}{b^2} = 1$

	Ellipse $(a > b)$	Hyperbel
$y = m_2 x$ heißt konjugiert zu $y = m_1 x$	$\Leftrightarrow m_1 m_2 = -\dfrac{b^2}{a^2}$	$\Leftrightarrow m_1 m_2 = \dfrac{b^2}{a^2}$
Asymptoten:	——	$y = \pm \dfrac{b}{a}\, x$

Scheitelform

	Ellipse $(a > b)$	Hyperbel
Mittelpunkt:	$M(a \mid 0)$	$M(-a \mid 0)$
Scheitelpunkte:	$S_1(2a \mid 0),\ S_2(0 \mid 0)$	$S_1(0 \mid 0),\ S_2(-2a \mid 0)$
Brennpunkte:	$F_1(e + a \mid 0),\ F_2(-e + a \mid 0)$	$F_1(e - a \mid 0),\ F_2(-e - a \mid 0)$
Gleichung:	$y^2 = 2px - \dfrac{p}{a}\, x^2$ $ = 2px - (1 - \epsilon^2)x^2$	$y^2 = 2px + \dfrac{p}{a}\, x^2$ $ = 2px + (\epsilon^2 - 1)x^2$ [1]

Allgemeine Form (Hauptachse parallel zur x-Achse)

	Ellipse $(a > b)$	Hyperbel
Mittelpunkt:	$M(x_0 \mid y_0)$	$M(x_0 \mid y_0)$
Scheitelpunkte:	$S_1(a + x_0 \mid y_0),\ S_2(-a + x_0 \mid y_0)$	$S_1(a + x_0 \mid y_0),\ S_2(-a + x_0 \mid y_0)$
Brennpunkte:	$F_1(e + x_0 \mid y_0),\ F_2(-e + x_0 \mid y_0)$	$F_1(e + x_0 \mid y_0),\ F_2(-e + x_0 \mid y_0)$
Gleichung:	$\dfrac{(x - x_0)^2}{a^2} + \dfrac{(y - y_0)^2}{b^2} = 1$	$\dfrac{(x - x_0)^2}{a^2} - \dfrac{(y - y_0)^2}{b^2} = 1$
Tangente in P_1:	$\dfrac{(x - x_0)(x_1 - x_0)}{a^2} + \dfrac{(y - y_0)(y_1 - y_0)}{b^2} = 1$	$\dfrac{(x - x_0)(x_1 - x_0)}{a^2} - \dfrac{(y - y_0)(y_1 - y_0)}{b^2} = 1$
Polare zu P_2:	$\dfrac{(x - x_0)(x_2 - x_0)}{a^2} + \dfrac{(y - y_0)(y_2 - y_0)}{b^2} = 1$	$\dfrac{(x - x_0)(x_2 - x_0)}{a^2} - \dfrac{(y - y_0)(y_2 - y_0)}{b^2} = 1$
Asymptoten:	——	$y - y_0 = \pm \dfrac{b}{a}(x - x_0)$

---

[1]

$$y^2 = 2px + (\epsilon^2 - 1)x^2 \quad \begin{cases} \text{Hyperbel} & \text{für } \epsilon > 1 \\ \text{Parabel} & \text{für } \epsilon = 1 \\ \text{Ellipse} & \text{für } \epsilon < 1 \\ \text{Kreis} & \text{für } \epsilon = 0 \end{cases}$$

13.3. Abbildungen in der Geometrie

13.3.1. Affinitäten

Eine Abbildung α der Ebene in sich heißt **Affinität** $\longleftrightarrow$ (1) α ist bijektiv (3) α ist parallelentreu (2) α ist geradentreu (4) α ist teilverhältnistreu

Dabei heißt α **geradentreu**, wenn sie jede Gerade auf eine Gerade abbildet;
dabei heißt α **parallelentreu**, wenn sie zwei parallele Geraden stets auf zwei parallele Geraden abbildet;
dabei heißt α **teilverhältnistreu**, wenn für alle Punkte P, Q, X einer beliebigen Geraden stets gilt: λ ist Teilverhältnis von P, Q und $X \Rightarrow \lambda$ ist Teilverhältnis von $\alpha(P)$, $\alpha(Q)$ und $\alpha(X)$, d. h. $\overrightarrow{PQ} = \lambda \overrightarrow{PX} \Rightarrow \overrightarrow{\alpha(P)\,\alpha(Q)} = \lambda \overrightarrow{\alpha(P)\,\alpha(X)}$.

Es gilt: Legt man einen Ursprung O in der Ebene fest, so ist durch jede Affinität α in folgender Weise eine Vektorraumabbildung f_α bestimmt:
$\alpha(P) = Q \Longleftrightarrow f_\alpha(\overrightarrow{OP}) = \overrightarrow{OQ}$; genau dann, wenn α P auf Q abbildet, ordnet f_α dem Ortsvektor von P den Ortsvektor von Q zu.

Diese Vektorraumabbildung hat eine Gleichung der Form:
$$f_\alpha(\vec{x}) = \begin{pmatrix} a & b \\ c & d \end{pmatrix} \vec{x} + \vec{v}, \quad \left| \begin{matrix} a & b \\ c & d \end{matrix} \right| \neq 0. \qquad \text{(Matrizen und Determinanten siehe 9.1.)}$$

Ein Punkt P heißt genau dann **Fixpunkt** von α, wenn gilt $\alpha(P) = P$.
Eine Gerade g heißt genau dann **Fixgerade** von α, wenn gilt $\alpha(g) = g$.
Eine Gerade g heißt genau dann **Fixpunktgerade** von α, wenn jeder Punkt von g Fixpunkt ist.
Jede Figur oder Eigenschaft einer Figur, die bei der Abbildung α erhalten bleibt, heißt **Invariante** von α.
Ein Vektor $\vec{r}$ heißt genau dann **Eigenvektor** von f_α, wenn es ein $\lambda \in \mathrm{IR}$ gibt, so daß gilt: $f_\alpha(\vec{r}) = \lambda \vec{r}$. λ heißt **Eigenwert** von f_α.
Es gilt: Die Gerade mit $\vec{x} = \mu \vec{u}$ ist genau dann Fixgerade von α, wenn $\vec{u}$ Eigenvektor von f_α ist.

Matrizen spezieller Abbildungen mit Fixpunkt O bzgl. eines angepaßten, nicht notwendig kartesischen Koordinatensystems:

Achsenaffinität mit der x-Achse als Achse in Richtung der y-Achse: $\begin{pmatrix} 1 & 0 \\ 0 & d \end{pmatrix}$.
Die x-Achse ist Fixpunktgerade; jede Gerade parallel zur y-Achse ist Fixgerade.
Schrägspiegelung (Affinspiegelung) mit der x-Achse als Achse: $\begin{pmatrix} 1 & 0 \\ 0 & -1 \end{pmatrix}$.
Die x-Achse ist Fixpunktgerade; jede Gerade parallel zur y-Achse ist Fixgerade.
Schrägspiegelungen sind flächentreu.

Scherung mit der x-Achse als Scherachse: $\begin{pmatrix} 1 & k \\ 0 & 1 \end{pmatrix}$.
x-Achse ist Fixpunktgerade; jede zur x-Achse parallele Gerade ist Fixgerade.
Scherungen sind flächentreu.

Eulersche Affinität mit der x- und der y-Achse als Achsen: $\begin{pmatrix} k_1 & 0 \\ 0 & k_2 \end{pmatrix}$.
Die x- und die y-Achse sind Fixgeraden.

Affine Drehstreckung: $\begin{pmatrix} k\cos\varphi & -k\sin\varphi \\ k\sin\varphi & k\cos\varphi \end{pmatrix}$. Für $\varphi = 0°$ und $\varphi = 180°$ sind alle Geraden durch O Fixgeraden; für $\varphi \neq 0°, 180°$ sind keine Fixgeraden durch O vorhanden.

13.3.2. Ähnlichkeitsabbildungen

| Eine Affinität α heißt **Ähnlichkeitsabbildung** | $\leftrightarrow$ | Es gibt ein $k \in \mathbb{R}^+$, so daß für alle P, Q gilt: $\overline{\mid\alpha(P)\,\alpha(Q)\mid} = k \mid\overline{PQ}\mid$ |

Es gilt: Ähnlichkeitsabbildungen sind winkeltreu.

Die zu einer Ähnlichkeitsabbildung α gehörige Vektorraumabbildung f_α hat stets eine Abbildungsgleichung der Form:

$$f_\alpha(\vec{x}) = \begin{pmatrix} a & -b \\ b & a \end{pmatrix}\vec{x} + \vec{v} \quad \text{oder} \quad f_\alpha(\vec{x}) = \begin{pmatrix} a & b \\ b & -a \end{pmatrix}\vec{x} + \vec{v} \quad \text{mit} \quad a^2 + b^2 \neq 0.$$
$$\text{(gleichsinnig)} \qquad\qquad\qquad \text{(gegensinnig)}$$

Zwei Figuren F_1 und F_2 heißen genau dann **ähnlich**, wenn es eine Ähnlichkeitsabbildung gibt, die F_1 und F_2 abbildet.

Matrizen spezieller Ähnlichkeitsabbildungen mit Fixpunkt O bzgl. eines kartesischen Koordinatensystems:

Zentrische Streckung: $\begin{pmatrix} k & 0 \\ 0 & k \end{pmatrix}$. Alle Geraden durch O sind Fixgeraden.

Drehstreckung: $\begin{pmatrix} k\cos\varphi & -k\sin\varphi \\ k\sin\varphi & k\cos\varphi \end{pmatrix}$. Für $\varphi = 0°$ und $\varphi = 180°$ sind alle Geraden durch O Fixgeraden; für $\varphi \neq 0°, 180°$ sind keine Fixgeraden durch O vorhanden.

Spiegelstreckung: $\begin{pmatrix} k\cos\varphi & k\sin\varphi \\ k\sin\varphi & -k\cos\varphi \end{pmatrix}$. Die Gerade mit $y = (\tan\frac{\varphi}{2})x$ und alle dazu senkrechten Geraden sind Fixgeraden.

13.3.3. Kongruenzabbildungen

| Eine Affinität α heißt **Kongruenzabbildung** | $\leftrightarrow$ | α ist längentreu, d.h. es gilt für alle P, Q: $\overline{\mid\alpha(P)\,\alpha(Q)\mid} = \mid\overline{PQ}\mid$ |

Es gilt: Jede Kongruenzabbildung ist winkeltreu und flächentreu.

Die zu einer Kongruenzabbildung α gehörige Vektorraumabbildung f_α hat stets eine Abbildungsgleichung der Form:

$$f_\alpha(\vec{x}) = \begin{pmatrix} a & -b \\ b & a \end{pmatrix}\vec{x} + \vec{v} \quad \text{oder} \quad f_\alpha(\vec{x}) = \begin{pmatrix} a & b \\ b & -a \end{pmatrix}\vec{x} + \vec{v} \quad \text{mit} \quad a^2 + b^2 = 1$$
$$\text{(gleichsinnig)} \qquad\qquad\qquad \text{(gegensinnig)}$$

Zwei Figuren F_1 und F_2 heißen genau dann **kongruent**, wenn es eine Kongruenzabbildung gibt, die F_1 auf F_2 abbildet.

Matrizen spezieller Abbildungen mit Fixpunkt O bzgl. eines kartesischen Koordinatensystems:

Drehung $\begin{pmatrix} \cos\varphi & -\sin\varphi \\ \sin\varphi & \cos\varphi \end{pmatrix}$. φ heißt Drehwinkel.

Spiegelung $\begin{pmatrix} \cos\varphi & \sin\varphi \\ \sin\varphi & -\cos\varphi \end{pmatrix}$. Die Gerade mit $y = (\tan\frac{\varphi}{2})\, x$ heißt Spiegelachse.

Die Spiegelachse ist Fixpunktgerade; alle dazu senkrechten Geraden sind Fixgeraden.

Abbildungsgleichungen von weiteren Kongruenzabbildungen:

Translation (Verschiebung) $f_\alpha(\vec{x}) = \vec{x} + \vec{v}$
Alle Geraden mit $\vec{x} = \vec{a} + \lambda\vec{v}$ sind Fixgeraden.

Gleitspiegelung $f_\alpha(\vec{x}) = \begin{pmatrix} \cos\varphi & \sin\varphi \\ \sin\varphi & -\cos\varphi \end{pmatrix} \vec{x} + \lambda \begin{pmatrix} r \\ r\tan\frac{\varphi}{2} \end{pmatrix}$ $(r \in \mathbb{R}^*)$

Die Gerade mit $y = (\tan\frac{\varphi}{2})\, x$ heißt Spiegelachse. Diese ist Fixgerade.

Es gilt: Ist α eine Ähnlichkeitsabbildung ohne Fixpunkt, so ist α eine echte Translation oder eine Gleitspiegelung.

14. Analysis

14.1. Folgen, Grenzwert, Stetigkeit

Jede Abbildung $\begin{array}{c} \mathbb{N} \to \mathbb{R}\,(\mathbb{C}) \\ n \mapsto a_n \end{array}$ heißt **unendliche reelle (komplexe) Folge.**

a_n heißt **Glied** der Folge[1]).

Schreibweise: $\langle a_n \rangle$.

Eine reelle Folge $\langle a_n \rangle$ heißt genau dann **nach oben (nach unten) beschränkt,** wenn es eine reelle Zahl s gibt, so daß gilt: $\bigwedge\limits_{n \in \mathbb{N}} a_n \leqslant s$ $(\bigwedge\limits_{n \in \mathbb{N}} a_n \geqslant s)$

Eine reelle Folge $\langle a_n \rangle$ heißt genau dann **monoton wachsend (fallend),** wenn gilt: $\bigwedge\limits_{n \in \mathbb{N}} a_n \leqslant a_{n+1}$ $(\bigwedge\limits_{n \in \mathbb{N}} a_n \geqslant a_{n+1})$

Eine reelle Folge $\langle a_n \rangle$ heißt genau dann **streng monoton wachsend (fallend),** wenn gilt: $\bigwedge\limits_{n \in \mathbb{N}} a_n < a_{n+1}$ $(\bigwedge\limits_{n \in \mathbb{N}} a_n > a_{n+1})$

Ist $a \in \mathbb{R}$ und $r \in \mathbb{R}^+$, so heißt die Menge $U_r(a) = \{x \mid |a - x| < r\}$ Umgebung von a

Eine Zahl H heißt genau dann **Häufungspunkt** der Folge $\langle a_n \rangle$, wenn in jeder Umgebung von H unendlich viele Glieder der Folge liegen.

Ist $\langle a_n \rangle$ eine Folge, so heißt $\sum\limits_{\nu=1}^{\infty} a_\nu = a_1 + a_2 + \dots + a_n + \dots$ **Reihe**[1]).

Die Summen $s_n = \sum\limits_{\nu=1}^{n} a_\nu$ heißen **Partialsummen.**

[1] Arithmetische und geometrische Folgen und Reihen siehe 11.

Eine Folge $<a_n>$ heißt genau dann **Fundamentalfolge** (Cauchy-Folge), wenn gilt:

$$\bigwedge_{\varepsilon \in \mathbb{R}^+} \;\bigvee_{n \in \mathbb{N}} \;\bigwedge_{k,\,l \in \mathbb{N}} \;(k,\, l > n \to |a_k - a_l| < \varepsilon)$$

$<a_n>$ **heißt konvergent**

$$\updownarrow$$

$$\bigvee_{g \in \mathbb{R}\,(\mathbb{C})} \left[\; \bigwedge_{\varepsilon \in \mathbb{R}^+} \;\bigvee_{n \in \mathbb{N}} \;\bigwedge_{k \in \mathbb{N}} \;(k \geqslant n \to |a_k - g| < \varepsilon) \right]$$

g heißt **Grenzwert** von $<a_n>$.

Schreibweise: $\lim\limits_{n \to \infty} <a_n> = g$ oder kurz: $\lim a_n = g$

Eine Reihe $\sum\limits_{\nu = 1}^{\infty} a_\nu$ heißt **konvergent**, wenn die Folge $<s_n>$ der Partialsummen

konvergiert. Man setzt dann: $\sum\limits_{\nu = 1}^{\infty} a_\nu = \lim s_n$

Es gilt:

Eine Folge hat höchstens einen Grenzwert.

Jeder Grenzwert einer Folge ist auch Häufungspunkt dieser Folge.

Jede konvergente Folge ist nach oben und unten beschränkt.

Jede nach oben und unten beschränkte Folge besitzt mindestens einen Häufungspunkt (Bolzano-Weierstraß).

Jede monoton wachsende, nach oben beschränkte Folge ist konvergent.

Jede Fundamentalfolge ist konvergent, jede konvergente Folge ist Fundamentalfolge.

$$\lim (a_n \pm b_n) = \lim a_n \pm \lim b_n$$

$$\lim \frac{a_n}{b_n} = \frac{\lim a_n}{\lim b_n}; \quad \text{falls stets } b_n \neq 0 \text{ und } \lim b_n \neq 0.$$

Spezielle Grenzwerte: $\lim (1 + \frac{1}{n})^n = e; \quad \lim \sqrt[n]{n} = 1$

Grenzwert von Funktionen an der Stelle x_0

Ist f in einer Umgebung von x_0 außer in x_0 definiert und $g \in \mathbb{R}$, so wird vereinbart:

$$g = \lim_{x \to x_0} f(x) \;\leftrightarrow\; \begin{array}{l} \textbf{Für jede Folge } <a_n> \textbf{ mit } a_n \neq x_0 \textbf{ und } \lim a_n = x_0 \textbf{ gilt:} \\ \lim f(a_n) = g \;(\text{kurz: } \lim a_n = x_0 \Rightarrow \lim f(a_n) = g) \end{array}$$

Spezieller Grenzwert: $\lim\limits_{x \to 0} \dfrac{\sin x}{x} = 1$

Eine Funktion f heißt **stetig** an der Stelle x_0

$\updownarrow$

(1) f ist definiert in einer Umgebung von x_0

(2) $\lim\limits_{x \to x_0} f(x) = f(x_0)$

Eine Funktion f heißt genau dann stetig in einem Intervall (in $\mathbb{R}$), wenn sie an jeder Stelle des Intervalls (von $\mathbb{R}$) stetig ist.

Es gilt:

1. f ist genau dann stetig in x_0, wenn gilt:

$$\bigwedge_{\varepsilon \in \mathbb{R}^+} \bigvee_{\delta \in \mathbb{R}^+} \bigwedge_{x \in \mathbb{R}} (\,|x - x_0| < \delta \;\to\; |f(x) - f(x_0)| < \varepsilon\,)$$

2. f ist genau dann stetig in x_0, wenn gilt:

$$\bigwedge_{\varepsilon \in \mathbb{R}^+} \bigvee_{\delta \in \mathbb{R}^+} f(U_\delta(x_0)) \subseteq U_\varepsilon(f(x_0))$$

3. Zwischenwertsatz:

Ist f in dem Intervall $[a, b] = \{x \mid a \leqslant x \leqslant b\}$ stetig und ist $f(a) \neq f(b)$, so gibt es zu jeder Zahl y_0 mit $f(a) < y_0 < f(b)$ oder $f(a) > y_0 > f(b)$ eine Zahl x_0 mit $a < x_0 < b$, so daß $f(x_0) = y_0$ ist.

14.2.   Differentialrechnung

14.2.1.   Funktionen einer Veränderlichen

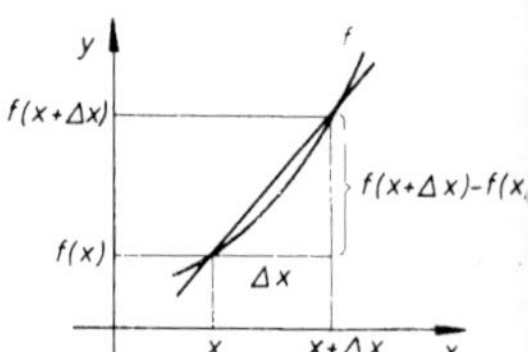

Definitionen

Differenzenquotient:
(Steigung der Sekante)
$$\frac{\Delta y}{\Delta x} = \frac{f(x + \Delta x) - f(x)}{\Delta x}$$

Differentialquotient:
(1. Ableitung)
(Steigung der Tangente)
$$\frac{dy}{dx} = \frac{df(x)}{dx} = f'(x) = \lim_{\Delta x \to 0} \frac{f(x + \Delta x) - f(x)}{\Delta x}$$

Ableitungen höherer
Ordnung:
$$\frac{d^2 y}{dx^2} = \frac{df'(x)}{dx} = f''(x) = f^{(2)}(x)$$

$$\frac{d^n y}{dx^n} = \frac{df^{(n-1)}(x)}{dx} = f^{(n)}(x)$$

f ist **differenzierbar** an der Stelle x_0

$$\updownarrow$$

(1) f ist definiert in einer Umgebung von x_0

(2) $\lim\limits_{\Delta x \to 0} \dfrac{f(x_0 + \Delta x) - f(x_0)}{\Delta x}$ existiert

f heißt genau dann **stetig differenzierbar** an der Stelle x_0, wenn die erste Ableitung stetig in x_0 ist.

Es gilt: Jede in x_0 differenzierbare Funktion ist stetig in x_0.

Regeln und Sätze:

Verknüpfungen von Funktionen

Summe und Differenz: $f(x) = g(x) \pm h(x) \Rightarrow f'(x) = g'(x) \pm h'(x)$

Produkt: $f(x) = g(x) \cdot h(x) \Rightarrow f'(x) = g'(x) \cdot h(x) + g(x) \cdot h'(x)$

Quotient: $f(x) = \dfrac{g(x)}{h(x)} \Rightarrow f'(x) = \dfrac{g'(x) \cdot h(x) - g(x) \cdot h'(x)}{(h(x))^2}$
$(h(x) \neq 0)$

Potenz: $f(x) = g(x)^{h(x)} \Rightarrow f'(x) = g(x)^{h(x)} \cdot \left(\dfrac{h(x)}{g(x)} g'(x) + h'(x) \cdot \ln g(x) \right)$
$(g(x) > 0)$

Kettenregel: Ist $y = f(x) = g(h(x))$ und $z = h(x)$, so gilt

$$f'(x) = \frac{dg(z)}{dz} \cdot \frac{dh(x)}{dx} , \quad \text{kurz: } \frac{dy}{dx} = \frac{dy}{dz} \cdot \frac{dz}{dx}$$

$$f''(x) = \frac{dg(z)}{dz} \cdot \frac{d^2 h(x)}{dx^2} + \frac{d^2 g(z)}{dz^2} \cdot \left(\frac{dh(x)}{dx} \right)^2 , \text{kurz: } \frac{d^2 y}{dx^2} = \frac{dy}{dz} \cdot \frac{d^2 z}{dx^2} + \frac{d^2 y}{dz^2} \cdot \left(\frac{dz}{dx} \right)^2$$

Logarithmische Differentiation: $f(x) = \ln g(x) \Rightarrow f'(x) = \dfrac{g'(x)}{g(x)}$

Umkehrfunktion: Zu f sei f^{-1} die Umkehrfunktion (siehe 3.4.), es gelte also:
$y = f(x) \Leftrightarrow x = f^{-1}(y)$

Dann gilt: $(f^{-1}(y))' = \dfrac{1}{f'(x)} , \quad \text{kurz: } \dfrac{dx}{dy} = \dfrac{1}{\frac{dy}{dx}}$

Mittelwertsatz: Ist f in $[a, a+h]$ $(h > 0)$ stetig und in $]a, a+h[$ differenzierbar, so gibt es ein ϑ mit $0 < \vartheta < 1$, so daß gilt:

$$\frac{f(a+h) - f(a)}{h} = f'(a + \vartheta h).$$

Regel von de l'Hospital: Gilt für $\dfrac{f(x)}{g(x)}$

$f(x_0) = g(x_0) = 0$ oder $f(x) \to \pm\infty$, $\quad g(x) \to \pm\infty$ für $x \to x_0$,

dann läßt sich die Funktion $x \mapsto \dfrac{f(x)}{g(x)}$ ($x \neq x_0$) stetig ergänzen durch $\dfrac{f'(x_0)}{g'(x_0)}$, falls

dieser Bruch existiert, d. h. es ist $\displaystyle\lim_{x \to x_0} \dfrac{f(x)}{g(x)} = \dfrac{f'(x_0)}{g'(x_0)}$.

Ableitungen einiger Grundfunktionen:

$f(x)$	$f'(x)$	$f(x)$	$f'(x)$	$f(x)$	$f'(x)$
$ax^n \,(n \in \mathbb{N})$	$a \cdot n \cdot x^{n-1}$	$\sin x$	$\cos x$	$\arcsin x$	$\dfrac{1}{\sqrt{1-x^2}}$
$ax^r \,(r \in \mathbb{R})$	$a \cdot r \cdot x^{r-1}$	$\cos x$	$-\sin x$	$\arccos x$	$-\dfrac{1}{\sqrt{1-x^2}}$
c	0	$\tan x$	$\dfrac{1}{(\cos x)^2}$	$\arctan x$	$\dfrac{1}{1+x^2}$
$\sqrt{x}$	$\dfrac{1}{2\sqrt{x}}$	$\cot x$	$-\dfrac{1}{(\sin x)^2}$	$\text{arccot}\, x$	$-\dfrac{1}{1+x^2}$
a^x	$a^x \ln a$	$\sinh x$	$\cosh x$	$\text{ar sinh}\, x$	$\dfrac{1}{\sqrt{x^2+1}}$
$\log_a x$	$\dfrac{1}{x}\log_a e = \dfrac{1}{x \cdot \ln a}$	$\cosh x$	$\sinh x$	$\text{ar cosh}\, x$	$\dfrac{1}{\sqrt{x^2-1}}$
e^x	e^x	$\tanh x$	$\dfrac{1}{(\cosh x)^2}$	$\text{ar tanh}\, x$	$\dfrac{1}{1-x^2}$
$\ln x$	$\dfrac{1}{x}$	$\coth x$	$-\dfrac{1}{(\sinh x)^2}$	$\text{ar coth}\, x$	$-\dfrac{1}{x^2-1}$

Untersuchung von Funktionen:

f heißt **gerade** $\iff \displaystyle\bigwedge_{x \in \mathbb{R}} f(-x) = f(x)$.

f heißt **ungerade** $\iff \displaystyle\bigwedge_{x \in \mathbb{R}} f(-x) = -f(x)$.

Es gilt (A ist jeweils hinreichende Bedingung von B):

$$A \qquad\qquad \Rightarrow \qquad\qquad B$$

$f'(x) = 0$ und $f''(x) < 0 \;\Rightarrow\;$ Maximum

$f'(x) = 0$ und $f''(x) > 0 \;\Rightarrow\;$ Minimum

$$f''(x) > 0 \quad \Rightarrow \text{Linkskrümmung (konkav nach oben)}$$

$$f''(x) < 0 \quad \Rightarrow \text{Rechtskrümmung (konvex nach oben)}$$

$$f''(x) = 0 \quad \text{und} \quad f'''(x) < 0 \quad \Rightarrow \text{Wendepunkt mit Links-Rechts-Krümmung}$$

$$f''(x) = 0 \quad \text{und} \quad f'''(x) > 0 \quad \Rightarrow \text{Wendepunkt mit Rechts-Links-Krümmung}$$

$$f'(x) = f''(x) = f'''(x) = 0 \quad \text{und} \quad f''''(x) < 0 \quad \Rightarrow \text{Maximum}$$

$$f'(x) = f''(x) = f'''(x) = 0 \quad \text{und} \quad f''''(x) > 0 \quad \Rightarrow \text{Minimum}$$

$$\ldots \qquad\qquad \ldots$$

Krümmungskreis $(f''(x) \neq 0)$:

Mittelpunkt: $\quad M\left(x - f'(x)\,\dfrac{1 + (f'(x))^2}{f''(x)} \;\middle|\; f(x) + \dfrac{1 + (f'(x))^2}{f''(x)}\right)$

Radius: $\quad \rho = \dfrac{(1 + (f'(x))^2)^{\frac{3}{2}}}{f''(x)}$ $\qquad$ Krümmung: $\quad \kappa = \dfrac{1}{\rho}$

14.2.2. Funktionen zweier Veränderlichen und implizite Funktionen

$$f: \begin{array}{l} \mathbb{R} \times \mathbb{R} \to \mathbb{R} \\ (x, y) \mapsto f(x, y) \end{array}$$

Partielle Ableitungen 1. Ordnung:

$$\frac{\partial f(x, y)}{\partial x} = f_x(x, y) = \lim_{\Delta x \to 0} \frac{f(x + \Delta x, y) - f(x, y)}{\Delta x}$$

$$\frac{\partial f(x, y)}{\partial y} = f_y(x, y) = \lim_{\Delta y \to 0} \frac{f(x, y + \Delta y) - f(x, y)}{\Delta y}$$

Partielle Ableitungen 2. Ordnung:

$$\frac{\partial^2 f(x, y)}{\partial x^2} = \frac{\partial f_x(x, y)}{\partial x} = f_{xx}(x, y); \qquad \frac{\partial^2 f(x, y)}{\partial y^2} = \frac{\partial f_y(x, y)}{\partial y} = f_{yy}(x, y)$$

$$\frac{\partial^2 f(x, y)}{\partial x\,\partial y} = \frac{\partial f_x(x, y)}{\partial y} = f_{xy}(x, y); \qquad \frac{\partial^2 f(x, y)}{\partial y\,\partial x} = \frac{\partial f_y(x, y)}{\partial x} = f_{yx}(x, y)$$

Es gilt: Ist f zweimal stetig differenzierbar, so ist: $f_{xy} = f_{yx}$.

Implizite Funktionen:

Ist $f_y(x_0, y_0) \neq 0$ und f_y stetig in (x_0, y_0), so gibt es eine Umgebung $U(x_0)$ und eine Umgebung $V(y_0)$, so daß die Zuordnung:

$$\hat{f}: \begin{array}{l} U(x_0) \to V(y_0) \\ x \mapsto \text{dasjenige } y, \text{ für das gilt: } f(x, y) = 0 \text{ und } y \in V(y_0) \end{array}$$

eindeutig und somit eine Funktion ist.

Man sagt: Die Funktion $\hat{f}$ ist durch $f(x, y) = 0$ **implizit** gegeben.

Diese Funktion $\hat{f}$ hat in x_0 die Ableitungen:

$$\frac{\mathrm{d}y}{\mathrm{d}x} = -\frac{\dfrac{\partial f}{\partial x}}{\dfrac{\partial f}{\partial y}} = -\frac{f_x}{f_y}; \qquad \frac{\mathrm{d}^2 y}{\mathrm{d}x^2} = -\frac{f_{xx}f_y^2 - 2f_{xy}f_x f_y + f_{yy}f_x^2}{f_y^2}$$

14.2.3. Parameterdarstellung von Kurven

$$\mathbb{R} \to \mathbb{R} \times \mathbb{R}$$
$$t \mapsto (f(t), g(t))$$

Es gilt:

Ist $x_1 = f(t_1)$, $y_1 = g(t_1)$, so hat die Tangente in $P_1(x_1 | y_1)$ die Gleichung:
$$(x - x_1)g'(t_1) - (y - y_1)f'(t_1) = 0$$

$$g'(t) = 0,\ f'(t) \neq 0,\ \begin{array}{l} g''(t) < 0 \Rightarrow \text{Maximum an der Stelle } (f(t), g(t)) \\ g''(t) > 0 \Rightarrow \text{Minimum an der Stelle } (f(t), g(t)) \end{array}$$

14.2.4. Differentialgleichungen

Eine Gleichung mit den Variablen x, $f(x)$, $f'(x)$, $f''(x)$, ..., wobei $f: \begin{array}{l} A \to B \\ x \mapsto f(x) \end{array}$, $A, B \subseteq \mathbb{R}$ ist, heißt **Differentialgleichung. Lösung** ist jede Funktion f^* dieser Art, für die die Gleichung für alle $x \in A$ richtig ist.

Beispiele:

(1) $\quad f''(x) + k^2 f(x) = 0 \ (k \in \mathbb{R})$

$\quad$ Lösungen: $f^*(x) = C_1 \sin kx + C_2 \cos kx,\ C_1, C_2 \in \mathbb{R}$

(2) $\quad f''(x) - k^2 f(x) = 0 \ (k \in \mathbb{R})$

$\quad$ Lösungen: $f^*(x) = C_1 e^{kx} + C_2 e^{-kx}, \qquad C_1, C_2 \in \mathbb{R}$

$\quad$ oder: $f^*(x) = C_1' \sinh kx + C_2' \cosh kx,\ C_1', C_2' \in \mathbb{R}$

(3) $\quad f'(x) - k f(x) = 0 \ (k \in \mathbb{R})$

$\quad$ Lösungen: $f^*(x) = C e^{kx}, \quad C \in \mathbb{R}$

14.3. Integralrechnung

14.3.1. Grundlegende Definitionen und Sätze

Unbestimmtes Integral

$$\int f(x)\,\mathrm{d}x = \{ F(x) \mid F'(x) = f(x) \}$$

Man schreibt auch: $\int f(x)\,\mathrm{d}x = F(x) + C$, wobei $\dfrac{\mathrm{d}F(x)}{\mathrm{d}x} = f(x)$ und $C \in \mathbb{R}$ ist.

F heißt **Stammfunktion** von f, C **Integrationskonstante.**

Regeln:

$$\int a \cdot f(x)\,dx = a \cdot \int f(x)\,dx \qquad \text{für} \quad a \in \mathbb{R}^* = \mathbb{R} \setminus \{0\}$$

$$\int 0 \cdot f(x)\,dx = C, \quad C \in \mathbb{R}$$

$$\int [f(x) \pm g(x)]\,dx = \int f(x)\,dx \pm \int g(x)\,dx$$

Partielle Integration:

$$\int f(x)\,g'(x)\,dx = f(x)\,g(x) - \int f'(x)\,g(x)\,dx$$

Logarithmische Integration:

$$\int \frac{f'(x)}{f(x)}\,dx = \ln|f(x)| + C, \qquad \text{falls} \quad f(x) \neq 0$$

Substitution:

$$\int f(x)\,dx = \int f(g(z)) \cdot g'(z)\,dz, \quad \text{wobei:} \quad x = g(z),\ g'(z) = \frac{d\,g(z)}{dz} \neq 0$$

Bestimmtes Integral

Es sei $f(x)$ definiert im Intervall $[a, b] = \{x \mid a \leqslant x \leqslant b\}$ und $[a, b]$ für jedes $n \in \mathbb{N}$ durch Zahlen $x_0^{(n)}, x_1^{(n)}, \ldots, x_{n-1}^{(n)}, x_n^{(n)}$ mit $x_0^{(n)} = a$ und $x_n^{(n)} = b$ und $x_i^{(n)} \leqslant x_{i+1}^{(n)}$ in Teilintervalle unterteilt, derart, daß für alle i gilt: $\lim\limits_{n \to \infty} (x_{i+1}^{(n)} - x_i^{(n)}) = 0$.

Existiert dann unabhängig von der speziellen Wahl der Zahlen $x_i^{(n)}$ und der Zahlen $\xi_i^{(n)}$ mit $x_{i-1}^{(n)} \leqslant \xi_i^{(n)} \leqslant x_i^{(n)}$ der Grenzwert

$$\lim_{n \to \infty} \sum_{i=1}^{n} f(\xi_i^{(n)})\,(x_i^{(n)} - x_{i-1}^{(n)}), \quad \text{so nennt man } f \text{ \textbf{integrierbar} in } [a, b].$$

Man schreibt dann kurz:

$$\int_a^b f(x)\,dx = \lim_{n \to \infty} \sum_{i=1}^{n} f(\xi_i^{(n)}) \cdot \left(x_i^{(n)} - x_{i-1}^{(n)} \right)$$

Es gilt: Jede in $[a, b]$ stetige Funktion ist integrierbar in $[a, b]$.

Ist $\int f(x)\,dx = F(x) + C$, so ist:

$$\int_a^b f(x)\,dx = F(b) - F(a) \quad \text{und} \quad \frac{d}{dx} \int_a^x f(t)\,dt = F'(x) = f(x)$$

$$\int_a^b f(x)\,dx = -\int_b^a f(x)\,dx$$

Eigentlich handelt es sich hier nicht um einen Satz, sondern um eine Definition.

$$\int_a^b [f(x) \pm g(x)]\,dx = \int_a^b f(x)\,dx \pm \int_a^b g(x)\,dx \qquad \int_a^b f(x)\,dx = \int_a^c f(x)\,dx + \int_c^b f(x)\,dx$$

$$\int_a^b f(x)\,g'(x)\,dx = f(b)\,g(b) - f(a)\,g(a) - \int_a^b f'(x)\,g(x)\,dx$$

(vgl. partielle Integration)

14.3.2. Unbestimmte Integrale (ohne Integrationskonstante)

$$\int dx = x \qquad\qquad \int x^n\,dx = \frac{x^{n+1}}{n+1} \quad (n \neq -1)$$

$$\int \frac{1}{\sqrt{x}}\,dx = 2\sqrt{x} \qquad\qquad \int \frac{1}{x}\,dx = \ln|x|$$

$$\int \frac{1}{a+bx}\,dx = \frac{1}{b}\ln|a+bx| \qquad \int (a+bx)^n\,dx = \frac{(a+bx)^{n+1}}{b(n+1)} \quad (n \neq -1)$$

$$\int \frac{dx}{\sqrt{ax+b}} = \frac{2}{a}\sqrt{ax+b} \qquad \int \frac{dx}{(ax+b)(cx+d)} = \frac{1}{ad-bc}\ln\left|\frac{ax+b}{cx+d}\right| \quad (ad \neq bc)$$

$$\int \frac{dx}{ax^2+2bx+c} = \begin{cases} \dfrac{1}{\sqrt{ac-b^2}}\arctan\dfrac{ax+b}{\sqrt{ac-b^2}}, & \text{falls } b^2-ac < 0 \\[2ex] \dfrac{-1}{ax+b}, & \text{falls } b^2-ac = 0 \\[2ex] \dfrac{1}{2\sqrt{b^2-ac}}\ln\left|\dfrac{ax+b-\sqrt{b^2-ac}}{ax+b+\sqrt{b^2-ac}}\right|, & \text{falls } b^2-ac > 0 \end{cases}$$

$$\int \frac{dx}{\sqrt{1-x^2}} = \arcsin x = -\arccos x + \frac{\pi}{2}; \quad \int \frac{dx}{1+x^2} = \arctan x = -\operatorname{arccot} x + \frac{\pi}{2}$$

$$\int \sqrt{a^2-x^2}\,dx = \frac{x}{2}\sqrt{a^2-x^2} + \frac{a^2}{2}\arcsin\frac{x}{|a|} \quad (a \neq 0)$$

$$\int \frac{dx}{\sqrt{x^2+a^2}} = \operatorname{ar\,sinh}\frac{x}{a} = \ln(x+\sqrt{x^2+a^2}) - \ln|a| \quad (a \neq 0)$$

$$\int \frac{dx}{\sqrt{x^2 - a^2}} = \operatorname{arcosh} \frac{x}{a} = \ln\left|x + \sqrt{x^2 - a^2}\right| - \ln|a| \quad (a \neq 0)$$

$$\int \frac{dx}{a^2 - x^2} = \frac{1}{a} \operatorname{artanh} \frac{x}{a} = \frac{1}{2a} \ln \frac{a + x}{a - x} \quad (|x| < |a|, \; a \neq 0)$$

$$\int \frac{dx}{x^2 - a^2} = -\frac{1}{a} \operatorname{arcoth} \frac{x}{a} = -\frac{1}{2a} \ln \frac{x + a}{x - a} \quad (|x| > |a|, \; a \neq 0)$$

$$\int \ln x \, dx = x \ln x - x \qquad \int x^n \ln x \, dx = \frac{x^{n+1}}{n+1}\left(\ln x - \frac{1}{n+1}\right) \quad (n \neq -1)$$

$$\int e^x \, dx = e^x \qquad \int a^x \, dx = \frac{1}{\ln a} a^x \quad (a \neq 1, \; a > 0)$$

$$\int x^n e^x \, dx = x^n e^x - n \int x^{n-1} e^x \, dx$$

$$\int \sin x \, dx = -\cos x \qquad \int (\sin x)^2 \, dx = \frac{x}{2} - \frac{1}{4}\sin 2x$$

$$\int \cos x \, dx = \sin x \qquad \int (\cos x)^2 \, dx = \frac{x}{2} + \frac{1}{4}\sin 2x$$

$$\int \tan x \, dx = -\ln|\cos x| \qquad \int (\tan x)^2 \, dx = -x + \tan x$$

$$\int \cot x \, dx = \ln|\sin x| \qquad \int (\cot x)^2 \, dx = -x - \cot x$$

$$\int (\sin x)^n \, dx = -\frac{\cos x (\sin x)^{n-1}}{n} + \frac{n-1}{n} \int (\sin x)^{n-2} \, dx$$

$$\int (\cos x)^n \, dx = \frac{\sin x (\cos x)^{n-1}}{n} + \frac{n-1}{n} \int (\cos x)^{n-2} \, dx$$

$$\int (\tan x)^n \, dx = \frac{(\tan x)^{n-1}}{n-1} - \int (\tan x)^{n-2} \, dx \quad (n \neq 1)$$

$$\int (\cot x)^n \, dx = -\frac{(\cot x)^{n-1}}{n-1} - \int (\cot x)^{n-2} \, dx \quad (n \neq 1)$$

$$\int \frac{dx}{(\sin x)^2} = -\cot x \qquad \int \frac{dx}{\sin x} = \ln\left|\tan \frac{x}{2}\right|$$

$$\int \frac{dx}{(\cos x)^2} = \tan x \qquad \int \frac{dx}{\cos x} = \ln\left|\tan\left(\frac{x}{2} + \frac{\pi}{4}\right)\right|$$

$$\int \sinh dx = \cosh x \qquad \int \tanh x \, dx = \ln \cosh x$$

$$\int \cosh x \, dx = \sinh x \qquad \int \coth x \, dx = \ln|\sinh x|$$

$$\int \frac{dx}{\sinh x} = \ln\left|\tanh \frac{x}{2}\right| \qquad \int \frac{dx}{\cosh x} = \arcsin(\tanh x)$$

$$\int \frac{dx}{(\sinh x)^2} = -\coth x \qquad \int \frac{dx}{(\cosh x)^2} = \tanh x$$

$$\int \frac{dx}{1+\cos x} = \tan\frac{x}{2} \qquad \int \frac{dx}{1+\sin x} = \tan\left(\frac{x}{2} - \frac{\pi}{4}\right)$$

$$\int \frac{dx}{1-\cos x} = -\cot\frac{x}{2} \qquad \int \frac{dx}{1-\sin x} = -\cot\left(\frac{x}{2} - \frac{\pi}{4}\right)$$

$$\int \arcsin x\, dx = x \arcsin x + \sqrt{1-x^2} \qquad \int \arccos x\, dx = x \arccos x - \sqrt{1-x^2}$$

$$\int \arctan x\, dx = x \arctan x - \tfrac{1}{2}\ln(1+x^2) \qquad \int \text{arccot}\, x\, dx = x\, \text{arccot}\, x + \tfrac{1}{2}\ln(1+x^2)$$

14.3.3. Spezielle Regeln und Sätze

Fläche zwischen Kurvenstück und x-Achse: $A_x = \int\limits_a^b f(x)\, dx$ [1]

Fläche zwischen den Kurven

mit $y = f(x)$ bzw. $y = g(x)$: $A = \int\limits_a^b (f(x) - g(x))\, dx$ [1]

Drehkörper:

Drehachse für die Kurve mit $y = f(x)$ sei die x-Achse:

Volumen: $V_x = \pi \int\limits_a^b [f(x)]^2\, dx$; Mantel: $M_x = 2\pi \int\limits_a^b f(x)\sqrt{1 + [f'(x)]^2}\, dx$

Schwerpunkt $S_K\,(x_K \mid y_K)$ des Kurvenstücks s:

$$(x_K \mid y_K) = \left(\frac{1}{s}\cdot \int\limits_a^b x\sqrt{1 + [f'(x)]^2}\, dx \;\Big|\; \frac{1}{s}\cdot \int\limits_a^b f(x)\sqrt{1 + [f'(x)]^2}\, dx\right)$$

Weg von S_K bei Drehung: $w_K = 2\pi y_K$

Schwerpunkt $S_A\,(x_A \mid y_A)$

der gedrehten Fläche A: $(x_A \mid y_A) = \left(\frac{1}{A}\cdot\int\limits_a^b x f(x)\, dx \;\Big|\; \frac{1}{2A}\cdot\int\limits_a^b [f(x)]^2\, dx\right)$

Schwerpunkt S_A der gedrehten Fläche A zwischen den Kurven mit $y = f(x)$ bzw. $y = g(x)$:

$$(x_A \mid y_A) = \left(\frac{1}{A}\cdot\int\limits_a^b x[f(x) - g(x)]\, dx \;\Big|\; \frac{1}{2A}\cdot\int\limits_a^b ([f(x)]^2 - [g(x)]^2)\, dx\right)$$

Weg von S_A bei Drehung: $w_A = 2\pi y_A$

Guldinsche Regel: $M_x = s\cdot w_K$; $V_x = A\cdot w_A$

[1] Nullstellen beachten!

Parameterform:

$$\mathbb{R} \to \mathbb{R} \times \mathbb{R}$$
$$t \mapsto (f(t),\, g(t))$$

Länge des Kurvenstücks: $\displaystyle s = \int_{t_1}^{t_2} \sqrt{[f'(t)]^2 + [g'(t)]^2}\; dt$

Numerische Integration:

Simpsonsche Regel:

$$\int_a^b f(x)\,dx \approx \frac{b-a}{6n}\left[f(x_0) + f(x_{2n}) + \right.$$
$$+ 4\left(f(x_1) + f(x_3) + \ldots + f(x_{2n-1}) \right) +$$
$$\left. + 2\left(f(x_2) + f(x_4) + \ldots + f(x_{2n-2}) \right) \right]$$

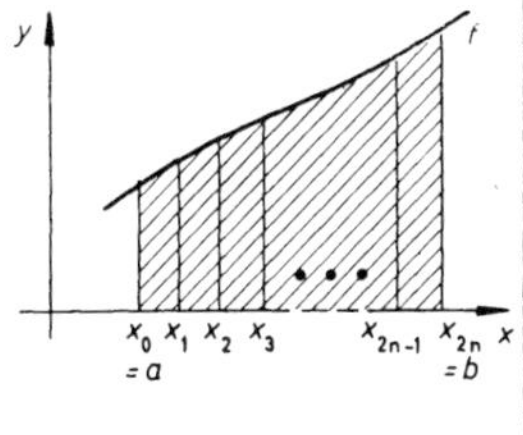

Keplersche Faßregel: $\displaystyle \int_a^b f(x)\,dx \approx \frac{b-a}{6}\left[f(a) + 4f\left(\frac{a+b}{2}\right) + f(b) \right]$
$(n = 1)$

14.4. Potenzreihenentwicklungen und Näherungsformeln

14.4.1. Allgemeines

Eine **Potenzreihe** ist eine Reihe (siehe 14.1.) der Form:

$$\sum_{n=0}^{\infty} a_n (x-c)^n = a_0 + a_1(x-c) + a_2(x-c)^2 + \ldots$$

mit $a_n, c \in \mathbf{R}$. c heißt **Entwicklungspunkt** der Potenzreihe.

$$\sum_{n=0}^{\infty} a_n(x-c)^n \text{ heißt \textbf{konvergent} in } x_0 \;\Leftrightarrow\; \sum_{n=0}^{\infty} a_n(x_0-c)^n \text{ konvergiert}$$
$$\text{(siehe 14.1.)}$$

Konvergenzbedingungen:

Leibniz
(notwendig)
$$\lim_{n \to \infty} a_n(x_0-c)^n = 0 \;\Leftarrow\; \sum_{n=0}^{\infty} a_n(x-c)^n \text{ konvergiert in } x_0$$

d'Alembert (hinreichend)
$$\left(\bigvee_{q \in \mathbb{R}} \lim_{n \to \infty} \left| \frac{a_n(x_0-c)^n}{a_{n-1}(x_0-c)^{n-1}} \right| \leqslant q < 1 \right) \Rightarrow \sum_{n=0}^{\infty} a_n(x-c)^n \text{ konvergiert in } x_0$$

Alternierende Reihen (von Glied zu Glied wechselndes Vorzeichen):

(notwendig und
hinreichend)
$$\lim_{n \to \infty} a_n(x_0-c)^n = 0 \;\Leftrightarrow\; \sum_{n=0}^{\infty} a_n(x-c)^n \text{ konvergiert in } x_0$$

Der **Konvergenzradius** R ist die größte positive Zahl, für die gilt:

$$\sum_{n=0}^{\infty} a_n (x - c)^n \text{ konvergiert für alle } x \text{ mit } |x - c| < R.$$

Spezielle Reihen:

Taylorsche Reihe

$$f(a + h) = f(a) + \frac{h}{1!} f'(a) + \frac{h^2}{2!} f''(a) + \ldots + \frac{h^{n-1}}{(n-1)!} f^{(n-1)}(a) + R_n$$

Restglied (Lagrange): $\quad R_n = \frac{h^n}{n!} f^{(n)}(a + \vartheta h) \quad$ mit $\quad 0 < \vartheta < 1$

oder nach den Ersetzungen $a + h = x$, $h = x - a$, $a + \vartheta h = \xi$ mit $a < \xi < x$:

$$f(x) = f(a) + \frac{x - a}{1!} f'(a) + \ldots + \frac{(x - a)^{n-1}}{(n-1)!} f^{(n-1)}(a) + R_n \,;\ R_n = \frac{(x - a)^n}{n!} f^{(n)}(\xi)$$

MacLaurinsche Reihe (speziell $a = 0$):

$$f(x) = f(0) + \frac{x}{1!} f'(0) + \ldots + \frac{x^{n-1}}{(n-1)!} f^{(n-1)}(0) + R_n$$

$$R_n = \frac{x^n}{n!} f^{(n)}(\vartheta x) \quad \text{mit} \quad 0 < \vartheta < 1$$

14.4.2. Binomische Reihe

(Binomischer Satz siehe 6.2.3.)

Für alle $x \in \mathbb{R}$ mit $|x| < 1$ und alle $r \in \mathbb{R}$ gilt:

$$(1 + x)^r = 1 + \binom{r}{1} x + \binom{r}{2} x^2 + \binom{r}{3} x^3 + \ldots + \binom{r}{k} x^k + \ldots$$

Dabei ist: $\binom{r}{k} = \dfrac{r(r-1)(r-2) \cdot \ldots \cdot (r-k+1)}{k!} \qquad$ für $r \in \mathbb{R}$ und $k \in \mathbb{N}$

14.4.3. Reihenentwicklung transzendenter Funktionen

Trigonometrische Funktionen:

$$\sin x = x - \frac{x^3}{3!} + \frac{x^5}{5!} - \frac{x^7}{7!} + - \ldots + (-1)^n \frac{x^{2n+1}}{(2n+1)!} + \ldots \qquad x \in \mathbb{R}$$

$$\cos x = 1 - \frac{x^2}{2!} + \frac{x^4}{4!} - \frac{x^6}{6!} + - \ldots + (-1)^n \frac{x^{2n}}{(2n)!} + \ldots \qquad x \in \mathbb{R}$$

$$\tan x = x + \frac{1}{3} x^3 + \frac{2}{15} x^5 + \frac{17}{315} x^7 + \frac{62}{2835} x^9 + \ldots \qquad x \in \left] -\frac{\pi}{2}, \frac{\pi}{2} \right[$$

e-Funktion:

$$e^x = 1 + \frac{x}{1!} + \frac{x^2}{2!} + \frac{x^3}{3!} + \dots + \frac{x^k}{k!} + \dots \qquad\qquad x \in \mathbb{R}$$

$$a^x = e^{x \ln a} = 1 + \frac{x \ln a}{1!} + \frac{(x \ln a)^2}{2!} + \dots + \frac{(x \ln a)^k}{k!} + \dots \qquad x \in \mathbb{R}$$

Aus den vorstehenden Reihen ergibt sich unmittelbar:

Relationen von Euler: $e^{ix} = \cos x + i \sin x;\quad e^{-ix} = \cos x - i \sin x;$

$$\cos x = \frac{e^{ix} + e^{-ix}}{2}; \qquad \sin x = \frac{e^{ix} - e^{-ix}}{2i}$$

ln-Funktion:

$$\ln x = \frac{x-1}{1} - \frac{(x-1)^2}{2} + \frac{(x-1)^3}{3} - + \dots + (-1)^{k+1} \frac{(x-1)^k}{k} + \dots \quad x \in {]0, 2]}$$

Arcusfunktionen:

$$\arcsin x = x + \frac{1}{2} \cdot \frac{x^3}{3} + \frac{1 \cdot 3}{2 \cdot 4} \cdot \frac{x^5}{5} + \frac{1 \cdot 3 \cdot 5}{2 \cdot 4 \cdot 6} \cdot \frac{x^7}{7} + \frac{1 \cdot 3 \cdot 5 \cdot 7}{2 \cdot 4 \cdot 6 \cdot 8} \cdot \frac{x^9}{9} + \dots$$

$$\dots + \frac{1 \cdot 3 \cdot \dots \cdot (2k-1)}{2 \cdot 4 \cdot \dots \cdot 2k} \cdot \frac{x^{2k+1}}{2k+1} + \dots \qquad x \in [-1, 1]$$

$$\arctan x = x - \frac{x^3}{3} + \frac{x^5}{5} - \frac{x^7}{7} + - \dots + (-1)^k \cdot \frac{x^{2k+1}}{2k+1} + \dots \qquad x \in [-1, 1]$$

$$= \frac{\pi}{2} - \frac{1}{x} + \frac{1}{3x^3} - \frac{1}{5x^5} + - \dots + (-1)^{k+1} \cdot \frac{1}{(2k+1)x^{2k+1}} + \dots \quad x \in \mathbb{R} \setminus {]-1, 1[}$$

Hyperbelfunktionen:

$$\sinh x = x + \frac{x^3}{3!} + \frac{x^5}{5!} + \frac{x^7}{7!} + \dots + \frac{x^{2k+1}}{(2k+1)!} + \dots \qquad\qquad x \in \mathbb{R}$$

$$\cosh x = 1 + \frac{x^2}{2!} + \frac{x^4}{4!} + \frac{x^6}{6!} + \dots + \frac{x^{2k}}{(2k)!} + \dots \qquad\qquad x \in \mathbb{R}$$

$$\tanh x = x - \frac{1}{3}x^3 + \frac{2}{15}x^5 - \frac{17}{315}x^7 + \frac{62}{2835}x^9 - + \dots \qquad x \in {]-\tfrac{\pi}{2}, \tfrac{\pi}{2}[}$$

$$\operatorname{ar tanh} x = x + \frac{x^3}{3} + \frac{x^5}{5} + \frac{x^7}{7} + \dots + \frac{x^{2k+1}}{2k+1} + \dots \qquad\qquad x \in {]-1, 1[}$$

> *Gaußsches Fehlerintegral* $(x \in \mathbb{R})$:
>
> $$\frac{1}{\sqrt{2\pi}} \int\limits_{-\infty}^{x} e^{-\frac{1}{2}t^2}\, \mathrm{d}t = 0{,}5 + \frac{1}{\sqrt{2\pi}}$$
>
> $$\left(\frac{x}{1} - \frac{x^3}{3\cdot2\cdot1!} + \frac{x^5}{5\cdot4\cdot2!} - \frac{x^7}{7\cdot8\cdot3!} + \frac{x^9}{9\cdot16\cdot4!} - + \ldots + (-1)^k \frac{x^{2k+1}}{(2k+1)\cdot2^k\cdot k!} + - \ldots \right)$$

14.4.4. Näherungsformeln für sehr kleine Werte von x

> $(1 \pm x)^n \approx 1 \pm nx, \quad n \in \mathbb{R}$ $\qquad$ $\sin x \approx \tan x \approx x$
>
> $\sqrt{a^2 + x^2} \approx a\left(1 + \frac{1}{2}\cdot\frac{x^2}{a^2}\right)$ $\qquad$ $\sin(a+x) \approx \sin a + x\cos a$
>
> $e^x \approx 1 + x + \dfrac{x^2}{2}$ $\qquad$ $\ln(1+x) \approx x - \frac{1}{2}x^2$ $\qquad$ $\cos x \approx 1 - \dfrac{x^2}{2}$
>
> $\sinh x \approx \tanh x \approx x$ $\qquad$ $\cosh x \approx 1 + \dfrac{x^2}{2}$ $\qquad$ $\operatorname{ar\,sinh} x \approx \operatorname{ar\,tanh} x \approx x$

15. Spezielle Funktionen

15.1. Arcusfunktionen

Man kann Urbildmenge und Zielmenge jeder trigonometrischen Funktion so einschränken, daß man eine *bijektive* (eineindeutige) Funktion erhält. Deren Umkehrung heißt **Arcusfunktion.**

arc sin: $\qquad [-1, 1] \quad \to \quad [-\frac{\pi}{2}, \frac{\pi}{2}]$

$\qquad\qquad\quad x \quad \mapsto \quad \arcsin x$

Dabei gilt: $y = \arcsin x \quad \Leftrightarrow \quad x = \sin y$

arc cos: $\qquad [-1, 1] \quad \to \quad [0, \pi]$

$\qquad\qquad\quad x \quad \mapsto \quad \arccos x$

Dabei gilt: $y = \arccos x \quad \Leftrightarrow \quad x = \cos y$

arc tan: $\qquad]-\infty, \infty[\quad \to \quad]-\frac{\pi}{2}, \frac{\pi}{2}[$

$\qquad\qquad\quad x \quad \mapsto \quad \arctan x$

Dabei gilt: $y = \arctan x \quad \Leftrightarrow \quad x = \tan y$

arc cot: $\qquad]-\infty, \infty[\quad \to \quad]0, \pi[$

$\qquad\qquad\quad x \quad \mapsto \quad \operatorname{arccot} x$

Dabei gilt: $y = \operatorname{arccot} x \quad \Leftrightarrow \quad x = \cot y$

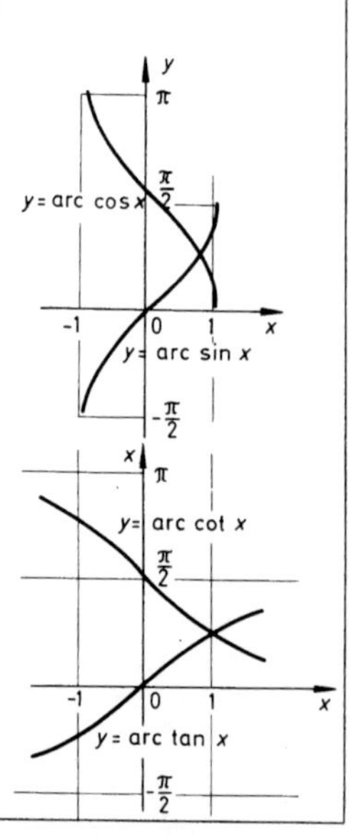

Zusammenhänge zwischen den Arcusfunktionen
  (zusätzliche Einschränkung: $x > 0$)

	arcsin	arccos	arctan	arccot
$\arcsin x$	$-\arcsin(-x)$	$\arccos \sqrt{1-x^2}$	$\arctan \dfrac{x}{\sqrt{1-x^2}}$	$\operatorname{arccot} \dfrac{\sqrt{1-x^2}}{x}$
$\arccos x$	$\arcsin \sqrt{1-x^2}$	$\pi - \arccos(-x)$	$\arctan \dfrac{\sqrt{1-x^2}}{x}$	$\operatorname{arccot} \dfrac{x}{\sqrt{1-x^2}}$
$\arctan x$	$\arcsin \dfrac{x}{\sqrt{1+x^2}}$	$\arccos \dfrac{1}{\sqrt{1+x^2}}$	$-\arctan(-x)$	$\operatorname{arccot} \dfrac{1}{x}$
$\operatorname{arccot} x$	$\arcsin \dfrac{1}{\sqrt{1+x^2}}$	$\arccos \dfrac{x}{\sqrt{1+x^2}}$	$\arctan \dfrac{1}{x}$	$\pi - \operatorname{arccot}(-x)$

Reihenentwicklungen siehe 14.4.3.

15.2. Hyperbelfunktionen

Für alle $x \in \mathbb{R}$ sei:

$$\sinh x = \frac{e^x - e^{-x}}{2}$$

$$\cosh x = \frac{e^x + e^{-x}}{2}$$

$$\tanh x = \frac{e^x - e^{-x}}{e^x + e^{-x}}$$

$$\coth x = \frac{e^x + e^{-x}}{e^x - e^{-x}}$$

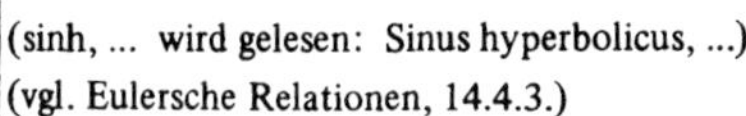

(sinh, ... wird gelesen: Sinus hyperbolicus, ...)
(vgl. Eulersche Relationen, 14.4.3.)

Zusammenhänge zwischen den Hyperbelfunktionen

$$(\cosh x)^2 - (\sinh x)^2 = 1 \qquad \coth x = \frac{1}{\tanh x} \qquad \tanh x = \frac{\sinh x}{\cosh x}$$

Für $x > 0$ gilt zusätzlich:

	ausgedrückt durch:			
	sinh	cosh	tanh	coth
$\sinh x$	$-\sinh(-x)$	$\sqrt{(\cosh x)^2 - 1}$	$\dfrac{\tanh x}{\sqrt{1 - (\tanh x)^2}}$	$\dfrac{1}{\sqrt{(\coth x)^2 - 1}}$
$\cosh x$	$\sqrt{1 + (\sinh x)^2}$	$\cosh(-x)$	$\dfrac{1}{\sqrt{1 - (\tanh x)^2}}$	$\dfrac{\coth x}{\sqrt{(\coth x)^2 - 1}}$
$\tanh x$	$\dfrac{\sinh x}{\sqrt{1 + (\sinh x)^2}}$	$\dfrac{\sqrt{(\cosh x)^2 - 1}}{\cosh x}$	$-\tanh(-x)$	$\dfrac{1}{\coth x}$
$\coth x$	$\dfrac{\sqrt{1 + (\sinh x)^2}}{\sinh x}$	$\dfrac{\cosh x}{\sqrt{(\cosh x)^2 - 1}}$	$\dfrac{1}{\tanh x}$	$-\coth(-x)$

Additionstheoreme

$$\sinh(u \pm v) = \sinh u \cdot \cosh v \pm \cosh u \cdot \sinh v$$

$$\cosh(u \pm v) = \cosh u \cdot \cosh v \pm \sinh u \cdot \sinh v$$

$$\tanh(u \pm v) = \frac{\tanh u \pm \tanh v}{1 \pm \tanh u \cdot \tanh v} \qquad \coth(u \pm v) = \frac{\coth u \cdot \coth v \pm 1}{\coth v \pm \coth u}$$

Hyperbelfunktionen und trigonometrische Funktionen

$$\sinh x = -i\,\sin(ix) \qquad \sin x = -i\,\sinh(ix)$$
$$\cosh x = \cos(ix) \qquad \cos x = \cosh(ix)$$
$$\tanh x = -i\,\tan(ix) \qquad \tan x = -i\,\tanh(ix)$$
$$\coth x = i\,\cot(ix) \qquad \cot x = i\,\coth(ix)$$

15.3. Areafunktionen

Man kann Urbildmenge und Zielmenge jeder Hyperbelfunktion so einschränken, daß man eine *bijektive* (eineindeutige) Funktion erhält. Deren Umkehrung heißt **Areafunktion.**

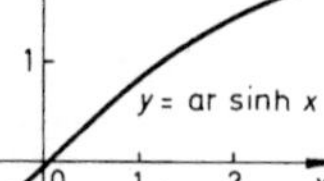

(ar cosh, ... wird gelesen: area cosinus hyperbolicus, ...)

ar sinh: $\quad]-\infty, \infty[\quad \to \quad]-\infty, \infty[$

$$x \quad \mapsto \quad \text{ar sinh } x$$

Dabei gilt: $y = \text{ar sinh } x \quad \Leftrightarrow \quad x = \sinh y$

$$
\begin{aligned}
\textbf{arcosh:} \quad & [1,\infty[\quad \to \quad [0,\infty[\\
& x \quad \mapsto \quad \operatorname{arcosh} x
\end{aligned}
$$

Dabei gilt: $y = \operatorname{arcosh} x \iff x = \cosh y$

$$
\begin{aligned}
\textbf{artanh:} \quad &]-1,1[\quad \to \quad]-\infty,\infty[\\
& x \quad \mapsto \quad \operatorname{artanh} x
\end{aligned}
$$

Dabei gilt: $y = \operatorname{artanh} x \iff x = \tanh y$

$$
\begin{aligned}
\textbf{arcoth:} \quad & \mathbb{R}\setminus[-1,1] \quad \to \quad \mathbb{R}^* \\
& x \quad \mapsto \quad \operatorname{arcoth} x
\end{aligned}
$$

Dabei gilt: $y = \operatorname{arcoth} x \iff x = \coth y$

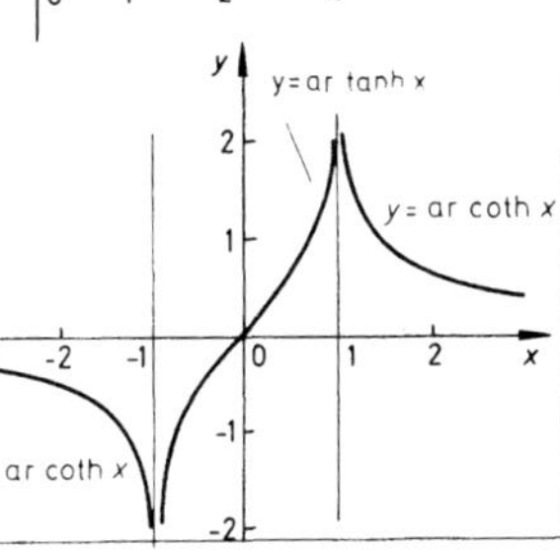

16. Kombinatorik, Statistik, Wahrscheinlichkeitsrechnung

16.1. Kombinatorik

Es sei $A = \{1, 2, ..., n\}$ und $B = \{a_1, a_2, ..., a_k\}$

Variationen von k Elementen zur Klasse n (mit Wiederholung):

Anzahl aller n-Tupel mit Elementen aus B	=	Anzahl aller Abbildungen von A in B	=	k^n

Permutationen von n Elementen (ohne Wiederholung):

Anzahl aller Anordnungen von n Elementen	=	Anzahl aller bijektiven Abbildungen von A auf B für $n = k$	=	$n!$

Permutationen von n Elementen (mit Wiederholung):

Anzahl der Möglichkeiten, n verschiedene Dinge auf k Kästen zu verteilen, wobei in den i-ten Kasten jeweils m_i Dinge $(m_1 + m_2 + ... + m_k = n)$ kommen sollen	=	Anzahl aller Abbildungen von A in B, wobei $a_i (i = 1, 2, ..., k)$ genau m_i-mal als Bild auftritt und $m_1 + ... + m_k = n$ ist	=	$\dfrac{n!}{m_1! \cdot ... \cdot m_k!}$

Kombinationen von n Elementen zur Klasse k (ohne Wiederholung):

Anzahl der k-elementigen Teilmengen einer n-elementigen Menge	=	Anzahl der Bildmengen aller injektiven Abbildungen von B in A für $k \leqslant n$	=	$\dbinom{n}{k}$

16.2. Statistik

Tritt ein Ereignis bei m Versuchen genau H-mal ein, so nennt man H die **absolute Häufigkeit**, $h = \frac{H}{m}$ die **relative Häufigkeit** dieses Ereignisses.

Für k Ablesungswerte (Beobachtungswerte) a_1, a_2, ..., a_k, die bei insgesamt n Versuchen jeweils mit der absoluten Häufigkeit H_1, H_2, ..., H_k (relativen Häufigkeit h_1, h_2, ..., h_k) auftreten, gilt:

$$\text{Mittelwert} \quad \overline{a} = \frac{1}{n} \sum_{i=1}^{k} a_i H_i = \sum_{i=1}^{k} a_i h_i$$

$$\text{Varianz} \quad \sigma^2 = \frac{1}{n} \sum_{i=1}^{k} (a_i - \overline{a})^2 H_i = \sum_{i=1}^{k} (a_i - \overline{a})^2 h_i$$

$$\text{Streuung} \quad \sigma = \sqrt{\frac{1}{n} \sum_{i=1}^{k} (a_i - \overline{a})^2 H_i} = \sqrt{\sum_{i=1}^{k} (a_i - \overline{a})^2 h_i}$$

16.3. Wahrscheinlichkeitsrechnung

Ist S die Menge aller möglichen Ausgänge eines Zufallsexperiments, so heißt jede Teilmenge E von S **Ereignis**. Dabei heißt S das **sichere**, $\emptyset$ das **unmögliche Ereignis**.

Man sagt: Das Ereignis E ist **eingetreten**, wenn der Ausgang des Experiments Element von E ist. •

Sind E_1, E_2 Ereignisse, so *gilt:*

Das Ereignis $E_1 \cap E_2$ tritt genau dann ein, wenn *sowohl E_1 als auch E_2* eintritt.

Das Ereignis $E_1 \cup E_2$ tritt genau dann ein, wenn *E_1 oder E_2* eintritt.

Das Ereignis $\overline{E_1}$ bzw. $\mathbf{C}_S E_1$ tritt genau dann ein, wenn *E_1 nicht* eintritt.

$\overline{E_1}$ bzw. $\mathbf{C}_S E_1$ nennt man auch das **Gegenereignis** von E_1.

Zwei Ereignisse E_1, E_2 heißen **unvereinbar**, wenn gilt: $E_1 \cap E_2 = \emptyset$.

Eine Abbildung $P: \begin{aligned} \mathfrak{P}S &\to \mathbb{R} \\ E &\mapsto P(E) \end{aligned}$ heißt **Wahrscheinlichkeitsmaß** über S

$$\updownarrow$$

$$(1) \quad \bigwedge_{E \in \mathfrak{P}S} 0 \leqslant P(E) \leqslant 1$$

$$(2) \quad \bigwedge_{E_1, E_2 \in \mathfrak{P}S} \left(E_1 \cap E_2 = \emptyset \ \to \ P(E_1 \cup E_2) = P(E_1) + P(E_2) \right)$$

$$(3) \quad P(S) = 1$$

Es gilt stets: $P(E_1 \cap E_2) + P(E_1 \cup E_2) = P(E_1) + P(E_2)$

$$P(\overline{E}) = 1 - P(E)$$

also insbesondere: $\qquad P(\emptyset) = 1 - P(S) = 0$

Sind E und F Ereignisse und ist $P(F) \neq 0$, so wird die durch F **bedingte** Wahrscheinlichkeit von E, kurz $P(E \mid F)$ (lies: P von E unter der Bedingung F), folgendermaßen definiert:

$$P(E \mid F) = \frac{P(E \cap F)}{P(F)}$$

Multiplikationssatz: $P(F) \cdot P(E \mid F) = P(E \cap F) = P(E) \cdot P(F \mid E)$

Zwei Ereignisse E und F heißen **unabhängig**, wenn gilt: $P(E \cap F) = P(E) \cdot P(F)$

Satz von der totalen Wahrscheinlichkeit:

Ist $S = E_1 \cup E_2 \cup \ldots \cup E_n$ und stets $E_i \cap E_k = \emptyset$ für $i \neq k$ sowie $P(E_i) \neq 0$, so gilt:

$$P(F) = P(E_1) \cdot P(F \mid E_1) + P(E_2) \cdot P(F \mid E_2) + \ldots + P(E_n) \cdot P(F \mid E_n)$$

Bayessche Formel:

Ist $S = E_1 \cup E_2 \cup \ldots \cup E_n$ und stets $E_i \cap E_k = \emptyset$ für $i \neq k$ sowie $P(E_i) \neq 0$, so gilt für $P(F) \neq 0$:

$$P(E_k \mid F) = \frac{P(E_k) \cdot P(F \mid E_k)}{P(E_1) \cdot P(F \mid E_1) + P(E_2) \cdot P(F \mid E_2) + \ldots + P(E_n) \cdot P(F \mid E_n)}$$

Eine Abbildung $X \colon S \to \mathbb{R}$ heißt **Zufallsgröße** über S.

Ist $S = \{s_1, \ldots, s_n\}$ und sind $p_1, \ldots, p_n$ die Wahrscheinlichkeiten von $s_1, \ldots, s_n$, so ist der Erwartungswert der Zufallsgröße die Zahl

$$E(X) = X(s_1)\, p_1 + X(s_2)\, p_2 + \ldots + X(s_n)\, p_n.$$

Es gilt: Sind X und Y Zufallsgrößen über S und sind $a, b \in \mathbb{R}$, so gilt:

$E(aX + bY) = aE(X) + bE(Y).$ $\qquad$ (E ist linear.)

Eine Folge von n Wiederholungen eines Experiments heißt n-gliedrige **Bernoulli-Kette** $\quad\longleftrightarrow\quad$	(1) Das Experiment hat genau zwei Ausgänge: T(Treffer), N(Niete), also $S = \{T, N\}$ (2) Das Ereignis $\{T\}$ hat in allen Wiederholungen dieselbe Wahrscheinlichkeit p (3) Die einzelnen Wiederholungen sind unabhängig

---

Es gilt: Die Wahrscheinlichkeit, daß in einer n-gliedrigen Bernoulli-Kette das Ereignis $\{T\}$ genau k-mal eintritt, beträgt: $P^{(n)}(k) = \binom{n}{k} p^k q^{n-k}$, wobei $q = 1 - p$ ist.

Die Abbildung: $P^{(n)}: \begin{array}{l} \text{IN} \to \text{IR} \\ k \mapsto P^{(n)}(k) \end{array}$ heißt **Binomialverteilung** der Bernoulli-Kette.

Mittelwert der Binomialverteilung: $\mu = np$

Streuung der Binomialverteilung: $\sigma = \sqrt{npq}$
(Standardabweichung)

Poisson-Verteilung:

Ist p klein, n groß, so stellt $k \mapsto P(k) = \dfrac{(np)^k\, e^{-np}}{k!} = \dfrac{\mu^k\, e^{-\mu}}{k!}$ eine Näherung an die Binomialverteilung dar.

Gaußverteilung:

Sind n und $\sqrt{2npq}$ groß, so stellt $k \mapsto P(k) = \dfrac{1}{\sigma\sqrt{2\pi}}\, e^{-\frac{(k-\mu)^2}{2\sigma^2}}$ eine Näherung für die Binomialverteilung dar.

Ersetzt man $\dfrac{k-\mu}{\sigma}$ durch x, so ergibt sich in

$$\varphi(x) = \frac{1}{\sqrt{2\pi}}\, e^{-\frac{1}{2}x^2} \quad (= \sigma\, P(k))$$

eine Gleichung, die für alle Gaußverteilungen in gleicher Weise gilt, da sie unabhängig von n, μ und σ ist.

Graph von φ:

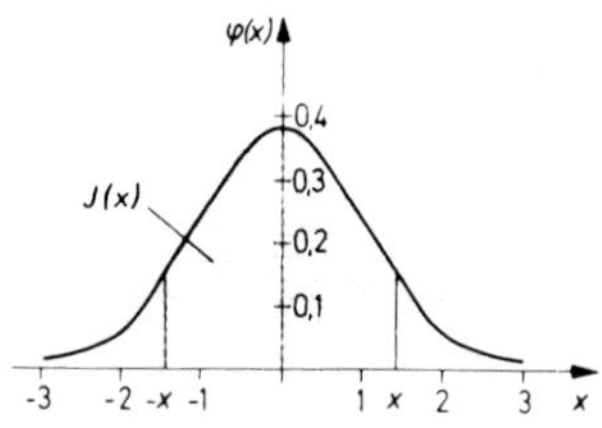

$J(x)$ gibt den Flächeninhalt unter der Kurve von $-x$ bis x an.
Umrechnung: $\varphi(x) = \sigma P(k)$, wenn $x = \dfrac{k-\mu}{\sigma}$ bzw. $k = \sigma x + \mu$ ist.

Sachwortverzeichnis der Mathematischen Formelsammlung

Die Angaben beziehen sich auf die Abschnitte, nicht auf die Seitenzahlen.